JN431470

첨단 전자제어 엔진 이론 실습

ADVANCED ELECTRONIC CONTROL ENGINE THEORY PRACTICE

구민사

저자약력 | **이종호**
동의과학대학교 전기자동차과 교수
박재민
동의과학대학교 전기자동차과 교수

첨단 전자제어 엔진 이론 실습

초판 인쇄 | 2023년 2월 21일
초판 발행 | 2023년 2월 28일

저 자 | 이종호·박재민
발행인 | 조규백
발행처 | 도서출판 구민사
(07293) 서울특별시 영등포구 문래북로 116, 604호(문래동3가 46, 트리플렉스)
전화 | (02) 701-7421(~2)
팩스 | (02) 3273-9642
홈페이지 | www.kuhminsa.co.kr

신고번호 | 제2012-000055호 (1980년 2월 4일)
I S B N | 979-11-6875-198-9 93550

값 28,000원

PREFACE

머리말

자동차가 주행하기 위해서는 자동차를 움직이는 토크(torque)가 필요하다. 그 토크(torque)를 발생하는 것이 엔진이다. 엔진이 토크(torque)를 발생하기 위해서는 엔진의 각종 시스템과 각종 많은 부품이 사용되고 있기 때문에 엔진 고장시 수리하기 위해서는 고장난 부위의 시스템과 부품들을 이해하고 고장부위를 정확히 진단해야 한다.

그래서 본 교재는 기존 가솔린엔진과 디젤엔진, LPI엔진을 중심으로 이론과 실습을 겸비하여 첨단 엔진 분야 까지 쉽게 이해함은 물론 현장 적응 능력을 키워 손쉽게 정비와 진단이 가능하도록 하였다. 자동차 기관기초 실습부터 기관정비의 일반사항, 기관정비용 공구의 사용방법 및 기관주요부 분해 조립을 통한 구조와 원리를 충분히 이해하도록 하였고 가솔린 엔진 각 시스템 및 전자제어 엔진의 시스템, CRDI 엔진 시스템, LPI 시스템에 대한 구조와 원리를 이해하고 이들 시스템의 고장진단 및 점검방법 등에 대한 실무적인 부분까지 포괄적으로 이해 할 수 있도록 하였다.

따라서 이 책은 대학과 전문대학에서 자동차를 전공하는 학생들이 쉽게 이해하고 실습할 수 있도록 집필하여 날로 진화하는 자동차기술에 부응하도록 노력하였고, 또한 기존실습교재의 내용을 많이 보완 수정하여 자동차정비 및 검사뿐만 아니라 자동차제어시스템을 알기 쉽도록 하였다.

본 교재가 자동차를 전공하는 학생들과 산업체 전문기술자에게 널리 애용되어 사랑받는 교재가 되기를 간곡히 바라며, 이 책의 출판을 위해 노력해 주신 도서출판 구민사 조규백 사장님과 편집부 여러분의 노고에 깊이 감사드립니다.

저자 씀

CONTENTS

차례

Chapter 01

자동차용 기관의 개요 및 본체

Chapter 02

기관 본체부분의 정비실습

Chapter 04

냉각장치

Chapter 05

흡·배기장치

Chapter
08

디젤 기관 연료장치

Chapter 09

LPG · LPI 연료장치

Chapter 부록

자동차정비산업기사 필기 과년도 기출문제

Chapter

01

자동차용 기관의 개요 및 본체

1. 자동차용 기관의 개요
2. 왕복 피스톤기관의 기본 작동원리
3. 기관 본체부분

01 자동차용 기관의 개요 및 본체

1. 자동차용 기관의 개요

자연계에 존재하는 여러 가지 형태의 에너지를 기계적 에너지(일)로 변환시켜 동력을 발생시키는 기계적 장치를 원동기(prime mover)라 하며, 다른 여러 가지 기계적 장치를 구동시키는데 사용된다. 열에너지를 기계적 일로 변환시키는 장치를 열기관(heat engine)이라 하며, 여러 가지 원동기 중에서 가장 보편적이다.

이와 같은 열에너지에는 태양열, 핵 반응열, 지열, 연소열 등이 있으나, 자동차용으로 사용되는 열기관의 경우 대부분 연료의 연소에 의한 열에너지를 가장 많이 이용한다. 자동차에 사용되는 기관은 대부분 왕복 피스톤형 기관(reciprocating engine)이다. 자동차용 기관은 여러 가지 여건이나 환경 등에 따라 기계적으로 요구되는 많은 요건을 갖추어야 하며, 이들은 시대의 변화에 따라 높은 성능, 낮은 연료소비율, 공해물질 감소, 높은 안전성이 요구되며, 구체적으로 다음과 같은 사항이 기관 설계에 요구된다.

① 안전도와 신뢰도가 높고 고장이 적을 것
② 마력당 기관의 무게와 부피가 작을 것
③ 연료가 연소될 때 인체에 유해한 배기가스 발생이 최소화되게 할 것
④ 기관의 구조가 다루기 쉽고 편리할 것
⑤ 연료의 취급이 쉽고 소비가 적으며 화재의 위험이 적을 것
⑥ 반영구적이며 진동이 적고 소음이 없을 것
⑦ 여러 가지 운전상황에 대응할 수 있도록 원활한 출력과 넓은 회전속도의 범위를 갖출 것
⑧ 대량 생산이 가능하며 제작비용이 쌀 것

1.1 열기관(heat engine)

열기관은 작동유체에 열에너지를 공급하는 방법 및 작동유체(working fluid)가 지니고 있는 열에너지를 기계적 에너지로 변화시키는 방법에 따라 크게 내연기관(internal combustion engine)과 외연기관(external combustion engine)으로 분류할 수 있다.

자동차용 기관은 대부분이 내연기관이며 연료의 연소에 의해 발생된 작동유체는 왕복운동 또는 회전운동을 하는 피스톤에 작용하여 유효한 기계적인 일을 한다. 피스톤의 왕복운동을 이용하여 기계적인 일을 얻는 기관을 왕복형 내연기관이라 하며, 피스톤의 회전운동을 이용하여 기계적인 일을 얻는 기관을 회전형 내연기관이라 하고, 이는 고안자의 이름을 따서 반켈기관(wankel engine)이라고도 한다.

열기관은 왕복 피스톤형 기관과 같이 작동유체의 압축팽창을 실린더의 체적변화에 따라 일로 바꾸는 체적형과 가스터빈과 같이 작동물질의 운동에너지를 이용하는 유동형 또는 속도형으로 나눌 수 있다.

1.1.1 내연기관

내연기관은 그림 1-1과 같이 가스나 액체 상태의 연료와 공기로 된 혼합기(fuel air mixture) 즉, 작동유체를 기관의 연소실(combustion chamber) 내에서 간헐적으로 폭발 연소시켜 그 연소가스의 열에너지를 기계적 에너지(일)로 변화시켜 주는 기관으로 일반적으로 체적형 내연기관이라 한다. 현재 사용되고 있는 자동차용 기관은 대부분 이 체적형 내연기관이며, 가솔린기관(gasoline engine)과 디젤기관(diesel engine)이 주류를 이루고 있다. 그리고 이들 기관의 작동기구는 대부분이 왕복 피스톤형이다.

한편, 연료를 일정한 연소실 내에서 연속적으로 연소시켜 발생하는 연소가스를 유동적으로 이용하여 이를 기계적인 일로 변환시키는 열기관을 유동형 내연기관이라 하며, 가스터빈 기관(gas turbine engine), 제트기관(jet engine) 등이 여기에 속하며, 비교적 높은 출력과 고속회전을 할 수 있다.

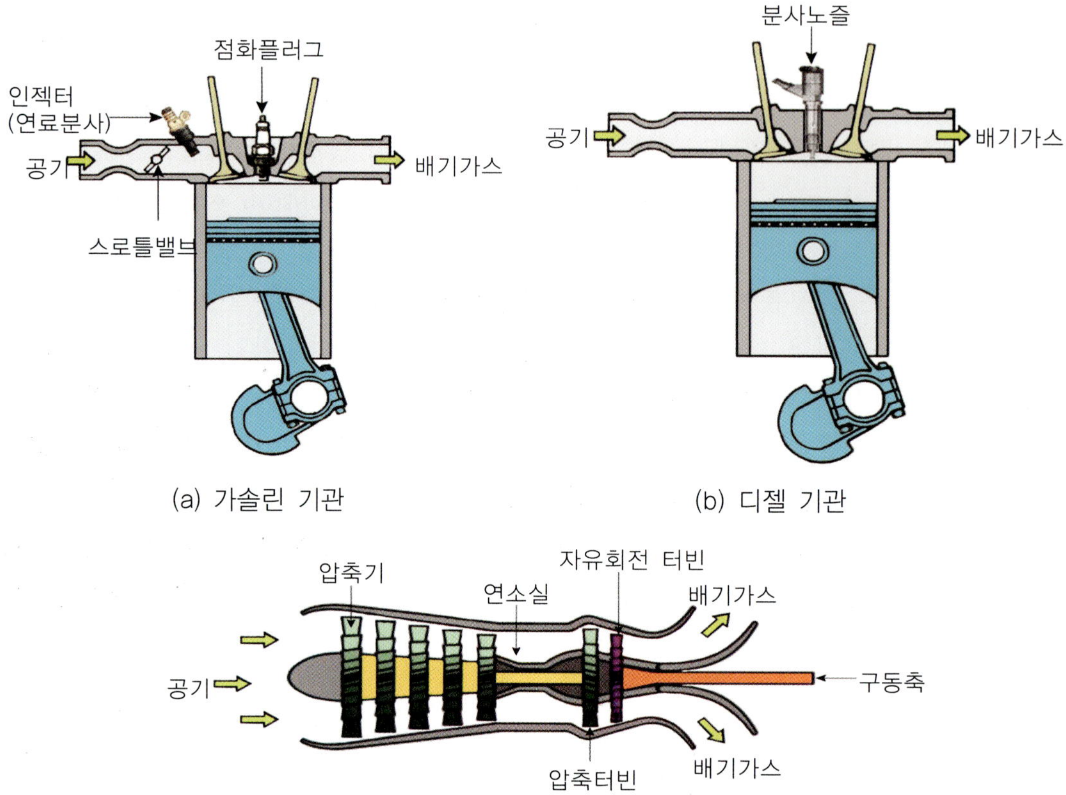

(a) 가솔린 기관　　(b) 디젤 기관

(c) **가스터빈 기관**

[그림 1-1] **내연기관**

1.1.2 외연기관

외연기관은 그림 1-2와 같이 기관 본체 외부에서 연료를 연소시켜 발생되는 열에너지를 물과 같은 유체에 가하여 증기(steam)를 발생시키고, 이 증기가 작동유체가 되어 기계적 일을 발생시키는 기관을 말하며 증기기관, 증기터빈 등이 여기에 속한다.

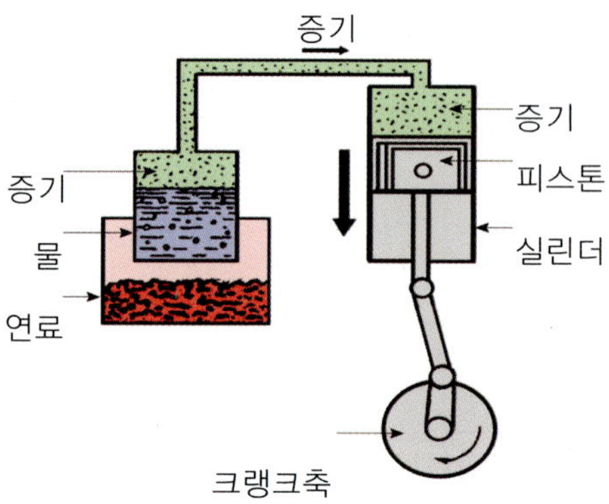

[그림 1-2] **외연 기관**

1.2 자동차용 내연기관의 분류

자동차용 기관은 대부분 체적형 내연기관으로 작동유체의 열역학적 과정, 사용연료, 연료공급방식, 점화방식, 냉각방식, 구조 및 작동방식 등에 따라 여러 가지로 분류된다.

1.2.1 작동과정에 의한 분류

기관은 기계적인 일로 변화되는 작동유체의 변화과정과 피스톤 및 크랭크기구에 의한 일정한 기구학적 만족에 의하여 흡입, 압축, 폭발, 배기의 규칙적인 과정을 연속적으로 반복 완료하는데 이 변화과정을 1사이클(cycle)이라 하며, 2행정 사이클 기관과 4행정 사이클 기관으로 분류한다.

2행정 사이클 기관은 흡입행정과 압축행정이, 그리고 폭발행정과 배기행정이 동시에 진행되어 1행정 과정을 완료하는데 크랭크축이 1회전하는 기관을 2행정 사이클 기관이라 하며 2행정 사이클 가솔린기관과 2행정 사이클 디젤기관이 있다.

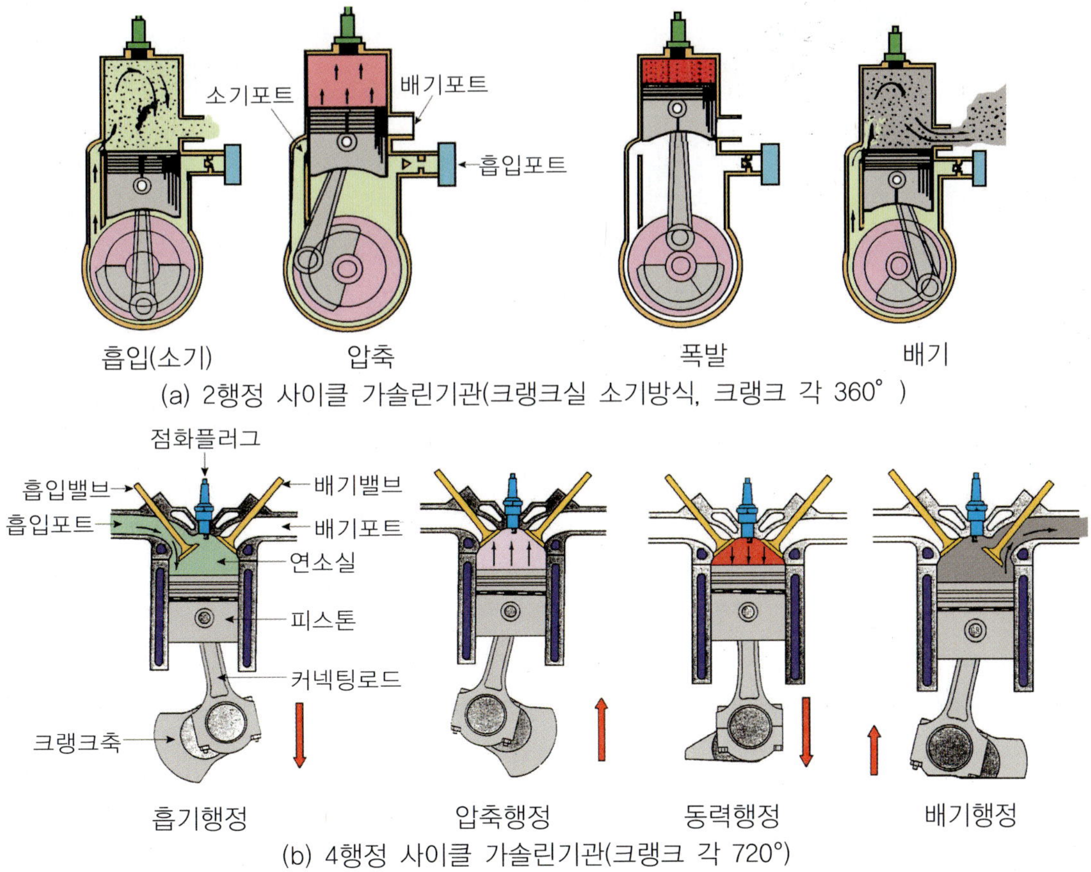

[그림 1-3] **가솔린기관의 작동과정**

4행정 사이클 기관은 1사이클을 완료하는데 크랭크축이 2회전하는 기관 즉, 크랭크축이 2회전하는 동안 흡입, 압축, 폭발, 배기의 각 과정을 완료하는 기관을 말한다.

1.2.2 열역학적 사이클에 의한 분류

[1] 정적 사이클 기관(constant volume cycle engine)

그림 1-4(a)와 같이 혼합기의 연소가 일정한 체적 아래에서 이루어지는 것으로 단열압축, 정적가열(정적상태에서 연소에 대한 열 공급), 단열팽창, 정적방열의 4과정을 기본 사이클로 하는 기관을 말하며 고안자의 이름을 따서 오토 사이클(otto cycle)이라 한다. 가솔린기관(gasoline engine)이 여기에 속한다.

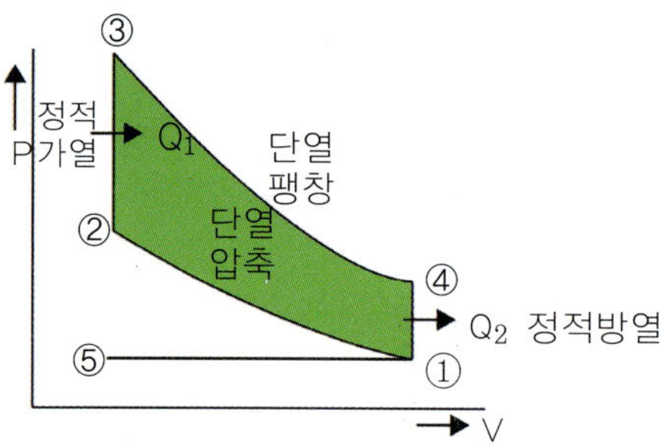

(a) 오토 사이클의 P—V 선도

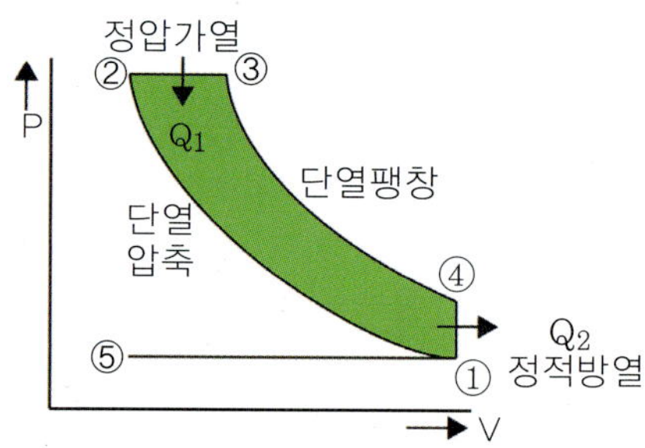

(b) 디젤 사이클의 P—V선도

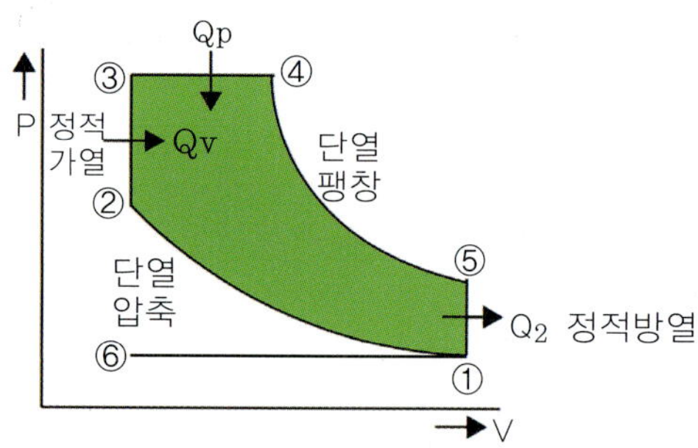

(c) 사바데 사이클의 P—V선도

[그림 1-4] 연소방식에 따른 기본 사이클

[2] 정압 사이클 기관(constant pressure cycle engine)

그림 1-4(b)와 같이 혼합기의 연소가 일정한 압력 아래에서 이루어지는 것으로 단열압축, 정압가열(정압상태에서 연소에 대한 열 공급), 단열팽창, 정적방열의 4과정을 기본 사이클로 하는 기관을 말하며, 고안자의 이름을 따서 디젤 사이클(diesel cycle)이라 한다. 저속 및 중속 디젤기관이 여기에 속한다.

[3] 복합 사이클 기관(combination cycle engine)

그림 1-4(c)와 같이 정적과 정압 사이클을 복합한 것으로 연소가 정적 및 정압 아래에서 연속적으로 이루어지는 것으로 단열압축, 정적가열, 정압가열, 단열팽창, 정적방열의 5과정을 기본 사이클로 하는 기관을 말한다. 고안자의 이름을 따서 사바테 사이클(sabathe cycle)이라고도 부르며, 현재의 자동차용 고속 디젤기관이 여기에 속한다.

1.2.3 연료공급방식에 의한 분류

[1] 기화기 사용 기관(carburetor type engine)

연료와 공기를 적절한 비율로 혼합시켜 공급하는 기화기(carburetor)를 이용한 기관으로 예전의 가솔린기관 여기에 속한다. 가스기관의 경우 혼합기 조성을 위해 기화기 대신 베이퍼라이저(vaporizer)와 믹서(mixer)를 사용한다.

[2] 분사방식 기관(fuel injection type engine)

공기만을 실린더 내에 흡입하여 압축한 후 연료를 실린더 내에 분사하여 자연 착화시키는 디젤기관과 흡기다기관(intake manifold) 내 또는 실린더 내에 가솔린을 직접 분사시켜 연료를 공급하는 가솔린 분사 기관(gasoline injection engine)이 있다.

최근의 승용차용 가솔린기관은 전자제어 가솔린분사 기관으로 대체되었으며, 일부는 가솔린 직접분사식 기관(GDI : gasoline direct injection engine)을 사용하고 있다.

1.2.4 점화방식에 의한 분류

[1] 불꽃 점화기관

실린더 내에 흡입된 혼합기를 압축한 후 연소실 내에 설치된 점화플러그(spark plug)에 의한 불꽃으로 연소가 이루어지는 기관으로 가솔린기관, 가스기관(LPG, LNG, CNG engine) 등이 여기에 속한다.

[2] 압축 착화기관

실린더 내에 먼저 공기만을 흡입하고 이를 고온, 고압(약 500~600℃, 3~5MPa)으로 압축한 뒤 고압의 연료를 분사하여 자연 착화시키는 기관으로 대부분의 자동차용 디젤기관이 여기에 속한다.

2. 왕복 피스톤기관의 기본 작동원리

2.1 기관에서 사용하는 기본용어

[1] 상사점(TDC : top dead center)

왕복 피스톤형 기관에서 피스톤의 실린더 내 직선 왕복운동은 커넥팅로드에 의해 크랭크축의 회전운동으로 변환된다. 이때 피스톤의 위치가 연소실 체적이 가장 적은 위치에 있고 커넥팅로드와 크랭크 암(crank arm)이 일직선이 되어 있을 때의 지점을 상사점(TDC)이라 한다.

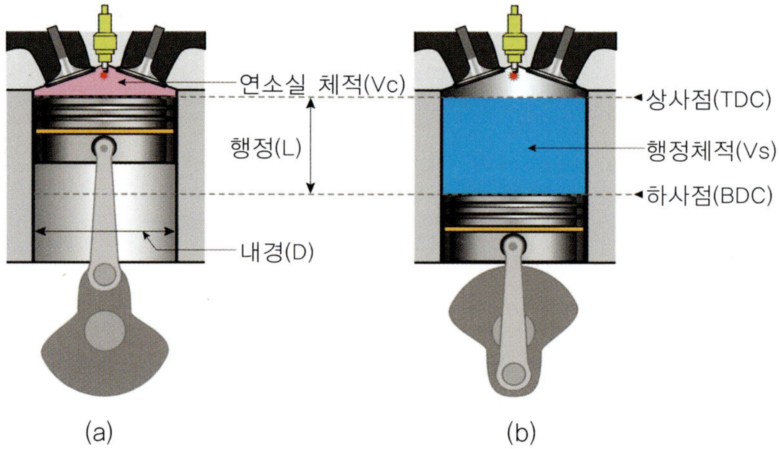

[그림 1-5] **행정체적과 연소실 체적**

[2] 하사점(BDC : bottom dead center)

왕복 피스톤형 기관에서 피스톤의 위치가 연소실 체적이 가장 큰 위치에 있고 커넥팅로드와 크랭크 암이 일직선이 되어 있을 때의 지점을 하사점(BDC)이라 한다.

[3] 행정(stroke)

상사점과 하사점사이의 거리, 즉 피스톤이 하사점에서 상사점으로 이동할 때 또는 반대로 상사점에서 하사점으로 이동한 거리를 행정(stroke)이라 한다.

[4] 행정체적(displaced or stroke volume, 배기량)

상사점과 하사점사이의 실린더체적을 말하며, 피스톤이 상사점과 하사점을 이동하는 사이에 배출할 수 있는 체적(배기량 : displacement) 또는 실린더 안에 흡입할 수 있는 양이다. 즉 실린더 단면적과 행정과의 곱으로 나타내며, 단위는 cc, liter, cm^3, m^3 등을 사용한다.

- 1기통일 때 실린더 배기량(Vs) = $\frac{\pi}{4}$D2L[cc]
- 총 배기량(Vt) = $\frac{\pi}{4}$D2L × Z[cc]

D : 내경[cm], L : 행정거리[cm], Z : 실린더 수[기통]

- 1분당 배기량(Vm) = $\frac{\pi}{4}D^2L \times N \times R$[cc]

엔진회전수 : N[rpm], 2행정 엔진 : R, 4행정 엔진 : $\frac{R}{2}$

[5] 압축비(ϵ : compression ratio)

실린더체적과 간극체적과의 비율이다. 불꽃점화 기관(가솔린기관)의 압축비는 8~12 : 1, 압축점화 기관(디젤기관)인 경우 압축비는 15~20 : 1의 범위가 일반적이다.

$$\varepsilon = \frac{V_t}{V_c} = \frac{V_s + V_c}{V_c} = 1 + \frac{V_s}{V_c}$$

$$Vs = Vc(\varepsilon - 1), \qquad Vc = \frac{V_s}{\epsilon - 1}$$

ε : 압축비, Vs : 연소실 체적[cc], Vt : 실린더 총 체적[cc], Vc : 연소실체적[cc]

압축비를 높이면 열효율이 양호해지므로 출력을 향상시킬 수 있고 또 연료소비율을 적게 할 수 있으나 가솔린기관에서는 노크라는 이상연소 때문에 제한을 받으며, 디젤기관에서는 연소특성상 충분히 압축비를 높일 수 있으나 압축비를 너무 높여도 효과는 적다.

[6] 피스톤 평균속도

기관이 회전할 때 피스톤 평균속도는 상사점과 하사점에서 0이 되고, 그 중간부근에서 최대가 된다. 따라서 피스톤 평균속도는 이들을 평균한 것으로 나타내며, 피스톤이 각각의 위치에서의 속도를 순간속도라 한다.

$$S = \frac{2NL}{60}$$

S : 피스톤 평균속도,　N : 기관 회전수,　L : 피스톤 행정

[7] 엔진의 마력

엔진의 마력(HP : horse power)은 엔진의 힘을 나타내는 단위로 말 한 마리가 1초 동안에 75kgf의 무게를 1m 만큼 끄는 일의 양을 말한다.

1HP = 75kgf · m/s = 736W[와트] = 632.3kcal/h

[그림 1-6] **마력의 정의**

2.2 가솔린기관의 작동 및 기본원리

2.2.1 4행정 사이클 기관의 작동원리

4행정 사이클 기관은 크랭크축은 2회전하고 피스톤이 실린더 내를 2번 왕복하는 동안에 흡입행정(intake stroke), 압축행정(compression stroke), 폭발(동력)행정(expansion stroke 또는 power stroke), 배기행정(exhaust stroke)의 4과정을 1사이클로 완료하는 기관을 말한다. 여기서, 기계적인 일은 폭발행정을 할 때 얻어지며, 나머지 3행정(흡입, 압축, 배기행정)은 크랭크축으로부터 동력을 받아야 한다.

크랭크축에 일을 하는 폭발행정을 유효행정이라 하고, 외부로부터 일을 받아야 하는 나머지 행정을 무효행정이라 한다. 따라서 플라이휠(fly wheel)과 같은 관성회전체를 설치하여 무효행정에서 일이 주어지도록 한다. 그림 1-7은 4행정 사이클 가솔린기관의 작동을 나타낸 것으로 그 작동순서는 다음과 같다.

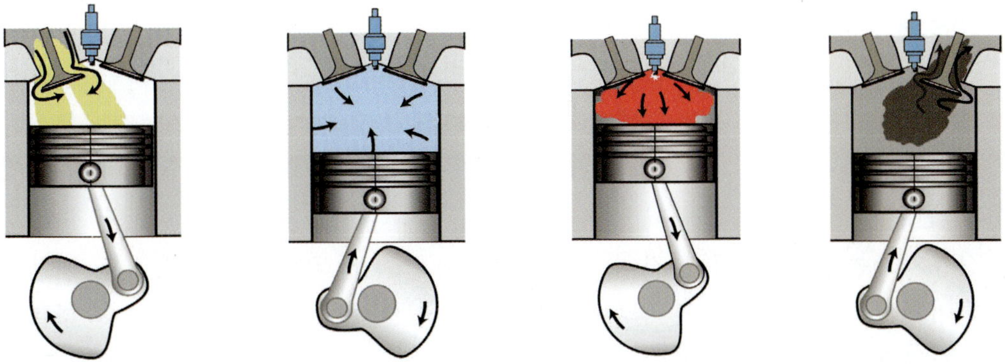

(a) 흡입행정　(b) 압축행정　(c) 폭발행정　(d) 배기행정

[그림 1-7] **4행정 사이클 가솔린기관의 작동과정**

[1] 흡입행정

피스톤이 상사점에서 하사점으로 운동을 하는 과정이며, 흡입밸브(intake valve)는 열려있고 배기밸브(exhaust valve)는 닫혀 있으며, 피스톤이 상사점에서 하사점으로 이동할 때 실린더 내부는 부분 진공상태가 되어 혼합기(mixture)가 흡기다기관(intake manifold)을 통하여 실린더 내로 자연 흡입된다. 최근에는 흡입효율을 향상시키기 위한 방안으로 배기가스를 이용한 과급기(turbo charger)를 사용하기도 한다.

[2] 압축행정

흡입밸브와 배기밸브가 모두 닫혀 있고 피스톤은 상사점 쪽으로 이동을 하면서 실린더 내의 혼합기를 압축한다. 압축압력은 가솔린기관의 경우 약 1.0~1.3MPa 정도이며, 피스톤이 상사점 부근에 접근할 때 점화플러그의 고전압에 의한 불꽃(spark)이 가해져 점화 연소가 이루어진다.

[3] 폭발 또는 동력행정

압축행정 말기에 점화된 혼합기는 연소에 따라 고온·고압가스가 되고 급격히 폭발 연소되면서 피스톤에 힘을 가하여 피스톤을 상사점에서 하사점으로 이동시켜 크랭크축을 회전시킨다. 이때 흡입밸브와 배112기밸브는 모두 닫혀 있으며 연소될 때 최고 연소온도는 약 1500~2000℃ 정도에 달한다. 연소가스의 팽창을 최대한 이용하고 배기행정 손실을 최소화하기 위하여 폭발행정 말기에 배기밸브를 열어 고압의 연소가스를 배출하여 배기압력을 급격히 하강시키는데 이를 블로 다운(blow down)현상이라 한다.

[4] 배기행정

폭발행정 말기에 열린 배기밸브는 계속 열려 있고 피스톤은 하사점에서 상사점으로 이동하면서 실린더 내에 남아있던 연소가스를 배출시킨다. 이론상 배기밸브가 닫히는 시기는 상사점이나 이때 잔류가스 압력이 낮지 않으면 새로운 혼합기의 흡입에 지장을 주게 된다.

또 잔류가스는 새로운 혼합기의 연소에 방해요소가 되므로 가능한 한 충분한 배기가 이루어지고 배기행정 말의 잔류가스 압력이 낮아지도록 배기밸브가 닫히는 시기를 상사점 후로 하고 있다.

2.2.2 2행정 사이클 기관의 작동원리

그림 1-8은 크랭크 실(crank case) 압축 소기방식 2행정 사이클 가솔린기관의 구조를 나타내었다. 2행정 사이클 기관은 크랭크축이 1회전(크랭크축 회전각 360°)하는 동안에 흡입(소기), 압축, 폭발, 배기의 모든 과정이 완료되어 1사이클을 이루는 기관으로 크랭크축 1회전에 1회의 폭발을 한다.

4행정 사이클 가솔린 기관과의 근본적 차이점은 흡・배기밸브를 사용하지 않고 소기구멍(suction or scavenging port)과 배기구멍(exhaust port)을 통하여 혼합기를 흡입하고 연소가스를 배출한다.

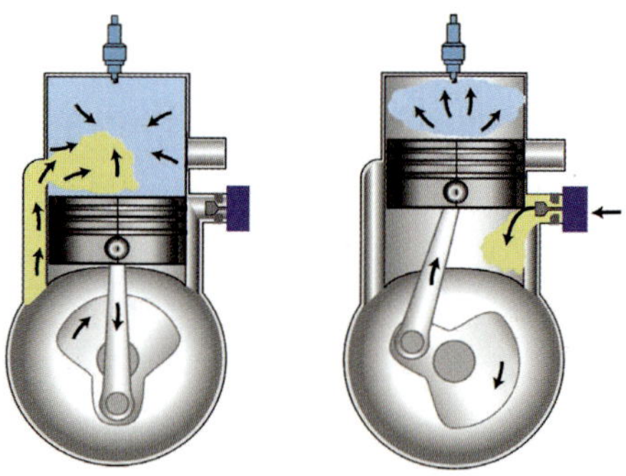

(a) 상승행정(소기, 압축, 흡입)

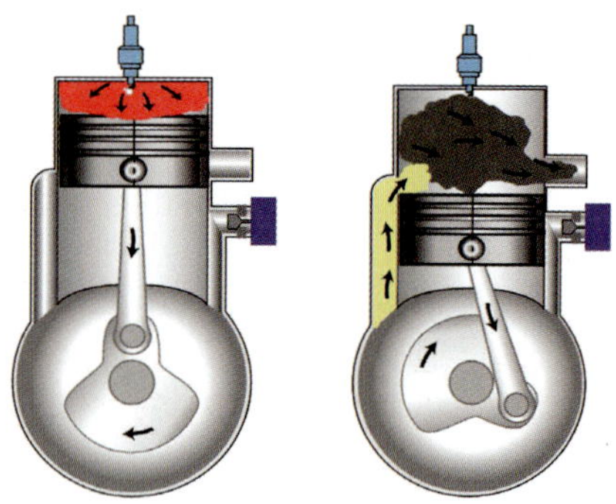

(b) 하강행정(폭발, 배기, 소기)

[그림 1-8] 2행정 사이클 기관의 작동과정

소형 2행정 사이클 디젤기관의 경우는 가솔린기관과 같이 소기구멍과 배기구멍이 있으나, 고성능 2행정 사이클 디젤기관의 경우 배기구멍 대신 배기밸브를 사용하기도 한다. 이 경우 크랭크 실 소기대신 독립된 소기펌프(scavenging pump) 또는 송풍기(scavenging blower)를 사용한다.

실린더 벽면에 설치되어 있는 소, 배기구멍은 피스톤의 움직임에 의하여 개폐되고 흡입행정과 배기행정이 분리되지 않으며 폭발행정 말기에서 유효 압축행정 시작 기간까지 새로운 공기와 배기의 교환이 동시에 이루어진다. 즉, 압축행정 동안에 크랭크실로 흡입 되고, 폭발행정 과정에 배기가 이루어진다.

[1] 피스톤 상승행정(upward stroke)

피스톤이 하사점에서 상사점으로 상승함에 따라 혼합기는 소기구멍을 통하여 실린더 안으로 흡입됨과 동시에 연소된 연소가스는 배기구멍이 닫힐 때까지 배출된다. 배기구멍이 닫힌 이후 압축행정이 실행되며, 피스톤이 상사점 부근에 도달할 무렵 가솔린기관은 점화플러그에 의해 점화가 이루어지고, 디젤기관의 경우는 연료 분사노즐로부터 연료가 분사되어 연소가 이루어진다.

한편, 크랭크 실 압축소기 2행정 사이클 가솔린기관의 경우는 압축행정이 끝날 무렵에 새로운 혼합가스가 트랜스퍼 포트(transfer port)를 통하여 크랭크실 안으로 흡입된다.

[2] 피스톤 하강행정(downward stroke)

점화된 혼합기는 순간적으로 폭발하며 연소가스의 폭발압력으로 피스톤이 하향운동을 하면서 크랭크축을 회전시켜 동력을 발생시킨다. 크랭크 실에 흡입된 혼합기는 부분 압축이 행해지고 피스톤이 하사점에 도달하기 전에 배기구멍이 먼저 열려 배기가 이루어지며, 배기구멍이 조금 열린 후 소기구멍이 열려 크랭크 실내의 혼합기가 소기구멍을 통하여 실린더 내로 흡입되면서 잔류가스를 배출시킨다.

이와 같이 새로운 혼합가스에 의해 실린더 내의 연소 잔류가스를 배출시키는 것을 소기작용(scavenging)이라 한다. 소기작용 중 흡입되는 혼합가스가 배기구멍을 통하여 손실되므로 피스톤헤드에 돌기(deflector)를 달아 흡입손실을 저하시키고 있다.

특정 회전속도로 운전되는 동일치수의 기관에 대하여 동력발생은 이론상으로 2행정 사이클 기관이 4행정 사이클 기관의 2배가 되나 실제에는 완전한 소기를 이룰 수 없기 때문에 효율이 다소 떨어질 수밖에 없어 연료소비율은 약 1.6~1.8배가 되며, 출력은 1.2~1.5배 정도이다.

2.2.3 4행정 사이클 기관과 2행정 사이클 기관의 비교

[1] 4행정 사이클 기관

4행정 사이클 기관은 부하와 회전속도의 범위가 넓으므로 운전이 안정되어 있고, 특히 경부하 운전영역에서 우수하다. 그리고 넓은 회전속도 범위에 걸쳐 축 회전력 곡선이 평탄하다. 즉, 저속성능을 크게 약화하지 않고 고속화가 용이하다. 그밖에 시동성이나 연료소비 면에서 유리하다.

[2] 2행정 사이클 기관

2행정 사이클 기관은 동일한 실린더 체적에서 큰 출력을 낼 수 있으며, 부품수가 적고 플라이휠을 가볍게 할 수 있으며, 고장도 비교적 적은 편이다. 또 소형으로 가볍고 값이 싸게 만들 수 있다. 그러므로 2행정 사이클 기관은 소형이고, 가벼운 점을 중요시하는 2바퀴 차량이나 경자동차에 쓰이고, 승용자동차나 소형트럭에는 4행정 사이클 기관을 많이 쓴다.

[표 1-1] **4행정 사이클 기관과 2행정 사이클 엔진의 비교**

구 분	4행정 사이클 엔진	2행정 사이클 엔진
행정 및 폭발	크랭크축이 2회전하는 사이 1회 동력행정을 한다.	크랭크축이 1회전에 1회 동력행정 한다.
엔진 효율	4개의 행정이 각각 단독으로 이루어지므로 작용이 확실하며 효율이 좋고 안전하다.	유효행정이 짧고 흡·배기구가 동시에 열려 있는 시간이 길어서 소기를 위한 신기의 손실이 많으면 효율이 나쁘다. 따라서 극소형 엔진에 많이 사용한다.
밸브기구	밸브기구를 필요로 하며 밸브구조가 복잡하고 조정이 어렵다.	밸브기구가 없거나 배기밸브를 위한 기구만이 있어 구조가 간단하고 제작비도 낮다. 그러나 실린더벽에 소·배기구가 있어 피스톤링이 마멸되기 쉽다.
발생동력 및 연료소비율	배기량이 같은 엔진에서 발생동력은 2사이클에 비하여 떨어지나 연료소비량은 2사이클보다 작다.	배기량이 같은 엔진에서 동력은 4행정 사이클에 비하여 더 얻을 수 있으나 연료 소비량이 많고 대형 엔진으로서는 적합하지 못하다.
동력	단위 중량당 출력이 2행정 사이클 엔진에 비해 낮다.	단위 중량당 출력이 4행정 사이클에 비해 1.7배 가량 더 얻을 수 있다.
엔진 중량	2행정 엔진보다 무겁다.	4행정 엔진보다 가볍다.
윤활유 소비량	윤활방법이 확실하고 윤활유 소비량이 적다.	윤활을 하기 위하여 연료에 처음부터 윤활유를 혼합시켜 넣어야 하는 불편이 있고 또 윤활유 소비량이 많다.

3. 기관 본체부분

[그림 1-9] **엔진 본체**

자동차에서 사용되는 동력발생장치는 주로 가솔린기관과 디젤기관이며, 이들은 연료장치를 제외하고는 구조상 비슷하다.

[표 1-2] **엔진 본체의 분류표**

정 지 부 품	엔진 몸체부분	실린더헤드(cylinder head)
		실린더블록(cylinder block), 실린더(cylinder)
		오일 팬(oil pan)
	흡・배기장치	에어 크리너(air cleaner)
		흡・배기다기관(intake–exhaust manifold)
	베어링	크랭크축 베어링(crank shaft bearing)
		캠축 베어링(cam shaft bearing)
운 동 부 품	피스톤 크랭크축 기구	피스톤 및 커넥팅로드(piston & connecting rod), 피스톤링
		크랭크축 및 플라이휠(crank shaft & fly wheel)
	밸브개폐기구	캠축 및 밸브(cam shaft & valve)
		로커암 및 푸시로드(rocker arm & pushrod), 태핏(tappet)
부속장치 부 품	윤활장치	오일펌프(oil pump), 오일필터(oil filter), 오일 압력스위치(oil pressure s/w)
	냉각장치	물펌프(water pump),냉각팬(cooling fan), 방열기(radiator)
	점화장치	점화플러그(spark plug), 점화코일(ignition coil)
	연료장치	연료펌프(fuel pump), 연료 압력조절기(fuel pressure regulator), 인젝터(injector)
	배출가스 저감장치	배기가스 재순환장치(EGR), 3원 촉매장치, 블로바이가스 재연소장치(PCV), 연료 증발가스 제어장치(PCSV, 캐니스터)

3.1 실린더헤드(cylinder head)

3.1.1 실린더헤드의 개요

실린더헤드는 실린더블록 위에 실린더헤드 개스킷(cylinder head gasket)을 사이에 두고 헤드볼트로 고정된다. 실린더헤드의 안쪽 면은 연소실을 형성하며 외부에는 흡기다기관과 배기다기관, 점화플러그 및 밸브기구가 설치되어 있고 실린더헤드는 엔진 작동시 1,000~1,500℃ 이상의 고온과 35kgf/㎠ 이상의 고압을 받으므로 고온에서 강도가 높고 열팽창이 작으며 주조나 기계가공이 좋은 재료가 사용되며 실린더헤드의 재질은 주철 또는 알루미늄합금을 사용하는데 최근에는 알루미늄합금을 많이 사용한다.

[그림 1-10] **실린더헤드의 구조**

알루미늄합금은 주철에 비해 무게가 가볍고 열 전도성이 특히 우수하여 연소실 온도를 낮게 할 수 있어 조기점화의 원인이 되는 열점(hot spot)을 방지할 수 있어 주철에 비해 압축비를 높일 수 있는 장점이 있다. 그러나 알루미늄합금은 동일한 온도에서 주철에 비해 열 팽창율이 거의 2배 정도이며, 내구성이나 내 부식성이 약한 면이 있다.

수냉식 엔진의 실린더헤드는 전체 실린더 또는 몇 개의 실린더로 나누어 일체 주조로 되어 있으며, 내부에는 냉각용 워터재킷(water jacket)이 마련되어 있다. 공냉식 엔진의 실린더헤드는 각 실린더마다 별개로 제작하며 냉각 핀(cooling fin)이 설치되어 있다. 실린더헤드 볼트를 체결할 때는 가운데에서 밖으로 나선형 또는 대각선으로 2~3회 나누어서 조이며 마지막으로 체결할 때에는 반드시 토크 렌치를 사용하여 규정 토크로 조여야 한다.

3.1.2 로커암 커버 및 헤드 개스킷

로커암 커버는 실린더헤드 윗부분에 개스킷과 함께 설치되어 밸브개폐 기구를 보호하며, 커버 윗부분에는 윤활유를 주입할 수 있는 주입구멍과 오일주유 캡, 그리고 블로바이(blow by)가스를 제어하는 PCV(positive crankcase ventilation)밸브가 옆면에 설치되어 있다.

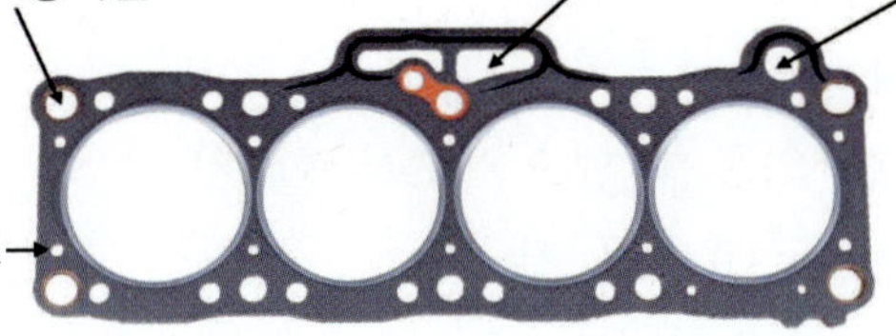

[그림 1-11] **실린더헤드 개스킷의 구조**

헤드개스킷은 실린더헤드와 블록의 접합면 사이에 설치되어 기밀을 유지하고 냉각수나 윤활유의 누출을 방지한다. 그리고 실린더헤드의 고온·고압에 견딜 수 있는 내열, 내압성, 재료로 만드는데 주로 구리, 얇은 강철판 또는 강철판 양쪽 면에 석면을 싸서 만든 보통 개스킷, 강철판의 양쪽 면에 흑연을 혼합한 석면을 압착하고 표면에 다시 흑연을 발라 만든 스틸 베스토 개스킷(steel besto gasket), 강철판만으로 얇게 만든 스틸 개스킷(steel gasket) 등이 있으며, 최근에는 실린더 헤드와 블록의 접합면을 정밀 다듬질하여 압착시킨 후 개스킷을 사용하지 않은 개스킷 리스(gasket less) 형식도 사용된다. 헤드개스킷의 구비조건은 다음과 같다.

① 내압성 및 내열성이 커야 한다.
② 적당한 강도가 있어야 하며 복원성이 있어야 한다.
③ 기밀 유지성이 크고 윤활유 및 냉각수가 새지 않아야 한다.

3.1.3 가솔린기관의 연소실(combustion chamber)

연소실은 피스톤, 실린더와 실린더헤드로 형성되며, 이곳에서 혼합기의 연소와 팽창이 이루어진다. 연소실 구조는 기관 성능을 크게 좌우하므로 형상뿐만 아니라 흡·배기밸브의 설치위치, 점화플러그의 설치위치 등의 고려가 필요하다.

연소실을 설계할 때 고려할 사항으로는 화염이 전파되는 시간을 가능한 한 짧게 하고 가열되기 쉬운 돌출부를 없애고 압축행정 말기에 강한 와류가 형성되어야 한다. 또 연소실 표면적이 최소화되고 밸브면적을 크게 하여 흡·배기작용이 원활하여야 한다. 그리고 연소할 때 노크(knock)를 일으키지 않아야 한다. 압축비를 높이면 출력이 향상되고 연료소비량도 작아지나 노크가 발생되므로 무한정 압축비를 높일 수 없다. 따라서 가솔린기관의 경우 압축비는 8~12 : 1 정도로 하고 있다.

[1] 연소실의 구비조건

연소실은 출력을 높일 수 있어야 하고 대기오염의 원인이 되는 유해성분이 적게 발생되도록 해야 하며, 노킹을 일으키지 않아야 한다. 또한 밸브기구 등의 구조가 간단하고 열효율이 높아야 한다.

① 압축 끝 행정에서 강한 와류를 일으키도록 할 것
② 엔진출력을 높일 수 있는 구조일 것
③ 연소실 내의 표면적은 최대한으로 최소가 되도록 설계할 것
④ 가열되기 쉬운 돌출부는 제거할 것
⑤ 노킹을 일으키지 않는 형상일 것
⑥ 밸브 면적을 크게 하여 흡·배기효율을 높이고 흡·배기작용을 원활히 되도록 할 것
⑦ 열효율이 높으며 배기가스에 유해한 성분이 적을 것
⑧ 화염 전파거리 및 소요되는 시간을 최대한 짧게 할 것
⑨ 와류(스월)와 스퀴시 그리고 텀블플로를 일으킬 수 있는 구조일 것

참고 화염 전파거리

점화플러그의 중심전극에서 연소실 끝 부분까지의 거리를 말한다. 일반적으로 화염 전파거리를 줄이기 위해 연소실의 중앙에 점화플러그가 위치한다.

3.1.4 가솔린기관의 연소실의 형식

연소실의 형식은 흡·배기밸브 및 점화플러그 등의 설치위치, 피스톤헤드의 형상, 냉각방식 등에 따라 달라지며, 실린더헤드도 이와 같은 장치나 부품의 설계방식에 따라 달라질 수 있다.

연소실 형식에는 밸브개폐 기구에 따라 크게 I-헤드형(OHV type : over head valve type), L-헤드형(SV type : side valve type), F-헤드형으로 구분하는데 최근에는 주로 I-헤드형을 사용한다. 소형기관에서는 실린더헤드에 캠축과 밸브개폐 기구를 설치하는데 이를 OHC(over head cam shaft)형이라 부르며 SOHC(single over head cam shaft), DOHC(double over head cam shaft)형으로 구분된다.

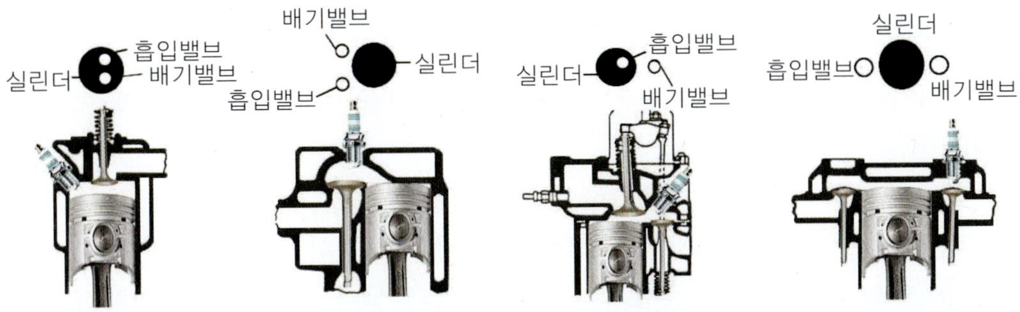

(a) I헤드형 (b) L헤드형 (c) F헤드형 (d) T헤드형

[그림 1-12] **밸브배열에 의한 분류**

I-헤드형인 경우 밸브개폐 기구가 모두 실린더 헤드에 설치되므로 구조는 다소 복잡하나 열효율이 좋고 정비성능이 양호하다. L-헤드형은 밸브개폐 기구가 실린더블록에 설치되고 실린더헤드에는 점화플러그만 설치되므로 구조는 간단해 지나 열효율 및 체적효율이 낮아 현재는 거의 사용하지 않는다. F-헤드형의 경우 흡입밸브는 실린더 헤드에 설치되고 배기밸브는 실린더블록에 설치되므로 밸브지름을 크게 할 수 있어 체적효율은 향상시킬 수 있으나 전체적으로 구조가 복잡해진다.

I-헤드형 기관의 연소실은 형태에 따라 반구형 연소실, 쐐기형 연소실, 지붕형 연소실, 욕조형 연소실 등이 있으며, 일반적으로 승용자동차에서는 반구형을 많이 사용한다.

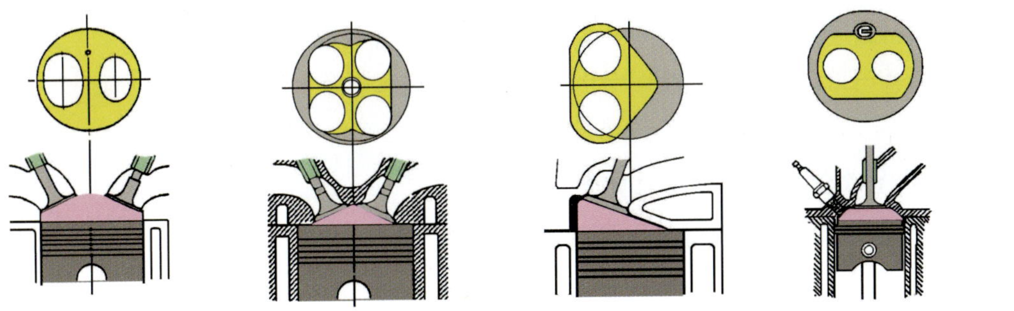

(a) 반구형 연소실 (b) 지붕형 연소실 (c) 쐐기형 연소실 (d) 욕조형 연소실

[그림 1-13] **연소실형식**

[1] 반구형 연소실(semi-spherical type)

① 연소실이 간단하여 체적당 표면적이 작아 열 손실이 적기 때문에 열효율이 높다.
② 점화플러그의 설치위치가 알맞아 화염 전파거리가 짧다.
③ 스퀴시가 없어 압축행정 시에 와류가 발생되지 않아 높은 옥탄가의 연료가 필요하다.
④ 지름이 큰 밸브의 설치가 용이하여 체적효율을 높일 수 있다.
⑤ 고속 안정성이 좋은 DOHC나 SOHC 밸브기구에 적합하다.
⑥ 흡기포트를 오프셋시켜 혼합기의 와류(스월)현상이 촉진되어 단위체적당 출력을 높일 수 있다.
⑦ 스퀴시가 없기 때문에 혼합가스의 냉각이 나쁘다.

[2] 쐐기형 연소실(wedge type)

① 연소실의 체적이 작으며, 고 압축비를 얻을 수 있다.
② 스퀴시에 의해서 와류작용이 양호하고 혼합기가 완전 연소된다.
③ 혼합기가 스퀴시에 의해서 냉각되기 때문에 노킹의 발생이 적다.
④ 혼합기의 연소속도가 낮아 압력상승이 완만하여 작동이 유연하다.
⑤ 밸브의 경사가 20° 전후이므로 흡・배기포트의 굴곡이 적다.
⑥ 스퀴시에 의해서 카본의 퇴적물이 발생된다.

[3] 욕조형 연소실(bathtub type)

① 밸브기구가 간단하며, 지름이 큰 밸브를 설치할 수 있다.
② 스퀴시를 일으킬 수 있어 혼합기의 와류가 촉진된다.
③ 점화플러그의 배치가 용이하며, 고 압축비를 얻을 수 있다.

[4] 지붕형 연소실(pent roof type)

① 연소실 중앙부에 점화플러그가 설치되어 화염 전파거리가 짧고 압축행정시에 와류가 얻어진다.
② DOHC 밸브기구에 적합하며 밸브면적이 커 체적효율이 좋다.
③ 크랭크축 방향으로 밸브가 설치되므로 밸브기구가 간단하다.
④ 흡입밸브 2개 및 배기밸브 2개의 4밸브로 설치하는 것이 가능하다.
⑤ 압축비를 높이기 위해 도움형 피스톤을 사용하기 때문에 열적 부하가 많다.

⑥ 피스톤의 중량이 증대되어 관성력이 커진다.

3.2 밸브개폐기구

밸브개폐기구는 동력전달 계통과는 직접적인 관계는 없으나 기관의 작동 상 중요한 역할을 하는 기구이다. 4행정 사이클 기관의 캠축은 크랭크축 2회전마다 1회전하도록 스프로킷(sprocket)의 기어비율이 구성되어 있으며, 캠축의 회전에 따라 로커 암(rocker arm) 축에 설치된 로커 암이 적절한 시기에 작동되고, 이 로커 암의 운동은 흡입밸브와 배기밸브를 작동시켜 혼합기를 흡입하거나 연소가스를 배출한다.

밸브개폐 기구는 흡・배기밸브, 캠축(cam shaft), 밸브 리프터(valve lifter), 로커 암 어셈블리 등으로 구성되어 있다. 그림 1-14는 일반적인 SOHC와 DOHC의 밸브개폐 기구의 구조를 나타낸다. 최근에는 소음이나 마찰을 줄이기 위하여 로커 암 어셈블리를 제거한 캠에 의한 직접 밸브개폐 방식을 사용하기도 한다.

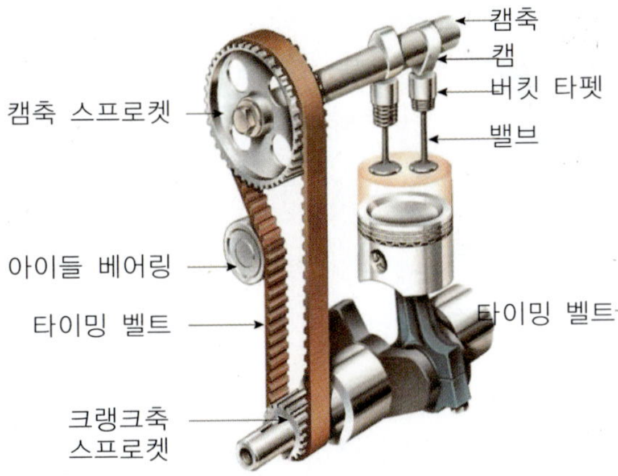

(a) SOHC 엔진의 밸브기구

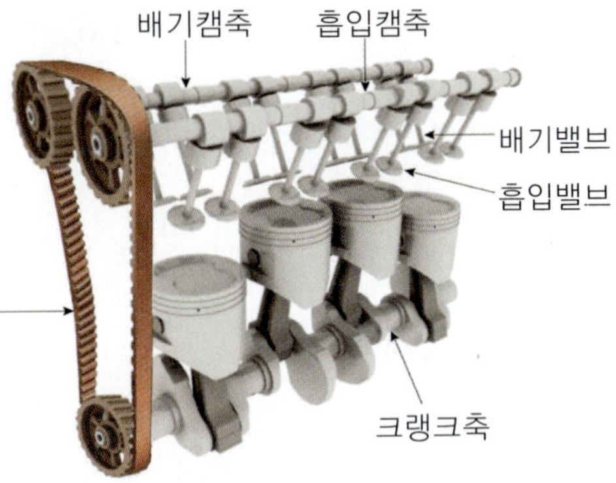

(b) DOHC 엔진의 밸브기구

[그림 1-14] 밸브개폐 기구

3.2.1 밸브개폐기구의 형식

밸브개폐 기구는 캠축의 배치나 밸브의 배치에 따라 그 구성 및 작동요소가 달라지며 밸브의 배치방법에 따라 오버헤드밸브(OHV : over head valve)형, 오버헤드 캠축(OHC : over head cam shaft)형, 사이드밸브(SV : side valve)형 등이 있다.

[1] OHV형 밸브개폐기구

OHV형 밸브개폐기구는 흡·배기밸브를 실린더 헤드에 설치하고 캠축은 실린더 블록에 설치한 것으로 크랭크축의 구동력은 기어를 통하여 캠축으로 전달되며, 캠의 동력이 밸브 리프터(valve lifter)를 거쳐 푸시로드(push rod)에 전달된 후 로커 암을 통하여 밸브가 개폐되는 형식이다.

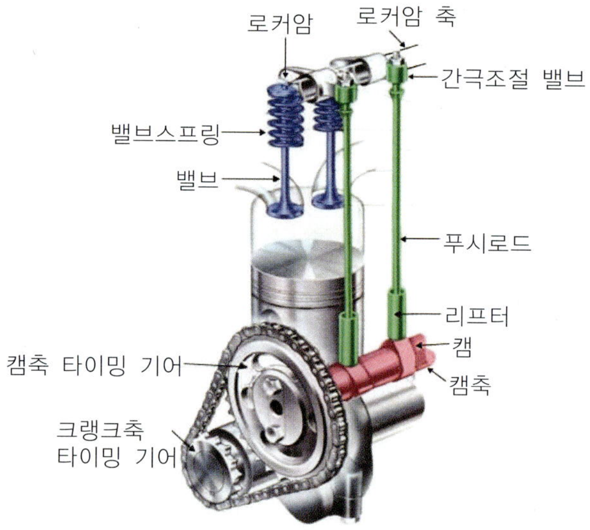

[그림 1-15] OHV엔진의 밸브기구

[2] OHC형 밸브개폐기구

OHC형 밸브개폐기구는 OHV형과 마찬가지로 흡·배기밸브가 실린더 헤드에 설치되며, 실린더헤드 위쪽에 캠축이 설치되는 형식이다. 푸시로드와 밸브 리프터가 없으며, 캠축에 의해 직접 밸브를 개폐하는 방식과 로커 암에 의한 간접 개폐방식이 있다. 그리고 1개의 캠축을 사용하여 흡·배기밸브를 개폐하는 SOHC(single over head cam shaft)방식과 흡·배기밸브를 2개의 캠축으로 각각 개폐하는 DOHC(double over head cam shaft)방식이 있다.

DOHC방식은 실린더헤드의 구조가 다소 복잡해지고 캠축을 윤활하기 위하여 OHV 방식보다 많은 양의 윤활유를 공급해야 하나 밸브개폐 기구의 운동부분 관성력이 작아 밸브의 가속도를 높일 수 있으므로 고속운전 영역에서 밸브의 개폐가 안정되어 고속에서 안정성을 확보할 수 있다.

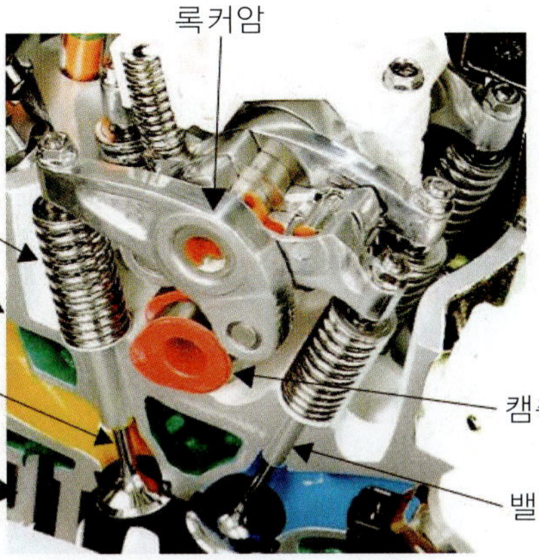

[그림 1-16] **OHC엔진의 밸브기구**

3.2.2 캠축과 캠(cam shaft & cam)

[1] 캠축

캠축은 흡입밸브와 배기밸브를 개폐시켜 주는 장치로 기관에 설치된 흡·배기밸브 수와 동일한 수의 캠과 캠축을 실린더헤드에 지지하는 저널이 일체로 되어 있다. 캠축의 재질은 일반적으로 내마모성이 큰 강철이 사용되며, 캠의 표면은 경화처리 하여 장시간 사용으로 인한 로브(robe)부분의 마모로 밸브개폐 시기나 밸브 양정(valve lifting)에 영향을 주지 않도록 하고 있다.

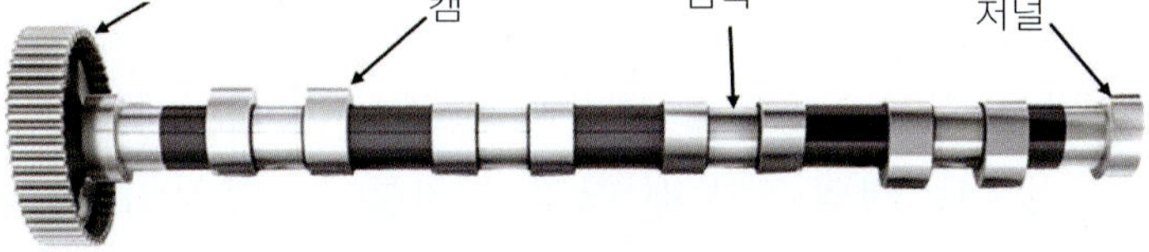

[그림 1-17] **캠축의 구조**

(1) 기초원(basic circle)

캠의 기초가 되는 원이다.

(2) 플랭크(flank)

캠축이 회전하여 밸브가 열리는 시점에서 완전히 열리는 시점까지 캠과 태핏의 접선부분을 말한다.

(3) 노즈(nose)

밸브가 완전히 열렸을 때 태핏과 접하는 부분으로 캠의 맨 윗면을 말한다.

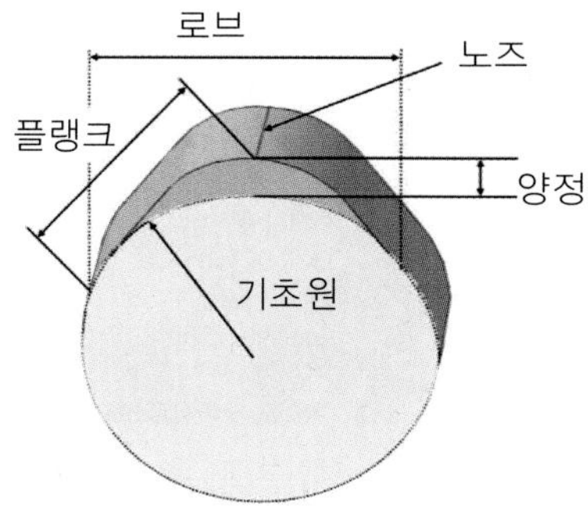

[그림 1-18] **캠의 명칭**

(4) 로브(lobe)

밸브가 열리는 시작점에서 밸브가 완전히 닫히는 끝점까지의 직선거리를 말한다.

(5) 양정(lift)

밸브가 열리는 높이로 전체 캠의 높이에서 기초원을 뺀 값을 캠 양정이라 하며 흡기와 배기에 큰 영향을 미친다.

[2] 캠(cam)

캠은 회전운동을 직선 왕복운동으로 변환시켜 주는 장치이다. 그림 1-19는 리프터의 작동을 나타내는 것으로 캠의 장경과 단경의 차를 캠 양정(lift)이라 한다. 캠 형상의 종류는 접선캠(tangential cam), 오목캠(concave cam), 볼록캠(convex cam) 등이 있다. 캠축이 회전하면 캠의 회전운동은 리프터의 직선 왕복운동으로 변하여 로커암을 작동시킨다.

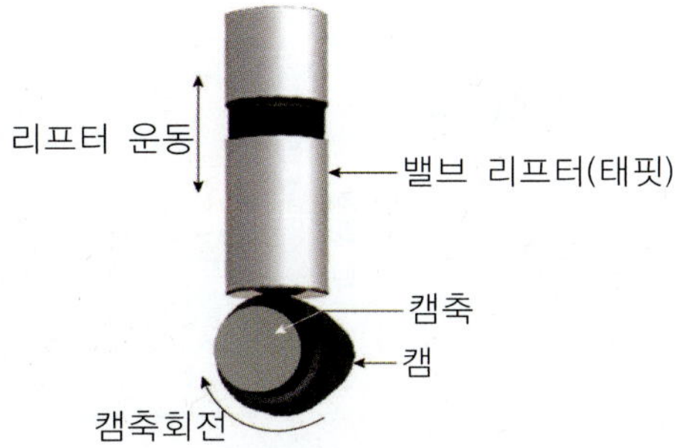

[그림 1-19] **캠과 리프터의 작동**

3.2.3 밸브 리프터와 로커 암(valve lifter & rocker arm)

밸브 리프터는 캠의 회전운동을 상하운동으로 바꾸어 밸브를 개폐하는 장치이다.

[1] 유압방식 밸브 리프터(hydraulic valve lifter)

밸브개폐 기구는 대부분 금속으로 되어 있기 때문에 기관의 온도상승에 따라 팽창한다. 따라서 열팽창을 고려하여 밸브 스템 끝과 로커 암사이에 적정의 간극을 두는데 이 간극을 밸브간극(valve clearance)이라 하며, 간극이 불량할 경우 밸브개폐 시기에 영향을 준다. 유압방식 밸브 리프터는 이러한 밸브간극을 자동으로 조정하는 것으로 윤활유의 비압축성을 이용하여 기관의 작동온도에 관계없이 항상 밸브간극을 0으로 유지해 주므로 제로 래시 어저스터 또는 오토 래시 어저스터라고도 한다.

유압방식 밸브 리프터의 구성요소는 리프터 보디, 플런저(plunger), 체크밸브(check valve), 리테이너(retainer), 플런저 스프링(plunger spring) 등으로 되어있다. 유압방식 밸브 리프터는 밸브간극을 점검할 필요가 없으며, 밸브개폐 시기가 정확하므로 기관의 성능이 향상됨과 동시에 작동 소음을 줄일 수 있으나 구조가 다소 복잡해지고 항상 윤활장치로부터 일정한 압력의 윤활유를 계속 공급받아야 한다. 그림 1-20은 일반적인 유압방식 밸브 리프터의 구조를 나타낸 것이다.

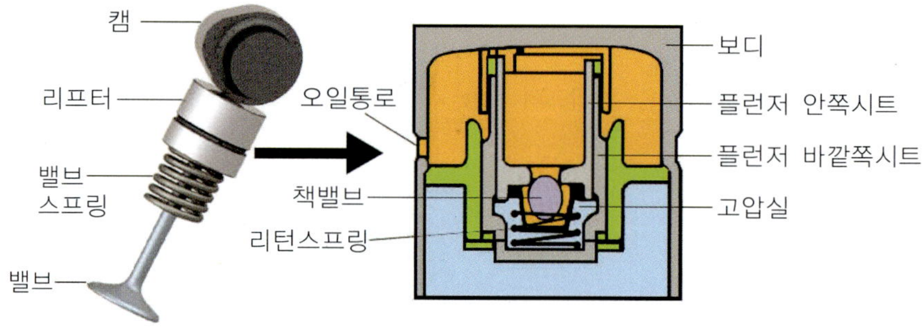

[그림 1-20] **유압 리프터 구조**

그림 1-21은 유압식 밸브 리프터의 작동원리를 나타내었다. 그림 1-21의 (a)는 캠축의 캠은 보정기(hydric)에 압력을 가하지 않고 뒤쪽과 함께 보정기를 향하여 회전하고 그 사이에는 작은 간격이 있다. 그림 1-21의 (b)는 보정기 내부의 플런저 스프링은 플런저를 슬리브 밖으로 밀어낸다. 이때 플런저 아래에 캐비티(Cavity)가 형성되고 몸체의 정렬된 채널과 구멍을 통해 가압 오일이 채워지면, 오일의 양이 원하는 수준으로 올라가고 볼 밸브는 스프링으로 닫힌다. 푸시가 캠에 기대어 있고 플런저의 움직임이 멈추고 오일 채널이 닫히면 간격이 사라진다. 그림 1-21의 (c)는 캠이 회전하기 시작하면 유압 리프터를 밀어 아래로 움직인다. 축적된 오일 부피로 인해 플런저의 힘이 밸브로 전달되어 밸브가 열린다. 아래쪽으로 이동하는 동안 일부 오일이 플런저 아래의 캐비티 밖으로 흐른다. 캠이 활성 단계를 통과한 후 작업 주기가 다시 반복된다.

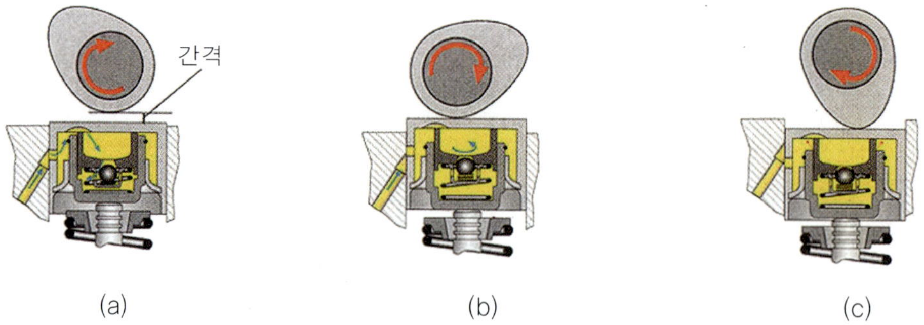

[그림 1-21] **유압식 밸브 리프터의 작동원리**

[2] 로커 암(rocker arm)

로커 암은 캠이나 푸시로드의 운동을 밸브 스템 끝에 전달하여 밸브를 열어 주는 장치이다. OHV형 기관에서는 밸브 리프터와 로커 암 사이에 속이 빈 긴 강철제의 푸시로드를 사용하나 대부분의 소형 가솔린 기관과 같은 OHC형 기관에서는 캠이 직접 로커 암을 작동시키는 구조로 되어 있다. DOHC형 기관에서는 로커 암이 없고 캠이 직접 밸브 리프터를 눌러 밸브를 개방시키며, 리프터는 유압방식을 사용한다.

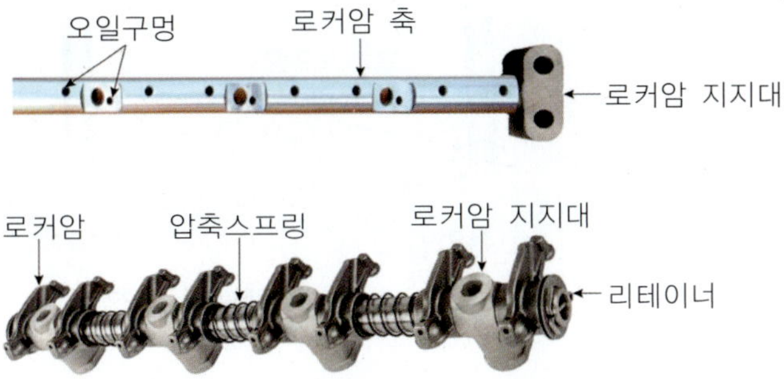

[그림 1-22] **로커 암 어셈블리의 구조**

로커 암은 실린더 헤드의 로커 암 축(rocker arm shaft)에 그 중앙부분이 지지되어 있으나 약 1.5 : 1 정도로 오프셋 되어 있다. 로커 암은 한쪽 끝이 캠이나 푸시로드에 의하여 올려 지면 다른 한쪽 끝은 밸브 스템 끝을 눌러 밸브를 개방시킨다. 또, 캠이나 푸시로드와 로커 암이 접하는 부분에는 밸브간극을 조정할 수 있는 조정 스크루와 고정너트가 설치되어 있다.

3.2.4 밸브(valve)

밸브는 공기나 혼합기를 연소실 안으로 흡입하거나 연소가스를 배출시키기 위한 것으로 각 실린더에는 적어도 1개 이상의 흡입밸브와 배기밸브가 각각 설치되어야 하며 DOHC기관에서는 2개의 흡입밸브와 1~2개의 배기밸브가 설치된다.

밸브구조는 그림 1-23과 같이 밸브헤드, 밸브면(valve face), 밸브 스템(valve stem) 등으로 되어있다. 기관의 출력은 밸브헤드 지름의 크기에 밀접한 관계를 가지며 지름이 크면 흡·배기 효율이 좋으나 공간적 제약이 따른다.

일반적으로 흡입밸브 헤드의 지름을 배기밸브 헤드의 지름보다 다소 크게 하는데, 이것은 흡입밸브 헤드를 가능한 한 크게 하여 흡입효율을 향상시키기 위함이며, 연소가스의 배출속도는 배기행정을 할 때 실린더 내 잔류압력으로 빠르며 배출 소요시간이 짧기 때문에 배기밸브 헤드의 지름을 작게 한다.

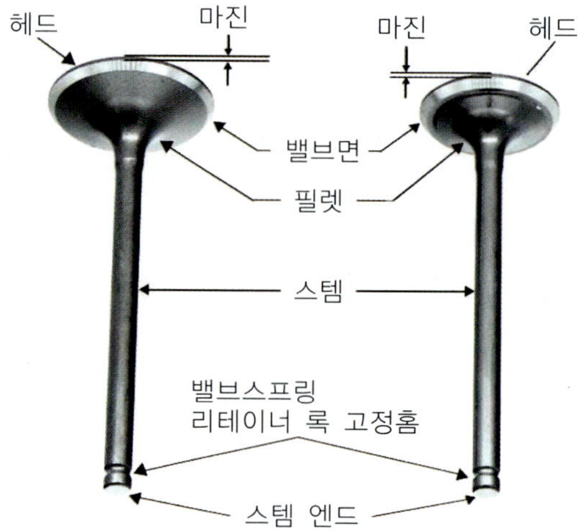

(a) 흡입밸브 (b) 배기밸브

[그림 1-23] **밸브의 구조**

[1] 밸브 헤드(valve head)

밸브 헤드는 고온·고압의 가스에 노출되는 부분으로 배기밸브는 열 부하(熱 負荷)가 매우 크므로 내열성이 크고, 열전도가 양호하며 내구성이 양호하고, 가스의 유동저항이 작고 흡·배기효율이 좋아야 한다. 헤드의 형상에는 플랫형(flat type), 튤립형(tulip type), 반 튤립형(semi-tulip type), 버섯형(mushroom type) 등이 있다.

[표 1-3] **밸브헤드 형상 및 특징**

종 류	형 상	특징 및 사용처
플랫형(Flat head)	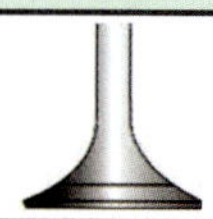	• 밸브헤드 편평 • 가격 저렴 • 가장 많이 사용
튤립형(Tulip head)		• 견고하고 가벼움 • 밸브시트 변형에 잘 적응 • 흡기밸브로 사용시 난류유동 촉진하여 연료·공기 혼합 촉진 • 열을 받는 면적이 넓은 단점이 있다.
반 튤립형 (Semi-tulip head)	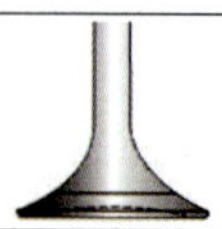	• 튤립형의 단점 보완 • 제작이 용이하여 많이 사용
버섯형 (Mushroom head)	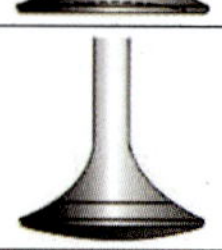	• 무게증가 • 열을 받는 면적 증가 • 배기밸브로 사용시 연소가스 유동특성 향상

[2] 밸브 마진(valve margin)

마진의 두께는 밸브의 기능상 매우 중요하며 일반적으로 1.2㎜ 이상의 두께를 갖고 있고 두께가 얇으면 고온과 밸브작동의 충격으로 밸브시트에 접촉될 때 변형이 되거나 불완전한 접촉 등으로 기밀유지가 어려워지므로 0.8㎜ 이하가 되면 교환해야 한다.

[3] 밸브 면(valve face)

밸브 면은 밸브시트에 밀착되어 기밀작용을 하고 밸브헤드에 작용하는 열을 시트에 전달하며 작동시 충격적으로 작동되어 내마멸성이 커야하므로 표면경화 처리한다. 밸브면의 각도는 60°, 45°, 30° 가 있으나 일반적으로 45° 를 많이 사용한다.

[4] 밸브 스템(valve stem)

밸브 스템은 밸브가이드 내부를 왕복운동하며 밸브헤드에 받는 열을 밸브가이드를 통해 방출하고 가이드와 스템사이에는 윤활이 충분하지 않으므로 마멸을 고려하여 경도가 커야 한다. 또한 밸브 고착에 의한 밸브스틱(valve stick)현상을 방지하기 위하여 크롬 도금이나 질화처리를 하고 열팽창을 고려하여 스템의 직경과 차이를 두기도 한다.

참고 밸브스틱과 질화처리

① 밸브스틱(valve stick) : 카본 퇴적, 윤활불량 등으로 밸브나 밸브가이드가 고착되어 움직이지 않는 현상을 말한다.

② 질화처리 : 알루미늄(Al), 크롬(Cr), 몰리브덴(Mo) 등을 혼합한 합금강에 질소를 침투시켜 경도가 증가되면서 내마멸성, 내식성이 향상되고 500℃ 정도의 고온에서도 경도를 유지한다.

[5] 밸브스프링 리테이너 록 홈(valve spring retainer lock groove)

이 홈은 밸브스프링에 밸브를 설치하기 위한 홈으로 록(lock)이나 키(key)가 끼워진다.

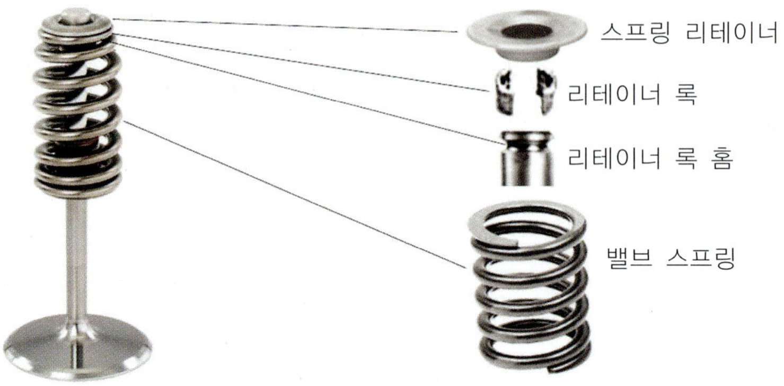

[그림 1-24] **밸브장치**

[6] 밸브시트(valve seat)

밸브시트는 밸브 면과 밀착되어 연소실의 기밀을 유지하며 밸브 작용시 밸브 면이 시트에 충격을 주게 되어 손상되지 않도록 설계된다. 밸브시트 방식은 일체식과 삽입식이 있으며 실린더헤드가 주철제인 경우에는 일체식으로 만들며 경합금일 경우에는 밸브시트 링을 만들어 끼우는 삽입식이 사용된다. 밸브시트 각도는 밸브 면과 마찬가지로 30° 와 45° , 60° 의 것이 있으며 작동 중 열팽창을 고려하여 밸브 면과 시트사이에는 1/4~1° 정도의 간섭각을 두고 있다.

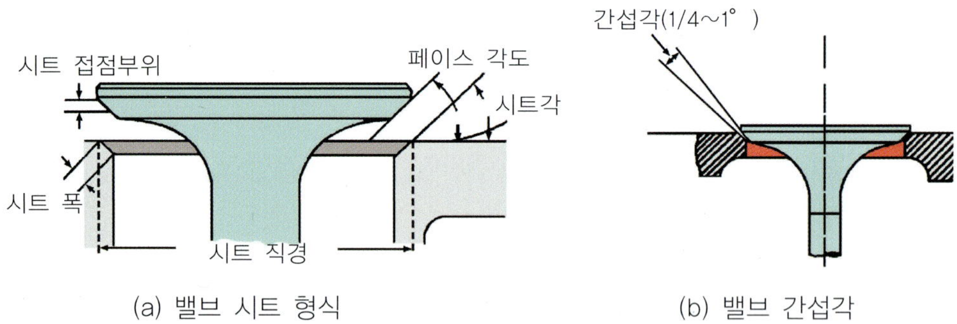

(a) 밸브 시트 형식　　(b) 밸브 간섭각

[그림 1-25] **밸브시트와 간섭각**

밸브가 접촉시에는 매우 큰 충격을 받아 밸브시트가 점차 마모된다. 이 현상을 밸브 시트리세션(valve seat recession)이라 한다.

알루미늄헤드는 물론이고 주철제 헤드도 소결합금 등으로 만든 시트 링을 끼워 시트 부분의 마모를 방지한다. 밸브시트 폭이 크면 밸브 방열은 좋으나 시트에 이물질의 퇴적량이 많아져 기밀불량 되며, 밸브시트 폭이 좁으면 기밀유지는 되나 방열 불량으로 밸브 과열을 초래한다.

[7] 밸브가이드(valve guide)와 스템실

밸브가이드는 밸브의 밀착이 잘되도록 밸브 스템을 안내하는 역할을 하며 실린더헤드나 블록에 구멍을 뚫어 가이드로 만든 직접식과 주철제로 가이드를 만들어 압입하여 사용하는 교환식이 있다. 또한 교환식에는 일체식과 분할식이 있다. 배기쪽에는 카본에 의한 밸브고착을 방지하기 위한 여유로 보어(bore)를 조금 깎아내는 경우가 많으며 이것을 카운터 보어라 한다. 밸브 가이드에 스템실이 정확히 장착되어야만 기밀을 유지할 수 있다.

엔진이 작동하는 과정에서 실린더 내에 강한 진공이 형성되기 때문에 흡입밸브의 경우 밸브 가이드를 통과한 엔진 오일은 연소실로 침입을 한다. 이때 스템실이 기능을 못하면 시동할 때 연소실의 온도가 낮을 경우 푸른색의 배기가스가 나오고 엔진이 워밍업 되었을 경우 백색연기가 나온다.

[그림 1-26] 밸브가이드 및 스템실

[8] 밸브스프링 리테이너 및 록(valve spring retainer and lock)

밸브스프링은 실린더헤드 또는 블록과 스프링 리테이너사이에 끼워진다. 리테이너 록은 원뿔형, 핀형, 말굽형이 있다. 원뿔형의 것이 주로 사용되며 리테이너 록 홈에 끼워져 밸브스프링을 고정하고 밸브 작동시 밸브와 함께 운동한다.

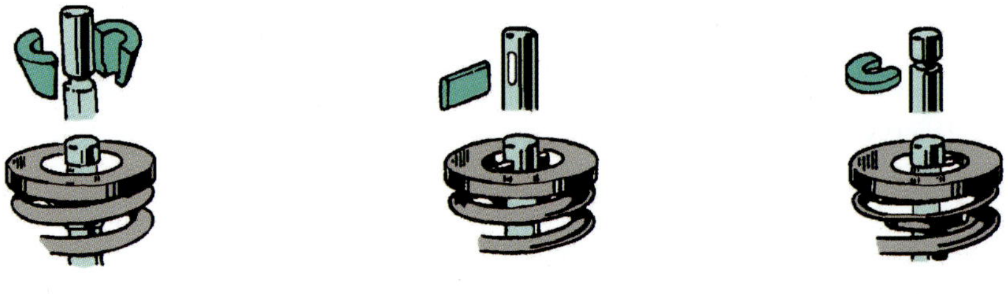

(a) 원뿔형　　(b) 핀형　　(c) 말굽형

[그림 1-27] **밸브스프링 리테이너와 록**

[9] 흡·배기 밸브스프링

밸브스프링은 압축과 동력행정에서는 스프링 장력에 의해 밸브 면을 시트에 밀착시켜 기밀을 유지하고 흡입과 배기행정에서는 캠의 형상에 따라 적절히 압축되면서 밸브가 열린다. 밸브스프링은 미리 약간 압축된 상태로 장착되기 때문에 초기 장력이 주어져 있다. 스프링 장력이 크면 기밀력도 유지되고 닫힐 때의 충격에 위해 시트에 쌓인 카본 퇴적물도 분쇄되지만 밸브가 열릴 경우엔 스프링 장력에 의해 밸브 면과 밸브 시트, 캠축의 캠과 로커암 끝 그리고 밸브 스템 끝이 손상된다.

(a) 부등 피치 스프링　　(b) 이중 스프링　　(c) 원추형 스프링

[그림 1-28] **밸브스프링의 형식**

반대로 스프링 장력이 너무 작으면 기밀 유지가 힘들고 고속에서는 밸브스프링의 서징 현상을 유발시킨다.

밸브스프링 서징(surging)현상은 밸브스프링이 지닌 고유 진동수가 캠축에 의해 받는 강제 진동수와 일치할 때 발생하는 공진현상으로 스프링이 약하거나 스프링 장착 높이가 부적당할 경우 또는 엔진 회전속도가 과도하게 높을 때 발생한다. 그러므로 밸브스프링 장력은 엔진 조건에 맞게 설계되어야 한다. 서징현상이 일어나면 밸브가 열릴 때 규정 값 이상 열려 밸브헤드와 피스톤 헤드가 충돌하는 점프현상이 일어나거나 밸브 개폐 시기가 맞지 않아 엔진 부조현상을 유발하고, 밸브기구 파손으로 연결된다.

밸브 스프링 서징현상을 방지하는 방법으로는 부동피치스프링 사용, 고유진동수가 다른 2중 스프링 사용, 부등피치의 원추형 코일스프링 사용 이 외에도 스프링의 고유 진동수를 높인다든지 캠의 형상을 개량하는 방법 등이 있다.

밸브스프링을 이중으로 조합하면 밸브스프링의 고유진동수를 높여 밸브서징 현상을 방지가능하고 아울러 밸브 스프링 1개가 절손되는 경우에도 밸브는 정상 작동한다. 하중은 바깥쪽 큰 스프링이 60%, 내측이 40% 정도를 감당한다. 스프링에 아무런 하중도 가하지 않은 상태에서 스프링 길이가 스프링의 자유 높이이며 원래 길이의 3% 이상 감소하거나 장력이 규정 장력의 15% 이상 감소와 직각도는 스프링 자유 높이의 3%(일반적으로 승용차는 1.5㎜) 이상 줄어들면 스프링을 교환하여야 한다.

3.2.5 밸브간극

밸브기구는 엔진 작동 중에 마모가 발생하고 작동 온도가 되면 팽창한다. 따라서 밸브가 닫혀 있을 때에는 기밀을 완벽히 유지하고 정확한 밸브 개폐시기를 얻기 위해 로커 암과 밸브 스템 끝 사이에 일정한 틈새가 필요한데 이것을 밸브간극이라 한다.

일반적으로 밸브간극은 흡입밸브보다 배기밸브의 간극이 크다. 배기밸브가 흡입밸브보다 온도가 높아 열팽창이 크기 때문인데 흡입밸브의 간극은 0.15~0.25㎜이고 배기밸브의 간극은 0.25~0.35㎜ 정도이다. 밸브간극의 측정과 조정은 밸브가 닫힌 상태에서 하며 기타의 측정조건(냉간 상태/열간 상태) 등은 정비지침서에 따른다. 가능하면 엔진이 작동 온도에서 정지되었을 때 필러 게이지로 측정이나 조정하는 것이 가장 좋다.

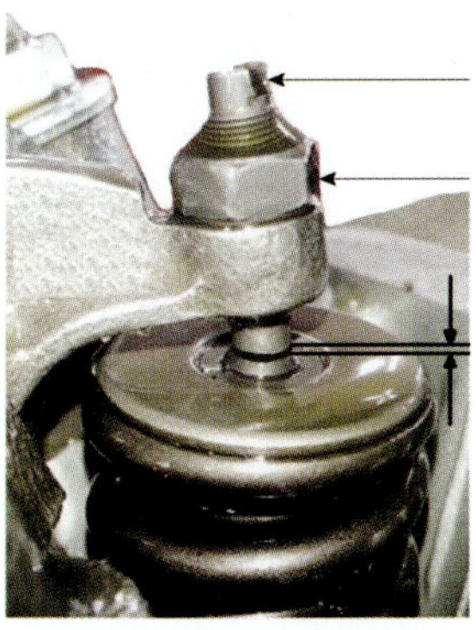

(a)

(b)

[그림 1-29] **밸브간극 조정**

[1] 밸브개폐 시기

엔진은 혼합기를 흡입하고 배기가스를 배출하는 일종의 펌프작용을 하기 때문에 가급적이면 많은 양의 혼합기를 낮은 흡입저항으로 흡입하고 배기가스를 원활히 배출함으로써 출력을 향상시킬 수 있다.

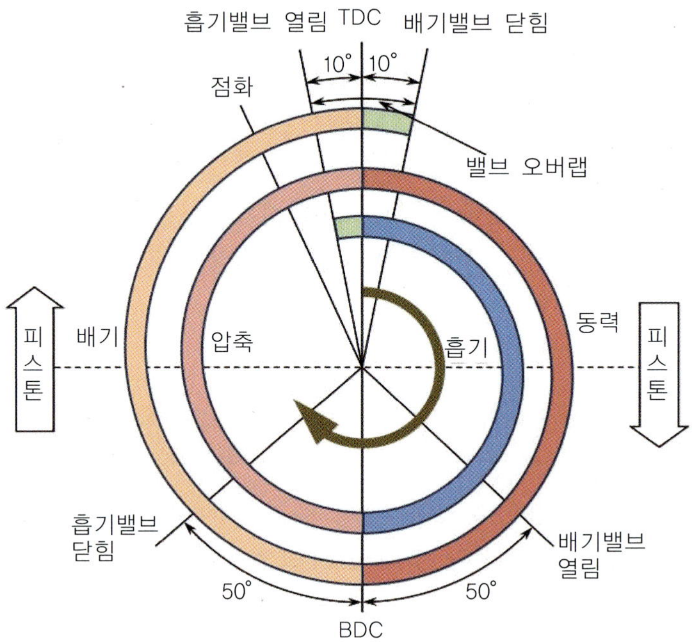

[그림 1-30] **4행정 사이클의 밸브개폐시기 선도**

그림 1-30은 4행정 사이클 엔진의 밸브 개폐시기 선도이다. 흡입밸브는 상사점 전에서 약간 빨리 열어주어 흡입행정이 시작될 때 유효 유동면적을 크게 하여 체적효율을 향상시킨다. 또한 실린더 내의 압력이 흡기다기관의 압력과 거의 같아지는 상사점 후에 흡입밸브를 닫아주어 흡입기간을 길게 한다.

밸브 개폐 시기 선도에서 흡입밸브가 열려 있는 기간을 그림 1-30에서 크랭크축의 회전 각도로 표시하면 10° + 180° + 50° = 240° 이다. 한편 배기밸브는 동력행정 말기의 하사점 전에서 열리는데 이는 유효 팽창 비율과 팽창일은 감소되지만 피스톤이 하사점에서 상사점으로 올라갈 때 펌프 일이 감소되어 보상된다. 배기밸브는 상사점 후에서 닫힌다. 이때 배기밸브가 열려 있는 기간은 크랭크축의 회전각도로 50° + 180° + 10° = 240° 이다. 이렇게 흡입밸브와 배기밸브를 약간 빨리 열고 늦게 닫으면 배기행정 말기, 흡입행정의 초기에 피스톤이 상사점 부근에 있을 때 흡입밸브와 배기밸브가 동시에 열려 있다. 이를 밸브 오버랩(valve overlap)이라 하는데 고속 엔진과 고급엔진에서는 특히 이 기간을 길게 한다. 밸브 오버랩이 길면 고속회전에서 맥동효과와 관성효과를 효과적으로 이용할 수 있어 체적 효율이 향상된다.

그러나 밸브 오버랩이 너무 길면 공전할 때와 저속에서 배기가스가 역류하여 역화 현상을 일으키고 흡기다기관을 오염시킬 수 있다. 또한 전 부하상태에서는 일부 미연소 혼합기가 바로 연소실을 통과하여 배출되므로 연료소비율도 좋지 않게 된다. 특히 공전에서는 연소실의 잔류 가스량이 증가하여 엔진 부조현상이 일어나기 쉽다.

3.3 밸브타이밍 가변제어 타이밍장치(VVTS : Variable Valve Timing System)

[1] 밸브타이밍 가변제어 타이밍장치 개요

자동차 운행 중에 회전대역에 따라 흡기나 배기 밸브의 개폐 타이밍이나 개폐량, 개폐시간을 바꿀 수 있게 한 기구이다. 즉, 기관의 회전속도가 높은 곳과 낮은 곳에서는 최적의 밸브 타이밍이 다르기 때문에 흡기 밸브는 회전속도가 낮은 곳에서는 느리게, 고속회전에서는 빠르게 열리도록 하는 것이 바람직하다. 따라서 흡기측의 캠 스프로킷에 유압으로 작동하는 스위치를 두어 기관의 회전속도가 일정 속도 이상이 되면 캠 샤프트를 조금 회전시켜 캠이 흡기 밸브를 빠르게 누르게 한다. 이것이 밸브타이밍 가변제어 타이밍장치(VVTS)이다.

[2] 가변제어 타이밍 사용목적

① 유해배출 가스를 감소시킬 수 있다.
② 연료소비율을 향상시킬 수 있다.
③ 기관의 성능을 향상시킬 수 있다.
④ 공전운전을 안정시킬 수 있다.

[3] 가변제어 타이밍 종류

[그림 1-31] VVT 구조

(1) VVT(Variable Valve Timing)

① 밸브 타이밍과 밸브 개폐 기간 모두를 변화시킬 수 있는 시스템이다.

② 캠축은 흡기밸브와 배기밸브에 대하여 3개의 돌출부를 가지고 있는 시스템이다.

③ 로커암은 내장된 유압 피스톤을 가지고 있으며, 돌출부의 형상이 서로 달라 개폐기간 차이가 생기는 특징을 가지고 있다.

④ 중앙 캠 돌출부는 고 회전을 위한 것이고, 첫 번째와 두 번째의 캠 돌출부는 저회전을 위한 기능을 하는 시스템이다.

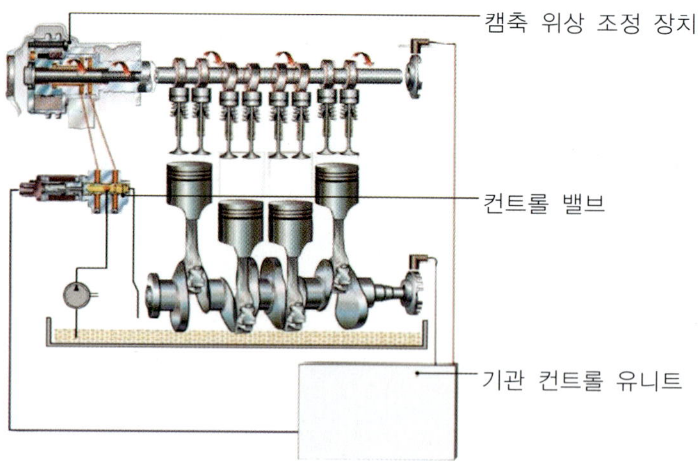

[그림 1-32] VVT 작동도

(2) CVVT(Continuously Variable Valve Timing)

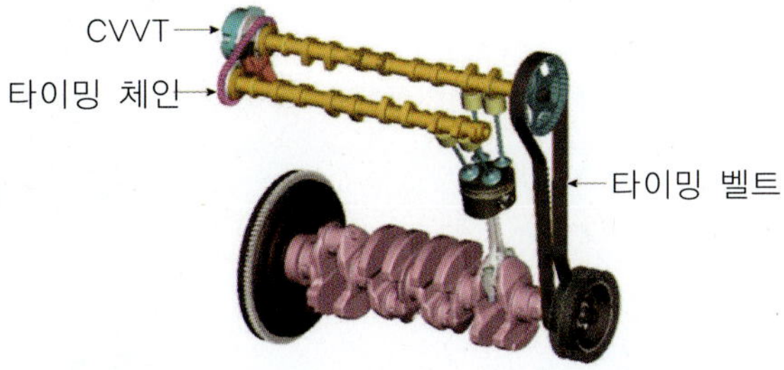

[그림 1-33] CVVT

기관 회전수와 액셀러레이터가 열린 정도에 따라 밸브의 개폐 타이밍을 연속적으로 바꿀 수 있는 시스템이다. 기본 구성은 캠 샤프트가 연결되어있는 내축 챔버와, 타이밍 시스템(체인, 벨트 등)과 연결되어 기관으로부터 동력을 받는 외장 시스템, 현재의 타이밍을 측정할 수 있는 센서류, 그리고 조절 장치로 구성된다. 기어와 벨트로 연결되어 돌아가는 와중에 벨트는 그대로 돌아가면서 그 안에서 오일을 통한 유압을 통해 캠축을 살짝살짝 앞으로, 뒤로 돌려서 타이밍을 조절하는 방식이다. 구간뿐 아니라 열리는 깊이도 조절한다.

(3) CVVL(Continuously Variable Valve Lift)

CVVT와 달리 CVVL은 밸브가 열리는 타이밍뿐만 아니라 리프트가 얼마만큼 열리는지 까지 바꿔주어 기관 회전수 및 차량 부하 상태에 따라 밸브 리프트를 연속 가변적으로 제어하여 최적의 흡입 공기량을 제공하는 장치이다. 기관 실린더 헤드의 흡기캠과 밸브 사이에 장착되며 캠 샤프트의 동력을 전달받아 기관 회전 속도에 따라 흡기밸브의 리프트 양을 연속 가변적으로 제어하야 기관 성능 및 효율을 향상시킬 수 있으며, 연비 향상 및 배기가스 청정화에 기여한다.

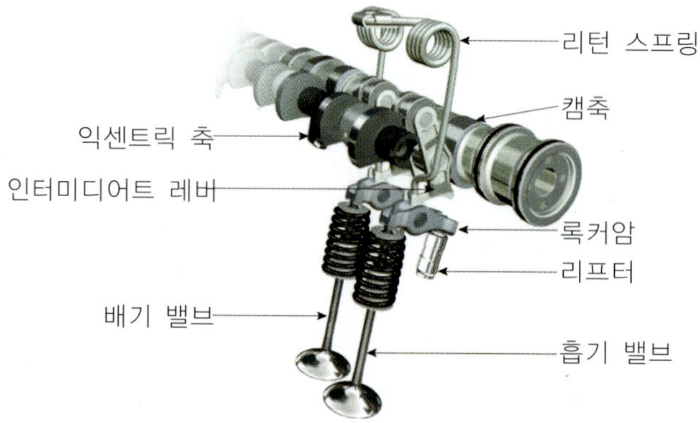

[그림 1-34] CVVL 구성품

(4) CVVD(Continuously Variable Valve Duration)

밸브의 열림, 닫힘, 개폐시간을 독립적으로 제어할 수 있는 기술이다. 이것은 성능과 연비를 모두 향상시킨다. 밸브 듀레이션은 밸브가 열려있는 기간을 뜻하며, 듀레이션이 길다는 것은 밸브가 오랫동안 열려 있다는 것이고, 듀레이션이 짧다는 것은 밸브가 짧은 시간동안만 열리는 것이다.

기관을 설계할 때 듀레이션이 결정되면 그 시간은 바꿀 수 없었다. 이런 이유로 성능과 효율을 모두 향상시키는데 제한이 있었다. 아킨슨 엔진처럼 흡기 듀레이션을 일반 기관보다 길게 설계할 수 있다면 연비가 좋아지나, 이런 방식은 기관의 성능이 떨어지는 단점을 갖고 있다. 기관 운전 조건에 따라 기존 아킨슨 기관보다 더 긴 밸브 듀레이션을 사용할 수 있어 연비가 더 우수하고, 특정 조건에서는 기존 일반 기관보다 더 짧은 밸브 듀레이션을 사용하여 성능을 개선할 수 있다.

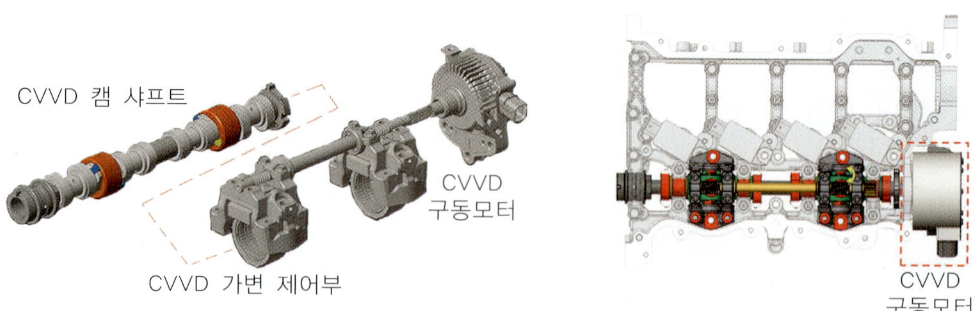

[그림 1-35] CVVD 구성품

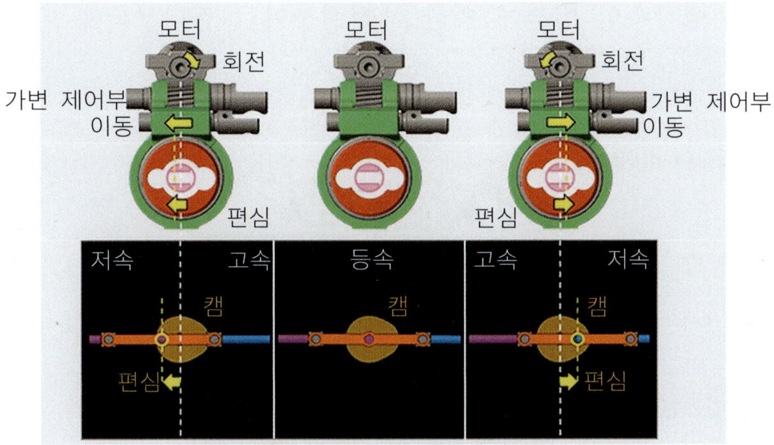

[그림 1-36] **CVVD 기구 작동 원리**

CVVT는 밸브 듀레이션이 고정된 상태에서 밸브 타이밍을 최적화하기 때문에 밸브의 열림 시점과 닫힘 시점이 적절히 절충된 밸브타이밍으로 설계된다. 반면에 CVVD는 기관의 운전 조건별로 최적의 밸브 타이밍을 실현하는 기술이다. CVVD는 CVVT보다 연비를 더욱 더 향상할 수 있다. 또한 CVVD는 배출가스를 저감하는데 최적화된 밸브 타이밍도 구현할 수 있어 환경 문제 개선에도 큰 도움이 된다. 동력전달 경로는 캠샤프트 회전 → 휠 롤러(회전/슬라이딩) → 휠(회전) → 롤러캠(회전) → 캠(슬라이딩)순이다. 캠은 휠과 연결되어 있으며 휠의 속도에 따라 회전속도가 바뀐다.

3.4 실린더블록(cylinder block)

3.4.1 실린더블록의 개요

그림 1-37은 실린더블록의 구조를 나타낸 것으로, 실린더블록은 기관의 기본 골격이 되는 부분으로 강도가 커야 하며, 실린더, 피스톤-커넥팅로드, 크랭크축 등이 설치된다. 재질은 내마멸성, 내부식성이 양호하고 주조와 기계가공이 쉬운 주철을 사용하나 규소(Si), 망간(Mn), 니켈(Ni), 크롬(Cr) 등을 포함하는 특수주철 또는 알루미늄 합금으로 된 것도 있다. 실린더블록 안쪽에는 실린더가 설치되며, 실린더 바깥둘레에는 냉각용 물재킷(water jacket) 또는 냉각핀(cooling fin)이 부착되어 있다.

자동차용 가솔린기관은 4~8개의 실린더를 지니나 이들 실린더는 각각 주조하는 것이 아니라 실린더블록과 일체로 주조하는 것이 일반적이다. 실린더블록 옆면에 설치된 코어 플러그(core plug, 동파방지용 플러그)는 물재킷을 주조할 때 내부에 있는 가스를 배출시키고, 냉각수의 빙결에 의한 체적팽창이 실린더블록에 미치는 균열현상을 없애기 둔 것이다.

[그림 1-37] **실린더블록의 구조**

실린더블록 윗면에는 실린더헤드가 설치되고 아랫면에는 윤활유를 저장하는 오일 팬(oil pan, 아래 크랭크 실)이 설치된다. 그리고 실린더블록 아래쪽 중앙부위에는 크랭크축이 설치될 수 있도록 정밀가공 되어 있다. 실린더블록 윗면과 실린더헤드 아랫면은 헤드개스킷을 사이에 두고 서로 결합되어 있다. 실린더블록은 연소실 내의 폭발압력, 연소열, 헤드볼트의 불균일한 조임 및 조임 순서의 불량, 냉각수의 동결 등으로 인하여 변형이나 균열이 발생할 수 있으며, 이로 인하여 냉각수, 윤활유 및 가스의 누출 등으로 기관의 성능이 저하되는 원인이 된다.

3.4.2 실린더(cylinder)

실린더는 그 내부에서 피스톤이 상하운동을 하도록 하는 안내 역할과 압축 또는 폭발행정에서의 연소 또는 혼합가스의 밀봉작용을 한다. 실린더에는 실린더블록과 동일한 재질로 된 일체형과 라이너(liner, sleeve)를 별도로 제작하여 끼워 넣는 방식이 있다.

일반적으로 실린더의 길이는 피스톤 행정의 약 2배로 진원으로 가공되어 있으며, 연소가스가 새지 않아야 하고 동시에 마찰과 마모가 적어야 한다. 그리고 실린더는 고온, 고압의 연소가스에 노출되기 때문에 충분한 강도와 일정한 온도(200~300℃)에서 작동될 수 있도록 열전도율이 좋아야 하며, 피스톤의 왕복운동(피스톤 평균속도 약 10~15m/s)에 충분히 견딜 수 있는 내마멸성이 우수한 재질을 사용해야 한다. 따라서 이와 같은 마모를 최소화하기 위하여 실린더 내면을 크롬(Cr)도금 하기도 한다. 실린더의 크기는 실린더 안지름과 피스톤 행정에 따라 달라진다.

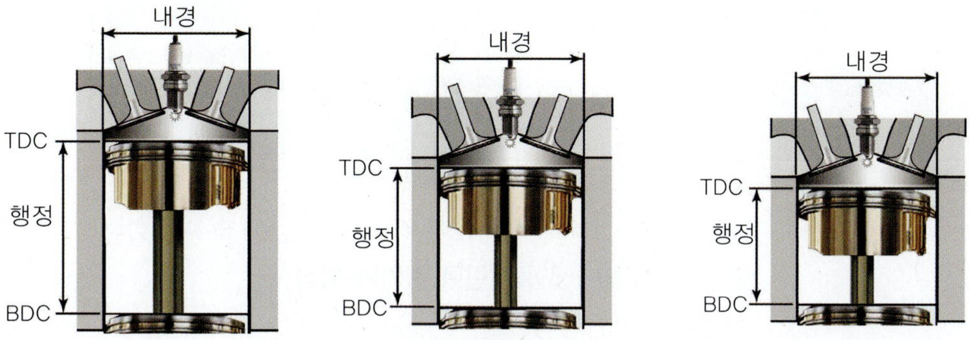

(a) 장행정 엔진 (b) 정방행정 엔진 (c) 단행정 엔진

[그림 1-38] 행정과 내경에 따른 엔진구분

그림 1-38과 같이 실린더 안지름/피스톤 행정의 비율이 1인 기관을 정방형 기관, 1보다 작은 기관을 단행정기관, 1보다 큰 기관을 장행정기관이라 한다. 최근의 자동차용 가솔린기관에는 안지름/행정의 비율이 1 또는 그 이하의 것이 많이 사용되고 있다. 그러나 단행정기관이 될수록 피스톤의 평균속도를 높이지 않고 기관의 회전속도를 높일 수 있어 출력을 크게 할 수 있으며 흡·배기밸브의 지름을 크게 할 수 있으므로 체적효율을 높일 수 있다.

그러나 단행정기관은 피스톤이 과열되기 쉽고 베어링 하중이 증가되며, 기관 길이가 길어지는 등 문제점이 있다. 실린더 재질은 일반적으로 특수주철을 주조하여 사용하는 경우가 대부분이다. 가솔린기관의 실린더는 주로 일체형을 사용하며, 디젤기관의 실린더는 라이너를 사용하는 경우가 많다. 일체형 실린더는 라이너 방식보다 내마모성이 다소 저하되나 가스누출 및 냉각수의 누출 염려가 적다. 그리고 가공성능, 강성, 강도가 양호하다.

라이너의 종류에는 건식 라이너(dry type liner)와 습식 라이너(wet type liner)가 있으며, 원심주조법으로 제작된다. 건식 라이너는 라이너 바깥둘레가 실린더 벽을 거쳐 간접 냉각되는 형식으로 실린더블록의 강성 및 강도는 습식 라이너에 비하여 양호하다. 그리고 일체형과 같이 냉각수의 누출 염려는 없으나 구조상 정비성능이 다소 떨어진다. 건식 라이너의 두께는 2~4㎜ 정도로서 프레스로 압입하여 설치한다.

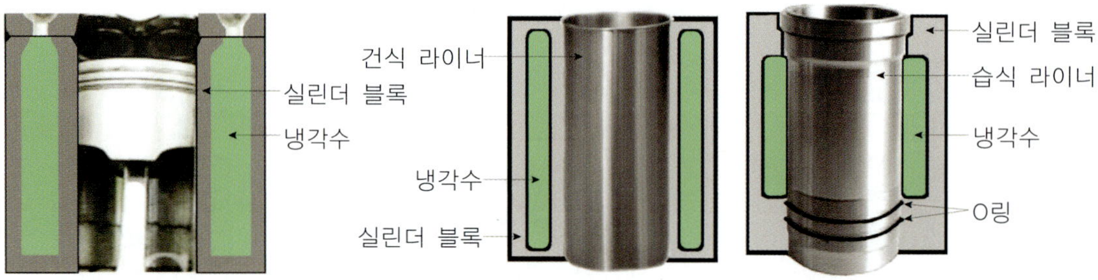

(a) 일체형 라이너 (b) 건식 라이너 (c) 습식 라이너

[그림 1-39] 실린더 라이너 형식

습식 라이너는 라이너 바깥둘레가 직접 냉각수와 접촉하는 형식으로 실린더블록 재질이 보통주철이나 알루미늄합금일 경우에 사용된다.

이 형식은 실린더블록과는 별도의 재질을 사용할 수 있으므로 내마모성이 우수하며 냉각성능, 주조성능, 정비성능이 양호하나 냉각수의 누출이나 실린더블록의 강성이 다소 저하되는 단점이 있다. 습식 라이너의 두께는 4~8㎜ 정도이며, 위쪽에는 플랜지, 아래쪽에는 2~3개의 실링(seal ring)을 끼워 냉각수의 누출을 방지하고 있다.

라이너를 사용하는 기관의 경우에는 일반적으로 주철제 실린더블록에 특수주철의 라이너를 실린더블록에 삽입하여 사용하나 기관에 따라 열전도성을 좋게 하고 경량화를 위하여 실린더블록을 알루미늄합금으로 주조하고 보통주철 라이너를 1개씩 실린더블록에 삽입하는 경우도 있다. 라이너를 사용하면 특수주철을 사용하여 원심주조법으로 쉽게 실린더를 제작할 수 있으며 실린더 벽의 도금이 쉽다. 또 일체형 실린더는 마멸되었을 때 보링(boring)을 하여야 하지만 라이너 방식은 라이너만 교환하면 되므로 정비성이 양호하다.

3.4.3 크랭크케이스(crank case or oil pan)

크랭크케이스는 크랭크축이 설치되는 실린더 아래 부분과 오일 팬으로 구성되어있다. 실린더블록과 크랭크케이스를 합쳐서 실린더블록이라 부른다. 또 크랭크 실 아래쪽에는 강철판이나 경금속으로 만든 오일 팬이 개스킷(gasket)을 사이에 두고 결합된다.

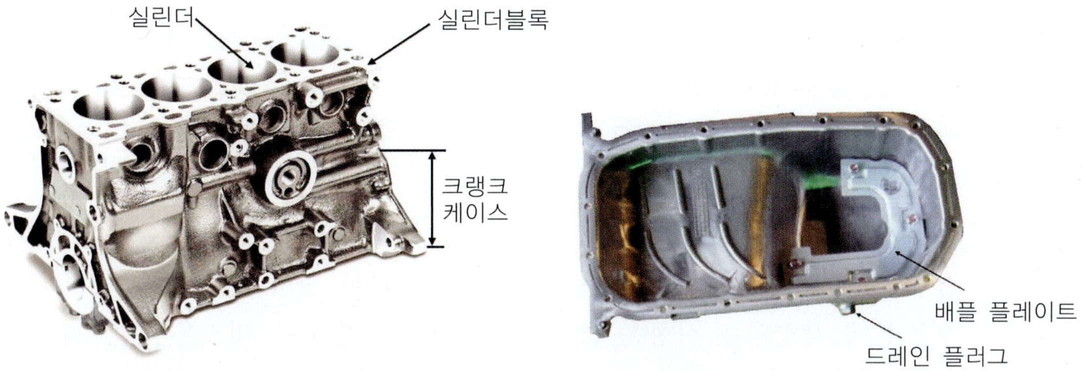

(a) 크랭크 케이스 (b) 오일 팬

[그림 1-40] **크랭크케이스 및 오일 팬**

3.5 피스톤(piston) 및 커넥팅로드(connecting rod)

혼합기가 연소할 때 발생하는 높은 폭발압력을 피스톤이 받아서 상사점에서 하사점으로 내려오면 커넥팅로드는 피스톤의 상하 왕복운동을 크랭크축의 회전운동으로 바꾸어 주는 역할을 한다. 이처럼 피스톤 및 커넥팅로드 조립체는 피스톤, 커넥팅로드, 피스톤과 커넥팅로드 소단부를 연결하는 피스톤 핀 등으로 구성되어 있다.

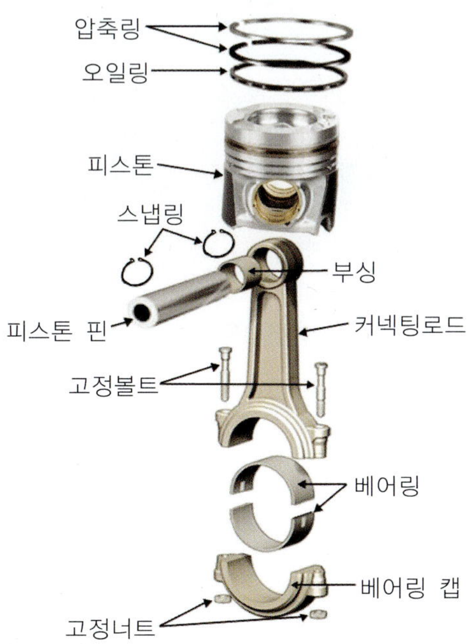

[그림 1-41] **피스톤 및 커넥팅로드의 부품도**

3.5.1 피스톤(piston)

피스톤은 연소실의 일부분을 구성하고 있기 때문에 연소될 때 발생하는 1,500~2,000℃의 고온과 50~60kgf/㎠의 고압을 받고 있다. 그러나 실린더헤드나 실린더블록처럼 냉각수 또는 공기와 직접적으로 접촉하지 못하기 때문에 내열성과 고온에서의 기계적 강도를 요구한다.

또한 최근에는 엔진이 고출력, 고속화되면서 피스톤이 고속으로 왕복운동을 하기 때문에 상사점 또는 하사점에서의 방향을 바꾸는 과정에서 관성으로 인한 동력 손실이 일어난다. 피스톤에 각인되는 사항은 조립방향, 피스톤 핀치수, 피스톤구분, 피스톤 번호, 피스톤 헤드의 치수 등이 있으며, 피스톤이 갖추어야 할 조건은 다음과 같다.

① 가벼울 것(비중이 작을 것)

② 열 전도성이 좋을 것

③ 고온에서 충분한 기계적 강도를 가질 것

④ 연소가스 압력을 유효하게 이용할 수 있는 구조이면서 넓은 온도 범위에서도 기밀성을 유지할 것

⑤ 각 피스톤의 무게가 동일할 것(각 피스톤의 무게차이 2%(5g) 이내, 각 피스톤 커넥팅로드 조립체의 무게차이 2%(30g) 이내)

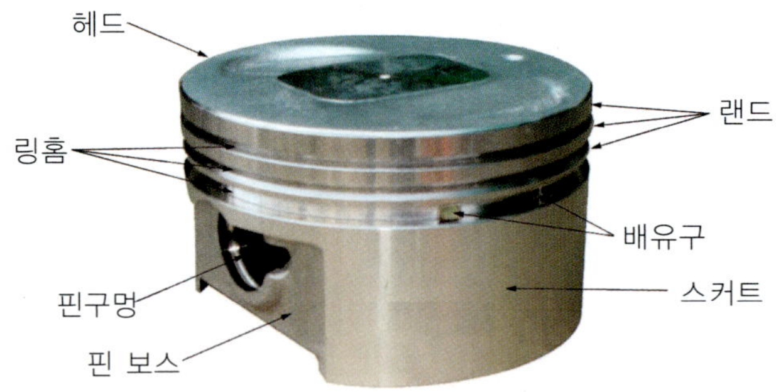

[그림 1-42] **피스톤의 구조**

[1] 피스톤의 구조

피스톤은 실린더 안지름보다 약간 작은 지름으로 연소실의 일부를 구성하는 헤드부와 피스톤 링을 끼우는 링부분, 피스톤 핀을 끼우는 보스부분과 스커트부로 나뉜다.

(1) 피스톤헤드(piston head)

피스톤헤드는 연소실의 일부를 구성하고 고온, 고압을 받으며 냉각수나 외기에 의

한 냉각을 할 수 없어 실린더에 비해 그 팽창비율이 훨씬 크다. 따라서 피스톤의 설계시 온도변화에 따른 팽창비율을 고려하여 피스톤 헤드는 스커트 부분의 지름보다 약간 작고 피스톤 왕복운동시 측압을 받는 측압부(크랭크축 회전방향)가 핀보스 부분보다 지름이 약간 크게 설계되어지며 헤드 윗부분에는 혼합기의 와류를 좋게 하기 위해 홈이 파여져 있다.

(2) 피스톤 링 랜드(piston ring land)

링홈과 랜드로 구성되며 3~4개의 피스톤링을 끼워 실린더 벽과 마찰하여 기밀을 유지하고 오일이 연소실로 들어가는 것을 방지한다. 피스톤 링을 끼우는 부분을 링홈이라 하고 홈과 홈사이를 랜드(land)라고 하며 위에서부터 차례로 1랜드, 2랜드, 3랜드라 부른다. 또한 오일링을 끼우는 홈에는 과도한 오일을 피스톤 안으로 빼내기 위한 배유구가 있으며 피스톤헤드 아래 부분에는 동력 행정시 발생하는 고온의 열이 링지대로 전달되는 것을 막기 위하여 히트댐(heat dam)을 두기도 한다.

(3) 피스톤 핀 보스(piston pin boss)

피스톤 핀이 설치되는 부분으로 비교적 다른 부분보다 강성을 위하여 두껍게 되어 있고 피스톤 핀이 끼워져 피스톤에서 동력을 커넥팅로드에 전달할 수 있게 한다.

(4) 피스톤 스커트(piston skirt)

피스톤의 아래 부분이 되는 스커트부는 피스톤이 왕복운동할 때 측압을 받는 일을 하며 피스톤이 받는 열을 방출하는 역할을 한다. 또한 스커트 부는 피스톤 헤드부보다 지름이 크게 되어 있다.

[2] 피스톤의 재질

피스톤의 재질에는 특수주철과 알루미늄합금이 있으며, 최근에는 특수주철보다는 알루미늄합금을 많이 사용하고 있다.

(1) 특수주철 피스톤

특수주철 피스톤은 가격이 싸고 가공성도 우수하며 고온에서의 기계적 강도도 크고 열팽창이 작아(같은 온도에서 알루미늄합금의 약 1/2배) 피스톤 간극을 적게 할 수 있으므로 피스톤의 슬랩현상(piston slap or side knocking)이나 블로바이 현상이 적다. 피스톤의 비중이 크기 때문에 관성이 증대되어 고속용 엔진에는 적합하지 않다.

(2) 알루미늄합금 피스톤

알루미늄합금 피스톤은 주철 피스톤에 비하여 열전도성이 양호하며 비중이 작다. 따라서 피스톤 헤드의 온도가 낮게 되므로 고속·고압축비 엔진에 적합하며, 출력을 증대시킬 수 있는 장점이 있다.

또한 알루미늄합금 피스톤은 주철 피스톤에 비하여 강도가 적고 열팽창계수가 큰 단점이 있으며 이를 보완하기 위하여 구리(Cu), 마그네슘(Mg), 니켈(Ni), 규소(Si) 등을 첨가한 구리계의 Y합금 피스톤과 규소계의 Lo—Ex합금 피스톤 및 고규소 합금 피스톤으로 분류된다.

1) 구리계 Y합금 피스톤

구리계의 Y합금 피스톤은 Cu 3.0~3.5% + Mg 1.2~1.8% + Ni 1.7~2.3% 나머지는 Al의 합금이며, 영국의 물리연구소에서 발표한 주조용 경합금이다. Y합금은 강인성을 가지고 있으며 Lo—Ex에 비하여 비중(2.8)과 팽창계수가 큰 단점이 있으나 고온에서 강도 및 경도의 감소가 적은 내열성이 크고 열전도성이 양호하다.

2) 규소계 로우엑스(Lo-Ex) 피스톤

규소계의 로우엑스 피스톤은 Cu 0.8~1.5% + Mg 0.7~1.3% + Ni 1.0~2.5% + Si 11~13% + Fe 0.7% 나머지는 Al의 합금이며, 미국의 알루미늄회사에서 발표한 주조용 경합금이다.

Lo-Ex합금은 Y합금에 비하여 비중(2.7)이 적고 열전도성이 우수하며, 팽창계수가 적다. 또한 주조성이 우수하고 내압성, 내마멸성, 내식성이 우수하며 고온에서 강도 및 경도의 감소가 적은 내열성은 Y합금보다는 약간 못하다.

3) 고규소 합금 피스톤

고규소 합금 피스톤은 Cu 0.8~1.5% + Mg 0.8~1.3% + Ni 0.8~1.3% + Si 23~26% + Fe 0.7% 나머지는 Al의 합금으로 Lo—Ex보다 비중(2.65)이 적고 열전도성이 우수하다. 또한 팽창계수가 적고 주조성이 우수하며, 내마멸성, 내압성, 내식성이 우수하다. 내열성은 Y합금보다는 약간 못하다.

[3] 피스톤의 형상과 종류

피스톤의 재질이 알루미늄 합금일 경우 열팽창율이 크기 때문에 피스톤 틈새가 크게 설계된다. 따라서 알루미늄 합금 피스톤에는 열팽창을 고려하여 설계되어 있으며 무게를 감소시키기 위해 여러 가지 방법을 사용하고 있다.

① 솔리드 피스톤(solid piston) : 스커트 부분에 홈(slot)이 없고 통형으로 되어 있다.

② 스플릿 피스톤(split piston) : 피스톤 스커트와 링 지대 사이에 가늘게 가공한 홈을 두어 스커트로 열이 전달되는 것을 제한하고, 열팽창을 적게 하기 위한 형식이다. 홈의 모양에는 U형, T형, I형 등이 있다.

③ 인바 스트럿 피스톤(invar strut piston) : 온도 변화에 따른 변형을 감소시키기 위하여 열팽창률이 매우 적은 인바강을 기둥 또는 링 모양으로 스커트 윗부분에 넣고 일체 주조한 형식이다.

참고 인바 강(invar steel)

니켈 35~36%에 철 64% 정도, 망간 0.4% 첨가된 니켈강으로 열팽창계수가 150℃ 이하의 온도에서 375×10^{-9}~440×10^{-9}이며, 인장강도는 60kgf/㎠ 정도이다.

④ 링캐리어 피스톤(ring carrier piston) : 디젤엔진 에서는 1번 압축링이 특히 고온고압에 노출되어 지속적으로 사용할 경우 톱링그루브의 마멸이 심해 링이 진동하게 된다. 이런 현상을 방지하기 위해 톱링크루브 강제의 링캐리어를 삽입하여 일체로 주조한 피스톤이다.

⑤ 슬리퍼 피스톤(slipper piston) : 측압을 받지 않는 스커트 부분을 떼어낸 모양의 것이다.

⑥ 옵셋 피스톤(off set piston) : 피스톤 중심에 대해 피스톤 핀의 중심을 피스톤 좌우 어느 한쪽으로부터 1.0~2.5㎜ 정도 편심 시킨 피스톤이다.

⑦ 캠 연마 피스톤(cam ground piston) : 보스부는 작게 스러스트부는 직경이 크게 제작된 타원형 피스톤이다. 이때 장경과 단경의 차이는 대략 0.125~0.325㎜이다.

(a) 솔리드 피스톤 (b) 스플릿 피스톤 (c) 인바 스트럿 피스톤

(d) 링캐리어 피스톤 (e) 슬리퍼 피스톤 (f) 옵셋 피스톤

(g) 캠 연마 피스톤

[그림 1-43] 피스톤의 종류

3.5.2 피스톤 링(piston ring)

피스톤 링은 피스톤헤드 부위의 링 지대에 압축 링이 2개, 오일 링이 1개 정도 장착되어 있다. 압축 링은 기밀을 유지하고 오일 링은 윤활막을 일정하게 유지하는 오일 제어작용을 하며 압축 링과 오일 링 모두 피스톤이 받는 열을 윤활막을 통하여 실린더블록의 물 재킷으로 방출시키는 냉각작용을 한다.

이와 같이 피스톤 링의 기밀작용, 오일 제어작용, 냉각작용을 피스톤 링의 3대 작용이라고 한다. 피스톤 링은 주로 주철 또는 조직이 치밀한 특수주철을 사용하여 원심주조법을 사용하여 제작한다. 피스톤 링을 피스톤에 조립할 때는 각인된 쪽이 실린더 헤드 쪽으로 향하도록 하고 링 이음부는 크랭크축방향과 축의 직각방향(측압 쪽)을 피해서 120~180° 방향으로 서로 엇갈리게 조립하여야만 이음간극으로 블로바이 현상이 발생되는 것을 방지할 수 있다.

[그림 1-44] **피스톤 링의 종류**

[1] 압축링(compression ring)

압축 링은 주로 피스톤과 실린더 벽사이의 기밀을 유지하며, 가장 상부에 장착되는 링을 제1압축 링 또는 톱 링(top ring)이라 한다. 그 아래에 장착되는 링을 제2압축 링이라 한다.

실제로 피스톤 링은 실린더에 장착되기 전에는 피스톤 링의 바깥지름이 실린더 안지름보다 크기 때문에 실린더 내에 장착되면 수축되어 링의 장력에 의해 피스톤 링과 실린더 벽 사이에 정적 기밀력이 발생한다. 실린더벽은 정밀하게 다듬질되어 있으며, 피스톤의 마찰 및 마멸을 적게 하기 위해서 실린더 벽에 크롬(Cr)으로 도금한 것도 있다.

[2] 오일링

오일 링은 상하 2개의 사이드레일(side rail)과 익스팬더 스페이서(expander spacer)로 되어있다.

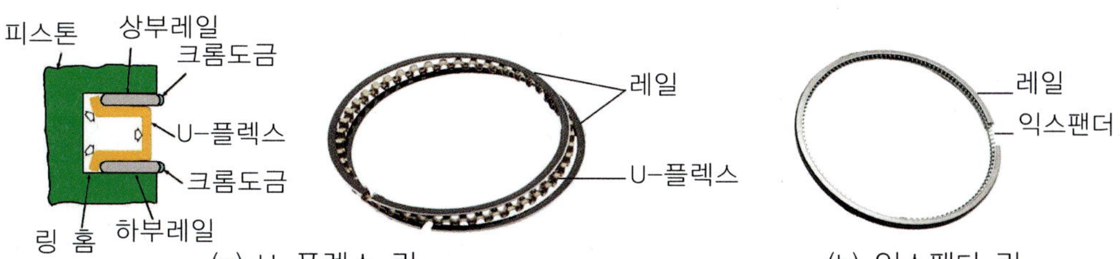

(a) U-플렉스 링 (b) 익스팬더 링

[그림 1-45] **오일링의 구조**

3.5.3 피스톤 핀(piston pin)

피스톤 핀은 피스톤 옆면 중앙부근을 좌우로 관통하는 핀 구멍에 삽입되는 원통형의 속이 빈축이며, 피스톤의 직선방향 운동을 커넥팅로드의 소단부(small end)로 전달한다. 피스톤 핀은 피스톤과 함께 실린더 내를 고속왕복 운동하므로 무게를 가볍게 하고 큰 강도를 가지도록 중공(中空)으로 되어 있다.

재질은 내마모성이 큰 크롬강, 니켈-크롬강 또는 크롬-몰리브덴강 등이 사용되며, 표면은 침탄법이나 고주파 경화방법으로 표면경화(surface hardening : 금속의 내부는 변화를 주지 않고 표면만 경화시키는 열처리)시키고 있다. 피스톤 핀이 받는 최대 외력은 연소가스의 팽창압력이며, 여기에 커넥팅로드의 가속도에 의한 관성력이 가해지므로 이들을 고려하여 핀의 바깥지름은 실린더 안지름의 약 20~30%로 하고 있다. 그리고 피스톤 핀을 피스톤 및 커넥팅로드에 결합하는 방법에는 전부동식, 반부동식, 고정식 등이 있다.

[1] 전부동식(full–floating type)

전부동식은 피스톤 핀이 피스톤 핀 보스부분, 커넥팅로드의 소단부 어느 쪽에도 고정되어 있지 않아 자유로이 회전할 수 있는 형식이다.

단, 피스톤 핀이 빠지는 것을 방지하기 위하여 양쪽 보스부에 스냅 링(snap ring)이나 엔드와셔(end washer)를 설치한다.

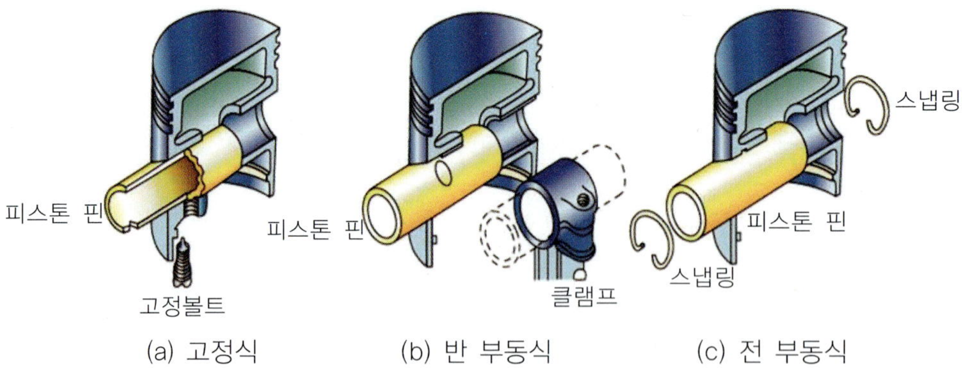

[그림 1-46] **피스톤 핀 고정방식**

[2] 반부동식(semi–floating type)

반부동식은 피스톤 핀을 커넥팅로드의 소단부에 프레스로 압입하여 끼운 후 클램프 볼트(clamp bolt)로 체결하며, 핀은 피스톤 보스부분에서 유동할 수 있다. 커넥팅로드 소단부의 베어링이 필요하지 않으며 소단부 폭이나 오일간극을 작게 할 수 있다.

그러나 피스톤 핀에 의해 고정되므로 설치할 때 변형을 방지하기 위하여 핀 가운데를 두껍게 하여야 한다. 클램프 볼트로 고정하는 경우 핀의 축방향 위치를 정하기 위해 핀 중앙에 홈을 두어야 하며 무게의 불균형을 초래할 수도 있다.

[3] 고정식(locking type)

고정식은 피스톤 핀 구멍에 구리합금의 부싱(bushing)을 삽입한 후 볼트로 피스톤 핀과 보스부분을 결합하여 고정시킨 것으로 현재는 잘 사용하지 않는다. 이 방식은 피스톤 핀의 축 방향 이동이 불가능하기 때문에 커넥팅로드 소단부와 접촉하는 부분은 마멸되기 쉽다. 또 피스톤 보스부분에 볼트구멍을 두기 때문에 피스톤의 내구성이 떨어진다.

3.5.4 커넥팅로드(connecting rod)

커넥팅로드는 피스톤과 크랭크축을 연결하여 피스톤의 왕복운동을 크랭크축의 회전운동으로 변환시키는 역할을 한다. 따라서 기관 작동 중 인장 및 압축하중이 고속으로 반복 작용하고 크랭크축에 의한 축방향 힘으로 인하여 휨(bending)이 작용하므로 이들 하중에 견딜 수 있도록 충분한 기계적 강도를 가지도록 설계되어야 하나 관성력(inertial force)을 작게 하기 위해서는 무게를 가볍게 해야 하므로 형상이 대부분 I형 단면으로 되어 있다. 재질은 니켈-크롬강, 크롬-몰리브덴강, 탄소강 등을 사용하여 형타 단조(drop forging)하여 제작한다.

커넥팅로드의 구조는 피스톤 핀과 결합되는 소단부(small end), 크랭크축의 크랭크 핀과 결합되는 대단부(large end), 그리고 휨, 비틀림, 인장 압축하중을 받는 생크(sank)로 구성되어 있다. 커넥팅로드의 소단부와 대단부 중심사이의 거리를 커넥팅로드의 길이라 하며, 커넥팅로드의 길이가 길면 실린더 벽에 가해지는 측압이 작아 실린더 벽의 마모가 저하되나 무게가 무거워 지고 기관의 높이가 높아지는 단점이 있다.

반대로, 커넥팅로드의 길이가 짧으면 기관의 높이를 낮출 수 있고 무게를 가볍게 할 수 있다. 그리고 지나치게 이 길이가 짧을 경우 피스톤이 하사점에 도달하였을 때 피스톤 스커트부분과 크랭크축의 평형추가 서로 간섭된다. 따라서 커넥팅로드의 길이는 일반적으로 피스톤 행정의 약 1.5~2.3배 정도로 하고 있다.

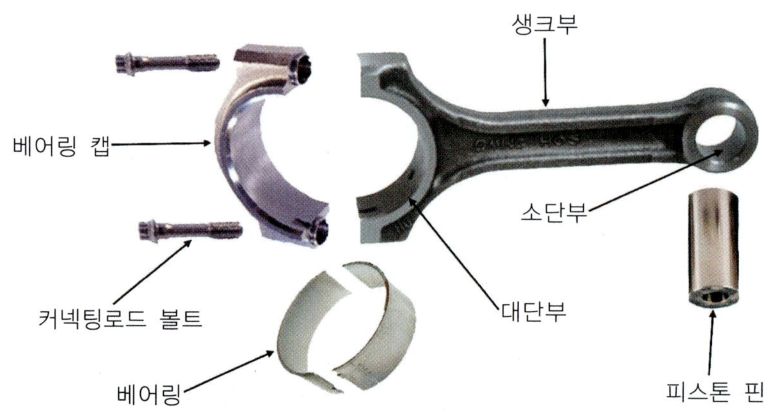

[그림 1-47] **커넥팅로드의 구조**

3.6 크랭크축 및 플라이휠(crank shaft & fly wheel)

3.6.1 크랭크축(crank shaft)

크랭크축은 기관의 주축으로서 크랭크 실내에 설치된 메인 베어링과 캡으로 지지되어 각 실린더의 폭발행정에서 발생된 피스톤의 직선 왕복운동을 커넥팅로드를 거쳐 회전운동으로 바꾸고 나머지 무효행정(흡입, 압축, 배기)에서는 피스톤에 운동을 가해 연속적으로 동력을 발생시키는 장치이다. 그리고 크랭크축에는 연소가스의 압력 및 왕복운동 부분의 관성력의 변동 회전력이 가해져 크랭크축 계통의 비틀림과 휨 방향의 고유진동수가 같아지면 공진하여 각각 비틀림 진동과 휨 진동이 발생하고 이 진동이 기관의 소음 원인되고 공진상태에서 연속적으로 사용하면 내구성이 감소한다.

따라서 이와 같은 공진을 최소화시키기 위해 최적 점화순서의 결정, 크랭크축의 치수와 형태, 메인 베어링 저널의 수 및 평형추(balance weight) 등을 최적화하여 고강성이 얻어지도록 하고 있다.

[1] 크랭크축의 구조

크랭크축의 주요부분은 그림 1-48과 같이 메인저널, 크랭크 핀(crank pin), 크랭크 암(crank arm) 및 크랭크축의 회전평형을 유지하기 위한 평형추(balance weight) 등이 일체로 되어 있다. 크랭크축 앞부분에는 캠축 구동용 타이밍기어 또는 타이밍벨트나 체인의 스프로킷(sprocket)과 물 펌프 및 발전기를 구동하는 크랭크축 풀리가 설치되며, 뒤쪽 끝에는 플라이휠을 부착하기 위한 플랜지와 클러치 축 끝을 지지하는 파일럿 베어링을 끼우는 하우징이 있다.

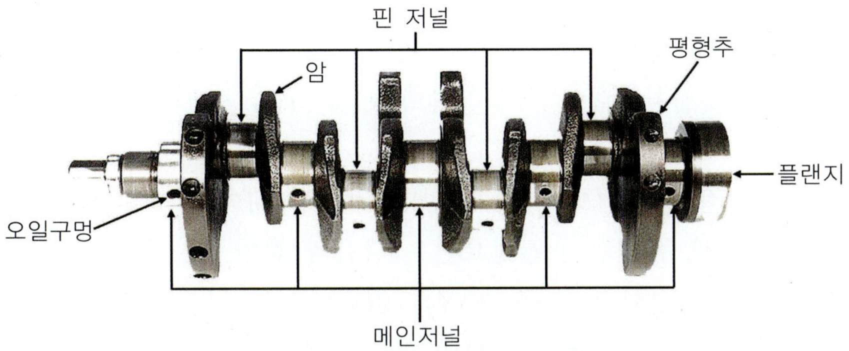

[그림 1-48] **크랭크축의 구조**

크랭크축 내부에는 커넥팅로드 대단부 베어링 및 메인저널 베어링으로 윤활유를 공급하는 오일통로가 축을 가로질러 가공되어 있으며, 오일펌프에 의하여 압송된 윤활유가 이 통로를 통하여 공급된다. 그리고 크랭크축의 앞 뒤 끝부분에는 크랭크 실내의 오일이 외부로 새는 것을 방지하기 위하여 앞 뒤 베어링 바깥쪽에 오일 실(oil seal) 또는 오일 실링거(oil slinger) 등이 설치된다.

메인저널과 크랭크 핀은 정밀 연삭되어 있으며, 내마모성을 증대시키기 위하여 표면경화 되어 있다. 그리고 메인저널과 크랭크 핀 사이에는 오일통로를 두어 윤활유가 흐르도록 하고 있다. 크랭크축은 큰 하중을 받으면서 고속으로 회전하므로 강도나 강성이 충분히 커야 하므로 고탄소강, 크롬-몰리브덴강, 니켈-크롬강을 주로 사용하며 형타 단조방식으로 제작한다. 고속형 기관의 경우에는 구상흑연주철, 미하나이트(meehanite) 주철 등의 크랭크축을 사용하기도 한다.

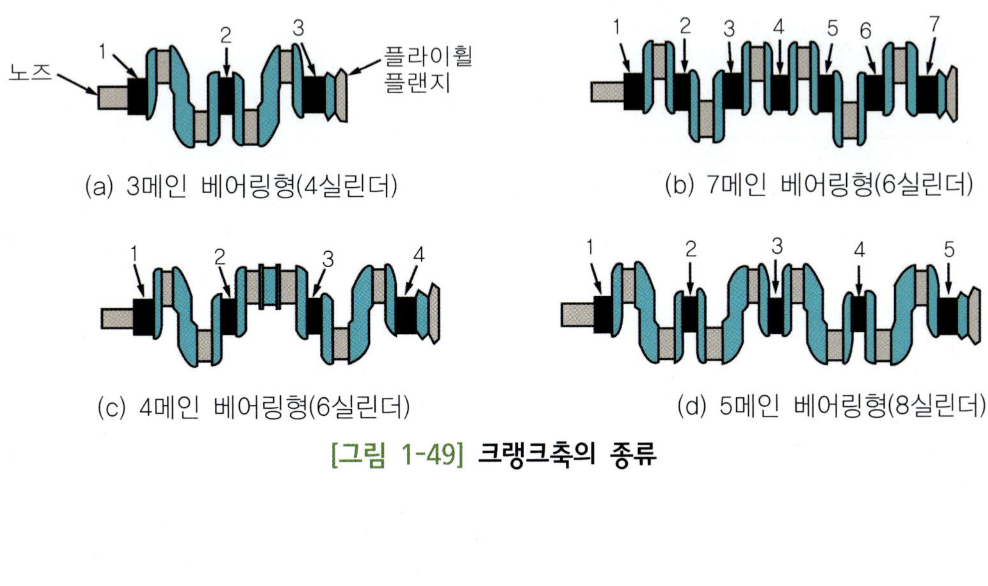

[그림 1-49] **크랭크축의 종류**

[2] 크랭크축의 형식 및 형상

크랭크축의 형식은 실린더의 수, 실린더의 배치, 메인저널의 수, 점화순서 등에 의해 달라질 수 있다. 크랭크축의 크랭크 핀(crank pin) 배열은 실린더 구사 많은 기관에서 점화순서와 밀접한 관계를 가지고 있다. 4행정 사이클 기관에서 크랭크축의 회전을 원활히 하기 위한 점화순서 결정요인은 다음과 같다.

① 1번 실린더를 점화순서의 맨 첫 번째로 정한다.
② 회전력의 변동이 적도록 폭발이 같은 간격으로 발생하도록 한다.
③ 크랭크축에 비틀림 진동이 발생하지 않도록 한다.
④ 인접한 실린더가 연이어 연소되지 않도록 한다.
⑤ 혼합기나 공기가 각 실린더에 균등하게 공급되도록 한다.
⑥ 하나의 메인 베어링에 연속하중이 걸리지 않도록 한다.
⑦ 흡・배기다기관 내에서 가스의 상호 간섭을 피하도록 한다.

(1) 4실린더 기관

4실린더 기관의 점화순서에는 1-3-4-2와 1-2-4-3이 있으며, 각 실린더 간 폭발 위상각은 180° 이다. 각 크랭크 핀은 위상차가 180° 방향이므로 제1번과 제4번 크랭크 핀이 상사점에 있으며 제2번과 제3번 크랭크 핀은 하사점에 위치한다. 메인저널은 2~5개를 사용하나 일반적으로 5메인 저널형을 주로 사용한다. 5메인 저널형은 크랭크 핀 양쪽에 각각 저널이 설치되므로 비틀림 모멘트나 휨모멘트가 적어 3메인 저널형에 비하여 축을 가늘게 설계하여도 되므로 진동발생이 적고 운전이 정숙하다.

[표 1-4] 4실린더 엔진의 점화순서 및 작동행정과의 관계

① 점화순서 : 1 - 3 - 4 - 2

회전각도 / 실린더 No.	1회전		2회전	
	0~180°	180~360°	360~540°	540~720°
1	폭발	배기	흡입	압축
2	배기	흡입	압축	폭발
3	압축	폭발	배기	흡입
4	흡입	압축	폭발	배기

② 점화순서 : 1 - 2 - 4 - 3

회전각도 / 실린더 No.	1회전		2회전	
	0~180°	180~360°	360~540°	540~720°
1	폭발	배기	흡입	압축
2	압축	폭발	배기	흡입
3	배기	흡입	압축	폭발
4	흡입	압축	폭발	배기

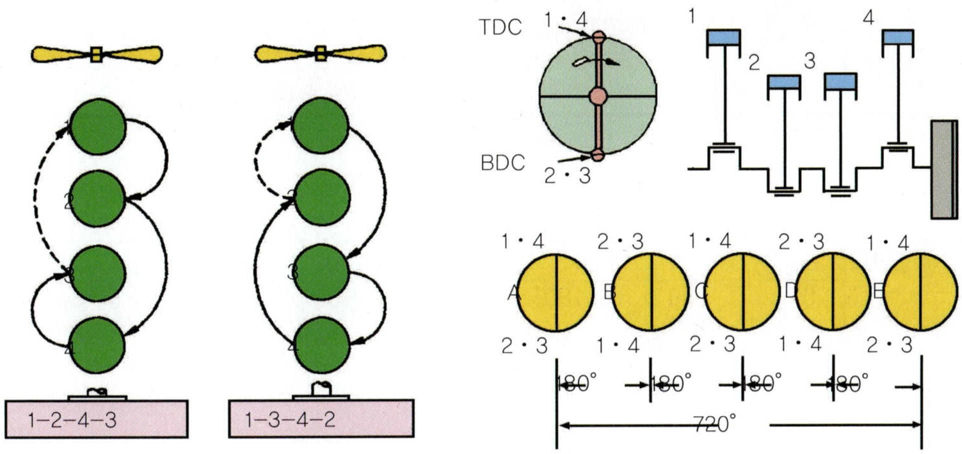

(a) (b) (c)

[그림 1-50] 4기통 엔진의 점화순서

(2) 6실린더 기관

6실린더 기관의 점화순서는 1-5-3-6-2-4(우수식)와 1-4-2-6-3-5(좌수식)가 대표적이며, 각 실린더 간 폭발위상각은 120° 이다. 제1번과 제6번 크랭크 핀이 상사점에 위치할 때 시계방향으로 120° 지점에 제3번과 제4번 크랭크 핀이 위치하고 다시 시계방향으로 120° 지점에 제2번과 제5번 크랭크 핀이 위치한다.

따라서 각 그룹별 크랭크 핀 위상차는 120° 이다. 그리고 제1번과 제6번 크랭크 핀을 상사점으로 하였을 때 제3번과 제4번 크랭크 핀이 오른쪽에 위치하면 우수식(right hand type)이라 하고, 왼쪽에 위치하면 좌수식(left hand type)이라 한다. 메인저널의 수는 4~7개를 사용하나 현재는 7메인 저널 형식을 가장 많이 사용하고 있다.

[표 1-5] **6실린더 엔진의 점화순서**

① 우수식 : 1—5—3—6—2—4

<table>
<tr><th rowspan="2">회전각도
실린더 No.</th><th colspan="6">1회전</th><th colspan="6">2회전</th></tr>
<tr><th colspan="3">0° 60° 120° 180°</th><th colspan="3">180° 240° 300° 360°</th><th colspan="3">360° 420° 480° 540°</th><th colspan="3">540° 600° 660° 720°</th></tr>
<tr><td>1</td><td colspan="3">폭발</td><td colspan="3">배기</td><td colspan="3">흡입</td><td colspan="3">압축</td></tr>
<tr><td>2</td><td colspan="2">배기</td><td colspan="3">흡입</td><td colspan="3">압축</td><td colspan="3">폭발</td><td>배기</td></tr>
<tr><td>3</td><td>흡입</td><td colspan="3">압축</td><td colspan="3">폭발</td><td colspan="3">배기</td><td colspan="2">흡입</td></tr>
<tr><td>4</td><td>폭발</td><td colspan="3">배기</td><td colspan="3">흡입</td><td colspan="3">압축</td><td colspan="2">폭발</td></tr>
<tr><td>5</td><td colspan="2">압축</td><td colspan="3">폭발</td><td colspan="3">배기</td><td colspan="3">흡입</td><td>압축</td></tr>
<tr><td>6</td><td colspan="3">흡입</td><td colspan="3">압축</td><td colspan="3">폭발</td><td colspan="3">배기</td></tr>
</table>

② 좌수식 : 1—4—2—6—3—5

<table>
<tr><th rowspan="2">회전각도
실린더 No.</th><th colspan="6">1회전</th><th colspan="6">2회전</th></tr>
<tr><th colspan="3">0° 60° 120° 180°</th><th colspan="3">180° 240° 300° 360°</th><th colspan="3">360° 420° 480° 540°</th><th colspan="3">540° 600° 660° 720°</th></tr>
<tr><td>1</td><td colspan="3">폭발</td><td colspan="3">배기</td><td colspan="3">흡입</td><td colspan="3">압축</td></tr>
<tr><td>2</td><td>흡입</td><td colspan="3">압축</td><td colspan="3">폭발</td><td colspan="3">배기</td><td colspan="2">흡입</td></tr>
<tr><td>3</td><td colspan="2">배기</td><td colspan="3">흡입</td><td colspan="3">압축</td><td colspan="3">폭발</td><td>배기</td></tr>
<tr><td>4</td><td colspan="2">압축</td><td colspan="3">폭발</td><td colspan="3">배기</td><td colspan="3">흡입</td><td>압축</td></tr>
<tr><td>5</td><td>폭발</td><td colspan="3">배기</td><td colspan="3">흡입</td><td colspan="3">압축</td><td colspan="2">폭발</td></tr>
<tr><td>6</td><td colspan="3">흡입</td><td colspan="3">압축</td><td colspan="3">폭발</td><td colspan="3">배기</td></tr>
</table>

3.6.2 플라이휠(fly wheel)

크랭크축은 유효행정인 폭발행정에서 회전력 가해져 유효일을 하며, 무효행정인 흡입, 압축, 배기행정에서는 부(-)의 일을 하게 된다. 따라서 각 행정 특히 폭발행정에서 크랭크축에 가해지는 회전력이 변화하며, 4행정 사이클 기관인 경우 크랭크축 회전각 720° , 2행정 사이클 기관인 경우는 360° 주기로 변동된다. 특히, 실린더 수가 적은 경우 이러한 진동이 크게 나타난다.

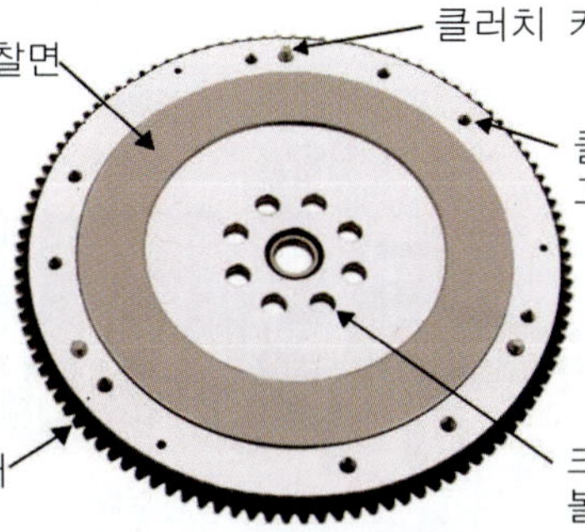

[그림 1-51] **플라이휠의 구조**

실린더 수가 많은 경우 기관의 회전은 원활해지나 크랭크축의 출력점 즉, 폭발행정에서 회전력 변동이 수반되며 실린더 수가 적은 기관에서는 저속회전이 어려워지므로 이러한 회전력 변동을 줄이거나 원활한 회전을 얻기 위하여 크랭크축 끝에 플라이휠을 설치한다. 플라이휠 뒷면은 클러치의 마찰 면으로 이용하며, 플라이휠 바깥둘레에는 링 기어(ring gear)를 설치하여 기관의 시동을 가능하게 해 준다. 자동변속기가 설치되어 있는 경우에는 토크컨버터가 플라이휠과 동일한 역할을 한다.

3.7 엔진 베어링(engine bearing)

엔진에 사용되는 베어링은 여러 가지가 있으나 커넥팅로드 대단부와 소단부 및 크랭크축저널에 사용되는 베어링을 일반적으로 엔진베어링 또는 메탈 베어링(metal bear ing)이라고도 한다.

엔진베어링은 축의 표면과 베어링 내면과 면 접촉으로 미끄럼운동을 하는 평면 베어링이 사용된다. 크랭크축의 저널부분과 크랭크 핀 부분에는 일반적으로 분할형(split type)을 사용하고 커넥팅로드 소단부나 캠축의 저널부분은 원통형의 삽입식 베어링인 부싱형(bushing type)이 사용된다.

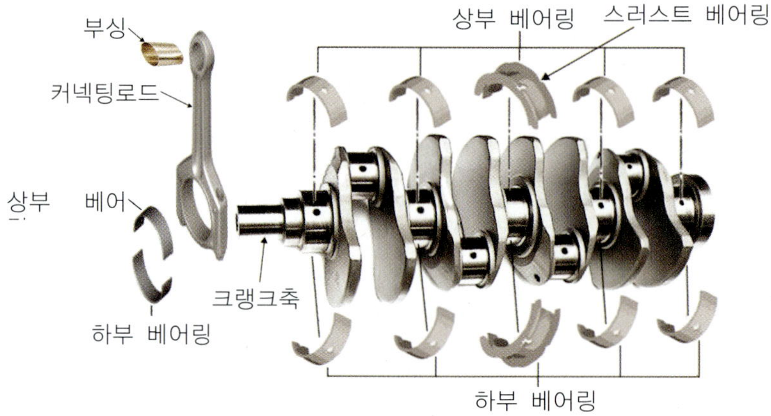

[그림 1-52] **엔진 베어링의 구성**

메인 베어링 중에서 크랭크축의 축방향 추력을 받는 스러스트 베어링은 측면에 스러스트 면이 있어 축방향 유격(crank shaft end play)을 제어한다. 스러스트 베어링은 일반적으로 가운데 장착되는데 일부 엔진은 크랭크축 끝단에 설치되는 경우도 있다. 또한 메인 베어링 측면에 스러스트 심(thrust shim)을 붙여 사용하기도 한다.

(a) 스러스트 베어링

(b) 스러스트 심

[그림 1-53] **크랭크축 스러스트 베어링 및 스러스트 심**

3.7.1 베어링의 구비조건

① 하중 부담능력이 클 것
② 반복되는 하중에 견딜 수 있도록 내 피로성이 있을 것
③ 매입성이 있어 불순물 침입시 매입할 수 있을 것
④ 길들임 성이 좋을 것
⑤ 추종 유동성이 있을 것
⑥ 충분한 내식성이 있어 연소생성물이나 기타 이물질에 의하여 부식되지 않을 것

3.7.2 엔진 베어링의 구조

베어링의 구조를 살펴보면 탄소강 또는 구리합금의 셀(back plate 또는 shell)에 베어링 금속을 코팅하여 사용하는데 베어링의 가운데에는 오일구멍(oil hole)이 있고 원둘레 방향으로는 오일 홈(oil groove)이 파져 있다.

실린더블록의 오일통로를 흐르는 엔진 오일은 베어링의 오일구멍을 통하여 유입되어 크랭크축이 회전할 때 발생하는 원심력에 의해 오일 홈을 통하여 분배된다. 그리고 베어링의 두께는 중앙부의 두께로 나타내며 베어링 양 끝단 두께가 중앙부보다 약간 얇게 되어 있다. 그 이유는 베어링이 주로 상하방향으로 힘을 많이 받기 때문에 이 부분의 오일이 밀려 양끝에 일시적으로 저장되었다가 부하가 경감될 때 신속하게 상하부분에 오일을 공급하여 윤활 막의 끊어짐을 방지할 수 있다. 그 외에 베어링 크러시로 인해 조립할 때 변형 량을 흡수하는 목적도 있다.

[그림 1-54] **엔진 베어링의 단면**

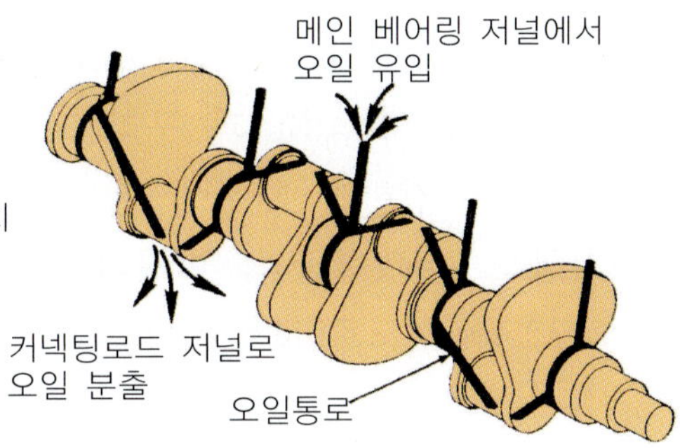

[그림 1-55] **크랭크축 윤활**

3.7.3 베어링의 재질

엔진 베어링은 탄소강이나 구리합금으로 되어 있는 셀(back plate, 또는 shell)에 배빗메탈, 켈밋합금, 알루미늄합금을 0.2~0.5㎜ 정도 코팅하여 사용한다.

[1] 배빗메탈(babbit metal)

배빗메탈은 주석(Sn 80~90%), 안티몬(Sn 3~12%), 구리(Cu 3~7%)가 표준 조성이다. 금속이 연하기 때문에 시동 초기의 경계 윤활상태에 강하고 매입성, 길들임성, 내식성은 우수하나 기계적 강도(고온 강도)가 낮고 내피로성, 내열성이 약하여 고속·고부하 엔진에는 적합하지 않다.

배빗메탈은 경도 HB 20~30, 부하능력 50~100kgf/㎠, 최고 사용온도 150℃에서의 경도는 HB 6~12이다.

[2] 켈밋합금(kelmet alloy)

구리(Cu)가 60~70%, 납(Pb)이 30~40%로 구성되며 주석(Sn)이 소량 첨가된다. 내열성, 열전도성, 하중 부담능력이 우수하여 고속·고 하중 엔진에 적합하다.

그러나 길들임성, 매입성이 불량하고 엔진오일 내에 존재하는 산화물에 의한 부식이 심하기 때문에 켈밋합금 그대로 사용하는 경우는 거의 없고 그 표면에 배빗메탈을 얇게 코팅하여 사용한다. 이것을 트리메탈이라 한다. 켈밋합금은 경도 HB 20~30(150℃에서는 20~23), 최고 사용온도 250℃, 부하능력 200~300kgf/㎠, 주 속도는 10~12m/sec이다.

[3] 알루미늄합금

최근에 사용되는 베어링 금속으로서 주 금속은 알루미늄(Al)인데 납(Pb)이 소량 함유되어 있다. 한편 주석(Sn)과 구리(Cu)를 약간 첨가하여 베어링 강도를 증가시킨다. 고속·고 부하에 강하기 때문에 자동차 엔진 베어링으로 가장 널리 사용되고 있다. 알루미늄합금도 켈밋합금과 마찬가지로 표면 그대로 사용하지 않고 배빗메탈을 0.0125~0.025㎜ 정도로 코팅(일반적으로 overlay라 함)하여 사용한다.

[4] 트리메탈(tri metal)

배빗메탈과 켈밋메탈, 강 등의 3개 층으로 베어링을 만들어 서로의 장·단점을 보완하며 강성, 매입성, 길들임성, 열전도율 등을 좋게 한 형식이다.

3.7.4 크러시(crush)와 스프레드(spread)

[1] 베어링 크러시(bearing crush)

베어링 크러시는 베어링을 하우징에 끼웠을 때 베어링의 바깥지름과 하우징 안지름과의 차이로 보통 0.025~0.075㎜ 정도 둔다. 베어링 크러시를 두는 이유는 설치시 볼트로 베어링 캡(bearing cap)을 죄었을 때 베어링의 하우징에 압착되도록 하기 위함이며 베어링 크러시가 크면 베어링이 찌그러지며 너무 작으면 헐거워서 엔진 작동시 움직이게 된다.

[2] 베어링 스프레드(bearing spread)

베어링을 하우징에 끼우지 않았을 때 베어링 하우징의 반경보다 0.125~0.5㎜ 큰 것을 말하며 스프레드를 주는 이유는 다음과 같다.

① 작은 힘으로 베어링을 쉽게 제자리에 밀착되게 끼울 수 있다.
② 베어링 조립시 베어링이 캡에 끼워진 채로 있어 작업이 쉽다.
③ 베어링 조립시 크러시가 압축됨에 따라 안쪽으로 찌그러지는 것을 방지할 수 있다.

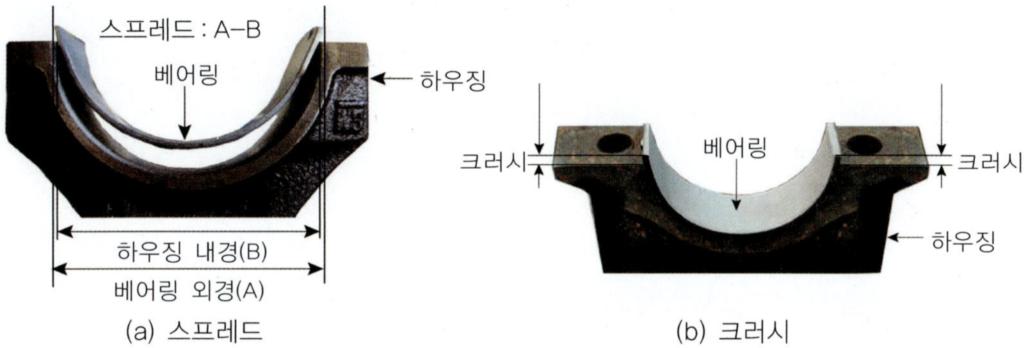

[그림 1-56] **베어링 스프레드와 크러시**

Chapter

02

기관 본체부분의 정비실습

1. 기관용 공구사용법
2. 가솔린기관 분해 · 조립작업
3. 기관본체 부분 측정
4. 가솔린기관 측정 · 정비

02 기관 본체부분의 정비실습

1. 기관용 공구사용법

자동차의 구조가 새로운 기술에 의하여 발전됨에 따라 정비도 과학적으로 행해져야 하므로 현대적인 정비기계와 계기를 사용하게 되었다. 그러나 기본이 되는 공구는 예전이나 현재나 그 중요함에 있어 변함이 없다. 여기에서는 일반 공구의 명칭 및 그 사용방법 등에 대하여 설명하기로 한다.

올바른 정비작업은 알맞은 공구를 바르게 사용하므로 서 이루어질 수 있으며 또한 사용한 후에는 반드시 손질해 두어야 한다.

1.1 정비용 일반 공구

1.1.1 수공구

[1] 스크루 드라이버(Screw Driver)

스크루 드라이버는 각종 나사를 죄고 푸는 데 사용되는 공구로, 강철제(鋼鐵製) 몸체에 나무 또는 플라스틱의 손잡이가 붙어 있다. 드라이버의 끝 모양에 따라 끝이 일직선으로 되어 있는 ⊖자형 및 끝이 십자형으로 되어 있는 ⊕자형이 있고, 생크와 손잡이의 결합방법에 따라 보통형과 관통형으로 구별된다.

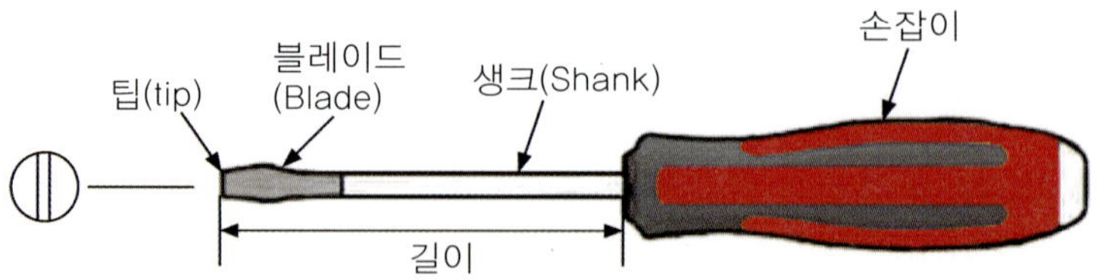

(a) ⊖자형 드라이버

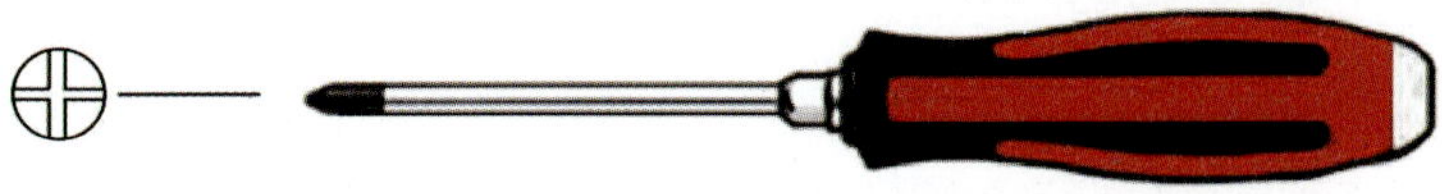

(b) ⊕자형 드라이버

[그림 2-1] **스크루 드라이버**

(1) 표준 스크루 드라이버(Standard Screw Driver)

일반적인 드라이버로 손잡이 부분이 약간 볼록하게 나온 드라이버이며 일자와 십자로 나뉜다.

(2) 양용 스크루 드라이버(Insert Changeable Screw Driver)

일자와 십자를 겸용으로 사용할 수 있는 드라이버이다.

[그림 2-2] **표준 스크루 드라이버**

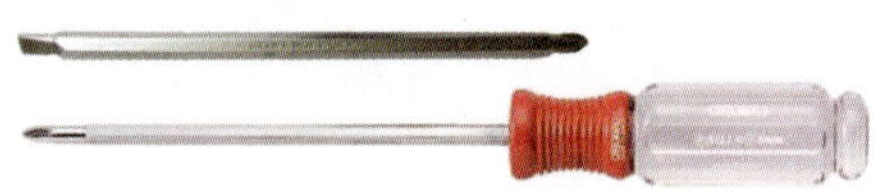

[그림 2-3] **양용 스크루 드라이버**

(3) 해머 스크루 드라이버(Hammer Screw Driver)

나사에 녹이 나서 빠지지 않을 때 해머 드라이버와 해머를 사용하여 고정된 나사에 충격을 가하면서 나사를 뺄 때 사용하며 드라이버 손잡이부분(머리)에 강철이 있어서 해머로 타격을 가할 수 있는 드라이버로 전기 작업을 하면 감전의 위험이 있다.

(4) 정밀 스크루 드라이버(Precision Screw Driver)

주로 정밀한 드라이버를 사용해야 하는 경우에 많이 사용하는 것으로 시계 드라이버라고도 한다. 1~3.0㎜등 굵기가 3.0㎜이하의 드라이버이다.

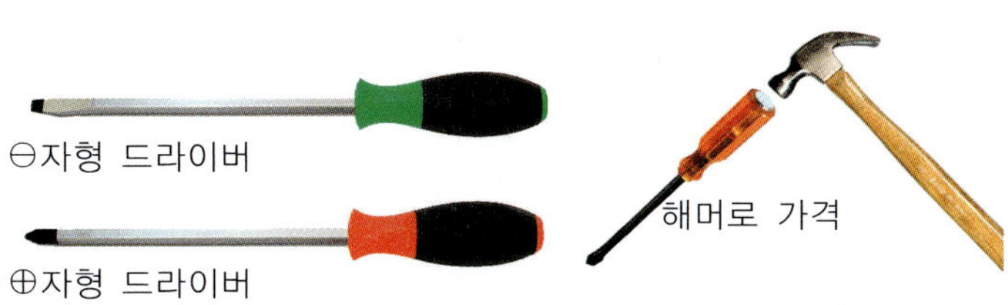

[그림 2-4] **해머 스크루 드라이버**

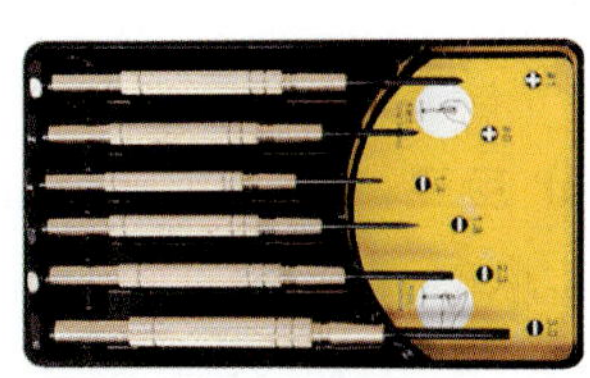

[그림 2-5] **정밀 스크루 드라이버**

(5) 별 스크루 드라이버(Torx Screw Driver)

볼 드라이버처럼 끝이 별모양으로 되어 있다.

[그림 2-6] 별 스크루 드라이버

(6) 미니(주먹) 스크루 드라이버(Stubby Screw Driver)

크기가 주먹크기와 비슷해서 붙여진 이름이다. 주로 협소한 공간에서의 작업에 사용한다.

[그림 2-7] 미니(주먹) 스크루 드라이버

(7) 자동 스크루 드라이버(Automatic Screw Driver)

자동 드라이버는 박음과 빼기가 자동으로 되며 핸들의 조정장치의 선택에 따라 왼쪽 또는 오른쪽으로 돌게 하거나 보통 드라이버처럼 고정시켜 사용할 수 있다.

[그림 2-8] 자동 스크루 드라이버

(8) 토크 드라이버(Torque Driver)

조이려고 하는 스크루 토크를 토크 드라이버에 있는 마이크로미터 눈금으로 맞추고 조이면 조정 값에 이르러 "딱" 하고 소리가 나면서 더 이상 조임이 안 된다.

[그림 2-9] **토크 드라이버**

(9) 휘어지는 정밀 스크루 드라이버(Professional Screw Driver)

깊고 협소한 공간에서 편리하게 작업을 하고 앞으로 뒤로 옆으로 휘어지는 드라이버로 손잡이 뒤편에는 L(Left)로 돌리면 왼쪽방향으로 만 돌고, R(Right)로 돌리면 드라이버가 오른쪽방향으로 돌게 된다.

[그림 2-10] **휘어지는 정밀 스크루 드라이버**

(10) 전동 스크루 드라이버(Electric Screw Driver)

전원에 코드를 꽂아 직접 연결하여 사용하는 것과 충전을 하여 무선으로 사용할 수 있는 충전방식이 있으며 전동 드라이버는 전동기의 힘을 이용하여 나사를 조이거나 풀 때 쉽고 빠르게 작업할 수 있고 토크 조정도 가능하다.

[그림 2-11] **충전식 스크루 드라이버**

(11) 에어 스크루 드라이버(Air Screw Driver)

이 공기식 스크루 드라이버는 중량이 가볍고 적은 용적으로 최대의 토크를 낼 수 있고 과부하로 인한 고장이 없어 전동공구와 비교하여 소형으로 고속회전을 얻을 수 있고 회전방향을 좌우로 조정하는 조정기와 공기량을 조정하는 노브가 있다.

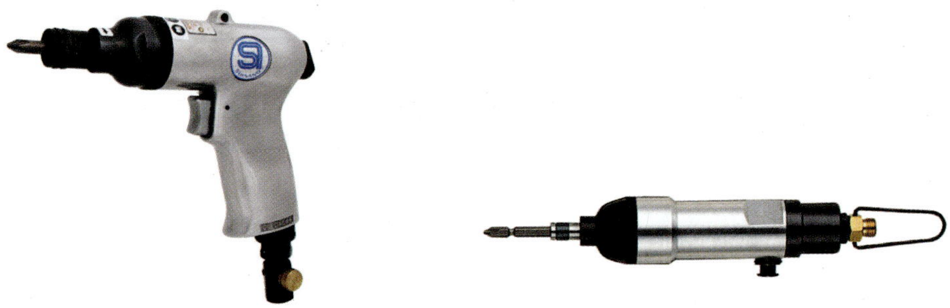

(a) 에어 임팩 드라이버　　(b) 에어 스크루 드라이버

[그림 2-12] **에어 스크루 드라이버**

(12) 임팩 드라이버(Impact Driver)

부식되고 찌들어서 빠지지 않는 ⊕, ⊖ 볼트를 망치 등으로 타격하여 풀어낸다.

[그림 2-13] **임팩 드라이버**

[2] 플라이어(Plier)

플라이어는 레버의 원리를 이용해서 악력(握力)을 배가시키는 작업용 공구로 작은 부품이나 금속편을 잡고, 구부리고, 잡아당기고 선재(線材)를 절단할 때 사용하는 공구이다.

(1) 조합 플라이어(Combination Plier)

조합 플라이어는 일반적으로 플라이어라고 부르며, 가장 사용횟수가 많은 플라이어로 물체의 크기에 알맞게 조우의 폭을 변화시킬 수 있도록 지지점의 구멍이 2단으로 되어 있기 때문에 큰 것과 작은 것 모두 잡을 수 있다. 조우(jaw)에는 세레이션이 있기 때문에 미끄러지지 않으며, 지지점 부근의 안쪽에는 철사를 자를 수 있도록 되어 있다.

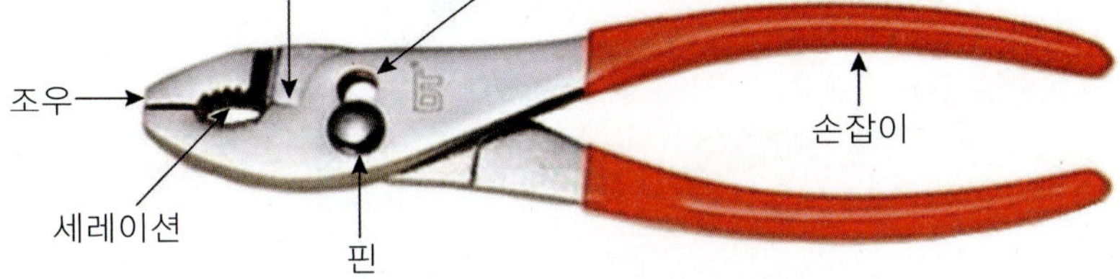

[그림 2-14] **조합 플라이어**

(2) 롱 노즈 플라이어(Long Nose Plier)

끝이 가늘게 길게 되어 있으며 조합 플라이어로 잡을 수 없는 구멍 속 또는 좁은 곳의 작업에 용이하며 철사나 전선을 구부리거나 접거나 절단하는데 사용한다.

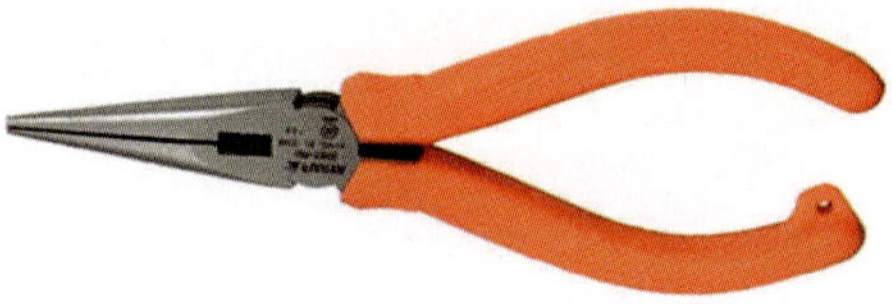

[그림 2-15] **롱 노즈 플라이어**

(3) 다이고널 컷팅 플라이어(Diagonal Cutting Plier, Cutting Nippers)

이 플라이어는 동선류나 철선류의 절단 및 전선류의 절단이나 피복을 벗기는데 사용하며 록 핀, 분할 핀의 절단에 사용하며 일명 니퍼라고도 한다.

(4) 엔드 니퍼 플라이어(End Cutting Nipper & Plier)

와이어 끝부분이나 작은 물체를 뽑아내거나 다듬기에 사용된다.

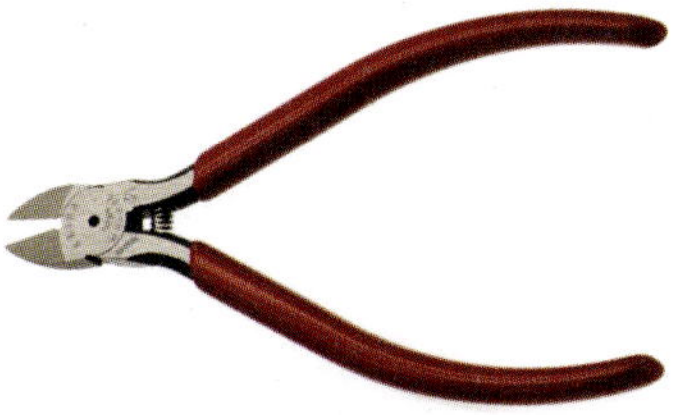

[그림 2-16] **다이고널 컷팅 플라이어(니퍼)**

[그림 2-17] **엔드 니퍼 플라이어**

(5) 전공 플라이어(Side Cutting Plier, Pincers)

주로 구리선이나 철선류를 굽히거나 절단하고 물체를 잡는데 사용한다.

[그림 2-18] **전공 플라이어**

(6) 워터펌프 플라이어(Water Pump Plier)

잡는 물체의 크기에 대하여 입의 크기를 크게 변화시킬 수 있으며 물펌프 패킹을 떼어 내거나 설치하는데 사용하며 배관작업에 많이 사용한다.

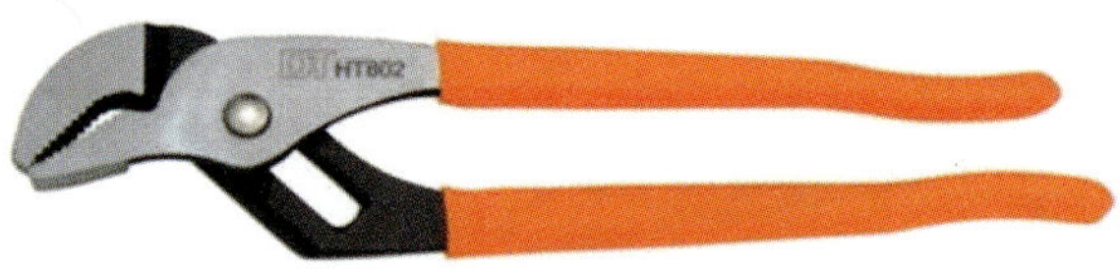

[그림 2-19] **워터펌프 플라이어**

(7) 바이스 그립 플라이어(Vise-Grip Plier)

플라이어와 손 바이스를 합친 기능이 있으며 압착간격 조정이 용이하고 2중 레버로 되어 있어 집는 힘이 강하여 스패너, 파이프렌치 등으로 사용이 가능하고 고착된 볼트를 풀 때 유용하다. 잠김기능이 있어 대상 물체를 고정시킨 후 두 손을 자유로이 사용하여 작업이 가능하다.

롱 노즈 바이스 그립 플라이어

[그림 2-20] **바이스 그립 플라이어**

(8) 스냅 링 플라이어(Snap Ring Plier)

축 외부에 설치된 스냅 링을 빼내거나 끼우는 축용과 축 내부 스냅 링을 빼내거나 끼우는 구멍형이 있으며 오므리거나 벌릴 때 사용하는 것과 겸용으로 사용하는 것이 있다.

[그림 2-21] **스냅 링 플라이어**

(9) 호스 반도 플라이어(Hose Clamp Plier)

플라이어 이빨이 호스 클립이 미끄러지지 않게 하며 좁은 곳에서도 사용할 수 있는 스프링식 호스 클립의 탈착작업 전용이다.

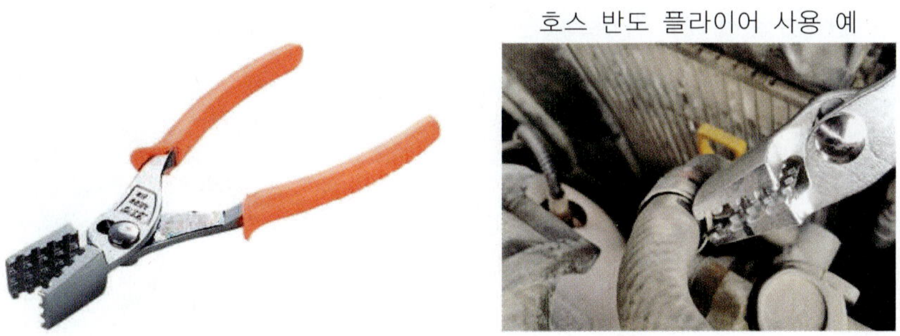

[그림 2-22] **호스 반도 플라이어**

(10) 피스톤 링 플라이어(Piston Ring Plier)

피스톤링을 확장하여 빼내거나 장착하는데 사용한다.

[그림 2-23] **피스톤 링 플라이어**

(11) 머플러 탈거 플라이어(Muffler Remover Plier)

차량의 머플러교환 시 머플러 고무 및 정비 시 손쉽게 탈착하는데 사용한다.

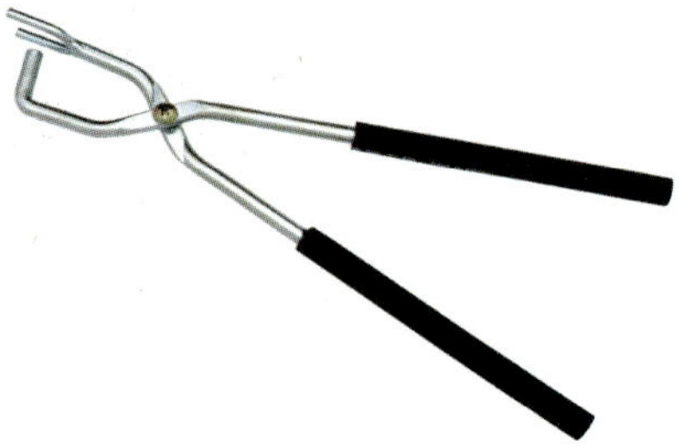
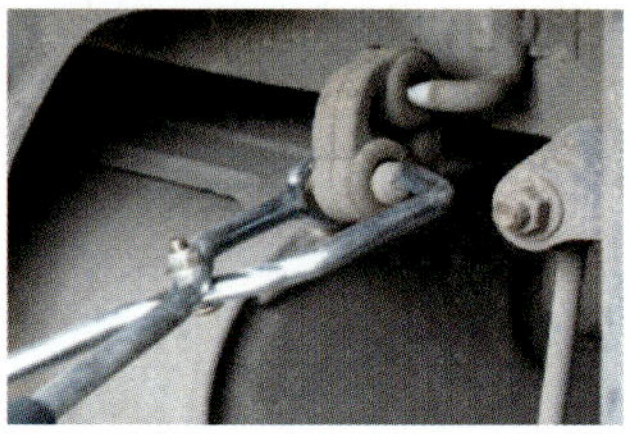

[그림 2-24] **머플러 탈거 플라이어**

(12) 도어 판넬 플라이어(Door Panels Plier)

차량의 도어 판넬 탈거 시 차량에 손상 없이 손쉽게 작업할 수 있다.

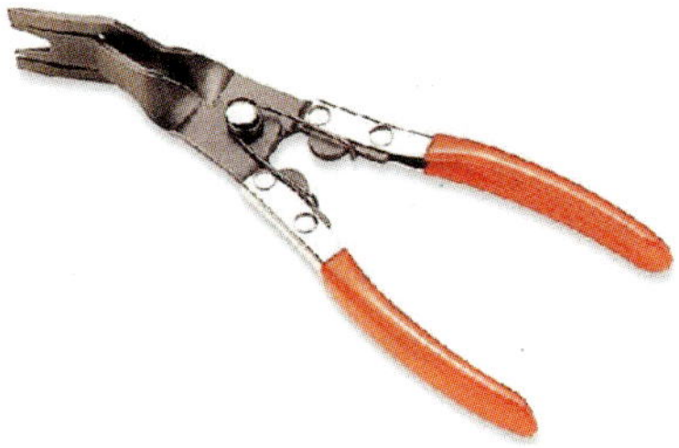

[그림 2-25] **도어 판넬 플라이어**

[3] 렌치(Wrench)

렌치는 스패너(spanner)라고도 하며 볼트, 너트, 나사 등을 조이거나 풀 때 사용한다.

(1) 오픈 엔드 렌치(Open End Wrench)

양구 스패너, 양쪽에 물림입이 달린 스패너로 양쪽 끝이 열려있다. 복스렌치 보다는 큰 힘을 줄 수는 없지만 복스렌치나 소켓렌치를 사용할 수 없는 곳이나 작은 힘으로 볼트 너트를 풀 수 있으며 복스렌치나 소켓렌치보다 빠르게 볼트, 너트를 조이거나 풀 수 있으며 연료파이프 라인의 피팅(연결부)을 풀고 조일 때 사용한다. 이 렌치는 볼트 너트의 6각 가운데서 2각만 입 부분에 걸리게 되므로 복스렌치나 소켓렌치보다 볼트 너트에 상처를 내기 쉽고 렌치의 일부분도 마멸되기 쉽다.

[그림 2-26] **오픈엔드렌치**

(2) 복스렌치(Box Wrench)

복스렌치는 강제 막대의 한 대의 한끝을 둥글게 하고 그 안쪽에 6각 또는 8각 12각 렌치 홈을 판 것으로 볼트나 너트 주위를 완전히 감싸게 되어 있어 고른 힘이 분산되어 사용도중 미끄러지지 않고 큰 힘으로 풀거나 조일 수 있다. 일명 더블 옵셋렌치(Double Off Set Wrench)이나 일반적으로 복스렌치라 한다.

[그림 2-27] **복스렌치**

(3) 조합렌치(Combination Wrench)

조합렌치는 한쪽은 오픈 엔드렌치로 하고 다른 쪽은 복스렌치로 되어 있어서 오픈 엔드렌치의 장점과 복스렌치의 장점을 하나로 만든 렌치이다. 가조임은 스패너 쪽으로 본 조임은 옵셋쪽으로 사용하여 하나로 두 가지의 기능을 한다.

[그림 2-28] **조합렌치**

(4) 라쳇 복스렌치(Rachet Box Wrench)

소켓과 라쳇 핸들이 일체화된 렌치로 회전부분에 라쳇(rachet)이라는 기어장치가 있고 구멍은 6각 또는 12각의 것이 있다.

1) 기어렌치(Gear Wrench)

소켓 라쳇 핸들과 같이 자동으로 반대방향으로 돌아가게 할 수 없으나 렌치를 뒤집어 사용하면 조이기와 풀기, 양 작업을 할 수 있다. 예를 들면 시동전동기 탈착작업 등에서 렌치를 빼고 끼울 필요 없이 끝날 때까지 연속적으로 사용가능하다.

(a) 기어렌치 (b) 더블 기어렌치

[그림 2-29] **기어 렌치**

2) 플렉시블 기어 렌치(Flexible Gear Wrench)

굴절형 기어렌치로 헤드부분에 힌지가 있어 헤드부분이 180° 회전이 가능하여 각도 조절하면서 작업할 수 있다.

(a) 플렉시블 기어렌치 (b) 더블 플렉시블 기어렌치

[그림 2-30] **플렉시블 기어렌치**

3) 슈퍼 라쳇 렌치(Super Rachet Wrench)

양쪽의 치수가 틀리며(예, 17㎜, 19㎜) 조이기와 풀기방향으로 조절할 수 있어 엔진 오일교환 작업 시 드레인 플러그를 풀거나 조일 때 많이 사용한다.

[그림 2-31] **슈퍼 라쳇 렌치**

(5) 너트렌치(Nut Wrench)

복스렌치를 둘로 나눈 형식의 것과 플레어 너트에 쓰이는 동관 치수에 입의 벌어짐을 맞추고 벌어진 입을 통해서 너트에 끼우는 것이 있다. 주로 브레이크나 연료파이프를 풀거나 조일 때 많이 사용한다.

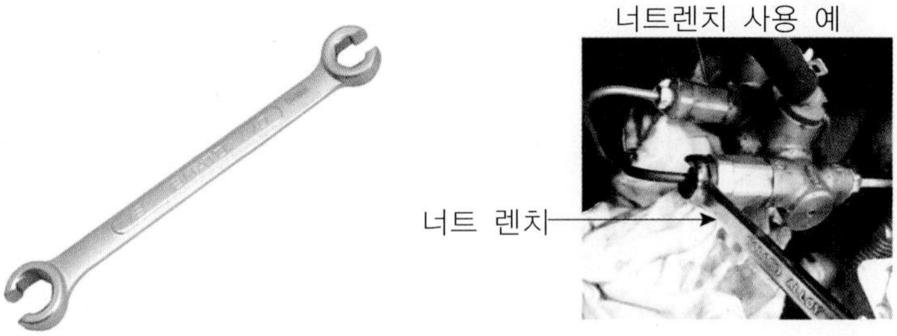

[그림 2-32] **너트렌치**

(6) 조정렌치(Adjustable Wrench)

조정렌치는 몽키 스패너라고도 불리며 볼트나 너트의 크기에 따라서 한쪽의 조(jaw)의 크기를 조정할 수 있게 되어 있다.

이 렌치는 볼트 또는 너트의 크기에 따라 조의 크기를 조정할 수 있어 편리하기는 하나 사용 중 물림 턱 조절 나사산(웜과 랙 기어)의 여유가 많아 가동부분이 파손되기 쉽고 또 볼트 또는 너트의 모서리도 마멸되기 쉬우므로 복스렌치 등이 맞지 않는 특수한 볼트 또는 너트를 돌리는 데만 사용하는 것이 원칙이다. 조의 크기는 랙 기어(rack gear)를 돌려서 조정한다.

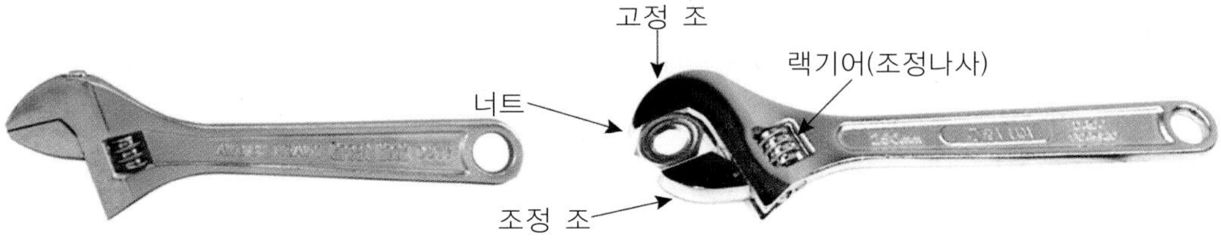

[그림 2-33] **조정렌치**

1) 사용방법

① 고정 조(movable jaw)가 볼트나 너트의 회전방향과 마주 보도록 끼운다.

② 랙 기어(조정나사)를 조정하여 볼트 헤드나 너트에 꼭 끼도록 한다.

③ 볼트나 너트를 풀고 조일 때는 렌치를 작업자의 몸 쪽으로 잡아당긴다.

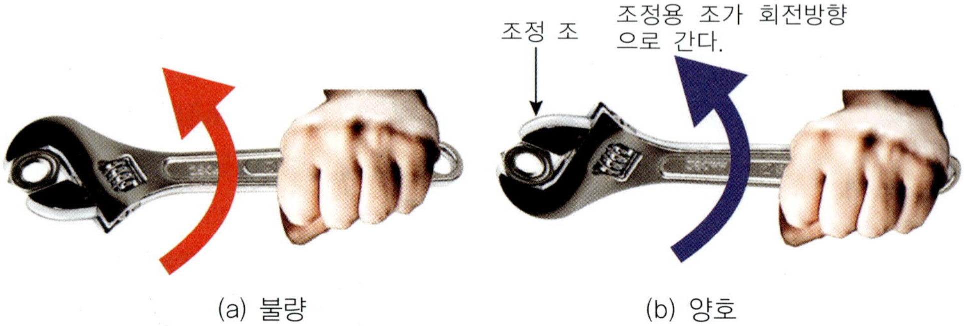

[그림 2-34] 조정렌치의 사용법

(7) 조정 파이프렌치(Adjustable Pipe Wrench)

조정 파이프렌치를 간단히 파이프렌치라고도 한다. 평행하지 않은 두께의 조(jaw)로 되어있고 이 조에는 톱니모양의 이(serration)가 있어 자국을 내므로 모서리가 둥글게 되어 있는 파이프 등과 같이 매끄러운 것을 물려서 고정 또는 회전시킬 때 사용한다. 이의 방향을 참고해서 한쪽방향으로만 회전시켜야 하고 조정은 조정너트로 한다. 휠 얼라이먼트 토인조정 시 고착된 타이로드 연결부를 풀 때 유용하다.

[그림 2-35] 조정 파이프렌치 및 사용법

(8) 오일필터 렌치(Oil Filter Wrench)

오일필터 렌치는 자동차나 건설기계의 오일필터나 연료필터를 탈거 하거나 조립할 때 사용된다. 오일필터 렌치는 제작회사별로 여러 가지가 있으나 사용방법은 거의 같고 오일 필터의 종류에 알맞은 것을 선택하여 사용한다.

[그림 2-36] **오일필터 렌치**

(9) 체인렌치(Adjustable Chain Pipe Wrench)

지름이 큰 파이프의 조임 작업에 사용하나 주로 오일필터, 연료필터 교환 시에 많이 사용한다.

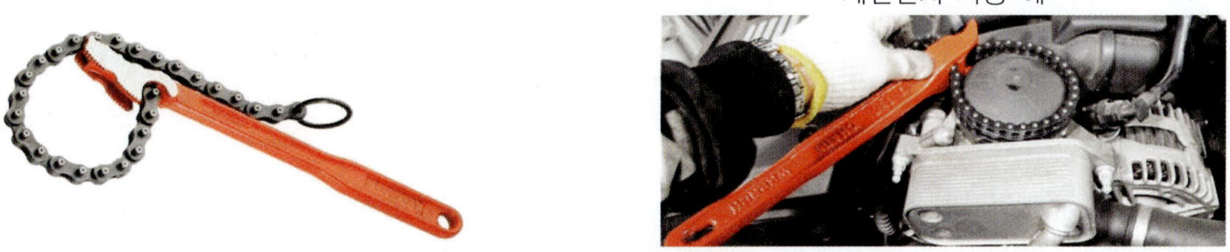

[그림 2-37] **체인렌치**

(10) 소켓렌치(Socket Wrench)

라쳇 핸들, 힌지핸들 같은 렌치형 수동 구동공구에 끼워서 볼트 또는 너트를 각 사이즈에 맞는 소켓렌치를 자유로이 선택할 수 있는 편리한 점이 있다. 그러나 볼트 또는 너트의 크기에 관계없이 렌치의 길이가 거의 일정하기 때문에 크기에 따라 렌치에 가해지는 손의 힘을 가감할 필요가 있으며 전기나 압축에어를 이용하는 임팩소켓도 있다.

(a) 6각 (b) 8각 (c) 12각

(d) 톡스 비트 소켓

(e) 임팩 비트 홀더 소켓

(f) 헤드 소켓

(g) 별 소켓

(h) 산소센서 소켓

(i) 스파크 플러그 소켓

(j) 플레어 너트 소켓

[그림 2-38] **소켓렌치의 종류**

(11) 소켓렌치 어댑터의 종류

1) 연결대(Extension Bar)

연결대는 힌지핸들, T-핸들, 라쳇핸들, 스피드핸들, 유니버셜조인트 등에 복스 소켓, 오일필터 캡 등을 끼워 용도에 알맞게 연결 사용한다.

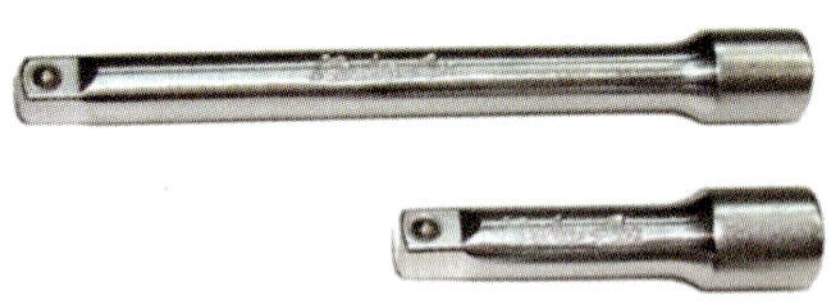

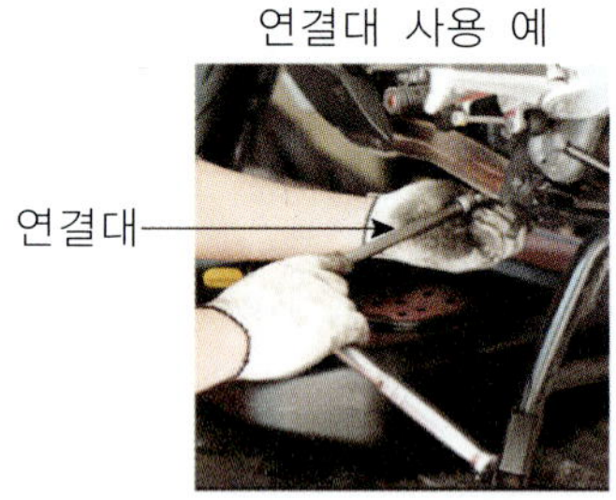

[그림 2-39] **연결대**

2) 힌지핸들(Hinged Handle)

힌지핸들은 소켓핸들 또는 복스대라고도 하며 최대의 지렛대 원리로 많은 힘으로 단단히 조여져 있는 실린더 헤드 볼트나 너트 등을 풀고 조일 때 사용하는 핸들로서 볼트나 너트를 처음 풀 경우와 토크렌치로 최종적으로 조이기 직전까지 사용한다.

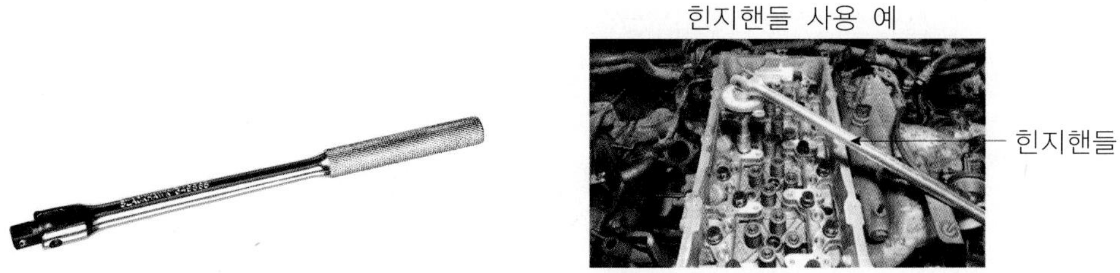

[그림 2-40] **힌지핸들**

3) 스피드 핸들(Speed Handle)

볼트나 너트를 신속하게 풀거나 조일 때 사용하며 작업공간이 충분하고 볼트나 너트가 많을 경우 빠르게 작업할 수 있다. 아래 볼트나 너트를 풀 때 핸들을 90° 로 수직으로 세워 오른손으로 슬라이딩핸들 윗부분을 손바닥으로 조금 누른 상태에서 핸들을 가볍게 잡고 왼손으로 아래 슬라이딩핸들을 잡고 아래 슬라이딩을 왼손으로 돌린다. 10㎜ 이상은 힌지핸들로 푼 뒤 스피드핸들로 작업한다. 옆 볼트나 너트를 풀 때는 오른손으로 아래 슬라이딩핸들을 잡고 왼손으로 위 슬라이딩 핸들을 가볍게 잡고 밀면서 푼다.

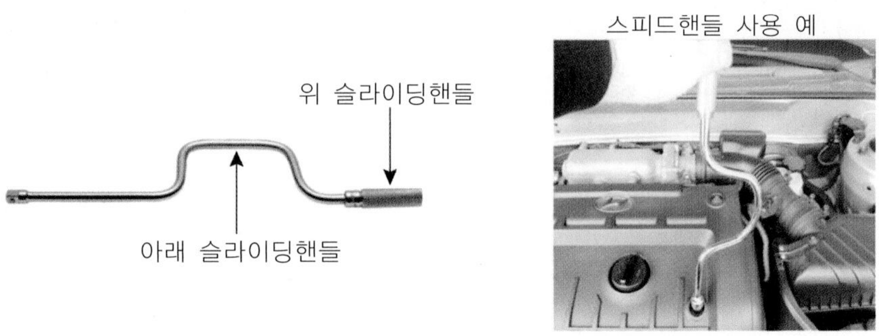

[그림 2-41] **스피드핸들**

4) 슬라이딩 T-핸들(Sliding T-handle)

양 끝에 똑같은 힘을 가할 수 있고, 한쪽으로 몰아서 힌지핸들 대용으로 사용할 수 있다. 길이를 조절하여 필요한 토크로 조일 수 있으므로 볼트, 너트를 무리한 힘으로부터 보호할 수 있다.

[그림 2-42] **슬라이딩 T-핸들**

5) 라쳇 핸들(Ratchet Handle)

라쳇 핸들은 볼트나 너트에서 소켓렌치를 빼내지 않고 계속 한쪽방향으로 볼트나 너트를 조이거나 풀 때 가장 많이 사용한다.

라쳇 리버싱 레버(rachet reversing lever)는 소켓을 한쪽방향으로 회전시키고, 그 반대 방향으로 고정시키는 레버이며 큰 토크가 필요치 않는 작업에 사용해야 하며 볼트나 너트를 강하고 단단하게 조이거나 강하게 조여 있는 볼트나 너트에 사용하면 톱니바퀴(기어)가 손상이 된다.

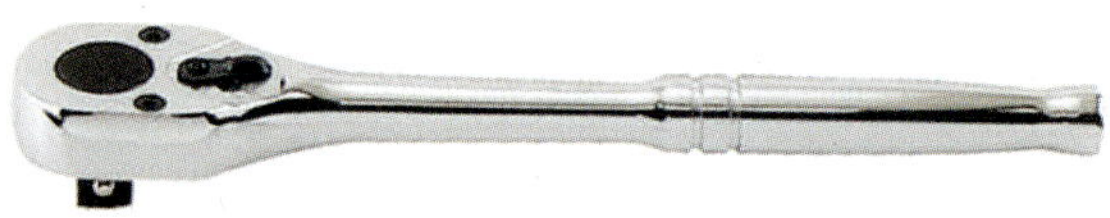

라쳇 핸들 사용 예

[그림 2-43] **라쳇 핸들**

6) 유니버셜 조인트(Universal Joint)

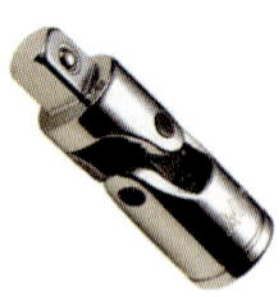

유니버셜 조인트 사용 예

[그림 2-44] **유니버셜 조인트**

두 축의 각도를 자유롭게 바꿀 수 있는 이음(조인트)공구이다. 각도가 있는 비스듬한 작업 공간 또는 작업이 원활하지 않은 복잡한 작업공간에서 소켓과 라쳇 핸들사이에 연결하여 각도 변화를 주어서 경사진 곳에서 조임이나 풀기작업이 가능하다. 소켓 렌치의 핸들의 굴절 각도는 45° 까지 자유롭게 할 수 있다.

(12) 토크렌치(Torque Wrench)

토크렌치는 볼트나 너트를 규정값 으로 조일 때 사용하며, 모든 기계의 볼트나 너트를 규정토크로 조이지 않으면 사용 중 볼트나 너트가 풀리거나 변형이 된다. 규정 토크 이상으로 조이면 부품의 변형 및 파손, 볼트의 부러짐이나 변형이 되므로 토크렌치는 이러한 것을 방지하기 위하여 사용한다.

볼트나 너트에 가해지는 토크 정도를 지침으로 표시되는 것(스케일형과 다이얼형)과 미리 규정 토크 값을 조정하여 두는 프리세트 토크렌치가 있다. 프리세트는 볼트나 너트가 규정 토크 값이 되었을 때 "딸깍" 소리가 난다.

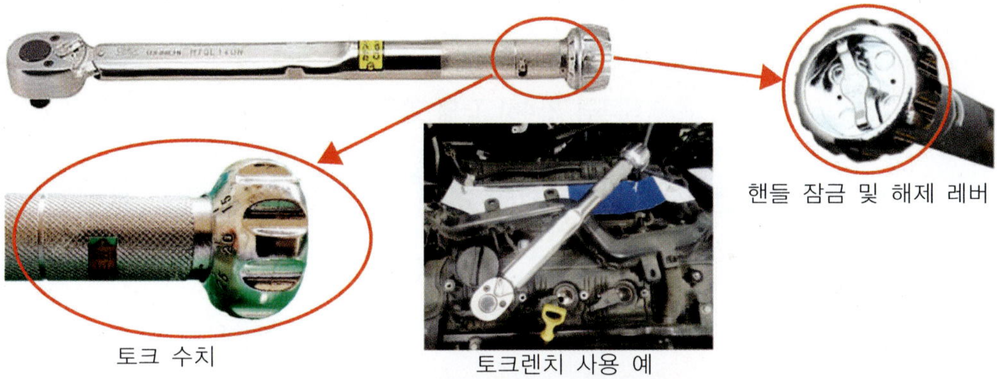

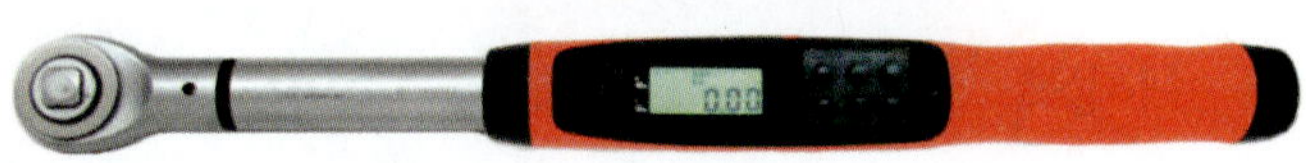

(a) 프리세트식

(b) 다이얼식

[그림 2-45] **토크렌치**

(13) 특수 렌치

1) T-형 핸들(T-type Handle)

T-형 렌치는 토크가 일정한 곳의 볼트나 너트의 조임이나 풀기에 사용하며 소켓과 T자 모양의 핸들을 한 몸통으로 만들어 놓은 것과 러그에 소켓이나 유니버셜 소켓을 끼워서 사용하는 것이 있으며, 주로 힘을 많이 주지 않아도 되는 작은 볼트나 너트를 조이거나 풀 때 많이 사용한다.

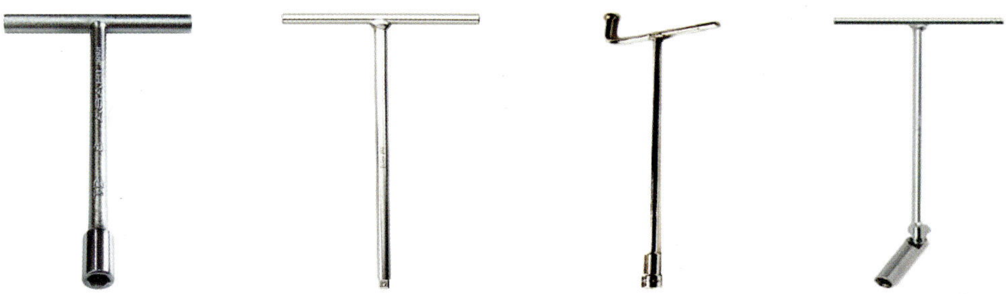

(a) 고정식 T- 핸들 (b) 소켓 연결 T-핸들 (c) 스피드 T-핸들 (d) 유니버셜 T-핸들

[그림 2-46] **T-형 핸들**

2) T-형 스파크플러그 렌치(T-type Spark Plug Wrench)

스파크플러그 렌치는 알맞게 각도 조절이 되어 스파크 플러그를 조이거나 풀 때 사용하는 전용공구이다.

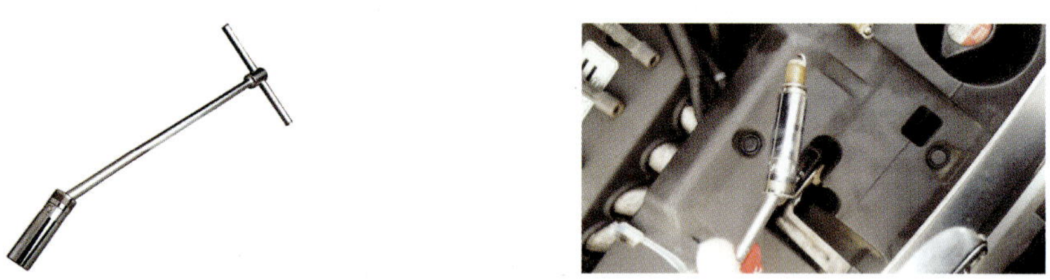

[그림 2-47] **T-형 스파크플러그 렌치**

3) 육각렌치(Hex Head Wrench)

알렌렌치라고도 하며 자동차 등에 사용되는 육각형의 볼트를 조이거나 풀 때 사용한다. 사용시 볼트에 렌치를 직각으로 삽입해야 볼트 및 렌치의 손상을 막을 수 있다.

육각렌치 사용 예

[그림 2-48] **육각렌치**

4) **톡스 렌치**(Torx Wrench)

별 모양으로 생겼다고 하여 별 렌치(star wrench)라고도 불리며, 별 모양의 볼트를 조이거나 풀 때, 사용한다. 사용할 때는 볼트에 별 렌치를 직각으로 삽입해야 볼트 및 렌치의 손상을 막을 수 있습니다.

[그림 2-49] **톡스 렌치**

1.1.2 기타 공구

[1] 해머(Hammer)

(1) 볼 핀 해머(Ball Peen Hammer)

가장 많이 사용되는 것으로 판금작업 등 물체를 타격할 때 사용되는 공구로 핀이 볼모양으로 둥글게 되어 있다.

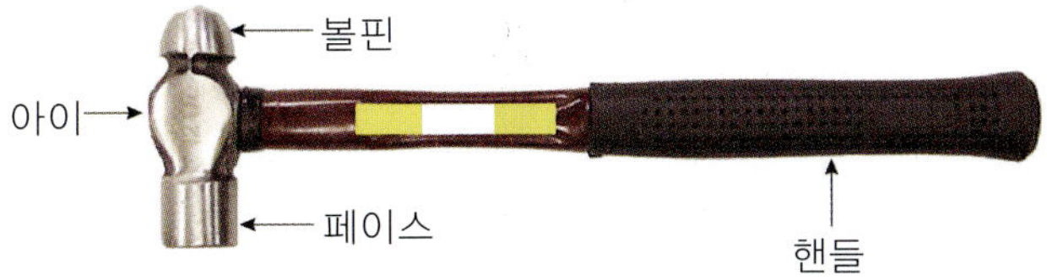

[그림 2-50] **볼 핀 해머**

(2) 슬레지 해머(Sledge Hammer)

슬래지 해머는 고착된 부분을 타격하여 분리할 때 무척 유용하며 암석이나 콘크리트를 부술 때, 볼트작업, 끌(chisel)의 타격에 사용한다.

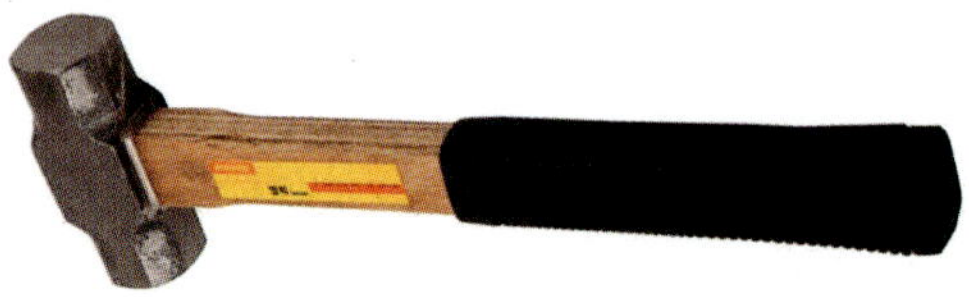

[그림 2-51] 슬레지 해머

(3) 연질해머(Soft Face Hammer)

물체에 손상을 주지 않고 충격만 가할 때 사용하는 공구로 고무해머, 우레탄 해머, 나무해머 등이 있다.

(a) 고무 해머

(b) 우레탄 해머

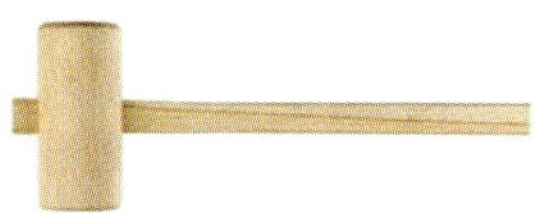

(c) 나무 해머

[그림 2-52] 연질 해머

(4) 목공 해머(Carpenter′ s Hammer)

강철의 머리와 나무자루로 된 것으로 해머머리 뒤에는 못 빼기 등에 사용되는 글로우(glow)가 있다.

(5) 검사용 해머(Test Hammer)

검사용 해머는 머리에 긴 나무자루를 꽂은 것으로 타격음에 의하여 부품의 상태를 검사하는데 쓰인다.

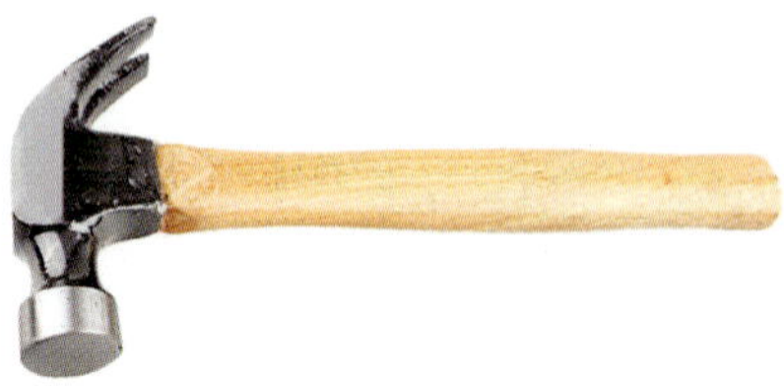

[그림 2-53] 목공 해머

[그림 2-54] 검사용 해머

[2] 펀치(Punch)

펀치는 금속, 가죽, 종이 및 기타의 물질에 구멍을 뚫거나 금속편에 표시를 할 때 핀이나 리벳을 떼어낼 때 또는 구멍을 맞출 때 사용한다.

(1) 센터 펀치(Center Punch)

센터 펀치는 포인트 부가 원뿔형으로 되고 팁(tip)은 90° 의 원뿔로 되어 있다. 스톡은 8각 또는 4각형이고 드릴작업의 구멍위치, 중심위치, 분해하여 다시 조립할 때 제위치에 설치할 수 있도록 표시하는데 사용된다.

자동 센터 펀치(automatic center punch)는 보통 펀치처럼 해머로 타격하지 않고 내부기구에 의해 작업자의 필요한 손의 힘으로 누르기만 하면 자동 타격하게 되어 있다.

(2) 핀 펀치(Pin Punch)

스트레이트 핀이나 테이퍼 핀을 떼어낼 때에 사용되며 표준형의 것은 포인트 쪽으로 테이퍼되어 있고 어떤 형식의 핀 펀치는 테이퍼되어 있지 않고 곧게 되어있다.

(a) 센터 펀치　　　(b) 핀 펀치

[그림 2-55] **펀치**

[3] 스크레이퍼(Scraper)

스크레이퍼는 접촉부분의 굳은 부분에 붙어있는 개스킷이나 접착제 등을 떼어내는데 주로 사용한다.

[그림 2-56] **스크레이퍼**

[4] 치즐(Chisel)

치즐은 리벳머리, 녹슨 볼트 및 너트 등을 떼어내기 및 철이나 비철금속의 홈파기 가공, 절단가공 등에 사용한다. 치즐은 팁의 형태에 따라 플랫형(flat type), 케이프형(cape type), 둥근형(round type), 다이아몬드형(diamond type)등이 있으며 일종의 끌이다.

[그림 2-57] **치즐**

[5] 핸드 탭과 다이스(Hand Tap & Dies)

핸드 탭은 금속이나 플라스틱 등에 볼트를 끼울 수 있게 암나사를 내는데 사용되고 다이스는 수나사를 내는데 사용된다.

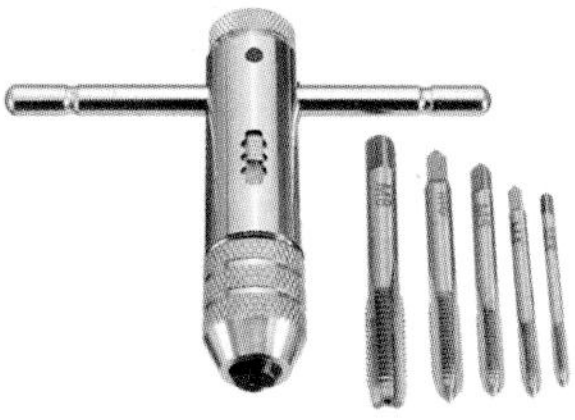

(a) 핸드 탭

(b) 탭

[그림 2-58] **핸드 탭** & **다이스**

[6] 줄(File)

줄은 금속판을 깎거나 표면을 매끈하게 다듬질 할 때, 모따기를 하기 위해 사용된다. 표면에 줄 날을 무수히 세워 날을 세운 방법에 따라 한 줄날, 두 줄날, 세 줄날이 있고 날의 거칠기에 따라 거친 날, 중간 날, 고운 날 등으로 구별된다. 또, 단면의 모양에 따라 각형, 평형, 삼각형, 원형, 반원형 등이 있다. 전진 행정 시에만 압력을 가하고 후진 행정시에는 줄을 약간 든다. 이렇게 하지 않으면 줄이 곧 무더지게 된다.

[그림 2-59] **줄**

[7] 클립공구(Clip Remover)

차량의 내장수지, 클립 분리 시 사용된다. 차량의 도어, 백, 플로어 등 내장에 사용하기 적합하다.

클립공구 사용 예

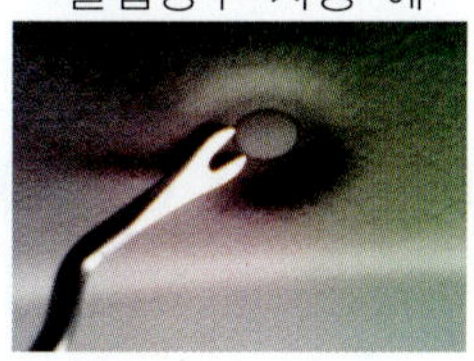

[그림 2-60] **클립공구**

[8] 클립 리무버(Clip Remover)

자동차의 내장작업 시 차량에 손상을 주지 않고 용도에 맞게 제품을 선택하여 손쉽게 작업할 수 있다.

(a) 클립 리무버 사용 예(1)

(b) 클립 리무버 사용 예(2)

(c) 클립 리무버 사용 예(3)

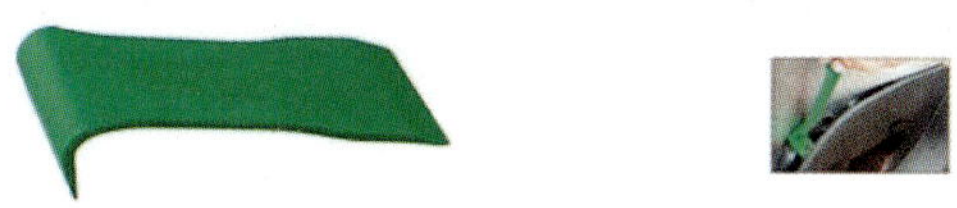

(d) 클립 리무버 사용 예(4)

(e) 클립 리무버 사용 예(5)

[그림 2-61] **클립 리무버**

[9] 오링 풀러(Awls, Hook, Picks)

차량의 오링 및 리테이너 제거 및 인두작업 시 납제거, 단품의 구석과 벌어진 틈 청소 시 사용한다.

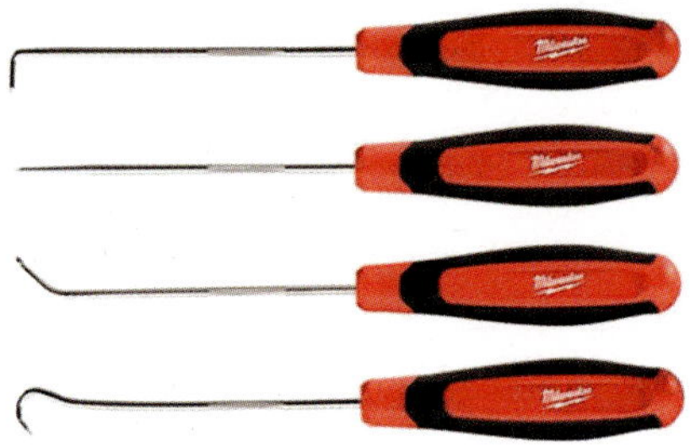

[그림 2-62] **오링 풀러**

1.1.3 작업용 장비

[1] 이동식 크레인(Mobile Floor Crane)

이동식 크레인은 중량물을 들어 올리는데 사용되는 것으로 주로 작업장 내의 엔진이나 변속기 등 무거운 것을 들어서 옮기는데 사용한다. 물건을 들어 올릴 때는 유압 밸브를 잠그고 레버를 상하로 작동시키면서 오일이 압축되어 마운팅 지프가 상승하고 유압 밸브를 풀면 로프팅 지프(lofting jeep)가 내려온다.

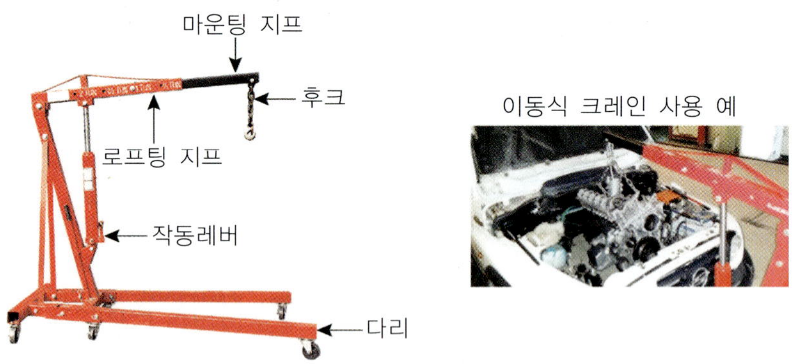

[그림 2-63] **이동식 크레인**

[2] 잭(Jack)

(1) 가레지 잭(Hydraulic Garage Jack)

가레지 잭은 공작 잭이라고도 하며 안정성이 있고 작동이 정확하여 차고나 정비공장 등에서 자동차를 들어 올릴 때 널리 사용된다.

잭의 조정레버를 당겨 핸드레버 홈에 걸고 작동레버를 상하로 작동시키거나 풋 페달을 상하로 밟으면 암이 상승하고 조정레버를 홈에서 빼내어 밑으로 밀면 암은 하강한다.

가레지 잭 사용 예

[그림 2-64] **가레지 잭**

(2) 이동식 유압잭(Portable hydraulic jack)

이동식 유압잭은 유압을 이용하여 유압 실린더를 움직여 차량을 들어 올리는데 사용된다. 유압잭은 잭을 고일 지점에 잭을 똑바로 세우고 높이가 맞지 않을 경우에는 높이 조정 스크루를 알맞게 풀거나 조여서 조정한 뒤 유압밸브를 잠그고 작동레버를 상・하로 작동시키면 피스톤을 상승시킨다. 작업이 끝난 뒤 잭의 유압밸브를 풀면 피스톤이 하강한다.

이동식 유압 잭 사용 예

[그림 2-65] **이동식 유압 잭**

(3) 휠 척 잭(Wheel Chuck Jack)

자동차에 휴대하고 다니면서 타이어펑크 시 타이어를 교환하는데 주로 사용된다.

사용방법은 구동러그에 핸들의 러그를 설치하고 오른쪽으로 돌리면 시트가 상승하고 왼쪽으로 돌리면 시트가 하강한다.

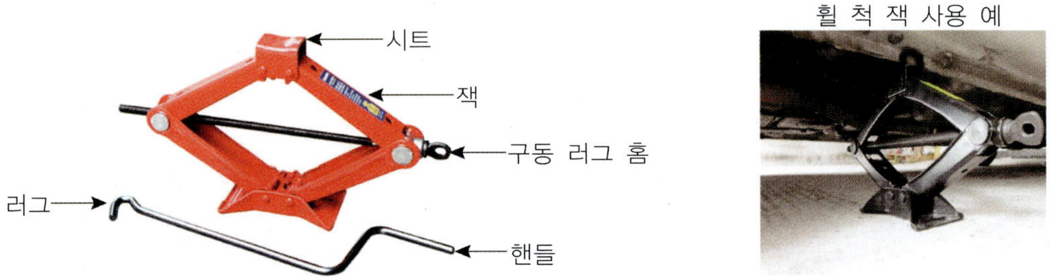

[그림 2-66] **휠 척 잭**

(4) 리지드 잭(Ridged Jack, 안전 잭)

리지드 잭은 안전 잭이라고도 하고 잭으로 잭업(jack up)을 한 뒤 차를 안전하게 고일 때 사용한다. 잭업 작업 시에는 자동차를 평탄한 곳에서 설치를 해야 하고 잭업 시에는 고임목을 고인다.

[그림 2-67] **리지드 잭**

[3] 카 클리퍼(Car Creeper, 작업침대)

자동차 밑에서 정비, 검사 시 사용하는 작업침대이다. 자유자재로 이동할 수 있도록 작업침대 밑에는 롤러가 설치되어 있고 내구성이 강하다.

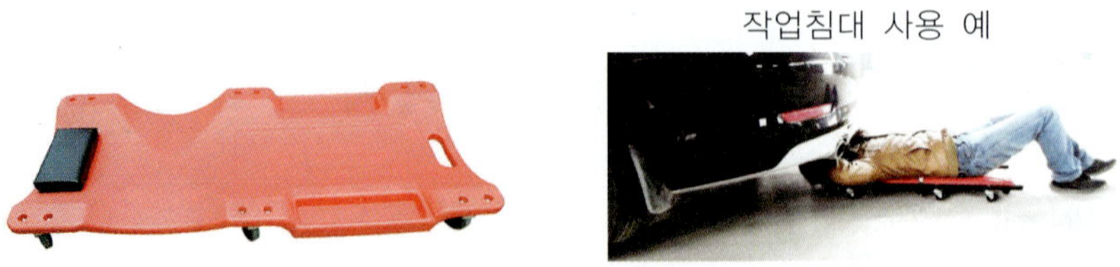

[그림 2-68] **작업침대**

[4] 풀러(Puller)

기어, 베어링, 부싱 등을 축 또는 케이스에서 빼낼 때 사용한다.

(1) 기어 풀러(Gear Puller)

기어 풀러는 각종 기어를 빼내거나 설치하는데 사용한다.

기어 풀러 사용 예

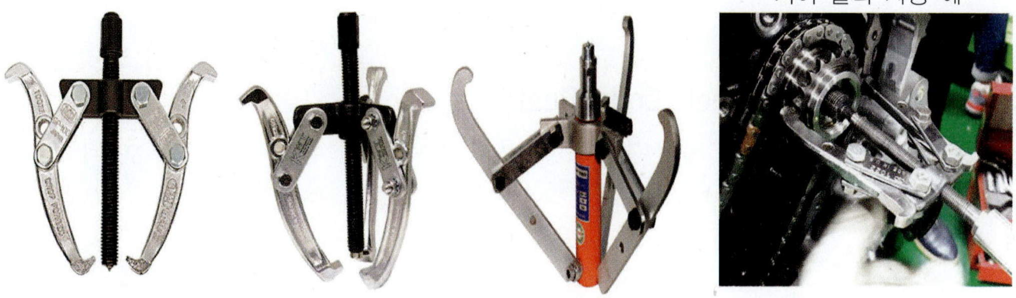

(a) 2조우 곡선형 (b) 3조우 곡선형 (c) 유압식

[그림 2-69] **기어 풀러**

(2) 푸시 풀러(Push Puller)

푸시 풀러는 레그를 교환하여 필요에 따라 축에서 기어나 베어링을 빼내는데 사용한다.

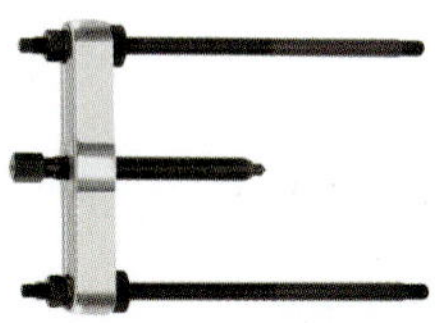

[그림 2-70] **푸시 풀러**

[5] 작업 등(Work Light)

어두운 곳에서도 일하는 자리를 밝게 비추어 작업을 원활히 할 수 있도록 하려고 켜는 등으로 일반등, 형광등, 할로겐등, LED등이 있으나 이동이 편리하고 충전식인 LED등을 많이 사용한다.

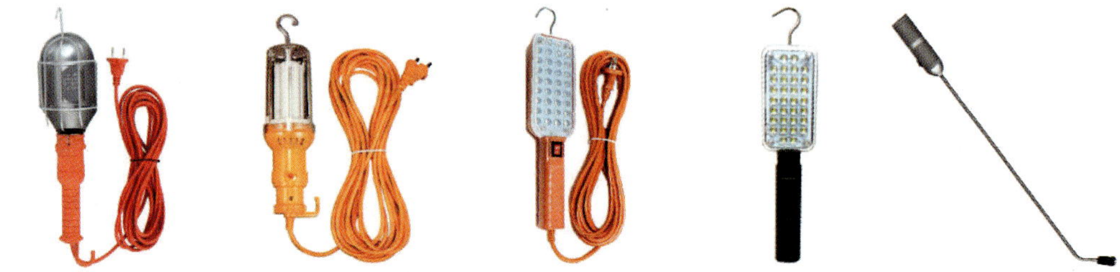

(a) 일반(백열전구) (b) 할로겐 (c) LED (d) LED(충전식)

[그림 2-71] **작업 등**

[6] 에어 릴, 전선 릴(Air Reel, Code Reel)

에어 호스 및 전선길이를 자유자재로 이용하고 사용치 않을 때는 자동 되감기된다.

[그림 2-72] **에어 릴, 전선 릴**

[7] 와이어 브러시(Wire Brush)

매우 가는 강철 줄로 이루어진 기구이며, 녹 등을 닦아낼 때 사용한다.

[그림 2-73] **와이어 브러시**

[8] 자석 자바라(Magnetic Flexible)

제품 하단부에 강력 영구자석이 내장되어 있고 유연하게 휘어지기 때문에 공구 및 볼트나 너트가 좁은 공간으로 떨어 졌을 때 손쉽게 꺼낼 수가 있다.

[9] 반사경(Telescoping Mirror)

거울의 길이 조정 및 각도 조절이 가능하여 차량정비 시 시야확보가 힘든 곳에 사용한다.

[10] 금속 청진기(Automotive Stethoscope)

자동차의 엔진, 변속기, 뒤 차축, 트랜스케이스 등 소음의 원인을 찾을 때 소리를 듣고 진단하는 청진기이다.

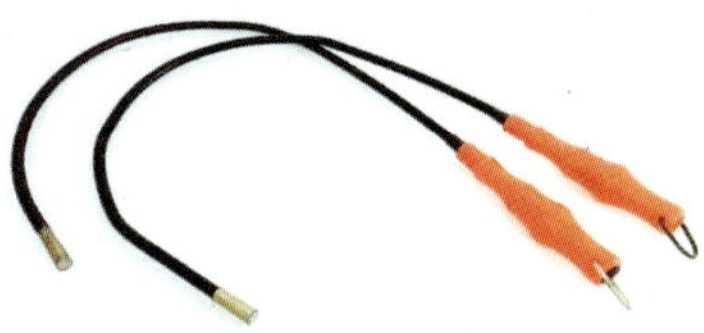

[그림 2-74] **자석 자바라**

[그림 2-75] **반사경**

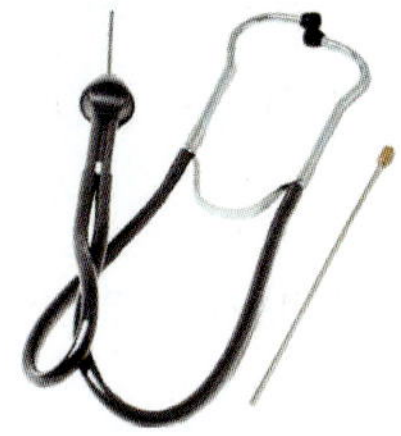

[그림 2-76] **금속청진기**

[11] 전기식 벤치 그라인더(Electric Bench Grinder)

회전하는 숫돌차를 보통 한쪽에는 고운 것을 끼우고 또 한쪽에는 거친 것을 설치하고 공작물을 연마하는 기계이다. 이 형식의 연마기는 작업대 위에 볼트나 너트로 고정한다.

[12] 핸드 그라인더(Portable Electric Grinder)

숫돌바퀴를 회전시키는 전동공구이다. 재료를 잘라낸 후의 버 제거나 용접가공을 한 후의 표면성형 및 가는 파이프나 철골의 절단 등에 사용한다. 또한 숫돌바퀴를 회전식의 와이어 브러시 등에 바꿔달 수 있어 녹 제거 등 연마작업도 할 수 있다.

[13] 고속 절단기(High Speed Cutter)

고속 전단기는 환봉, 파이프, 형강, 앵글 등을 자르는데 사용된다.

[그림 2-77] **전기식 벤치 그라인더**

[그림 2-78] **핸드 그라인더**

[그림 2-79] **고속 절단기**

[14] 전기드릴(Cord Drill)

전기 드릴은 벤치 드릴로 하기 어려운 작업에 주로 사용하고 공작물을 고정시켜 놓고 드릴 날을 결합하여 필요한 위치에 구멍을 뚫는다.

[15] 열풍기(Heal Guns)

높은 발열량을 낼 수 있어 젖은 부품 등을 건조시킬 때 사용한다.

(a) 전기 드릴

(b) 충전 드릴

[그림 2-80] **드릴**

[그림 2-81] **열풍기**

[16] 바이스(Vise)

바이스는 공작물을 절단하기 위해 쇠톱질(톱질)하거나 줄작업, 공작물에 구멍을 뚫을 때 또는 리벳 등을 하기 위해 공작물을 잡는 일을 한다. 바이스는 사용하지 않을 때에는 조우를 약간의 사이를 두고 붙여두며 핸들은 수직위치로 한다. 조우는 공작물이 미끄러지지 않게 하도록 거칠게 되어있기 때문에 연한 금속물을 조우에 물릴 때는 금속물이 손상되지 않도록 연한 금속면을 조우에 대어야 한다.

[17] 전기인두(Soldering Iron)

머리 부분은 주로 연납 땜이 잘 되도록 연전도가 좋은 구리를 주로 사용을 하며 땜납의 가열온도는 300℃ 전후가 알맞으며 온도를 일정하게 조절하는 인두가 있다. 가

열온도가 너무 높거나 장시간 사용하면 인두에 산화물이 생겨 땜납이 인두에 붙지 않아 납땜이 어려워지므로 이때는 인두의 산화물을 줄 등으로 제거하고 사용한다.

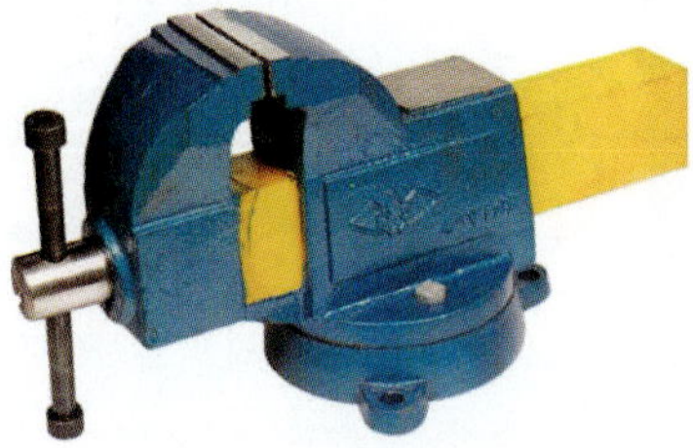

[그림 2-82] **바이스**

[그림 2-83] **전기인두**

[18] 멀티 프레스(Multi Press)

자동차에서 사용하는 프레스 종류는 에어식 프레스와 유압식 프레스를 주로 사용한다. 프레스는 베어링, 부싱, 축 등의 빼내기와 설치하기, 축의 굽음을 수정하는데 사용한다.

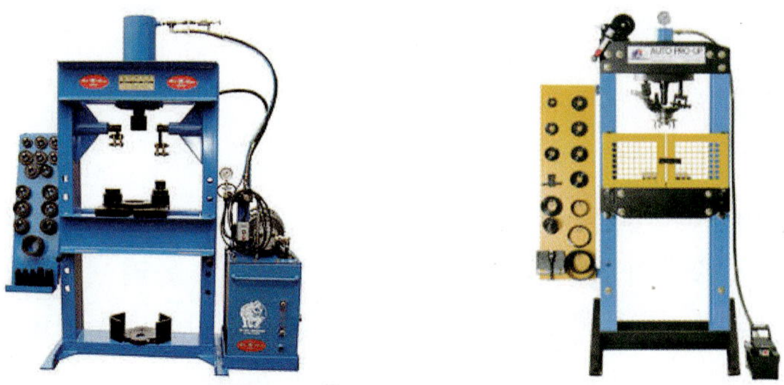

[그림 2-84] **프레스**

[19] 리프트(Lift)

자동차 정비용 리프트는 하중 적재장치에 차량을 들어 올려 측정 및 정비작업에 사용되는 장치이다.

(a) 2주식 기둥형 리프트 (b) 2주식 대문형 리프트 (c) X타입 지상형 리프트 (d) 시저스 리프트

(e) 4주식 리프트

[그림 2-85] **리프트**

[20] 에어 공구

(1) 에어 라쳇렌치(Air Rachet Wrench)

에어 라쳇렌치는 압축공기의 압력을 이용하여 소켓을 돌려 볼트나 너트를 조이거나 푸는데 사용하는 자동차 정비에서 흔히 사용하는 공구이다. 회전방향을 바꿀 때는 리버싱 레버로 하고 총길이가 125mm, 170mm, 260mm, 299mm 등 다양하기 때문에 좁은 공간에서 작업이 용이하고 큰 힘을 들이지 않고 신속하게 작업을 할 수 있다.

(2) 에어 임팩트 렌치(Air Impact Wrench)

에어 라쳇렌치처럼 압축공기의 압력을 이용하여 소켓을 돌려 볼트나 너트를 조이거나 푸는데 사용하는 공구로 에어 라쳇렌치보다는 힘이 좋으므로 충격렌치라고도 하며 회전방향을 바꿀 때는 전환 스위치로 하고 크기도 다양하여 작업에 맞는 것을 사용하면 된다. 압축공기의 압력을 조절할 수가 있어 볼트나 너트를 조일 때 부하가 많이 걸리면 구동축이 스톱되어 볼트나 너트를 과부하로부터 보호할 수 있다.

(3) 에어 드릴(Air Drill)

에어를 이용하여 간편하게 드릴작업을 할 수 있다.

[그림 2-86] **에어 라쳇렌치**

[그림 2-87] **에어 임팩트 렌치**

[그림 2-88] **에어 드릴**

(4) 엔진건, 컵(Engine Cleaner Gun, Cup)

차량의 엔진룸 및 각종 부위 세척 시 사용한다.

(5) 에어 더스트 건(Air Duster Gun)

압축공기를 이용하여 차량의 엔진룸 및 각종 제품의 세척 및 구석진 곳 등의 청소 시에 많이 사용한다.

(6) 코일호스(Coil Hose)

에어 작업용으로 사용되며 코일 모양으로 생긴 호스로 주 에어 라인호스와 연결하여 주 에어 라인호스와 가까운 곳에 작업을 할 때 주로 사용한다. 코일 모양으로 되어 있기 때문에 길게 늘어날 수 있으며, 5M, 7.5M, 10M 등 길이도 다양하게 있다.

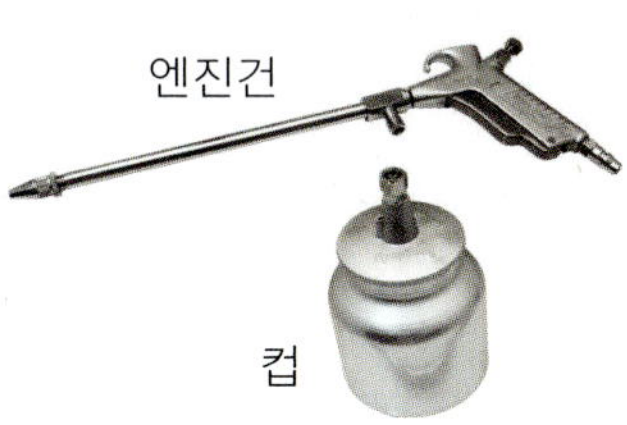

[그림 2-89] **엔진건, 컵**

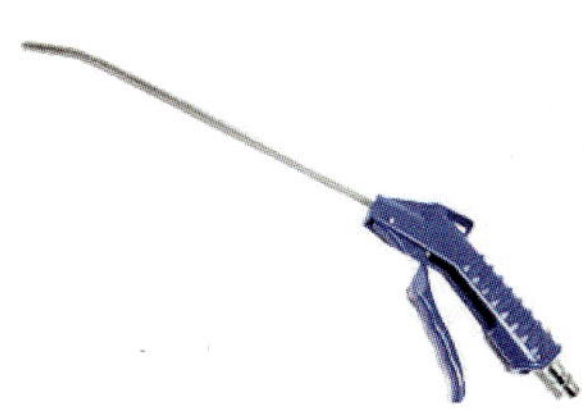

[그림 2-90] **에어 더스트 건(에어건)**

[그림 2-91] **코일 호스**

(7) 에어 컴프레서(Air Compressor)

공압 공구에 공급하는 공기를 압축하고 저장하는 기계로 주기적으로 컴프레서 아래

워터 드레인으로 물을 빼주어야 한다.

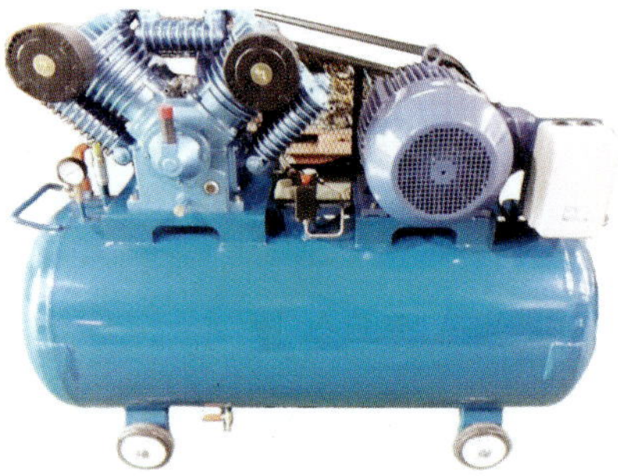

[그림 2-92] **에어 컴프레서**

1.1.4 엔진 전용공구

[1] 밸브가이드 고무교환 공구(Valve Stem Oil Seal Replacement Tool)

자동차 흡기 및 배기밸브의 가이드고무를 교환하기 위해 엔진 헤드를 탈거하지 않고 가이드 고무를 탈착 및 부착 시 사용한다.

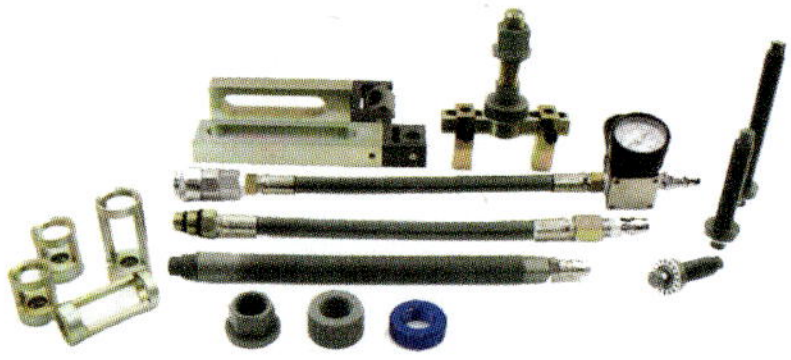

[그림 2-93] **밸브가이드 고무교환 공구**

[2] 피스톤 링 압축기(Piston Ring Compressor)

실린더블록에 피스톤을 삽입할 때 피스톤 링을 압축하고 유도하는 공구이다.

[그림 2-94] **피스톤 링 압축기**

[3] 오토 텐셔너(Auto Tensioner) 장력조절기

타이밍벨트 텐션 베어링의 장력조절을 위한 공구이다.

[4] 캠 샤프트 정지공구(Cam Shaft Pulley Stoper)

차량의 타이밍벨트 교환 시 캠 샤프트의 회전을 방지하기 위한 정지 공구이다.

[5] 타이밍 겉벨트 장력 조절기(하이브리드용)

하이브리드 차량 타이밍벨트 교환시 오토텐션 압축스프링을 압축하는 공구이다.

[그림 2-95] **오토 텐셔너 장력조절기**

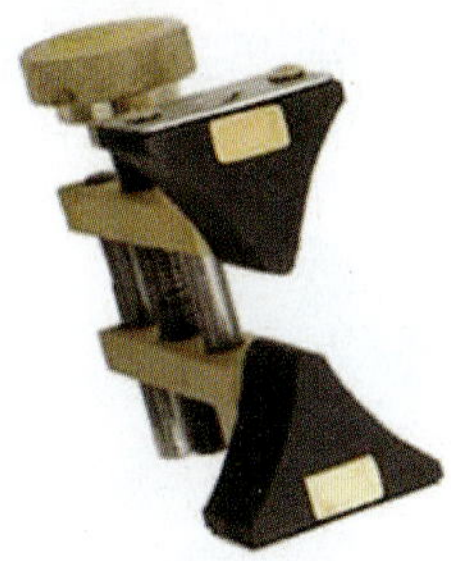

[그림 2-96] **캠 샤프트 정지공구**

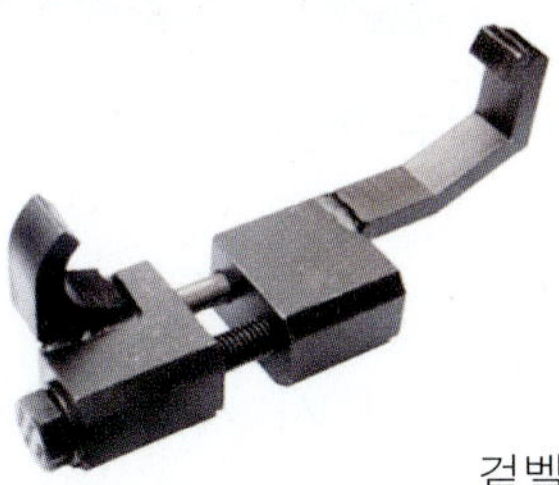

겉벨트 장력 조절기 사용 예

[그림 2-97] **타이밍 겉벨트 장력 조절기**

[6] 엔진 홀더(Engine Support)

엔진룸의 팬더를 지지하여 엔진만을 탈거하고 고정할 수 있는 리프팅 공구이다.

[그림 2-98] **엔진 홀더**

[7] 냉각수 보충 깔때기(Coolant Filling Tool)

냉각수를 교환 또는 보충할 때 사용한다.

냉각수 보충 깔때기 사용 예

[그림 2-99] **냉각수 보충 깔때기**

[8] 오일필터 캡(Oil Filter Cap)

엔진오일을 교환할 때 오일필터 탈거 및 조립 시 사용한다.

[9] 오일팬 세퍼레이터(Oil Fan Separator)

실린더블록의 오일팬은 실리콘으로 마감되어 있어 무리한 작업으로 오일팬을 분리 시에는 오일팬 및 실린더블록의 변형 및 훼손을 가져오므로 오일팬 세퍼레이터는 오일팬 분리작업을 쉽게 할 수 있게 한다.

[그림 2-100] **오일 필터 캡**

[그림 2-101] **오일팬 세퍼레이터**

[10] 커먼레일 인젝터 탈거기(Common Rail Injector Puller)

CRDI 차량의 인젝터가 고착되어 쉽게 빠지지 않을 때 엔진에 장착하여 인젝터를 탈거하는 공구이다.

[그림 2-102] **인젝터 탈거기**

[11] 고압파이프탈거 소켓(Pipe Spreader Socket)

커먼레일 고압파이프 분해 및 조립 시 또는 구부러진 브레이크 파이프라인 볼트와 너트작업 시 사용한다.

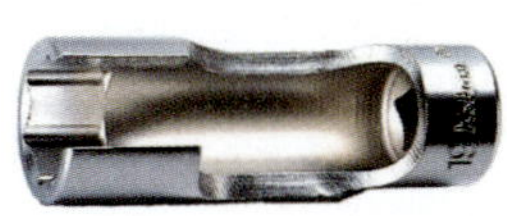

[그림 2-103] **고압파이프탈거 소켓**

[12] 커먼레일 인젝터 홀 동와셔 탈거기 & 호닝기(Common Rail Injector Hole Washer Puller & Honing)

동와셔 탈거기는 CRDI차량의 인젝터 탈거 후 홀 안쪽에 고착된 동와셔를 탈거할 때 사용하고 호닝기는 홀 안쪽에 오일가스로 고착된 카본을 제거하는데 사용한다.

[그림 2-104] **커먼레일 인젝터 홀 동와셔 탈거기 & 호닝기**

[13] 고압 연료펌프 탈거기(Fuel Pump Replacement)

CRDI차량의 고압 연료펌프 탈거 시 사용하며 고압펌프 반대편에 설치하여 축을 밀어 내어 사용한다.

(a) 디젤 승용차용

(b) 델파이용

(c) 보쉬용

[그림 2-105] **고압 연료펌프 탈거기**

[14] 밸브스프링 압축기(Valve Spring Compressor)

SOHC 엔진의 헤드를 탈거한 상태에서 흡기 및 배기밸브 교환, 가이드 고무교환 작업 시 밸브스프링을 압축하는 공구이다.

(a)

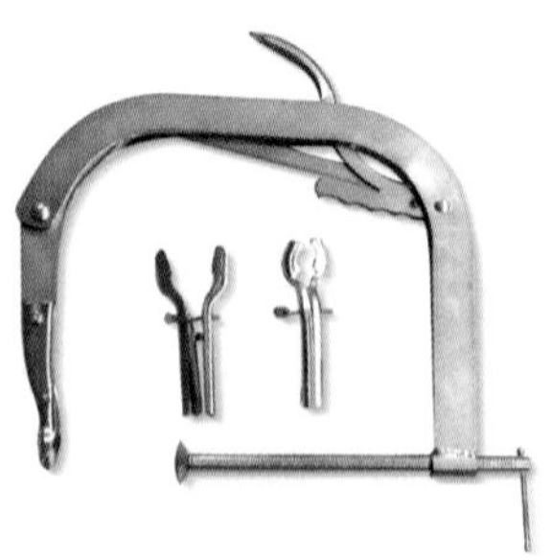

(b)

[그림 2-106] **밸브스프링 압축기**

[15] 오일 깔때기(Oil Funnel)

엔진오일, 트랜스미션 오일교환 및 보충 시 사용한다.

[16] 오일 드레인(Oil Drain)

오일교환 시 배출 오일을 받는 통으로 높이 조절이 가능하다.

[17] 부동액 교환기(Coolant Exchanger)

라디에이터 상부호스에 연결하여 엔진시동을 걸지 않아도 폐부동액을 배출 및 교환이 동시에 이루어지고 에어빼기 작업도 할 필요가 없다.

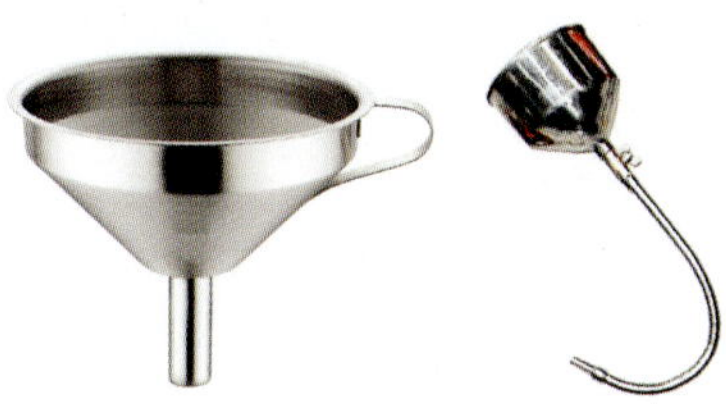

[그림 2-107] **오일 깔때기**

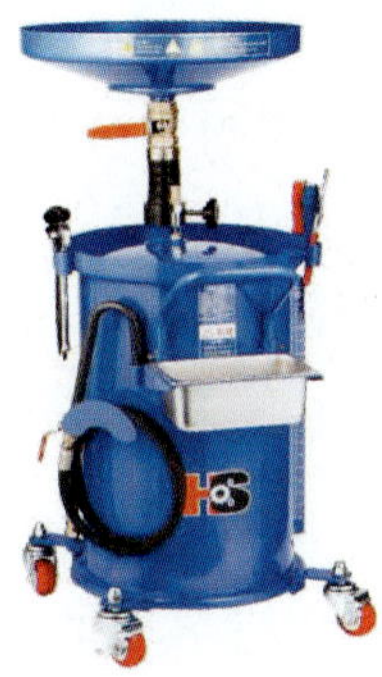

[그림 2-108] **오일 드레인**

[그림 2-109] **부동액 교환기**

1.2 측정공구

[1] 다이얼 게이지(Dial Gauge)

다이얼게이지는 다이얼 인디케이터(dial indicator)라고도 부르며 측정하려고 하는 부분에 측정자를 대어 스핀들의 미소한 움직임을 기어장치로 확대하여 눈금판 위에 지시되는 치수를 읽는 측정기구로 백래시, 런아웃, 축방향 유격, 휨, 평면검사, 양정 등을 측정할 수 있다.

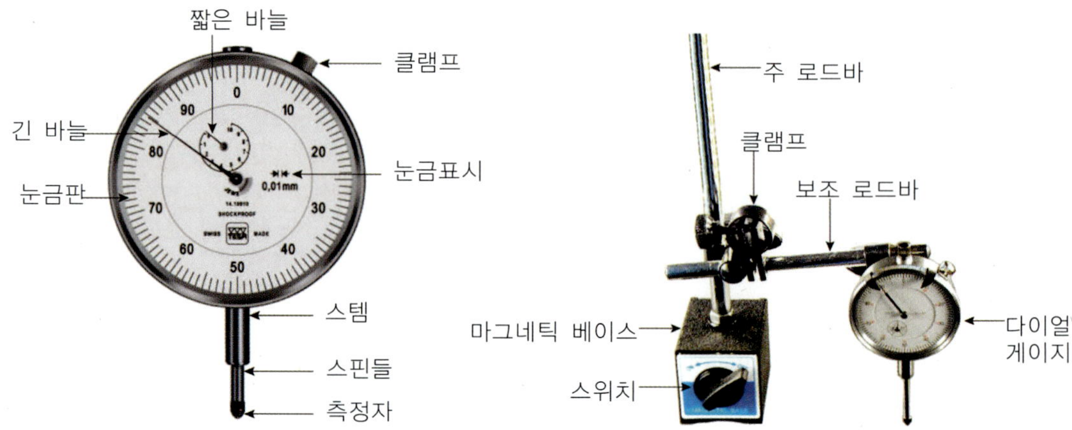

(a) 다이얼 게이지 각부 명칭 (b) 스탠드의 각부 명칭

[그림 2-110] 다이얼 게이지

스핀들이 1㎜ 움직이는 데 대해 지침이 1회전하는 것을 주로 사용하며 눈금판은 1눈금이 0.01㎜인 것과 0.001㎜인 것이 있다. 다이얼 게이지는 스핀들에 주유를 하거나 그리스를 발라서는 절대로 안 되며 건조한 상태로 사용을 한다. 분해 및 청소 등을 하지 않아야 되고 다이얼 게이지에 충격을 가해서는 안 된다.

측정값이 그림 111과 같은 경우 다음의 순서로 읽는다.

① 짧은바늘의 위치를 읽는다. 일반적으로 1과 2사이에 있다.

② 긴바늘의 눈금을 읽는다. 36의 위치에 있다.

③ 눈금읽기의 값은 눈금판에 0.01㎜라고 표시되어 있으므로 긴바늘의 한 눈금이 0.01㎜이다. 따라서 긴 바늘의 값은 0.36㎜이다. 긴바늘이 1회전하는데 대해 짧은 바늘은 1눈금 전진하므로 짧은바늘의 눈금은 0.01×100 = 1㎜이다. 따라서 이 경우의 측정값은 1.0+0.36 = 1.36㎜이다.

[그림 2-111] 다이얼 게이지의 눈금 읽는 방법

(1) 다이얼게이지로 측정할 때 주의사항

① 측정물에 스핀들이 접촉되어 있는 상태에서 측정물을 빠른 속도로 움직이던가, 회전시켜서는 안 된다.

② 측정물에 스핀들을 직각으로 댄다. 비스듬하게 대면 다이얼이 움직이던가, 스핀들의 이동량이 달라져 정확한 값이 표시되지 않는다.

③ 스핀들의 나가기와 돌아오기에는 약간의 차이가 있으므로 비교 측정을 할 때에는 반드시 처음에 0점을 맞출 때와 같은 방향으로 들어가게 하여 오차를 작게 하여야 한다.

④ 눈의 위치와 바늘을 이은 선이 눈금판과 직각이 되지 않을 때에는 시차가 생기므로 이에 대해서도 주의하고 또 다른 측정기구와 마찬가지로 측정 물과의 온도 차이에 대해서도 주의하여야 한다.

[2] 외측 마이크로미터 (Outside Micrometer)

피치가 정확한 나사를 이용하여 외경 치수를 측정하는 데 사용하는 측정구이다. 프레임의 한쪽 끝에 앤빌이 고정되어 있고, 다른 쪽 끝에는 슬리브가 있다. 보통, 나사의 피치는 0.5㎜이고, 스핀들에 고정되어 있는 심블(thimble)의 한쪽 끝 원뿔면의 눈금은 50등분되어 0.01㎜를 나타낸다.

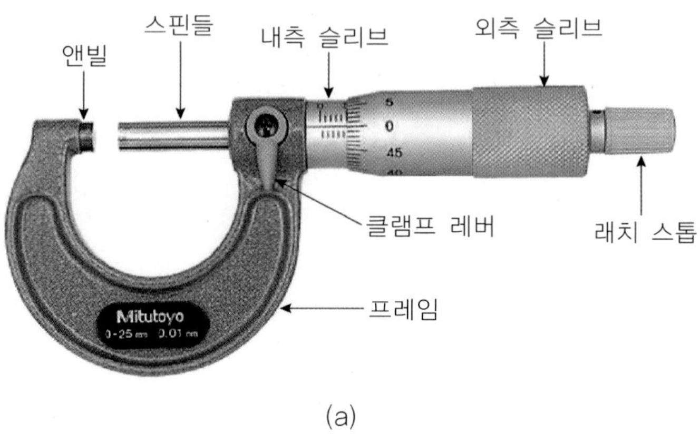

(a)

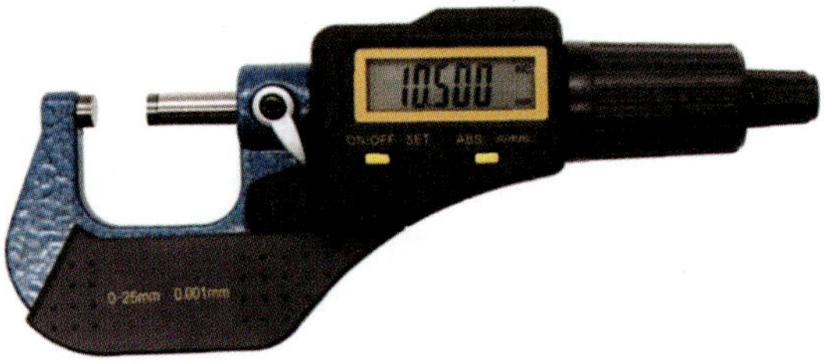

(b)

[그림 2-112] 외측 마이크로미터

(1) 측정 시 주의사항

① 사용 전에 0점을 측정하고 오차가 있을 경우에는 측정치에서 가감을 하거나 표준 게이지를 사용하여 수정한다.

② 측정부 및 마이크로미터에 오일이나 먼지를 잘 닦고 청결하게 한다.

③ 측정면에 앤빌을 가볍게 대어 라쳇 슬리브를 회전시켜서 스핀들을 조인다. 이때 딤블을 직접 회전시켜서는 안 된다.

④ 측정 중에는 될 수 있는 한 프레임의 중앙부를 잡고 앤빌의 부분은 잡지 않도록 한다.

⑤ 스핀들이 측정물에 닿아서 정지하게 되면 래칫스톱을 1회전 반 내지 2회전 돌린 후 정지시키도록 한다.

⑥ 눈금을 읽는 위치는 시차에 의한 오차를 방지하기 위해서 눈은 슬리브의 기준선의 점선에 직각이 되는 방향에서 본다.

(2) 눈금 읽는방법(㎜식)

아래 그림은 0~25㎜용 외측 마이크로미터의 눈금 읽기를 나타낸 것이다.

① 슬리브의 0 기선상(基線上)의 1㎜ 단위의 눈금을 읽는다. 이 경우 5이다.

② 슬리브의 0 기선하(基線下)의 0.5㎜ 단위의 눈금을 읽는다. 이 경우 0.5이다.

③ 슬리브 0 기선상에 있는 딤블의 눈금을 읽는다. 이 경우 43이다. 따라서 실제 값은 0.43㎜이다.

④ 측정값은 5㎜+0.5㎜+0.43㎜ = 5.93㎜이다.

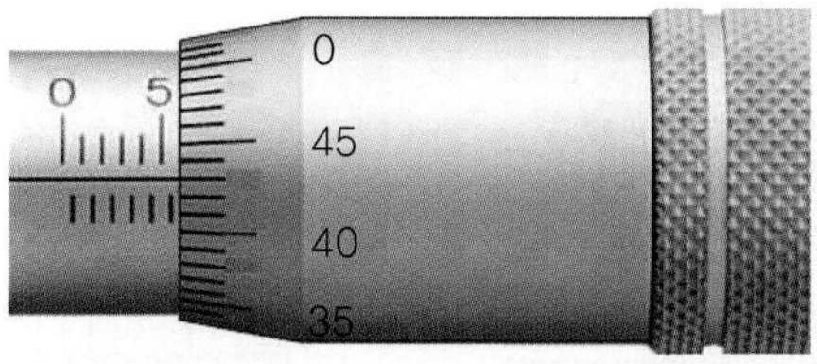

[그림 2-113] **외측 마이크로미터 눈금 읽기**

[3] 버니어캘리퍼스

버니어캘리퍼스는 곧은 자와 캘리퍼스를 일체로 조합한 것과 같은 것으로 공작물의 길이, 바깥지름, 안지름 및 깊이 등을 측정할 수 있는 측정기구이다.

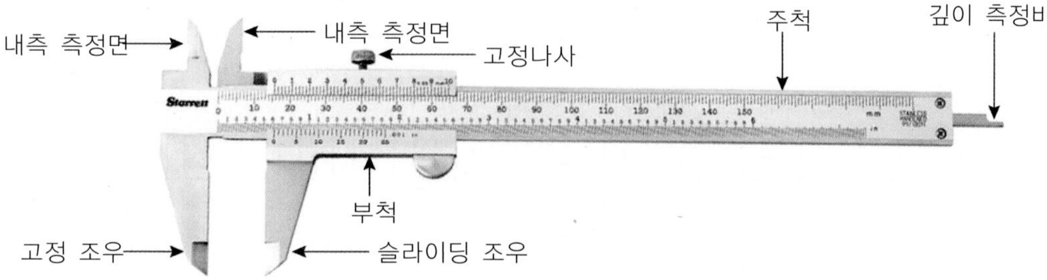

[그림 2-114] **스케일형 버니어 캘리퍼스**

밀리미터(㎜)용 버니어캘리퍼스의 눈금읽기는 다음과 같다. 그림 115는 부척(아들자)의 최소 눈금이 1/20㎜(0.05㎜)의 것을 확대한 것이며, 이것은 부척의 눈금은 주척(어미자)의 19눈금을 20등분한 것이다. 따라서 부척의 1눈금차는

$$1 - \frac{19}{20} = \frac{20}{20} - \frac{19}{20} = \frac{1}{20}$$

즉, 1/20㎜가 최소 읽기의 길이가 된다.

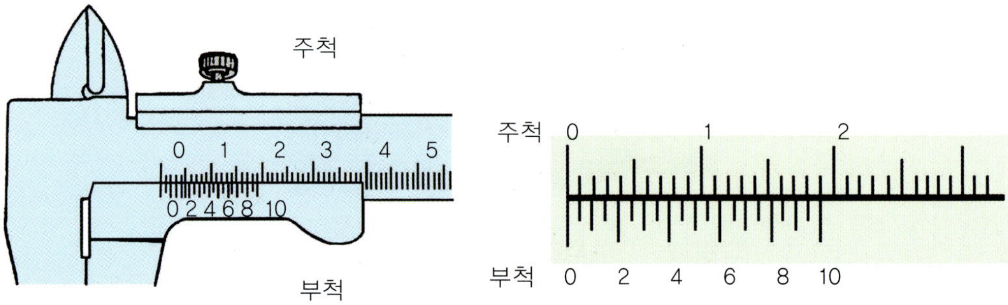

[그림 2-115] **버니어캘리퍼스의 눈금**

① 주척의 눈금은 일반적으로 사용하는 센티미터(cm)자와 같이 읽는다. 즉, 주척의 0에서 부척의 0까지의 눈금을 읽는다. 그림 116에서 주척의 눈금은 12㎜이다.

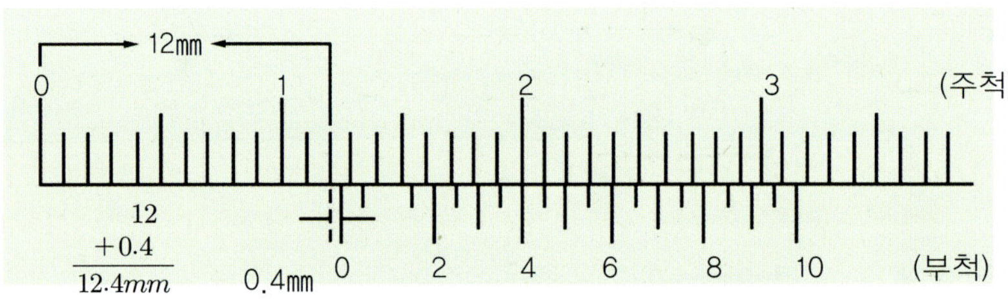

[그림 2-116] **버니어캘리퍼스의 눈금읽기**

② 주척의 눈금 12에서부터 부척의 눈금 0까지의 눈금을 읽는다. 이것을 읽기 위해서는 주척의 눈금과 부척의 눈금이 일치되는 곳(선)을 찾는다. 이 경우 4(부척 눈금의 4이다. 따라서 부척의 눈금은 0.4㎜이므로 부척의 눈금 12㎜와 부척의 눈금 0.4㎜를 더하면 12.4㎜가 된다. 이 값이 측정값이다.

[4] 실린더 게이지(Cylinder Bore Gauge)

다이얼 게이지와 같은 원리를 이용한 안지름 측정기로 측정자의 움직임을 링크장치를 통해서 게이지에 전달하도록 되어 있다. 접촉자가 눌러지면 그 움직임은 미끄럼자에 의하여 직각으로 변경된 후 푸시로드를 통하여 다이얼 게이지를 움직여 미끄럼자가 움직인 치수를 읽을 수 있다.

교체로드가 50, 55, 60, 65, 70, 75, 80, 85, 90, 95, 100㎜의 11개로 되어 있고 스페이서는 0.5㎜, 1㎜, 2㎜, 3㎜의 4개로 되어 있어 측정범위는 50㎜ 이상 150㎜까지 측정할 수 있으며 주로 엔진의 실린더 안지름의 정밀측정에 쓰인다.

(1) 사용방법

① 측정하려는 내경 값보다 조금 큰 안내로드를 끼운다.
② 측정하려는 안내로드가 알맞은 것이 없을 시에는 스페이서를 끼워서 사용한다.
③ 실린더 내벽에 게이지 본체를 바르게 넣는다.

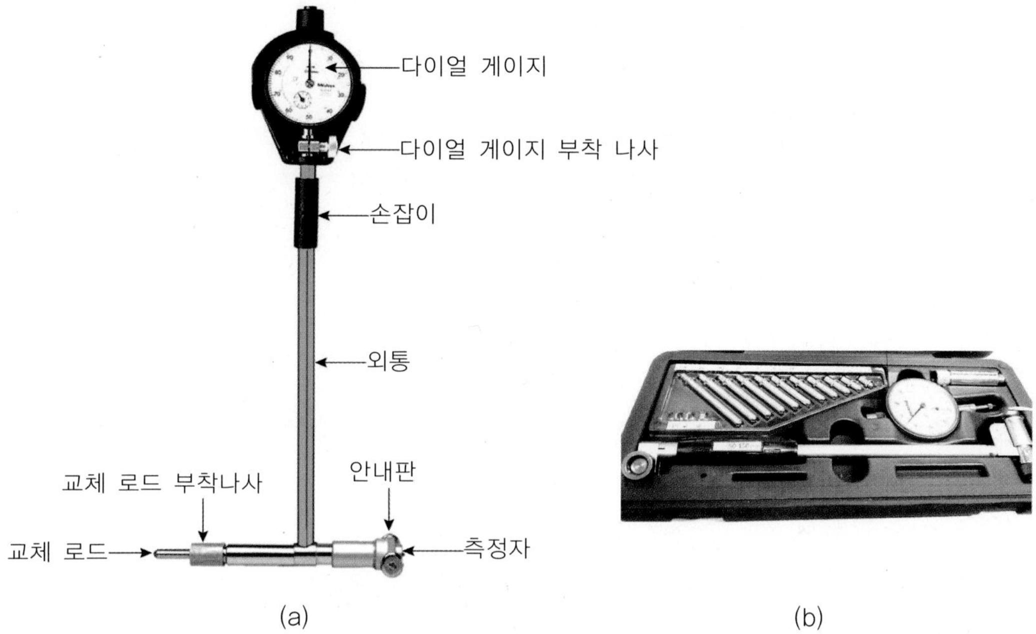

[그림 2-117] **칼마형 실린더 게이지**

④ 측정위치에서 안내판을 움직이지 않게 하고 교환로드의 선단을 상, 하로 움직이면서 게이지 지침의 움직임을 관찰한다.
⑤ 측정한 값을 외측 마이크로미터로 측정하여 측정 시 지침이 움직인 값만큼 마이크로미터의 라쳇을 돌린 뒤 그 값을 읽는다.

[5] 디크니스 게이지(Thickness Gauge)

여러 가지 두께를 가진 강제의 판을 조합한 게이지로 보통 0.02~1.0㎜까지의 두께를 가진 9~26장이 한 조로 되어 나사로 고정하고 강판에는 각각 두께가 표시되어 있다. 필러 게이지(feeler gauge, 길이가 길다), 간극 게이지라고도 하며 틈새간극을 측정한다.

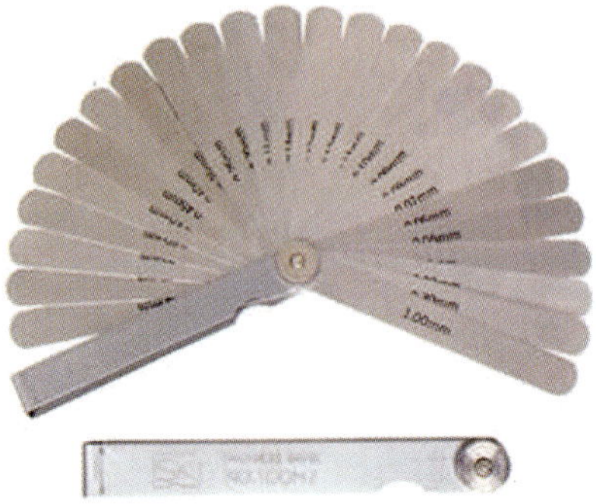

(a) 디크니스 게이지

(b) 필러 게이지

[그림 2-118] **디크니스 게이지**

[6] 플라스틱 게이지(Plastic Gauge)

플라스틱 실을 사용하여 오일간극을 측정하는 게이지이다. 플라스틱 실을 저널의 길이만큼 잘라서 축방향으로 놓은 다음, 베어링 캡을 규정토크로 조이고 분해하여 찌그러진 부분 중 너비가 넓은쪽 또는 좁은쪽 케이스에 만들어진 게이지를 대어 치수를 읽는다.

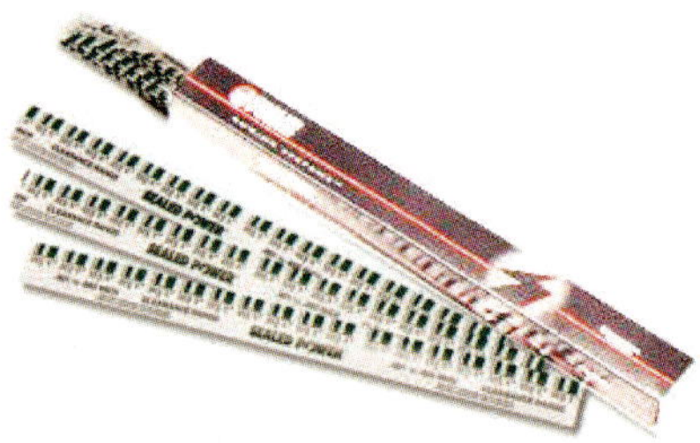

(a) 플라스틱 게이지

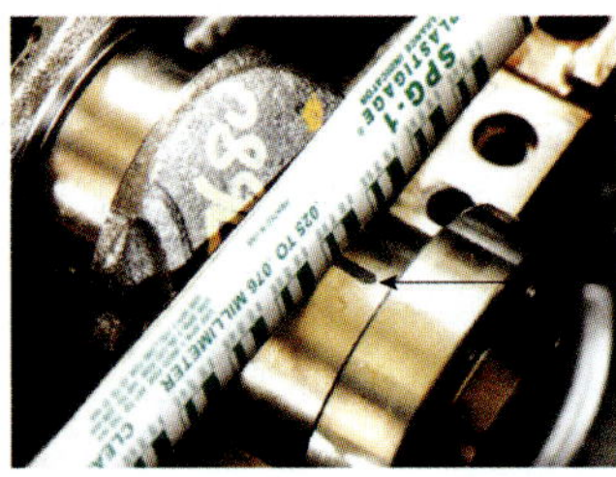

(b) 오일간극 측정

[그림 2-119] **플라스틱 게이지**

[7] 스프링 저울(Spring Balance)

스프링 저울은 피 측정물을 훅에 매달아서 스프링에 가해진 힘과 스프링이 늘어난 정도의 눈금을 읽는 저울로서, 자동차에서는 피스톤 간극측정, 조향핸들의 프리로드, 조향핸들의 유격, 종감속 장치의 구동 피니언의 프리로드 측정 등에 사용된다.

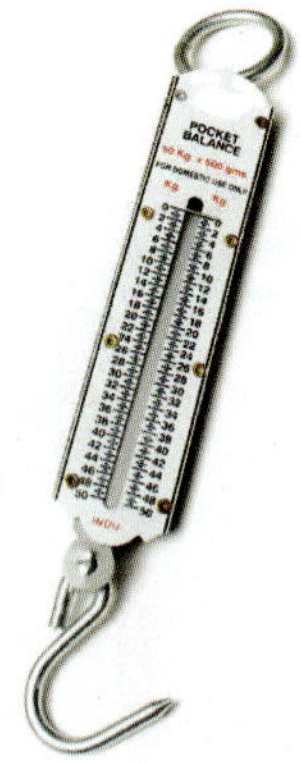

[그림 2-120] **스프링 저울**

1.3 엔진 관련 테스터기

[1] 진공 게이지(Vacuum Gauge)

차량을 주행하면서 간헐부조, 출력저하, 브레이크 밀림 등의 현상 발생시 엔진의 진공을 측정한다.

(a) (b)

[그림 2-121] **진공 게이지**

[2] 진공펌프(Vacuum Pump)

엔진 또는 기기의 작동에 관계없이 임의로 펌핑시스템을 이용하여 진공상태를 만들어 측정이 가능하도록 한 것이다.

[그림 2-122] **진공펌프**

[3] 진공 커먼레일 연료부압 측정게이지(Vacuum Common Rail Fuel Negative Pressure Gauge)

커먼레일 차종 중 연료라인 압력을 연료필터 전·후의 부압을 측정하여 연료필터 교환주기 측정이 가능하고 일반 진공게이지로 활용이 가능하다.

[그림 2-123] **진공 커먼레일 연료부압 측정게이지**

[4] 압력게이지(Pressure Gauge)

(1) LPG 압력게이지(LPG Compression Pressure Gauge)

LPG 차량의 기화기 1차실 압력을 측정을 하며 2차실 압력측정도 가능하다.

(2) 가솔린 압축 압력게이지(Gasoline Engine Compression Tester)

가솔린엔진의 실린더의 피스톤 압축압력을 측정하는 테스터기이다.

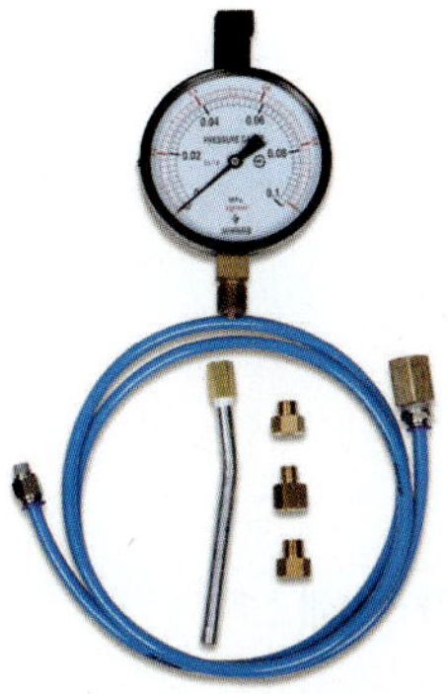

[그림 2-124] **LPG 압력게이지**

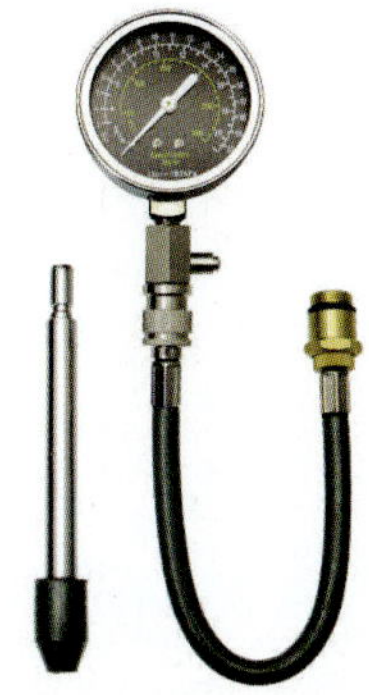

[그림 2-125] **가솔린 압축 압력게이지**

(3) 디젤 압축 압력게이지(Diesel Engine Compression Tester)

디젤엔진의 실린더 피스톤 압축 압력측정을 위한 테스터기이다.

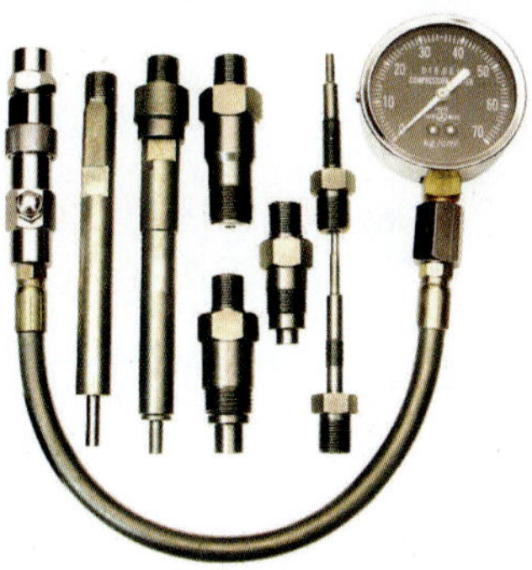

[그림 2-126] **디젤 압축 압력게이지**

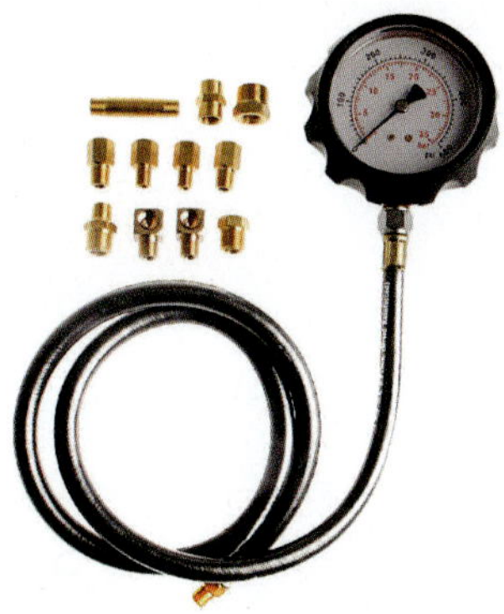

[그림 2-127] **연료압력게이지**

(4) 연료 압력게이지(Fuel Pressure Gauge)

자동차의 정확한 연료압력을 측정하는 게이지로 주행 중 연료압력 변화 측정도 가능하다.

[5] 인젝터 백 리크 테스터(Injector Back Leak Tester)

커먼레일 차종의 시동 지연, 흑연, 백연, 매연과다, 엔진부조, 주행 중 시동 꺼짐, 출력부족 현상이 발생 시 연료장치인 연료펌프, 압력 레귤레이터, 압력센서, 연료점검 후 이상이 없을 시 인젝터 연료 리턴량을 측정 테스트한다.

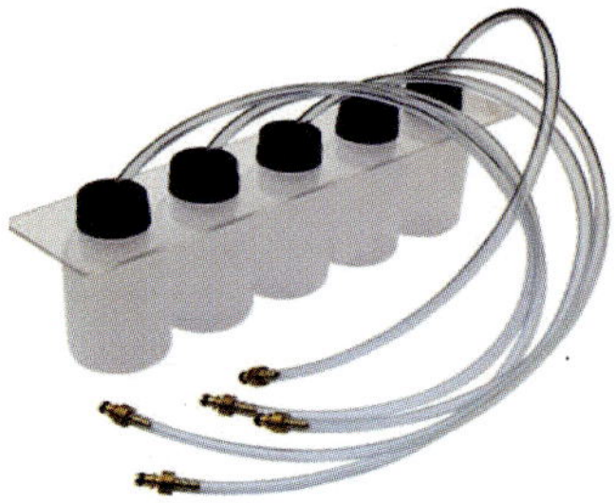

[그림 2-128] **커먼레일 인젝터 백 리크 테스터**

[6] 라디에이터 누출 테스터(Radiator Cooling System Tester)

자동차 라디에이터의 냉각수 누출점검 및 라디에이터 캡의 상태, 워터펌프 및 냉각수 호스의 누출상태를 점검할 수 있다.

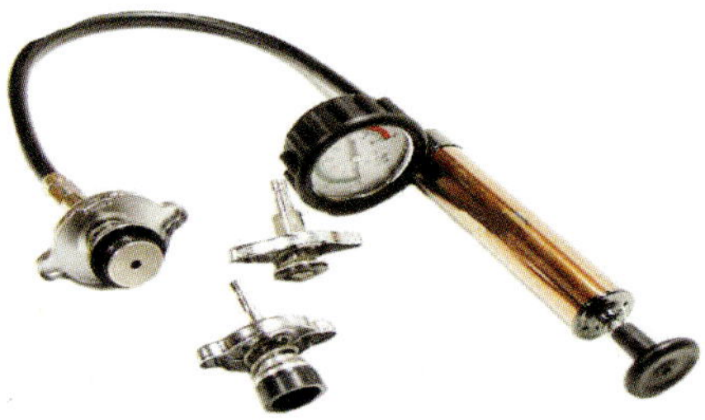

[그림 2-129] **라디에이터 누출테스터**

[7] 밸브스프링 테스터(Valve Spring Tester)

자동차 및 일반장비의 헤드에 부착된 밸브스프링의 장력 및 직각도, 자유고를 정밀하게 측정하는 기기이다.

[그림 2-130] **밸브스프링 테스터**

[8] 배출가스 측정기(GAS Analyzer)

CO, HC, CO_2, O_2, AFR, λ , NOx를 측정할 때 사용한다.

(1) 디젤용 배출가스 측정기(Diesel GAS Analyzer)

디젤자동차의 매연을 측정할 때 사용한다.

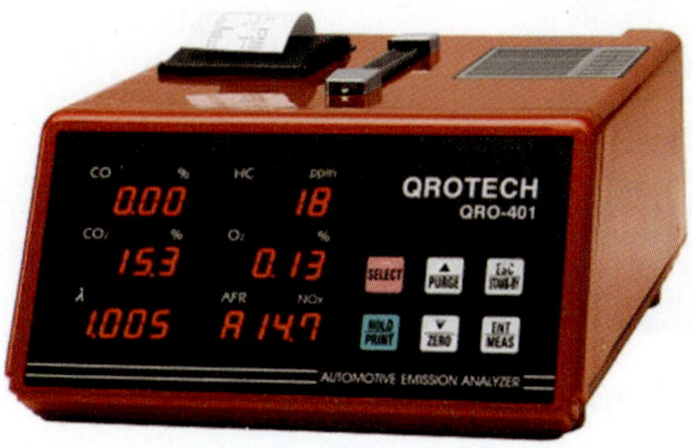

[그림 2-131] 배출가스 측정기

[그림 2-132] 배출가스 측정기(디젤용)

[9] 분사노즐 테스터(Injector Nozzle Tester)

디젤자동차의 분사노즐의 분사압력, 분사각도, 후적을 점검한다.

[그림 2-133] 분사노즐 테스터

[10] 자기진단기

차량에 다양한 IT 기술의 융합과 전자화 적용으로 인하여 각종 시스템(엔진, 자동변속기, 차량 자세제어, 에어백, 에어컨, 전장부품 등)을 측정하는 컴퓨터 진단장비로 각종 센서의 작동유무와 성능 등을 측정 및 확인, 시뮬레이션이 가능하다.

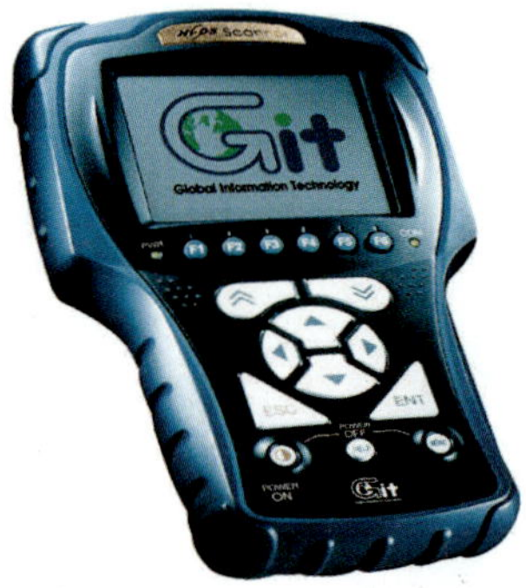

[그림 2-134] **자기진단기**

2. 가솔린기관 분해 · 조립작업

2.1 기관을 분해 · 조립작업을 할 때 주의사항

① 분해 · 조립할 때에는 반드시 기관의 정면에서 하도록 한다.

② 기관에서 풀어 낸 볼트는 부품에서 빼내지 말고 끼워진 채로 부품을 떼어내도록 한다.

③ 볼트와 너트를 풀 때에는 바깥쪽에서 중앙을 향하여, 조일 때에는 중앙에서 바깥쪽을 향하도록 하고, 특히 실린더헤드 볼트의 경우는 풀고, 조이는 순서에 주의하여야 한다.

④ 복잡한 부품을 분해할 때에는 기능이나 외관상 영향을 미치지 않는 부분에 조립 표시를 한다.

⑤ 분해 작업을 할 때 그 부품이 조립되었던 상태 · 이상 마모 및 변형유무를 점검한다.

⑥ 부품은 분해한 순서대로 잘 정리하였다가 조립하도록 한다.

⑦ 볼트머리 및 너트의 지름과 공구의 크기를 익혀두도록 한다.

⑧ 조립할 때 오일 실, 개스킷, O-링, 플라스틱 너트 등은 신품으로 교환한다.

2.2 기관 부속장치 분해 작업

① 고압케이블, 점화코일, 점화플러그, 기동전동기, AC발전기, 에어컨 컴프레서, 연료파이프, 연료리턴 파이프, 팬 벨트 등 엔진 부속장치를 탈거한다.

② 각종센서 및 배선을 탈거한다.

[그림 2-135] **점화코일 및 고압 케이블 탈거**

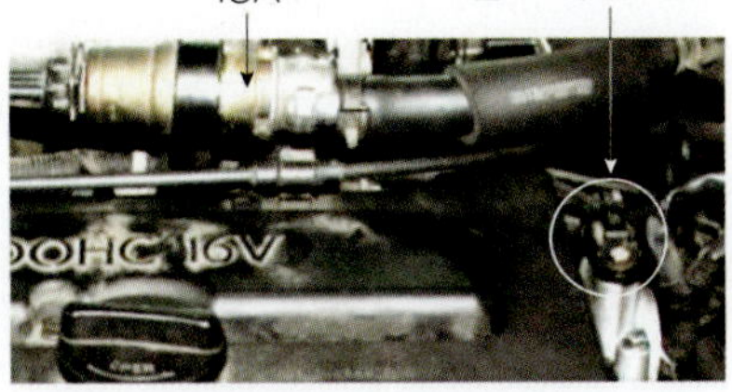

[그림 2-136] **캠포지션 센서, ISA 탈거**

[그림 2-137] **크랭크각 센서 및 오일 압력 스위치 탈거**

[그림 2-138] **파워 스티어링 펌프 및 오일 게이지 탈거**

[그림 2-139] **벨트 탈거**

③ 딜리버리 파이프 및 인젝터를 탈거한다.

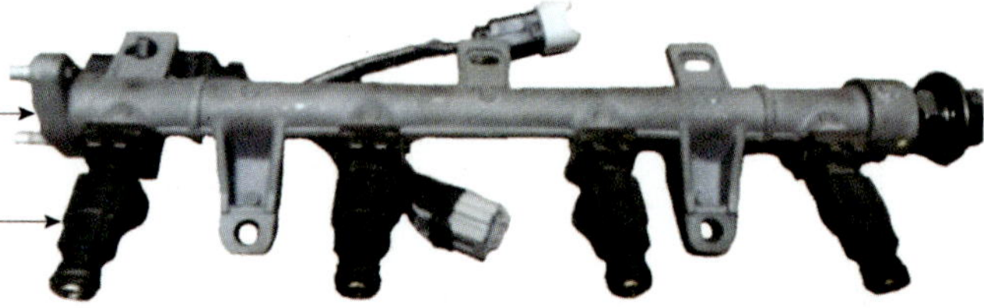

[그림 2-140] **딜리버리 파이프 및 인젝터 탈거**

④ 오일 및 오일 필터를 탈거한다.

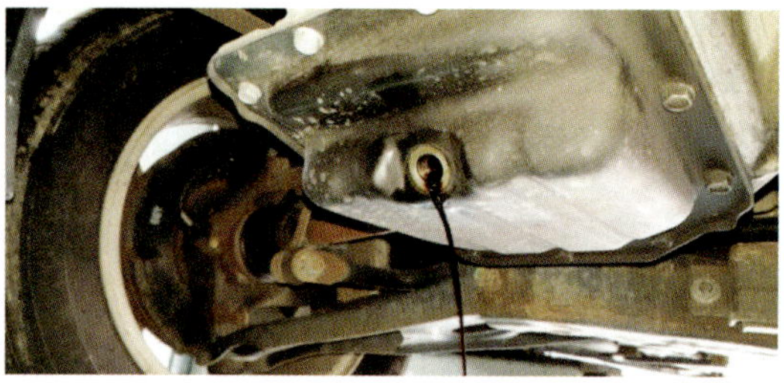

(a) 오일 배출

(b) 오일필터 탈거

[그림 2-141] **오일 배출 및 오일 필터 탈거**

⑤ 흡기 다기관, 배기다기관을 탈거한다.

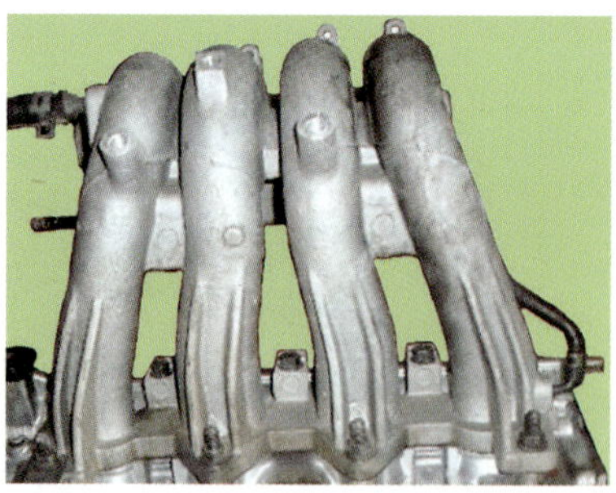

(a) 흡기다기관

(b) 배기다기관

[그림 2-142] **흡·배기다기관 탈거**

⑥ 물펌프 풀리는 벨트 탈착하기 전에 볼트를 이완 시킨 후 벨트 탈거 후 탈거한다.
⑦ 크랭크축 풀리를 탈거한다.

[그림 2-143] **물펌프 풀리 탈거**

[그림 2-144] **크랭크축 스프로킷 탈거**

⑧ 타이밍 벨트 커버(상부커버, 하부커버)를 탈거한다.

(a) 상부커버

(b) 하부커버

[그림 2-145] **타이밍 커버 탈거**

2.3 엔진 주요부 분해

[그림 2-146] **엔진 주요부**

① 크랭크축을 시계방향으로 돌려 1번 실린더의 피스톤을 압축 행정의 상사점에 있도록 타이밍 마크를 맞춘다.
② 타이밍 벨트 텐셔너 장력을 해제 시킨 후 워터펌프 반대쪽으로 이동시켜 임시로 고정시킨다.
③ 타이밍 벨트를 탈거한다. 타이밍 벨트를 재사용할 때는 회전방향에 화살표를 표시하여 둔다.
④ 크랭크샤프트 스프로킷 볼트를 탈거하고 크랭크샤프트 스프로킷과 플랜지를 탈거한다.

[그림 2-147] **크랭크샤프트 스프로킷과 플랜지 탈거**

⑤ 아이들러 베어링을 탈거한다.
⑥ 타이밍 벨트 텐셔너를 탈거한다.
⑦ 물펌프를 탈거한다.

[그림 2-148] **아이들러 베어링 탈거**

[그림 2-149] **텐셔너 탈거**

[그림 2-150] **물펌프 탈거**

⑧ 브리더 호스와 P.C.V밸브, 에어호스를 탈거하고 로커암 커버(= 헤드커버)를 탈거한다.

[그림 2-151] **로커암 커버 탈거**

⑨ 캠 샤프트 스프로킷 볼트를 풀고 캠 샤프트 스프로킷을 탈거한다.

⑩ 캠 샤프트 베어링 캡을 탈거한다.

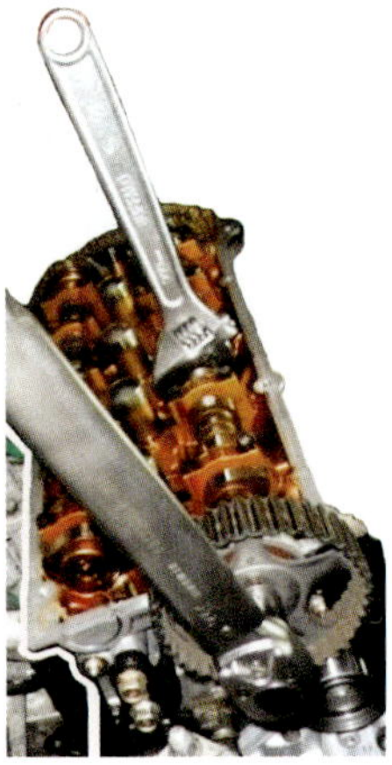

[그림 2-152] **캠 샤프트 스프로킷 볼트 탈거**

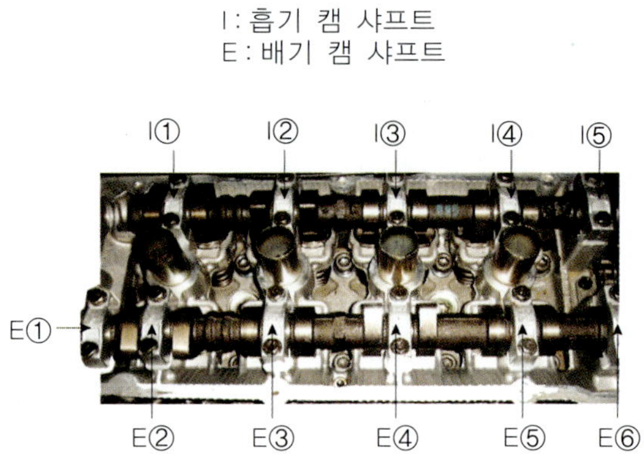

[그림 2-153] **캠 샤프트 베어링 캡 탈거 순서**

⑪ 타이밍 체인과 캠샤프트를 탈거한다.

[그림 2-154] **타이밍 체인 탈거**

⑫ HLA(하이드로릭 래시 어저스터)를 탈거한다.

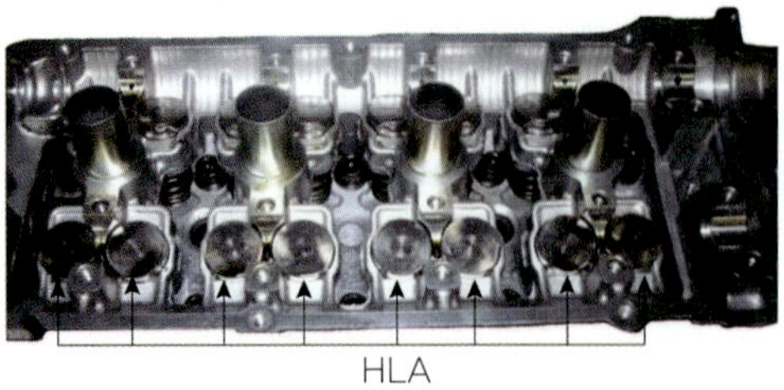

[그림 2-155] **HLA 탈거**

⑬ 실린더 헤드를 탈거한다.

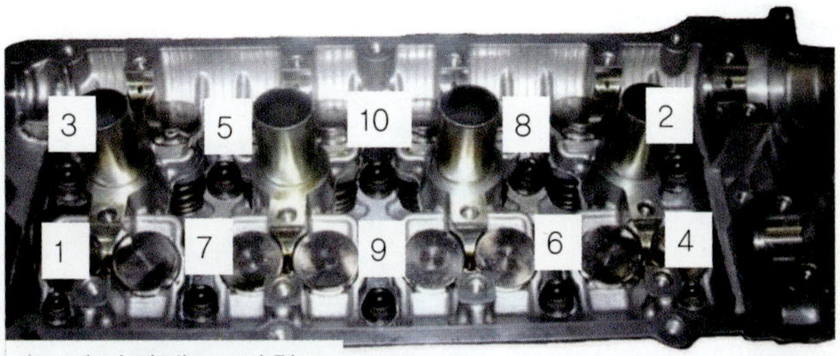

[그림 2-156] **실린더 헤드 볼트 탈거순서**

⑭ 실린더블록을 옆으로 눕힌 다음 오일 팬을 탈거한 후 오일스트레이너를 탈거한다.

[그림 2-157] **오일팬 탈거**

[그림 2-158] **오일 스트레이너 탈거**

⑮ 피스톤 베어링 캡을 탈거한다.
⑯ 피스톤을 탈거한다.

[그림 2-159] **피스톤 베어링 캡 탈거**

[그림 2-160] **피스톤 탈거**

⑰ 프런트 커버(오일펌프 하우징) 및 리어 오일씰을 탈거한다.

[그림 2-161] **프런트 커버 탈거**

[그림 2-162] **리어 오일씰 탈거**

⑱ 메인 베어링 캡을 탈거한다.

⑲ 크랭크축을 탈거한다.

[그림 2-163] **메인 베어링 캡 탈거 순서**

[그림 2-164] **크랭크축 탈거**

2.4 엔진 주요부 조립

① 실린더 블록에 어퍼 메인 베어링을 장착한다.

② 크랭크 샤프트를 장착하고 엔진 오일을 저널과 핀에 도포한다.

③ 베어링 캡을 장착하고 규정토크(5.5~6.0kgf·m)로 중앙에서부터 순서적으로 캡 볼트를 2~3단계에 걸쳐 균일하게 조인다.

[그림 2-165] **메인저널 베어링 캡 조립순서**

④ 프런트 커버(오일펌프 하우징) 및 리어 오일씰을 조립한다.

⑤ 피스톤링을 피스톤에 아래 그림과 같이 조립하고 피스톤을 블록에 장착하고 피스톤 베어링 캡을 규정토크(3.5kgf · m)로 조립한다.

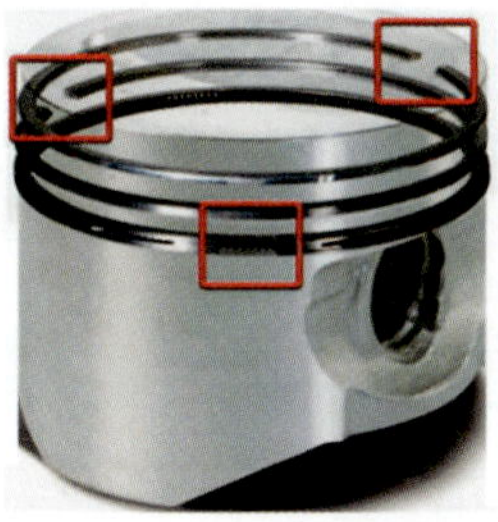

[그림 2-166] **피스톤링 절개구 방향**

[그림 2-167] **피스톤 조립**

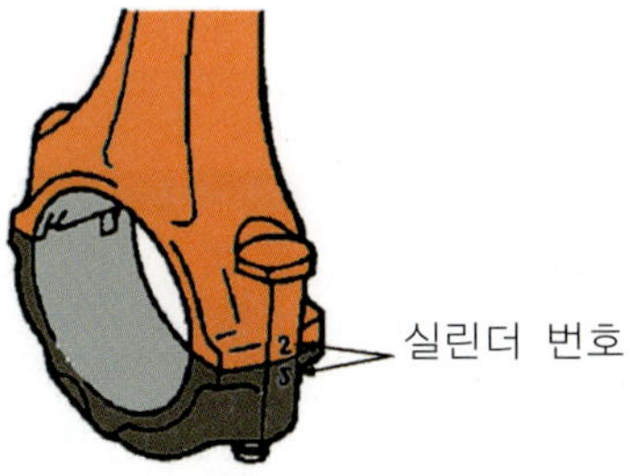

[그림 2-168] **피스톤 커넥팅로드 와 베어링 캡 조립**

⑥ 오일스트레이너를 조립하고 오일 팬을 조립한다.

⑦ 실린더 블록과 실린더 헤드의 면을 깨끗이 청소한다.

⑧ 실린더 개스킷에 씰런트를 바르지 말고 실린더 블록에 새로운 실린더 개스킷을 식별 기호가 위로 향하도록 올려놓고 좌우, 상하가 바뀌지 않도록 주의한다.

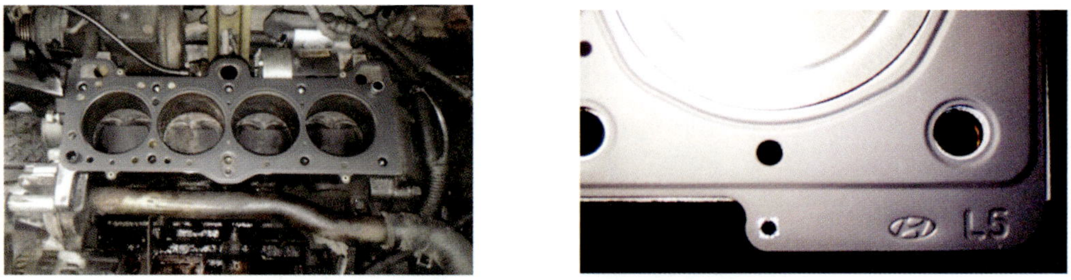

[그림 2-169] **헤드 개스킷 설치 및 식별기호**

⑨ 실린더 헤드를 실린더 블록에 올려놓고 볼트의 나사부에 소량의 엔진 오일을 도포하고 볼트에 와셔를 삽입하여 실린더 헤드에 삽입한 후 토크렌치를 이용하여 규정토크(7~7.5kgf · m)로 2~3단계에 걸쳐 균일하게 조인다.

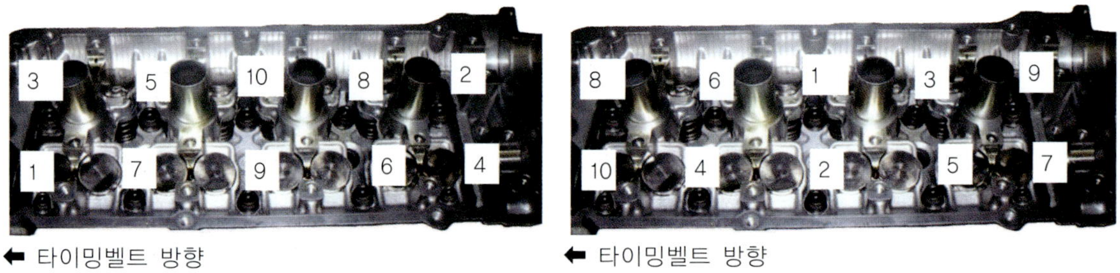

[그림 2-170] **실린더 헤드 분해 및 조립**

⑩ HLA(하이드로릭 래시 어져스터)를 에어빼기를 한 후 조립한다.

[그림 2-171] **HLA(하이드로릭 래시 어져스터) 조립**

⑪ 흡 · 배기 캠샤프트와 타이밍 체인의 타이밍 마크를 맞추고 조립한 후 실린더 헤드에 장착하고 캠축 캡을 조립한다.

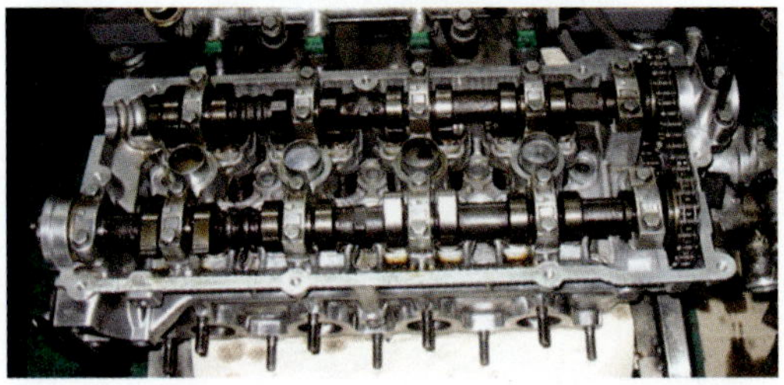

[그림 2-172] **캠축, 타이밍 체인 조립**

⑫ 캠샤프트 스프로킷을 설치하고 캠샤프트 스프로킷 볼트를 규정토크(8~10kgf · m)로 조립한다.

⑬ 로커 암 커버를 조립하고 브리더 호스와 P.C.V밸브, 에어호스를 조립한다.

⑭ 물펌프 개스킷 및 물펌프를 조립한다.

⑮ 아이들러 베어링을 장착하고 규정토크(4.3~5.5kgf · m)로 조인다.

⑯ 텐셔너, 스프링 및 스페이서를 장착하고 볼트를 일시적으로 조인 후 텐셔너의 긴구멍축 와셔와 볼트를 임시로 조인다.

⑰ 플랜지와 크랭크샤프트 스프로킷을 설치하고 볼트를 일시적으로 조인다.

[그림 2-173] **크랭크 샤프트 스프로킷 조립**

⑱ 프런트 케이스에 스프링의 아래 끝을 장착한다.

(a) 드라이버를 이용하여 스프링 설치

(b) 설치상태

[그림 2-174] **스프링 설치**

⑲ 캠샤프트 스프로킷을 돌려 서 노크핀 Φ4.5 구멍에 CAMCAP의 빨간색 타이밍 마크가 중앙에 위치하도록 맞춘다.

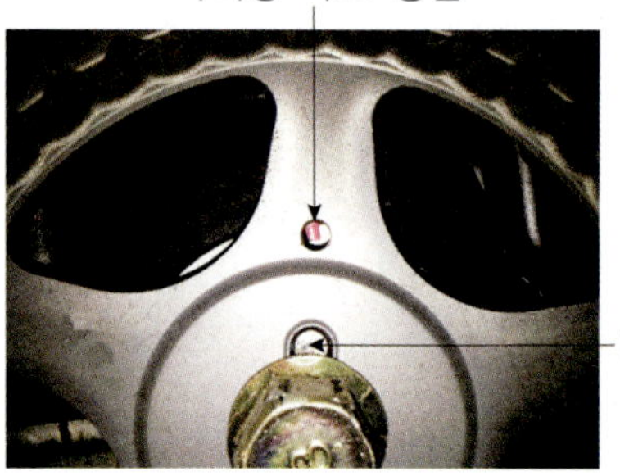

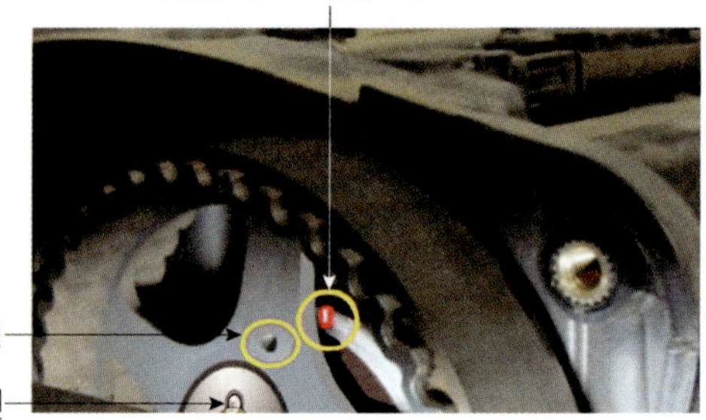

[그림 2-175] **캠샤프트 스프로킷 타이밍 마크정렬**

⑳ 크랭크샤프트 스프로킷을 돌려 스프로킷 타이밍 마크와 프런트 케이스의 타이밍 마크를 일치시킨다.

[그림 2-176] **크랭크샤프트 스프로킷 타이밍 마크 정렬**

㉑ 타이밍 마크가 정열된 상태에서 벨트를 인장측부터 장착한 다음 텐셔너를 밀면서 벨트를 장착한다.

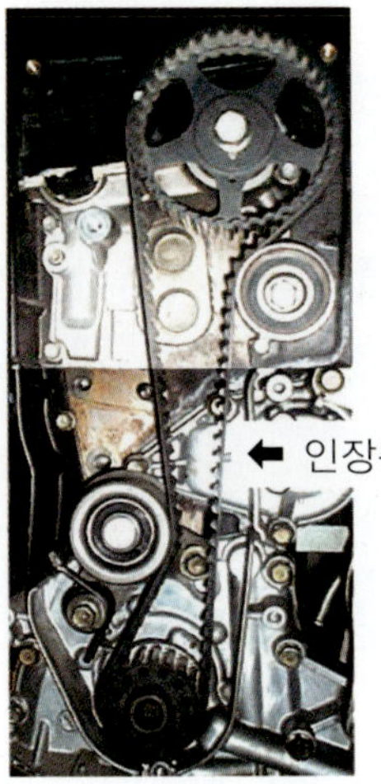

[그림 2-177] **타이밍 벨트 인장측**

㉒ 크랭크샤프트를 시계방향으로 스프로킷의 2이빨을 돌려 장력이 팽팽한가 확인 후 텐셔너의 슬롯측 볼트, 피벗측 볼트를 규정장력(2.0~2.7kgf · m)으로 순서대로 조여준다.

㉓ 벨트의 장력은 텐셔너측을 밀었을 때 타이밍 벨트의 이빨 끝이 볼트 중앙에서 볼트 직경의 1/4만큼 위치해야 한다.

[그림 2-178] **타이밍벨트 장력의 조절**

㉔ 로커 암 커버를 조립하고 브리더 호스와 P.C.V밸브, 에어 호스를 조립한다.

㉕ 타이밍 벨트 커버(상부커버, 하부커버)를 조립한다.

㉖ 크랭크축 풀리를 조립하고 볼트를 규정토크(14~15kgf・m)로 조인다.
㉗ 물펌프 풀리를 조립한다.
㉘ 흡기 매니폴드, 배기다기관을 조립한다.
㉙ 오일 필터를 조립한다.
㉚ 딜리버리 파이프 및 인젝터를 조립한다.
㉛ 각종센서 및 배선을 조립한다.
㉜ 고압케이블, 점화코일, 점화플러그, 기동전동기, AC발전기, 에어컨 컴프레셔, 연료파이프, 연료리턴 파이프, 팬 밸트 등 엔진 부속장치를 조립한다.

3. 기관본체 부분 측정

3.1 실린더헤드(cylinder head) 측정

3.1.1 실린더헤드의 변형

실린더헤드의 편평도는 0mm로 유지되어야 하지만 실린더헤드 개스킷 불량, 헤드볼트의 불균일한 조임, 기관의 과열, 냉각수 동결 등의 원인으로 변형이 발생한다. 실린더헤드에 변형이 발생하면 헤드 개스킷의 손상, 냉각수의 누출, 윤활유의 누출, 블로바이로 인해 압축압력 저하, 기관의 출력감소 등이 발생한다.

[1] 실린더헤드 변형 측정방법

실린더헤드 변형은 필러 게이지(feeler gauge or thickness gauge)와 곧은 자를 이용하여 다음 순서로 측정한다.

① 실린더헤드 면의 개스킷 조각 등을 깨끗이 제거한 후 깨끗이 닦는다.
② 필러 게이지는 변형이 없는 것을 사용한다.
③ 곧은 자를 실린더 헤드 면에 설치한 후 필러 게이지를 곧은 자와 실린더 헤드 면 사이에 끼워 측정한다. 이때 무리한 힘을 가하지 말고 필러 게이지의 얇은 두께부터 끼워 측정하도록 하며, 측정할 때 필러 게이지의 수치가 가장 큰 값(필러게이지 두께가 가장 두꺼운 것)이 변형 값이다.
④ 위와 같은 방법으로 6~7개소를 측정한다.

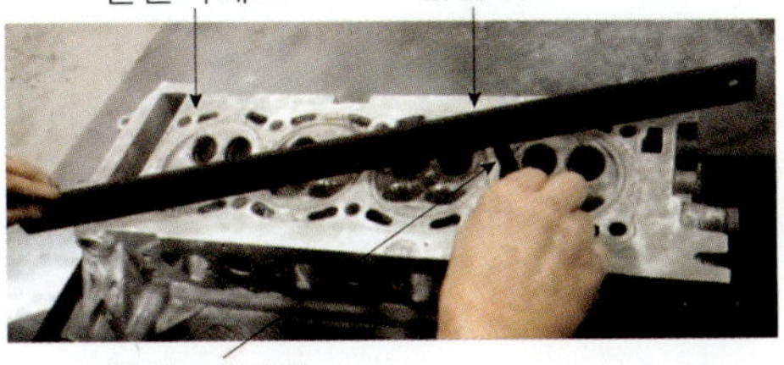

(a) 실린더헤드의 측정방법

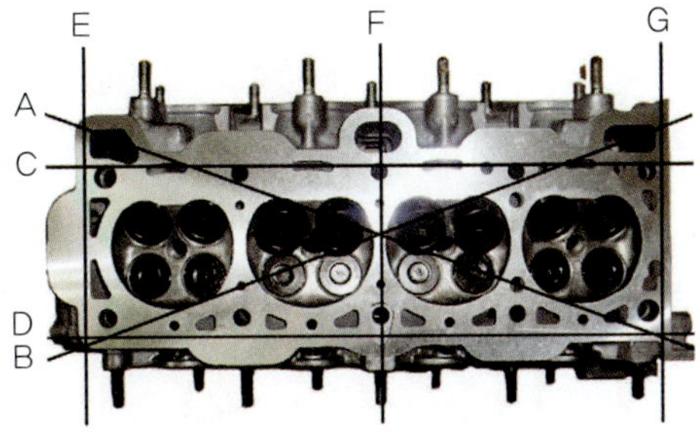

(b) 실린더헤드 변형 측정부위

[그림 2-179] 실린더헤드 변형측정

[2] 실린더헤드 변형도 수정방법

실린더헤드의 변형도가 한계 값 이상일 때는 평면 연삭기로 연삭 수정하며, 변형도가 한계 값 이하일 때는 정반에 광명단(인주)을 바르고 실린더헤드를 밀착시켜 변형이 있는 부분을 스크레이퍼로 깎아낸다

[표 2-1] 차종별 실린더헤드 변형도 규정값 및 한계값

차 종	규 정 값	한 계 값	차 종	규 정 값	한 계 값
아반떼	0.05mm 이하	0.1mm	라노스	0.05mm 이하	0.05mm
소나타 Ⅱ, Ⅲ,	0.05mm 이하	0.2mm	레간자	0.01mm 이하	0.025mm
EF소나타	0.03mm 이하	0.03mm	SM5	0.03mm 이하	0.1mm

3.1.2 실린더헤드 균열 측정 및 점검방법

실린더헤드의 균열원인은 냉각수의 동결 및 과격한 열부하이며, 균열 점검방법에는 육안검사, 자기 탐상방법, 침투(염색) 탐상방법, 초음파 탐상방법, 방사선 탐상방법 등이 있다.

3.2 실린더(cylinder) 및 실린더 블록 측정 및 점검

3.2.1 실린더 벽 마모 경향

실린더 벽의 마모 경향은 실린더 윗부분(상사점 부근의 리지 아랫부분)에서 가장 크며, 하사점 부근에서도 피스톤이 운동방향을 바꿀 때 일시 정지하므로 이때 오일 막이 차단되기 때문에 그 마모가 현저하다. 하사점 아랫부분은 거의 마모되지 않는다.

상사점 부근의 마모 원인은 다음과 같다.

① 폭발행정 때 상사점에서 더해지는 폭발압력으로 피스톤 링이 실린더 벽에 강력하게 밀착되기 때문이다.

② 기관의 어떤 회전속도에서도 피스톤이 상사점에서 일단 정지하고, 이때 피스톤 링의 호흡작용으로 인한 오일 막이 끊어지기 쉽기 때문이다.

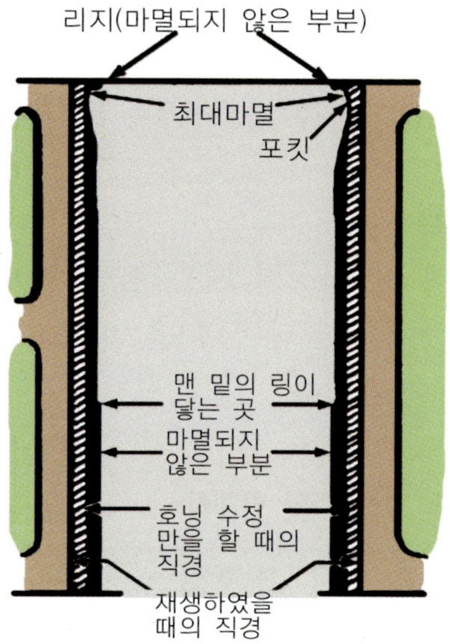

[그림 2-180] 실린더 벽 마모경향

[1] 실린더 벽의 마모 원인

① 실린더 벽과 피스톤 및 피스톤 링의 접촉에 의해서

② 연소 생성물에 의해서

③ 농후한 혼합기 유입으로 인하여 실린더 벽의 오일 막이 끊어지므로

④ 흡입공기 중의 먼지와 이물질 등에 의해서

⑤ 연료나 수분이 실린더 벽에 응결되어 부식 작용을 일으키므로

⑥ 실린더와 피스톤 간극의 불량으로 인하여

⑦ 피스톤 링 이음간극 불량으로 인하여

⑧ 피스톤 링의 장력 과대로 인하여

⑨ 커넥팅로드의 휨으로 인하여

[2] 실린더 벽이 마멸되었을 때의 영향

① 블로바이(blow by) 발생으로 압축압력이 저하한다.
② 연소실에 윤활유가 올라온다.
③ 연료가 기관 오일에 떨어져 희석된다.
④ 연료 소비율이 증가한다.
⑤ 오일 소비율이 증가한다.
⑥ 기관 출력이 저하된다.
⑦ 기관 시동이 곤란하다.

3.2.2 실린더 벽 마모량 측정

실린더 마모량 측정방법 준비물 및 측정기구로는 마른 헝겊, 실린더 게이지, 외측 마이크로미터 등이며, 실린더 벽의 마모량을 측정할 수 있는 측정기에는 실린더 게이지를 비롯하여 내측 마이크로미터, 텔레스코핑 게이지와 외측 마이크로미터 등이 있다.

[1] 칼마형 실린더게이지 사용방법

실린더 벽 마모량 측정은 실린더의 상·중·하부 3개소에서 각각 크랭크축 방향과 축의 직각방향으로 합계 6개소를 측정하며 최소 치수는 실린더 하부에서 알 수 있다. 마모량 값은 최대 마멸부분과 최소 마멸부분의 안지름 차이로 한다.

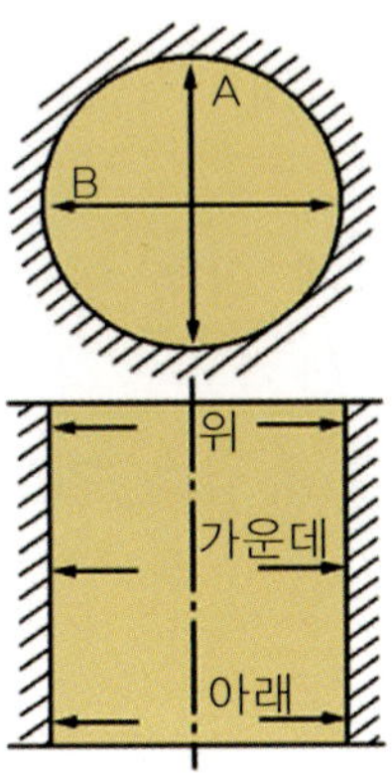

크랭크축의 회전방향 A와 크랭크축의 축방향 B에서 위, 가운데, 아래부에 걸쳐 측정한다.

[그림 2-181] **실린더 마모량 측정부위**

① 실린더 벽을 마른 헝겊으로 깨끗이 닦아낸다.
② 실린더 안지름 보다 약간 큰 측정로드를 조립한다. 이때 측정하려는 측정 로드

가 알맞은 것이 없을 때에는 와셔(스페이서)를 측정 로드와 함께 조립한다.

③ 바에 다이얼 게이지를 조립하고 접촉자를 손가락으로 가볍게 눌러 다이얼 게이지 바늘이 움직이는가를 확인하고 움직이지 않으면 좀더 밀어 넣은 후 고정나사를 조인다.

④ 다이얼 게이지 바늘을 0점에 조정한 후 바를 약간 기울여 실린더에 넣는다.

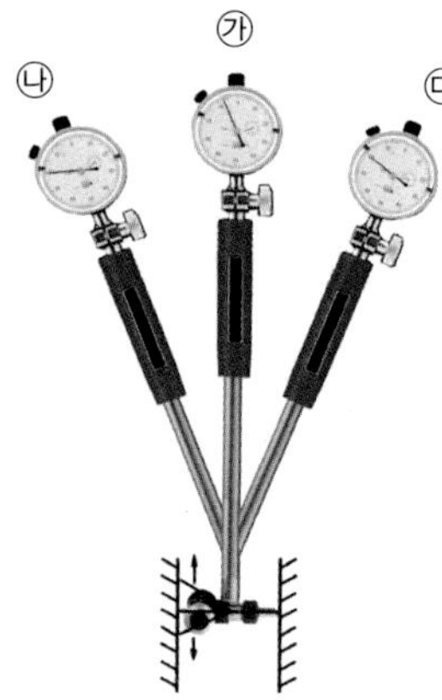

[그림 2-182] **실린더 게이지 사용방법**

⑤ 그림 182처럼 바 손잡이를 가볍게 잡고 ㉯쪽에서 ㉰쪽으로 기울이면 다이얼 게이지의 바늘이 회전을 하다가 잠시 멈춘 후 반대쪽으로 회전을 하는데 이때 바늘이 잠시 멈추었던 부분(그림의 ㉮)의 치수가 측정값이다. ㉯와 ㉰는 실제의 치수보다 큰 치수가 된다.

⑥ 측정한 다이얼 게이지의 눈금과 게이지를 실린더에서 빼낼 때의 바늘 회전수를 기록한다.

⑦ 게이지 접촉자와 측정 로드사이에 외측 마이크로미터를 설치한 후 마이크로미터 딤블을 천천히 돌려서 실린더 안지름을 측정하였을 때의 다이얼게이지 바늘이 가리키도록 한 후 마이크로미터 눈금을 읽는다. 이 값이 실린더 안지름 측정값(마모량)이다.

[그림 2-183] **실린더 게이지로 내경 측정**

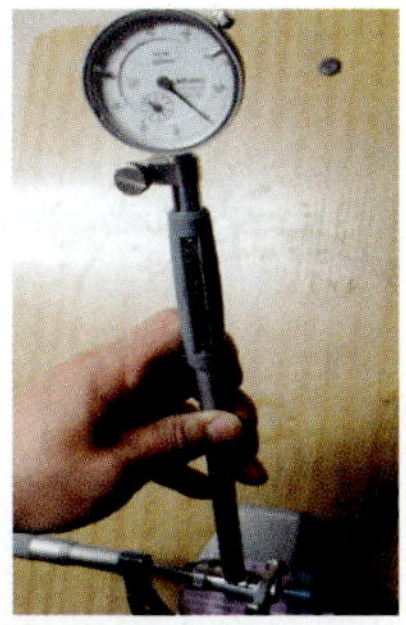

[그림 2-184] **실린더 게이지 길이 측정**

[2] 텔레스코핑 게이지(telescoping gage)에 의한 내경측정

① 실린더 벽면을 깨끗이 닦아낸다.

② 실린더 지름에 알맞은 텔레스코핑 게이지를 실린더에 가만히 밀어 넣는다.

③ 바른 자세에서 게이지의 측정자를 고정시킨 후 조용히 꺼낸다.

④ 외측 마이크로미터 또는 버니어캘리퍼스로 측정자의 길이를 측정하여 기록표에 기록한다.

[그림 2-185] **텔레스코핑 게이지로 내경 측정**

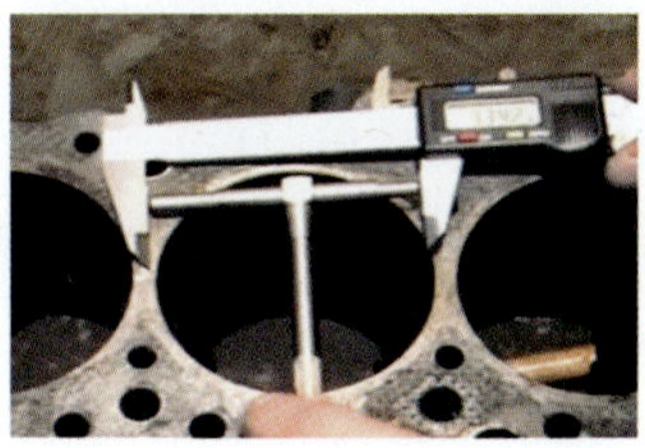

[그림 2-186] **텔레스코핑 게이지 길이 측정**

⑤ 측정은 실린더의 상 중 하의 위치에서 크랭크축 방향과 스러스트 방향의 6개소에서 측정한다.

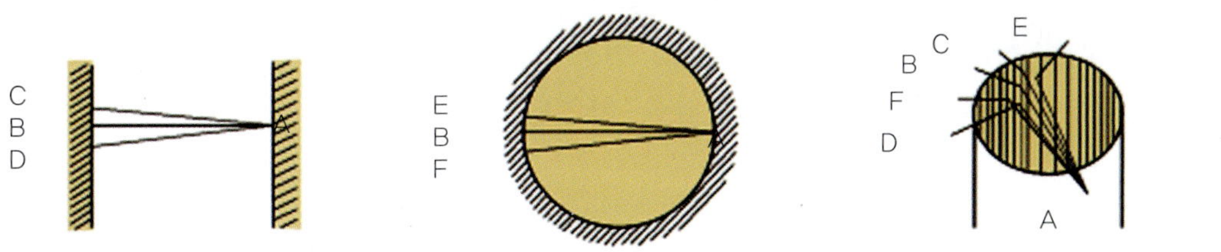

마이크로미터를 A, B선에 따라 바르게 대고 측정한다.

(a)

A·C, A·D는 실제치수보다 큰 치수가 된다. A·E, A·F는 실제 치수보다 작은 치수가 된다.

(b)

[그림 2-187] **실린더 내경 측정시 바른 방법**

[표 2-2] **실린더 안지름 기준값 및 O/S 한계값**

차 종	보어×스트로크	수정 한계값	차 종	보어×스트로크	수정 한계값
아반떼	75.5×83.5㎜ 82.0×85.0㎜	1.0㎜	레간자	81.6×86.0㎜ 86.0×86.0㎜	0.5㎜
소나타	80.6×88㎜ 85.0×88㎜	1.0㎜	라노스	76.5×73.4㎜ 76.5×81.5㎜	0.5㎜
EF소나타	81.5×88㎜ 85.0×88㎜	1.0㎜	누비라	76.5×81.5㎜ 81.6×86.0㎜	0.5㎜
그랜져	86.5×100㎜ 91.1×76.0㎜	1.0㎜	SM5	82.510×82.5000㎜ 86.010×86.0㎜	0.1㎜

3.2.3 실린더 보링(boring)작업과 피스톤 오버 사이즈(O/S) 선정하기

실린더의 수정을 필요로 하는 치수는 각 엔진마다 정해져 있으며 이것을 마멸 한계(수정한계)라고 한다. 실린더의 마모량(최대 마멸부분과 최소 마멸부분의 안지름 측정값의 차이)이 정해진 마멸 한계를 넘었을 때에는 보링(boring)을 한다.

실린더 마모량 = 실린더 최대 치수 - 실린더의 최소 치수

또, 실린더를 여러 번 보링을 하면 안지름이 커지는 만큼 실린더 벽의 두께가 얇아지므로 확대할 수 있는 치수도 정해져 있다. 일반적으로 안지름이 70㎜ 이하인 경우에는 1.25㎜, 70㎜ 이상인 경우에는 1.50㎜까지 확대할 수 있다.

[1] 보링의 목적

실린더 안지름이 진원 이탈도 및 테이퍼 마모가 규정보다 커지면 피스톤 간극이 커져 압축압력의 저하, 연료 소비량 증가, 윤활유 소비량 증가 피스톤 슬랩 발생, 엔진의 출력 저하 및 시동 곤란을 일으키게 되며, 실린더 보링작업이란 실린더 벽이 마모되었을 때 오버 사이즈 피스톤에 맞추어 실린더를 진원(眞圓)으로 절삭하는 작업이다. 그리고 보링작업을 완료한 후에는 호닝을 하여야 한다.

[표 2-3] **피스톤 오버 사이즈**

KS규격	SAE규격
0.25mm	
0.50mm	0.020"
0.75mm	
1.00mm	0.040"
1.25mm	
1.50mm	0.06"

[2] 실린더 보링값 계산방법

실린더 마모는 위부분이 가장 크고 하사점(BDC) 아래 부분은 거의 마모되지 않는다. 또한 크랭크축방향보다 이의 직각방향에 해당하는 실린더 측압을 받는 부분의 마모가 더욱 크다. 이를 진원으로 절삭하기 위하여 최대 마모 부분을 기준으로 진원 절삭값 0.2mm를 더 절삭하여야 한다. 그리고 정비 제원에서 실린더 지름이 70mm 이상일 때에는 0.2mm 이상, 70mm 이하일 때에는 0.15mm 이상 마모되면 보링 하여야 한다. 피스톤 오버 사이즈 한계는 실린더 지름이 70mm 이상일 때에는 1.50mm, 70mmm 이하는 1.25mm이다.

[3] 실린더 수정값과 O/S값 계산방법의 예

어떤 엔진의 실린더 안지름 표준 값이 75.00mm이다. 이 엔진을 분해하여 실린더 안지름을 측정하였더니 제1번이 75.21mm, 제2번이 75.23mm, 제3번이 75.42mm, 제4번이 75.19mm가 마모되었다. 이 실린더의 수정값과 오버 사이즈 값은 각각 얼마인가 ?

【계산방법】

최대 마모가 제3번 실린더의 75.42mm이므로 75.42mm+0.2mm(진원 절삭값)=75.62mm
그러나 피스톤 오버 사이즈 규격에 0.62mm가 없으므로 가장 크면서 가까운 값인 0.75mm를 선택하여 보링 한다. 따라서 실린더 수정값은 75.75mm이며 피스톤 오버 사이즈는 0.75mm가 된다.

3.2.4 호닝(horning)

보링작업을 완료한 후 실린더 벽을 0.005~0.025mm정도 다듬질작업을 호닝이라며 하며 다음의 순서로 작업한다.

① 호닝작업은 온도 상승으로 인한 실린더의 변형을 방지하기 위해 제2번 실린더, 제4번 실린더, 제1번 실린더, 제3번 실린더 순서로 작업한다.
② 처음에는 거친 것(#20~180)이나 중간 것(#320~400)의 혼을 사용한다.
③ 다듬질은 고운 것의(#500~600) 혼을 사용하고 회전속도를 빠르게 하며, 절삭유(경유, 석유, 비눗물)를 충분히 바른다.
④ 혼의 상태를 수시로 점검하여 혼의 편 마모를 수정한다.
⑤ 혼이 실린더 위 면으로 나가는 치수 및 아래 면으로 나가는 치수는 혼 길이의 1/4 정도로 한다.
⑥ 호닝작업이 완료되면 비눗물로 실린더를 세척한다.

3.2.5 건식 라이너 교환 작업

압입을 쉽게 하기 위해 라이너 선단의 모따기를 한 후 실린더 벽을 닦아내고 오일을 바른다. 표준값의 라이너를 실린더에 대고 해머로 가볍게 처서 조금 끼운다. 라이너 설치기구와 유압 프레스 등을 이용하여 천천히 끼운다. 이때 압입 여유는 실린더 안지름 100㎜당 0.05~0.1㎜ 정도이며 압입 압력은 2~3ton 정도로 한다. 라이너를 삽입한 후에는 호닝 작업을 한다.

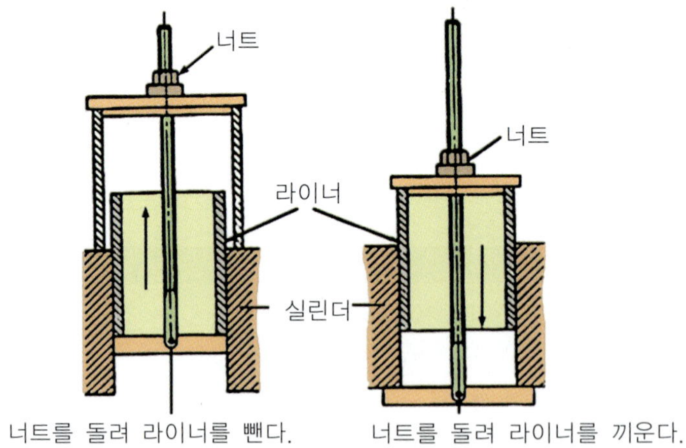

[그림 2-188] **라이너 교환**

3.2.6 실린더블록 변형(평면도) 측정

① 실린더블록 상부 면을 청소한 후 실린더헤드와 같은 방법으로 변형을 측정하도록 한다.

② 상부면의 평면도를 측정하여 규정값 이상일 경우에는 최소 한계값으로 연삭하거나 교환한다. 연삭할 때에는 실린더헤드 개스킷 면과 맞추어 실린더블록 개스킷 면을 0.2㎜ 이내까지 연삭하여야 한다.

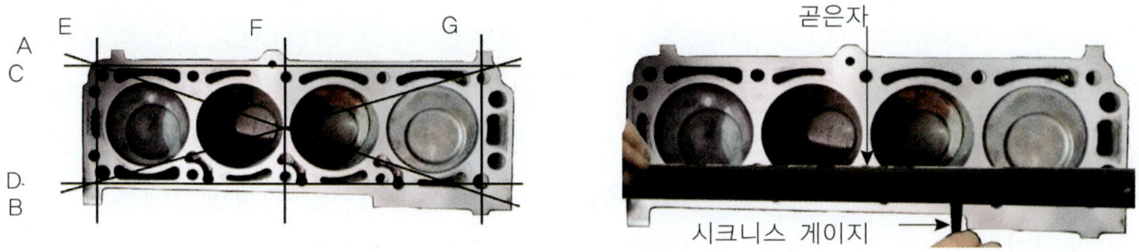

[그림 2-189] **실린더블록 변형 측정**

[표 2-4] **실린더블록 변형도 제원**

차 종	규 정 값	한 계 값
현대 승용차 모두	0.05㎜ 이하	0.1㎜
레간자	0.01㎜ 이하	0.025㎜
라노스	0.05㎜ 이하	0.05㎜
기아 승용차 모두	0.15㎜ 이하	0.15㎜
SM5	0.03㎜ 이하	0.1㎜

3.3 피스톤 간극 및 피스톤 링 측정

3.3.1 피스톤 간극 측정방법

피스톤 간극이란 실린더 안지름과 피스톤 최대 바깥지름(스커트 부분의 지름)과의 차이를 말하며, 기관 작동 중 열팽창을 고려하여 둔다. 따라서 피스톤 간극은 스커트 부분에서 측정하며, 간극을 두는 값은 피스톤의 재료, 형상, 기관 냉각상태 등에 따라서 결정되지만 일반적으로 알루미늄합금 피스톤에서는 실린더 안지름의 0.05% 정도이다.

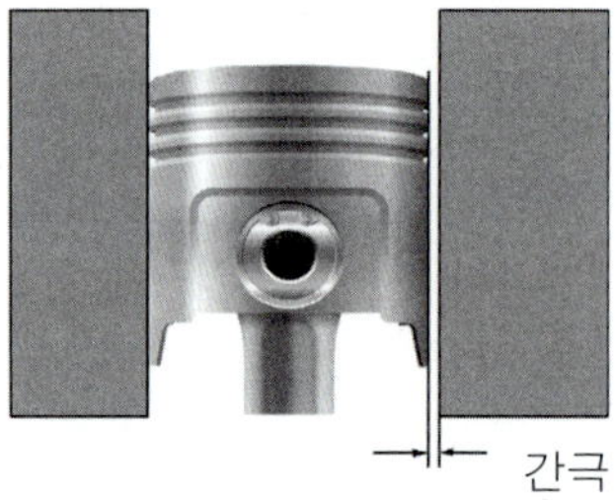

[그림 2-190] **피스톤 간극**

피스톤 간극이 작으면 기관 작동 중 열팽창으로 인해 실린더와 피스톤 사이에서 고착(소결)이 발생한다. 반대로 피스톤 간극이 크면 압축압력의 저하, 블로바이 발생, 연소실에 윤활유 상승, 피스톤 슬랩 발생, 연료가 윤활유에 떨어져 희석되고, 기관의 출력감소, 시동성능이 저하하는 원인이 된다. 피스톤 간극 측정방법에는 시크니스(필러)게이지와 스프링 저울로 측정하는 방법과 실린더 게이지와 외측 마이크로미터로 측정하는 방법이 있다.

[1] 실린더 보어 게이지와 외측 마이크로미터에 의한 피스톤 간극 측정

① 분해된 피스톤의 헤드 및 링 홈 부의 카본이나 퇴적물 등 이물질을 제거하여 깨끗이 한다.
② 피스톤의 긁힘, 마모, 균열, 피스톤 링의 파손, 손상, 마모상태 등을 점검한다.
③ 피스톤의 헤드부와 스커트부를 피스톤의 핀 방향과 그 직각방향에 대해 외경(오일 링 아래쪽 16㎜ 지점이나 스커트부 최 하단에서 10㎜위 부위)을 측정한다.
④ 실린더 게이지를 이용하여 실린더 내경을 상·중·하의 축 방향과 그 직각방향(6군데)에 대해 측정한다.
⑤ 실린더 최대 내경과 피스톤 외경의 차이가 실린더 간극(피스톤 간극)이다.

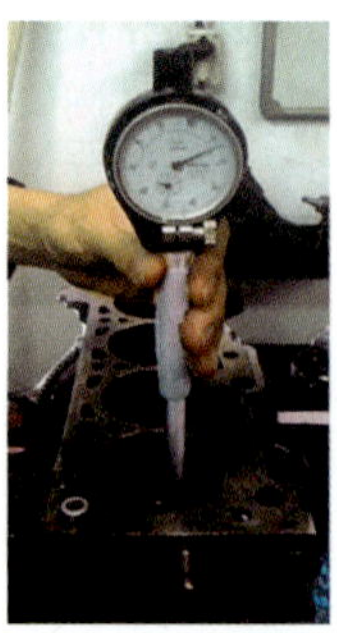

[그림 2-191] **실린더 내경 측정**

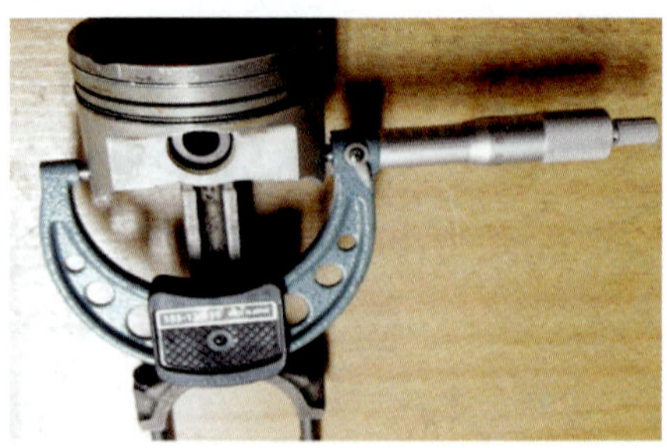

[그림 2-192] **피스톤 외경의 측정**

[2] 스프링 저울과 필러 게이지를 이용한 피스톤과 실린더 간극 측정

실린더 간극은 스프링 저울과 필러 게이지(시그니스 게이지)를 이용하여 측정할 수 있다. 피스톤을 실린더에 필러 게이와 함께 아래 그림과 같이 삽입을 한다. 이때 스프링 저울로 1.3~2kgf 약간 저항을 느끼며 빠지는 필러 게이지 치수가 실린더 간극이다.

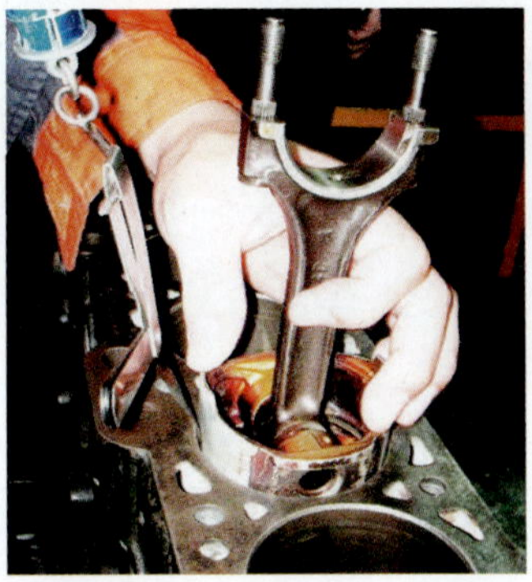

(a)

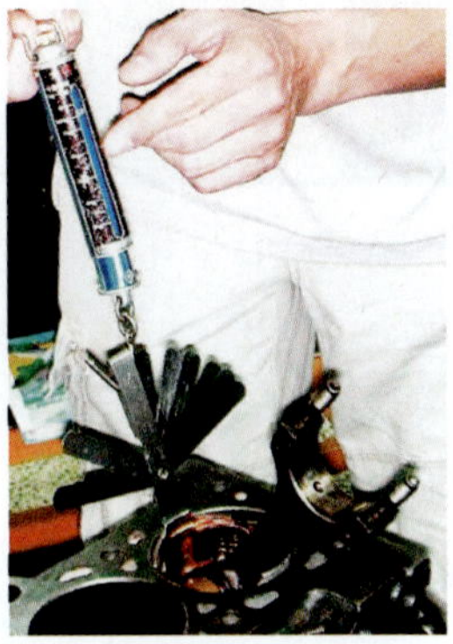

(b)

[그림 2-193] 스프링 저울과 필러 게이지를 이용한 피스톤과 실린더 간극 측정

[표 2-5] 피스톤 외경 및 피스톤 간극 규정값

차종 / 항목	아반떼	EF소나타	SM5	비 고 (한계치)
피스톤 외경(mm)	75.465~74.495	81.47~81.50 84.97~85.00	82.48~82.49 85.98~85.99	
피스톤 간극(mm)	0.025~0.045	0.02~0.04	0.01~0.03	모두 0.15

[3] 피스톤 간극 수정방법

① 피스톤 간극이 표준 값 이상 한계 값 이하인 경우에는 피스톤을 너링 가공 후 다시 사용한다.

② 피스톤 간극이 한계 값 이상인 경우에는 피스톤을 교환한다.

3.3.2 피스톤 링 엔드 갭(이음 간극) 측정

[1] 피스톤 링 엔드 갭 측정

① 피스톤 링을 실린더에 넣는다.

② 피스톤을 거꾸로 스커트까지 밀어 넣어 피스톤 링이 수평이 되도록 한다.

③ 실린더 최소 마모부분(하사점 부근)에서 필러 게이지를 이용하여 피스톤 링 엔드 갭을 측정한다.

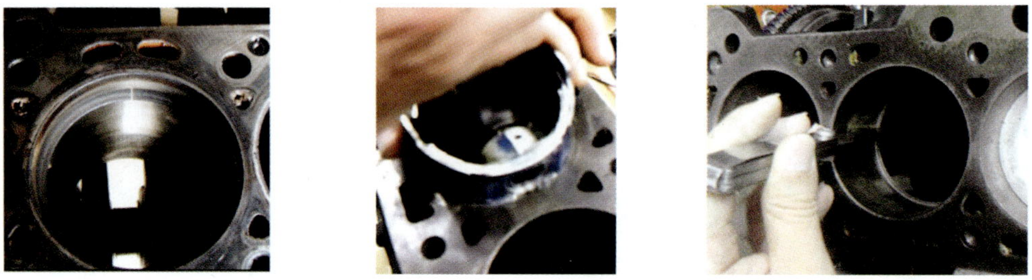

(a) 피스톤 링 설치 (b) 피스톤으로 피스톤 링 밀어넣기 (c)엔드 갭 측정

[그림 2-194] 피스톤 링 엔드 갭 측정

[표 2-6] 차종별 압축 링 엔드 갭 규정값 및 한계값(단위 : ㎜)

차 종	규 정 값	한계값	차 종	규정값	한계값
아반떼	1번 링 : 0.15~0.3 2번 링 : 0.25~0.4	0.8	레간자	0.3~0.5	1.5
소나타Ⅱ	1번 링 : 0.25~0.4 2번 링 : 0.35~0.5	0.8	프라이드	0.15~0.3	1.0
EF 소나타	1번 링 : 0.25~0.35 2번 링 : 0.40~0.55	1.0	SM5	0.2~0.4	1.0
라노스	0.3	1.0			

[표 2-7] 오일 링 엔드 갭(단위 : ㎜)

차 종	규정값	한계값	차 종	규정값	한계값
현대 승용차 모두	0.2~0.7	1.0	기아 승용차 모두(신형은 제외)	0.2~0.7	1.0
레간자	0.4~1.4				
라노스	0.3		SM5	0.2~0.6	1.0

[2] 피스톤 링 엔드 갭 수정방법

줄을 바이스에 설치한 후 그림 195와 같은 방법으로 수정한다.

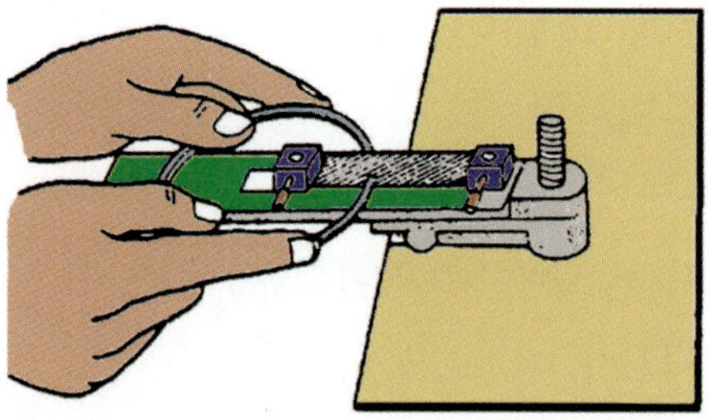

[그림 2-195] 피스톤 링 엔드 갭 수정방법

[3] 피스톤 링사이드 간극 측정방법

피스톤 링 홈에 피스톤 링을 아래 그림과 같이 설치한 후 3~4군데를 측정한다. 이때 필러 게이지는 피스톤 링 홈 끝 부분에 닿을 때까지 밀어 넣어야 한다. 링사이드 간극이 규정 값보다 크면 콤파운드를 정반이나 유리 판 위에 바른 후 피스톤 링을 골고루 연마하여야 한다.

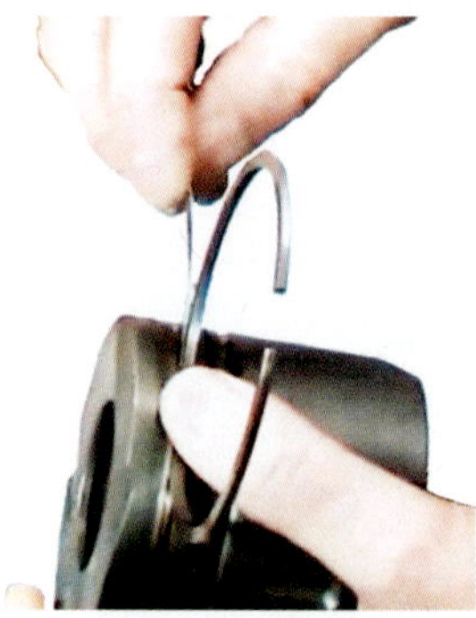

[그림 2-196] 피스톤 링사이드 간극 측정방법

[표 2-8] 차종별 피스톤 링사이드 간극 규정값 및 한계값(단위 : ㎜)

차 종	규정값	한계값	차 종	규정값	한계값
아반떼	0.04~0.08		누비라, 라노스	0.02	0.1
쏘나타 Ⅱ	1번링 : 0.03~0.07 2번링 : 0.02~0.07	0.1	프라이드	0.03~0.065	0.15
EF 소나타	0.02~0.06	0.1	SM5	0.04~0.08	0.2

3.3.3 피스톤 링을 피스톤에 조립하는 방법

[1] 피스톤 링을 조립할 때 주의사항

① 피스톤 링의 순서가 바뀌지 않도록 한다.

② 피스톤 링 면이 바뀌지 않도록 주의한다(사이즈 표시 및 제작회사 마크 표시가 위쪽으로 향하도록 한다).

③ 링 이음부분이 크랭크축 축방향(피스톤 핀 방향)과 축 직각방향(측압 쪽)을 피하여 그림 198(d)와 같이 120~180° 의 각도를 두고 순차적으로 피스톤 링 익스팬더(expander)를 사용하거나 손으로 조립한다.

[2] 피스톤 링 조립순서

① 오일 링 홈에 스페이서(spacer)를 설치한다.

② 상하 사이드 레일을 설치한다. 이때 사이드 레일을 설치하기 위하여 피스톤 링 홈 스페이서 사이에 사이드 레일의 한 끝을 먼저 넣고 사이드 레일을 단단히 붙잡은 다음 손으로 홈에 끼워지는 부분을 누른다. 사이드 레일을 설치할 때에는 피스톤 링 익스팬더를 사용하지 않도록 한다.

[그림 2-197] **사이드 레일 및 스페이서 장착요령**

③ 상부 사이드 레일의 조립과 같은 방법으로 하부 사이드 레일을 설치한다.

④ 피스톤 링 익스팬더를 사용하여 제2번 압축 링을 설치한다.

⑤ 제1번 압축 링을 설치한다.

⑥ 피스톤과 피스톤 링 주위에 윤활유를 바른다.

(a) 익스펜더로 링 확장

(b) 2번 압축링 장착

(c) 1번 압축링 장착

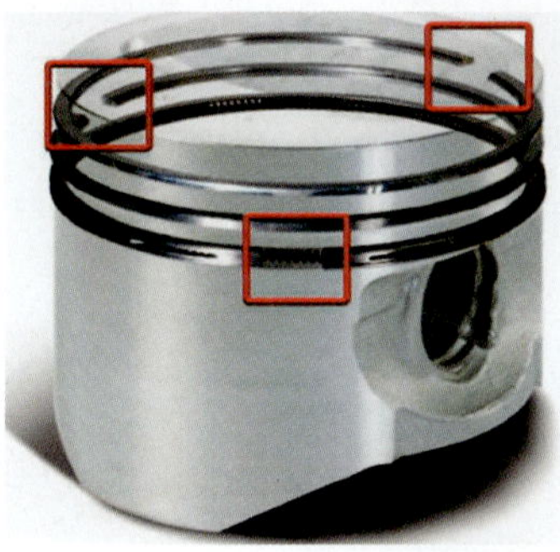

(d) 피스톤링 절개구 방향

(e) 피스톤링 식별마크 각인

[그림 2-198] **피스톤 링 조립**

⑦ 피스톤 링들을 실린더로 끼워 넣을 때에는 링들을 링 압축기로 압착시킨 후 밀어 넣어야 하며 피스톤 앞쪽 마크 및 커넥팅 로드 앞쪽 마크가 기관의 앞쪽으로 향했는지를 확인한다.

[그림 2-199] **실린더에 피스톤 조립하기**

3.4 커넥팅로드 변형 측정

커넥팅로드의 변형 즉, 휨과 비틀림 측정은 커넥팅로드 얼라이너와 시크니스 게이지로 하며, 커넥팅로드가 변형되면 실린더 벽, 피스톤, 피스톤 링 등의 편마멸 발생, 피스톤의 측압 증가, 압축압력 저하, 크랭크축 저널의 편마멸, 크랭크축 베어링 손상 등이 발생한다. 휨 한계 값은 약 0.04～0.075㎜, 비틀림 값은 0.04～0.18㎜ 정도이다.

3.4.1 휨 측정

① 커넥팅로드 소단부에 피스톤 핀을 끼우고, 대단부에는 커넥팅로드 얼라이너를 설치한다.

② 피스톤 핀 위에 V블록의 핀이 상하 방향으로 향하도록 얼라이너를 정반에 접촉하도록 하고 간극이 생겼으면 간극이 생긴 부분을 시크니스 게이지로 측정한다.

3.4.2 비틀림 측정

V블록의 핀이 좌우로 향하도록 얼라이너를 정반에 접촉하도록 하고 간극이 생긴 경우에는 간극이 생긴 부분을 시크니스 게이지로 측정한다.

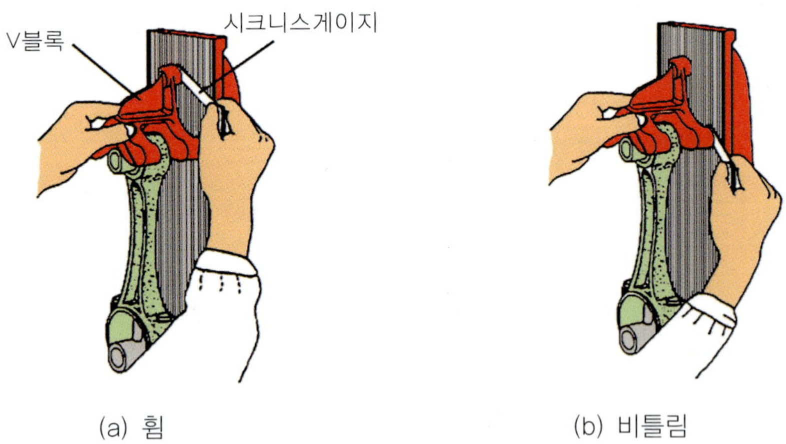

[그림 2-200] 커넥팅로드 휨과 비틀림 측정

3.5 크랭크축 측정

3.5.1 크랭크축 축방향 유격(end play) 측정

[1] 크랭크축 축방향 유격이 크거나 작으면

(1) 축방향 유격이 크면

① 크랭크축이 앞뒤로 움직이게 되므로 소음이 발생하고, 피스톤 측압이 커진다.
② 커넥팅로드에 휨이 하중이 작용한다.
③ 클러치가 작동할 때 충격 및 진동이 발생한다.
④ 밸브개폐 시기나 점화시기가 부정확해진다.
⑤ 실린더 및 피스톤. 커넥팅로드 베어링에 편 마모가 일어난다.
⑥ 클러치나 타이밍기어에 악 영향을 미친다.

(2) 축방향 유격이 작으면

① 마찰 및 마멸이 증가한다.
② 스러스트 베어링(throttle bearing)에 열이 발생되어 고착된다.
③ 기계적 손실이 증대된다.

[2] 크랭크축 축방향 유격 측정방법

① 크랭크축을 기관 베어링과 함께 실린더 블록에 조립한다.
② 실린더블록에 다이얼 게이지를 설치한다.

[그림 2-201] **다이얼 게이지 설치**

③ 그림 202(a)와 같이 다이얼 게이지 스핀들을 크랭크축 앞 끝이나 뒤끝에 직각으로 설치하고, 크랭크축을 앞쪽이나 뒤쪽으로 플라이 바 또는 스크루드라이버 등으로 한쪽으로 밀고 0점 조정을 한 다음 반대 방향으로 플라이 바로 밀었을 때 다이얼 게이지 바늘이 지시하는 값이 축방향 유격이다.

(a) 다이얼 게이지를 직각으로 설치

(b) 스크루 드라이버로 한쪽으로 민다.

(c) "0" 점 조정

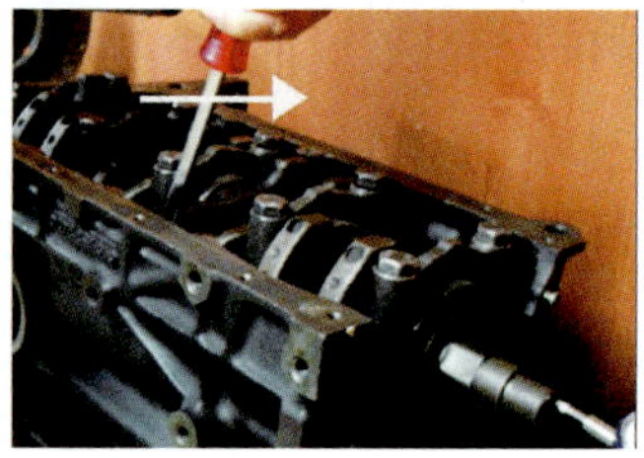

(d) 스크루 드라이버로 반대쪽으로 민다.

(e) 측정값 판독

[그림 2-202] **크랭크축 엔드플레이의 측정(다이얼 게이지 사용시)**

④ 필러 게이지를 사용할 때에는 스러스트 베어링과 크랭크축 옆면 사이에 넣어 측정한다.

(b) 필러 게이지로 측정

[그림 2-203] **크랭크축 엔드플레이의 측정(필러 게이지 사용시)**

[표 2-9] **크랭크 축방향 유격 규정값(단위 : ㎜, ( )는 한계값)**

차 종 / 항 목	레간자	아반떼	소나타 II, 그랜져	EF소나타	프라이드	SM5
엔드플레이	0.07~0.30	0.05~0.175	0.05~ 0.18(0.25)	0.05~0.25	0.08~ 0.282	0.10 ~ 0.26(0.30)

[3] 크랭크축 축방향 유격 수정방법

① 축방향 유격 값이 크면 스러스트 베어링을 사용하는 경우에는 베어링을 교환하고, 스러스트 심(shim)을 사용하는 경우에는 심을 교환한다.

② 축방향 유격 값이 작으면 정반 위에 연마지를 놓고 스러스트 면을 연마하여 조정한다.

3.5.2 크랭크축 저널 마모량 측정

[1] 크랭크축 마모의 개요

크랭크축 메인 저널이나 크랭크 핀의 편마모나 테이퍼 마모가 심해지면 베어링과의 접촉이 불량해지므로 진원도, 테이퍼 마멸, 편 마멸 등을 점검하고 수정 한계 값 이상인 경우에는 수정을 하거나 크랭크축을 교환하여야 한다.

[2] 크랭크축 저널 마모량 측정방법

① 크랭크축 저널을 깨끗한 헝겊으로 닦는다.

② 외측 마이크로미터로 그림 204(a)와 같이 각 저널의 상·하와 좌·우 부분 2군데씩 모두 4군데를 측정하여 최소 측정값을 찾아낸다. 이때 각 저널의 최소 측정값을 기준으로 하여 수정한다.

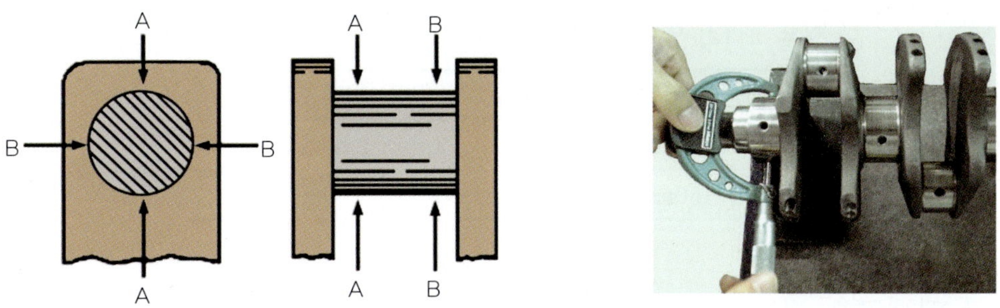

(a) 측정부위　　(b) 마이크로미터 측정

[그림 2-204] **크랭크축 메인저널 측정**

[표 2-10] **차종별 저널의 외경 및 이탈도(단위 : ㎜)**

항 목 \ 차 종	레간자	아반떼	소 나 타	EF소나타	SM5
메인저널 외경	57.9	50	56.98~57.00	56.982~57.000	54.974~54.980
핀저널 외경	48.9	45	44.98~45.00	44.980~45.000	47.968~47.974
U/S한계	0.50	0.75	0.75	0.75	0.75

[표 2-11] **크랭크 핀과 메인저널 및 편 마멸 (단위 : ㎜ 이하)**

차 종	테이퍼 마멸	편 마멸	차 종	테이퍼 마멸	편 마멸
아반떼	0.01㎜ 이하	0.01㎜ 이하	라노스	0.005㎜ 이하	0.004㎜ 이하
쏘나타Ⅱ	0.015㎜ 이하	0.005㎜ 이하	기아 승용차 모두	0.05㎜ 이하	0.05㎜ 이하
EF 소나타	0.005㎜ 이하	0.015㎜ 이하	SM5	0.004㎜ 이하	0.003㎜ 이하
레간자	0.004㎜ 이하	0.004㎜ 이하			

[3] 크랭크축 저널 언더 사이즈 정하기

크랭크축 저널 최대 마모량이 수정 한계 값 이상인 경우에는 연마 수정을 하여야 한다. 크랭크축 저널을 연마 수정하면 저널의 지름이 작아지므로 최소 측정값으로부터 진원 절삭값(0.2㎜)을 빼낸다. 따라서 그 치수가 작아지므로 언더 사이즈(under size)라 부르며, 기관 베어링의 두께는 두꺼워지게 된다. 언더 사이즈 한계 값은 다음과 같다.

[표 2-12] **언더사이즈 한계값**

크랭크축 저널 바깥지름	언더사이즈 한계 값
50㎜ 이상	1.50㎜
50㎜ 이하	1.00㎜

그리고 크랭크축 저널 수정방법은 다음과 같이 한다. 수정 값은 최소 측정값에서 진원 절삭 값 0.2㎜를 뺀 값으로부터 언더 사이즈 치수에 알맞은 값을 찾아서 그 값

으로 한다. 언더 사이즈 값은 다음과 같다.

[표 2-13] **크랭크축 언더 사이즈값**

KS 규격	SAE 규격
0.25mm	0.020inch
0.50mm	
0.75mm	0.040inch
1.00mm	
1.25mm	0.060inch
1.50mm	

[4] 크랭크축 언더 사이즈 계산방법의 예

어느 엔진의 크랭크축 메인저널의 지름이 57.00mm이다. 이 엔진을 분해하여 크랭크축 메인저널을 측정하였더니 56.72mm 이였다. 이 크랭크축 메인저널의 수정값과 언더 사이즈 값을 구하시오.

【계산 방법】

56.72mm(최소 측정값) − 0.2mm(진원 절삭값) = 56.52mm, 그러나 언더 사이즈 치수에는 0.52mm가 없으므로 이 값보다 작으면서 가장 가까운 값인 0.50mm로 수정한다. 따라서 수정값은 56.50mm이고, 언더 사이즈 기준값은 57.00mm(표준값) − 56.50mm(수정값) = 0.50mm이다. 이에 따라 이 크랭크축의 메인 저널지름은 0.50mm 가늘어지고, 크랭크축 베어링은 0.50mm가 두꺼워진다.

3.5.3 크랭크축 휨 측정

① 크랭크축 제1번과 제5번 메인저널을 V블록 위에 올려놓고 제3번 메인저널에 다이얼 게이지 스핀들을 직각으로 설치한 후 다이얼게이지 눈금판의 바늘을 0점 조정한다.

② 크랭크축을 천천히 1회전시킨 후 다이얼게이지의 최대눈금과 최소 눈금을 읽는다.

③ 크랭크축 휨 값은 최대값과 최소값의 1/2 값이다. 크랭크축의 휨 값은 크랭크축 길이가 500mm 이상인 경우에는 0.05mm 이하, 500mm 이하인 경우에는 0.03mm 이하이다.

[그림 2-205] 크랭크축 휨 측정

[표 2-14] 차종별 크랭크축 휨 정비 제원 (단위 : ㎜)]

차 종	규정값	한계값	차종	규정값	한계값
현대 승용차 모두	0.03 이내	0.03	베르나	0.03 이내	
에스페로, 레란자, 라노스	0.03 이내	0.03	SM5	0.05 이내	

3.5.4 크랭크축 오일간극 측정

크랭크축 저널과 베어링 사이에 형성되는 간극이며, 오일간극이 너무 크면 유압이 낮아지고, 실린더 벽에 뿌려지는 오일량이 과다하여 연소실에 유입되므로 윤활유 소비가 증대된다. 반대로 오일간극이 적으면 크랭크축 저널과 베어링 표면이 직접 접촉하여 마찰 및 마멸이 증가하고, 실린더 벽에 윤활유의 공급이 불량하게 된다. 크랭크축의 오일간극을 측정하는 방법에는 플라스틱 게이지를 이용하는 방법과 외측 마이크로미터와 실린더 보어 게이지에 의한 방법이 있다.

[1] 텔레스코핑 게이지와 외측마이크로미터에 의한 방법

① 블록의 메인저널 및 저널 캡에 베어링을 설치하고 규정토크로 조인다.
② 블록의 메인저널 베어링 내경(크랭크축 베어링 내경)을 텔레스코핑 게이지를 이용하여 측정한다.
③ 측정한 텔레스코핑 게이지의 외경을 외측마이크로미터로 측정값을 판독한다.
④ 외측마이크로미터로 해당 크랭크축 메인저널 외경값을 측정한다.
⑤ 크랭크축 베어링 내경값에서 크랭크축 메인저널 외경값을 뺀 값이 오일간극이다.

(a) 크랭크축 베어링 내경측정

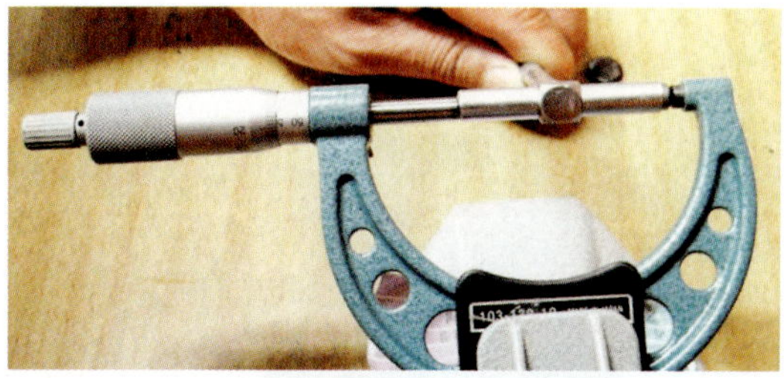

(b) 텔레스코핑게이지 외경측정

(c) 크랭크축 외경측정

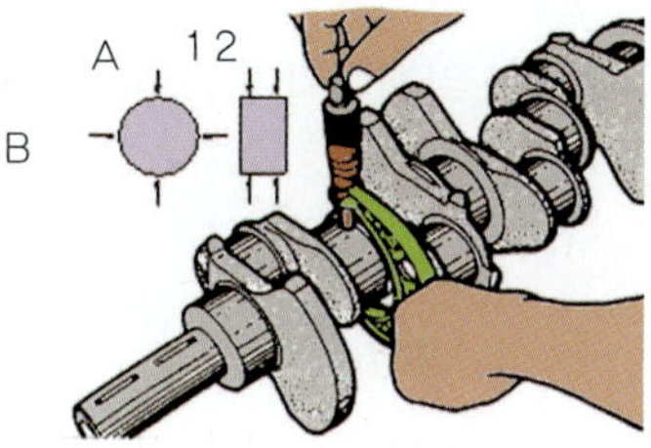

(d) 외경 측정방법

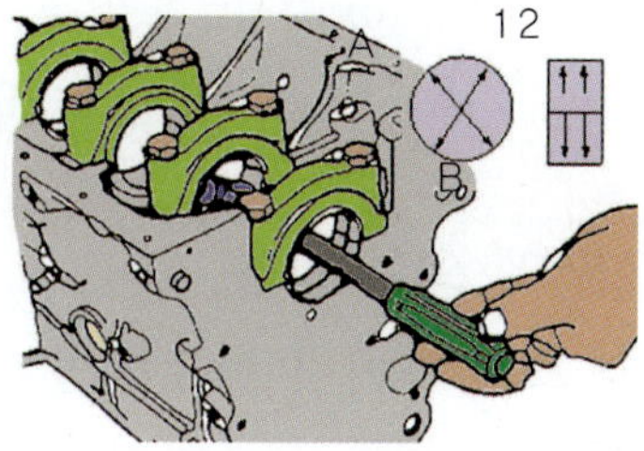

(e) 내경 측정방법

[그림 2-206] 텔레스코핑 게이지와 외측마이크로미터에 의한 방법

[2] 플라스틱 게이지에 의한 방법

① 크랭크축 메인저널의 외부를 깨끗이 닦는다.

② 플라스틱 게이지를 베어링 폭 만큼 자른다.

③ 크랭크축 메인저널에 플라스틱 게이지를 크랭크축 방향과 평행이 되게 놓는다. 이때 반드시 오일 구멍을 피해 설치한다.

④ 베어링 캡을 설치하여 규정토크로 조인다.

⑤ 베어링 캡을 분리한 후, 플라스틱 게이지의 가장 넓게 퍼진 쪽과 커버에 인쇄되어 있는 측정자 눈금과 비교하여 읽는다.

⑥ 측정시 오일구멍에 플라스틱 게이지를 올려놓아도 안되고, 측정 중 크랭크축을 돌려도 안된다.

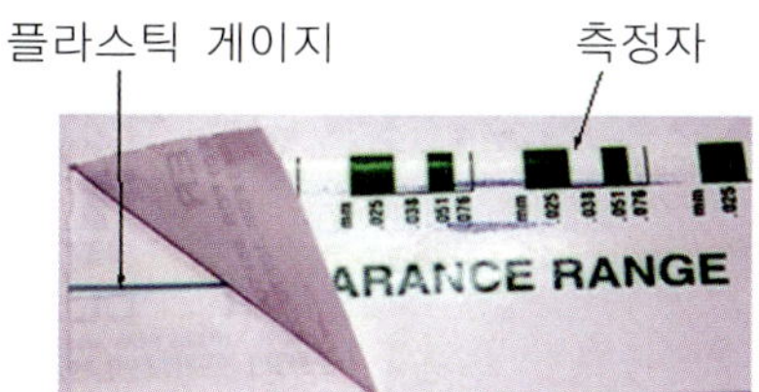

(a) 플라스틱 게이지

(b) 플라스틱 게이지 설치

(c) 규정토크로 조임

(d) 측정자로 측정

[그림 2-207] **플라스틱게이지에 의한 오일간극 측정**

[3] 실납에 의한 방법

플라스틱 게이지 측정방법과 같으나 플라스틱 게이지 대신 실납을 설치하며 실납의 납작해진 두께를 외측마이크로 미터나 버니어캘리퍼스로 측정한다.

[표 2-15] **메인 베어링 캡 볼트 조임 토크(단위 : ㎏f-m)**

차 종	조임 토크	차 종	조임 토크
소나타Ⅱ	5.0～5.5	프라이드	5.5～6.0
아반떼	5.5～6.0	레간자, 라노스	5.0

[표 2-16] **크랭크축 오일간극(단위 : ㎜)**

항 목 \ 차 종		아반떼	소나타 II, 그랜져	EF소나타	프라이드
오일간극	메인저널	0.02～0.04(0.1)	0.02～0.05(0.1)	0.018～0.036/0.024～0.042	0.024～0.066
	핀저널	0.024～0.042	0.014～0.05(0.1)	0.015～0.048	0.028～0.068

3.6 플라이휠 런아웃 측정

3.6.1 플런아웃 측정

[1] 측정목적

플라이휠의 변형을 측정하려면 먼저 플라이휠을 깨끗이 닦아내고 크랭크축에 결합한다. 플라이휠의 중심으로부터 127㎜의 위치에서 측정하여 변형이 0.075㎜ 이상일 때는 플라이휠과 크랭크축 사이에 이물질이 끼어있는가 측정하며 런 아웃(run-out : 흔들림)이 크면 클러치의 단속 작용이 불량해지므로 한계값 이상일 경우에는 플라이휠을 교환하여야 한다.

[2] 측정기구

플라이휠의 런아웃을 측정할 때에는 다이얼 게이지를 준비한다.

[3] 측정방법

① 크랭크축을 실린더블록에 설치하고 메인저널 베어링 캡을 규정토크로 조인다.
② 크랭크축에 플라이휠을 부착하고 볼트를 규정토크로 조인다.
③ 다이얼 게이지 스핀들을 플라이휠 면에 직각이 되게 설치한 후 "0" 점 조정한 후 플라이휠을 한 쪽으로 돌리면서 천천히 크랭크축을 1회전 시켜 다이얼 게이지 눈금을 읽는다. "0" 점을 기준으로 좌·우로 움직였을 때는 좌·우 움직인값을 더한다.

(a) 다이얼 게이지를 직각으로 설치

(b) "0" 점 조정

(c) 게이지 눈금 판독

[그림 2-208] **플라이휠 런아웃 측정**

[표 2-17] **차종별 플라이휠 런아웃 제원**

항 목 \ 차 종	아반떼	소나타 II, 그랜져	EF소나타	SM5
플라이휠 런아웃 한계값	0.13mm이하	0.10mm 이하	0.13mm 이하	0.15mm 이하

[표 2-18] **차종별 플라이휠 조임토크**

차 종	조임 토크	차 종	조임 토크
소나타Ⅱ	13.0～14.0kgf·m	라노스	3.5kgf·m
아반떼	12.0～13.0kgf·m	기아 승용차 전 차종	9.8～10.5kgf·m
레간자	6.5kgf·m		

3.7 밸브기구 측정

3.7.1 캠축 양정 측정

① 캠축을 V-블록 위에 올려놓고 먼저 캠의 높이를 버니어캘리퍼스 또는 외측 마이크로미터로 측정한 다음 기초원을 측정한다.

② 캠 양정 = 캠 높이－기초원

(a) 버니어캘리퍼스로 캠고 측정

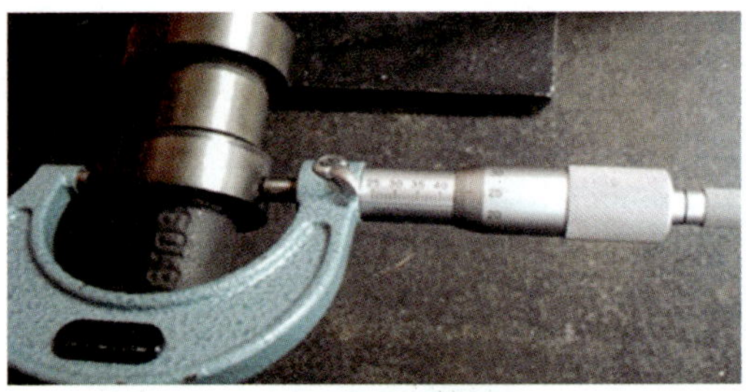

(b) 외측마이크로 미터로 캠고 측정

(c) 기초원 측정

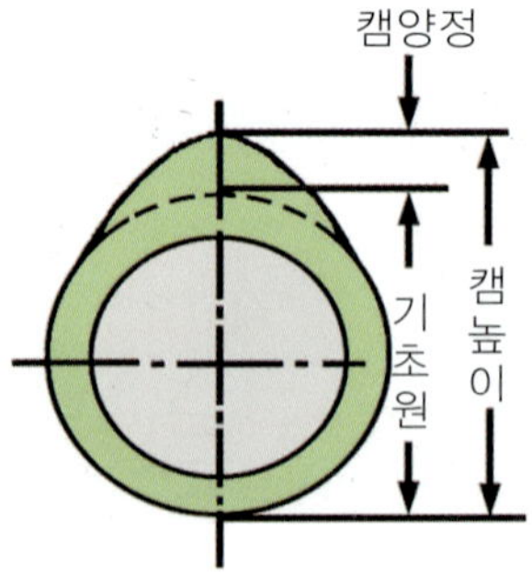

(d) 양정

[그림 2-209] **캠축 양정 측정**

[표 2-19] **캠 높이 제원(단위 : ㎜)**

차 종	흡기캠	배기캠	한계값	차 종	흡기캠	배기캠	한계값
아반떼	43.248	43.848	-0.5	레간자(양정)	10.0	10.0	
소나타Ⅱ	35.493	35.200	-0.5	프라이드	36.544	36.644	-0.15
EF 소나타	35.493	35.317	-0.5	아벨라	36.124	36.404	-0.5
라노스(양정)	6.12	6.12		SM5	37.433~37.623	37.680~37.870	-0.2

3.7.2 캠축 휨 측정

① 캠축 제1번과 제5번 메인저널을 V블록 위에 올려놓고 제3번 메인저널에 다이얼 게이지 스핀들을 직각으로 설치한 후 다이얼게이지 눈금판의 바늘을 0점 조정한다.

② 캠축을 천천히 1회전시킨 후 다이얼게이지의 최대눈금과 최소 눈금을 읽는다.

③ 캠축 휨 값은 최댓값과 최솟값의 1/2 값이다(크랭크축 휨 측정과 동일).

[그림 2-210] **캠축 휨 측정**

[표 2-20] **캠축의 휨 규정 값(단위 : ㎜)]**

차 종	규정값
현대 승용차 모두(신형은 제외)	0.02이하
대우 승용차 모두(신형은 제외)	0.03이하
기아 승용차 모두(신형은 제외)	0.03이하
SM5	0.02이하

3.7.3 밸브 탈부착 및 측정

[1] 탈거

① 밸브스프링 압축기를 이용하여 밸브 스템 방향으로 스프링을 압축시킨다.

② 밸브스프링 리테이너 록을 제거하고 압축기를 천천히 압축을 해제시킨다.

③ 스프링이 튀지 않도록 주의하고 실린더와 밸브 부품이 바뀌지 않도록 표시하여 보관한다.

④ 가이드 고무를 탈거한다.

(a) 밸브스프링 압축기 설치

(b) 밸브 스프링 압축

(c) 리테이너 로크 탈거

(d) 밸브 스프링 탈거

[그림 2-111] 밸브 탈거

[그림 2-212] 밸브가이드 고무의 탈거

[2] 조립

① 특수 공구를 사용하여 가이드 고무를 제 위치에 끼운다.

② 엔진 오일을 밸브 스템에 바른 후 밸브를 가이드에 끼운다.

③ 밸브 스프링은 에나멜을 바른 부분을 스프링 리테이너 쪽으로 향하도록 하고 장착한다.

④ 밸브 스프링 압축기로 스프링을 압축한 후 리테이너 로크를 설치한다. 밸브를 장착한 후 리테이너 로크가 정확하게 장착되었는지 연질 해머로 가볍게 두들겨 본다.

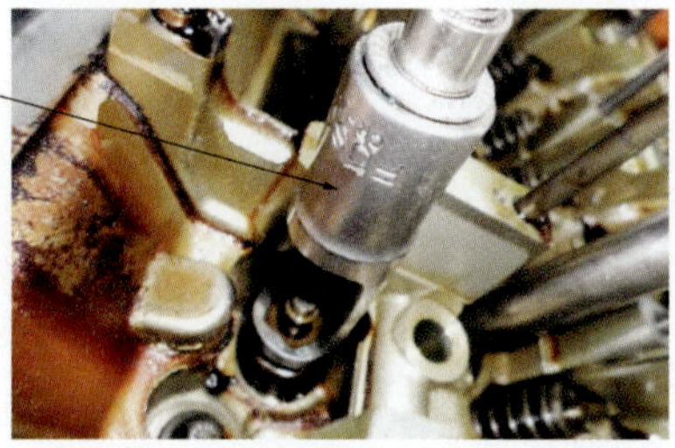

[그림 2-213] **밸브가이드 고무의 장착**

[3] 실린더 헤드를 탈착하지 않고 밸브 잭을 이용하는 방법

① 타이밍 마크를 정렬하고 타이밍 벨트를 탈거한다.

② 로커암과 캠축을 탈거한다.

③ 점화플러그를 모두 탈거하고 밸브 탈착할 점화플러그 구멍에 압축공기를 주입한다.

④ 해당 실린더에 밸브 잭을 사용하여 밸브 스프링 리테이너 로크를 탈거한다.

⑤ 밸브 가이드 고무를 플라이어로 잡아 빼낸 후 신품의 오일 실에 엔진 오일을 바른 후 설치한다.

⑥ 조립은 탈거의 역순으로 한다.

[그림 2-214] **점화플러그 구멍에 압축공기 주입 및 특수공구 설치**

[4] 밸브스프링 점검 및 측정

(1) 밸브스프링 점검사항

① **자유길이** : 규정 높이의 3% 이상 감소하면 교환한다.

② **직각도** : 자유 길이 100㎜당 3㎜ 이상 기울어진 경우에 교환한다.

③ **장력** : 규정 장력의 15% 이상 감소하면 교환한다.

④ 스프링 시트 부분의 코일은 전 둘레의 2/3 이상 접촉하여야 하며 또한 수평 상태이어야 한다.

(2) 밸브스프링 측정기구

밸브스프링을 측정하고자 할 때에는 버니어캘리퍼스, 밸브스프링 테스터 등을 준비하여야 한다.

1) 밸브스프링 자유길이 측정

① 밸브스프링 테스터를 사용하여 측정할 때에는 측정하기 전에 스프링 테스터 위에 올려놓고 레버를 눌러 스프링을 몇 번 압축시킨 후 측정한다.

② 스프링 테스터 길이 눈금자의 눈금과 0점을 확인한다.

③ 레버를 눌러 스핀들이 스프링에 가볍게 닿도록 하고 자유 길이를 측정한다.

④ 버니어캘리퍼스를 사용할 때에는 그림 215와 같이 측정한다.

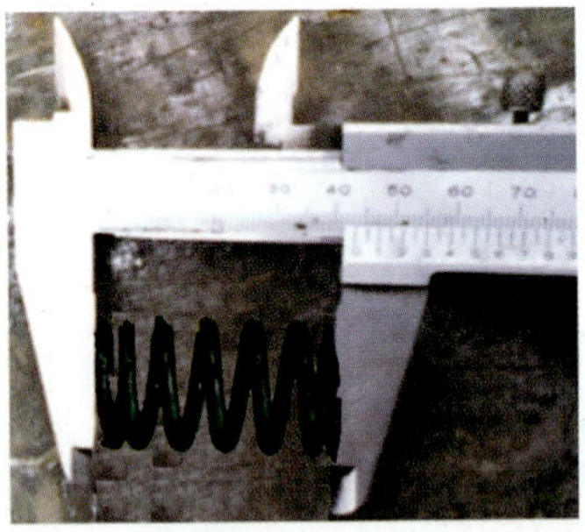

[그림 2-215] **밸브 스프링 자유길이 측정**

2) 밸브스프링 장력 측정

① 스프링 테스터 위에 스프링을 설치한 후 장력계의 눈금의 0점을 맞춘다.

② 레버를 눌러 눈금자를 보면서 규정 값만큼 스프링을 누른다.

③ 장력계의 눈금을 읽는다.

$$\text{장력} = \frac{\text{표준 장력} - \text{측정 장력}}{\text{표준 장력}} \times 100$$

[그림 2-216] **밸브스프링 장력 측정**

3) 밸브스프링 직각도 측정

① 밸브스프링의 직각도를 측정하고자 할 때에는 정반, 직각자, 필러 게이지 등을 준비한다.

② 정반 위에 직각자를 세운다.

③ 스프링을 직각자에 밀착시키고 천천히 1회전시킨다.

④ 위 부분의 틈새가 가장 큰 부분을 필러 게이지로 측정한다.

[그림 2-217] **밸브 스프링 직각도 측정**

[표 2-21] **밸브스프링의 규정값**

적용 차종	자유높이(㎜)	장력(kgf/㎜)	직각도(°)	밸브시트	
				접촉너비(㎜)	시트각(°)
아반떼	44.0	21.6kgf/35mm	1.5° 이하	0.8~1.2(흡) 1.3~1.7(배)	45
EF소나타	45.82	25.3kgf/40mm	1.5° 이하	0.9~1.3	44
그랜저2.4	49.8(48.8)	32.9/40.4 (32.9/41.4)	2° 이하 (4° 이하)		45
레간자 라노스	40.95	27.5/31.5		1.0~1.5(흡) 1.7~2.2(배)	45
SM5	47.53	52.9-58.2에서 27.0 (50.291에서 27.0)	2.1° 이하		45° 15′

3.7.4 HLA(hydraulic lash adjuster)점검

[1] 밸브소음이 발생할 때 소음 제거방법

① 엔진을 난기운전하기 전에 오일 량을 점검한다.

② 엔진을 난기운전 한다.

③ 엔진 난기운전 중에 밸브에서 소음이 발생하면 공기빼기 작업을 한다.

④ 공기빼기작업

㉮ 3,000rpm으로 10분 동안 유지시킨 후 공회전상태로 5분 이상 유지시켜 밸브 소음 발생 유무를 확인한다.

㉯ 위 ㉮를 1회 또는 2회만 실시한다.

⑤ 공기빼기작업 후 계속하여 밸브 소음이 발생할 때에는 소음을 내는 HLA을 찾아 교환한다.

⑥ 단품 교환한 후 밸브 소음이 발생하면 공기빼기작업을 다시 실시한다.

⑦ 공기빼기작업 및 단품 교환 작업 후 밸브 소음이 제거된 상태에서 2~3일 후 재발생하는 경우에는 HLA가 고장일 경우가 있으므로 고장 난 HLA만 찾아서 교환한다.

⑧ HLA가 설치된 차량에서는 초기 시동을 할 때 밸브 소음이 잠시 발생되었다가 없어지는 것은 정상이다.

[2] HLA를 다룰 때 주의사항

① HLA는 정교한 부품이므로 먼지와 같은 이물질이 외부로부터 들어가지 않도록

주의한다.

② HLA를 분해하지 말 것

③ HLA를 세척할 때에는 경유를 사용한다.

④ HLA의 바깥 표면에 흠이나 날카로운 모서리 등이 발생하지 않도록 주의한다.

⑤ HLA의 소음발생 여부는 캠축이 설치된 상태에서 HLA를 눌러 보아 HLA가 눌려지면 이상 소음을 유발시킨 것으로 볼 수 있으므로 교환한다.

⑥ HLA내 고압실에 공기가 유입되어 손으로 누르면 HLA가 눌리는 현상을 스펀지 현상이라 한다.

[3] HLA의 고장진단

<table>
<tr><td>① 엔진을 시동할 때 수 초 동안 소음발생</td><td>정상상태이다</td><td>엔진 정지 상태에서는 오일이 HLA에서 유출된 상태이므로 유압이 정상에 도달하면 소음이 없어진다.</td></tr>
<tr><td>② 48시간 이상 방치 후 엔진을 시동할 때 지속적인 소음발생</td><td>HLA 고압실에 공기 유입</td><td>2000~3000rpm으로 엔진을 운전할 때 소음은 15분 내에 소멸된다.</td></tr>
<tr><td>③ 실린더헤드 분해 조립 직후 엔진을 시동할 때 지속적인 소음발생</td><td>실린더헤드 오일 통로내의 오일 부족</td><td rowspan="2">소멸되지 않으면 7번 항목을 참조한다.
(주의) HLA에 손상을 줄 수 있으므로 3000rpm이상으로는 엔진을 운전하지 말 것</td></tr>
<tr><td>④ 과도한 엔진 크랭킹 후 시동할 때 지속적인 소음발생</td><td>HLA 고압실에 공기가 들어 있거나 HLA에 오일 부족</td></tr>
<tr><td>⑤ HLA교환 후 엔진을 시동할 때 지속적인 소음발생</td><td></td><td></td></tr>
<tr><td rowspan="3">⑥ 고속주행 직후 공전상태에서 지속적인 소음발생</td><td>오일량 부적당</td><td>오일을 보충하거나 뺀다.</td></tr>
<tr><td>오일에 공기과다 유입</td><td>오일 공급계통을 점검한다.</td></tr>
<tr><td>오일의 열화 발생</td><td>오일을 교환한다.</td></tr>
<tr><td rowspan="2">⑦ 5분 이상 지속적으로 소음발생</td><td>유압이 낮다.</td><td>유압 및 엔진 각 부분의 오일 공급계통을 점검한다.</td></tr>
<tr><td>HLA 결함</td><td>실린더헤드 커버를 떼어낸 후 HLA을 점검하여 스펀지현상이 있는 HLA는 교환한다.
(주의) HAL를 점검할 때 뜨거우니 조심한다.</td></tr>
</table>

4. 가솔린기관 측정 · 정비

4.1 가솔린기관의 압축압력 측정

4.1.1 압축압력 시험 준비사항

① 축전지 및 시동장치의 상태를 점검한다.
② 기관을 난기 운전시킨다.
③ 연료공급을 차단한다.
④ 점화회로를 차단한다.
⑤ 점화플러그를 모두 빼낸다. 디젤엔진은 예열플러그 또는 분사노즐을 모두 빼낸다.
⑥ 흡입공기 저항을 제거한다(공기청정기 엘리먼트 제거 및 스로틀밸브를 완전히 연다).

4.1.2 압축압력 측정방법

① 충분히 웜업 후 정지된 기관에서 점화플러그(디젤엔진은 예열플러그 또는 분사노즐), 공기청정기를 탈거한 후 연료호스를 분리한다.
② 점화회로 차단 후 스로틀밸브를 완전히 개방한다.
③ 점화플러그 구멍(디젤엔진은 예열플러그 또는 분사노즐)에 압축압력계를 설치하고, 기관을 크랭킹시켜 4~6회 정도 압축행정이 되게 한 후 압력계에 나타난 값을 기록한다.
④ 각 실린더마다 압축압력시험을 2~3회 실시하여, 규정값의 70% 이하이면 오일러로 기관의 실린더에 오일을 약 10cc 정도 주입하고 1~2분 지난 후 압축압력을 다시 실시한다.

[표 2-22] **압축압력 규정값**

구 분 / 차 종	규정값	정비기준(한계값)	실린더간 압축 압력차
아반떼 XD(1.5D/2.0D)	15.0kgf/㎠	14.0kgf/㎠	1.0kgf/㎠
EF 쏘나타(1.8D/2.0D)	12.5kgf/㎠	11.5kgf/㎠	1.0kgf/㎠
소나타 Ⅱ	12kgf/㎠		
그랜저 XG	12.2kgf/㎠	10.7kgf/㎠	
SM5	12.5kgf/㎠	10.5kgf/㎠	1.0kgf/㎠

[그림 2-218] **압축압력 측정**

4.1.3 압축압력 판정

[1] 양호한 압축압력

규정 압축압력의 ±10%(90~110%) 이내인 경우

[2] 압축압력이 낮거나 높은 경우

(1) 규정 압축압력의 90% 미만

① 피스톤 링 및 실린더 벽의 마멸이 클 경우

② 밸브가 불량할 때

③ 헤드 개스킷에서 누출될 때

(2) 규정 압축압력의 110% 이상

압축압력이 규정 값보다 10% 이상 높은 원인은 연소실에 카본이 축적된 경우이므로 실린더헤드를 분해 후 연소실 내의 카본을 제거하여야 한다.

(3) 실린더를 보링하여야 하는 경우

각 실린더 사이의 압축압력 차이가 10%를 초과하거나 규정 압축압력의 70% 미만일 경우에는 실린더를 보링한다.

4.1.4 압축압력의 진단 결과

[1] 실린더 벽 및 피스톤 링의 마멸이 클 경우

① 첫 압축행정에서 압력이 낮고, 반복되는 압축행정에서 압력이 올라가나 규정 값

에는 이르지 못한다.

② 윤활유를 5cc 정도 실린더에 넣고 약 1분 뒤에 다시 측정하였을 때 압축압력이 뚜렷하게 올라간다.

[2] 밸브가 불량한 경우

① 첫 압축행정에서 압축압력이 낮으며 되풀이되는 압축행정에서도 압축이 현저하게 올라가지 않는다.

② 윤활유를 넣고 앞의 경우와 같이 측정하여도 압축압력은 높아지지 않는다.

[3] 실린더헤드 개스킷의 누설이 있을 경우

서로 인접한 실린더의 압축압력이 거의 비슷하게 낮으며, 윤활유를 넣고 시험하여도 압축압력이 올라가지 않는다.

4.2 흡기관 진공도

4.2.1 측정

① 충분히 워밍업 된 엔진에서 흡기관의 진공측정용 구멍에 진공 게이지를 설치한다.

[그림 2-219] **진공 게이지 설치**

② 정지 상태에서 점화 1차선을 분리하고 기동전동기로 엔진을 크랭킹 시켰을 때, 진공계 지침을 확인하고 지시값을 기록한다. 이때 단위가 틀리지 않도록 주의한다.

③ 점화 1차선을 연결하고 엔진을 시동하여, 공회전속도로 안정된 상태에서 진공계 지침의 상태와 지시값을 기록한다.

④ 엔진 회전 속도가 아이들 상태로부터 2000~3000rpm까지 서서히 높일 때와 급격히 높일 때 진공상태를 기록한다.

⑤ 스로틀밸브의 급 개폐시 진공상태를 기록한다.

⑥ 엔진의 각 상태에서 측정한 진공압력을 비교 분석한다.

4.2.2 흡기관 진공도에 의한 튠업 테스트

[1] 정상일 때

① 공회전시 진공도는 약 45~50cmHg 정도를 나타낸다.

② 스로틀밸브 급 개폐시는 약 5~10cmHg 정도로 저하하였다가 55~60cmHg 정도로 급격히 증가한다.

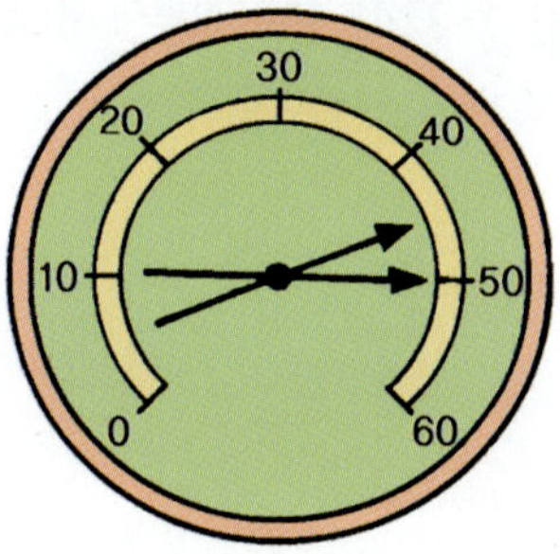

[그림 2-220] **흡기관 진공도(정상일 때)**

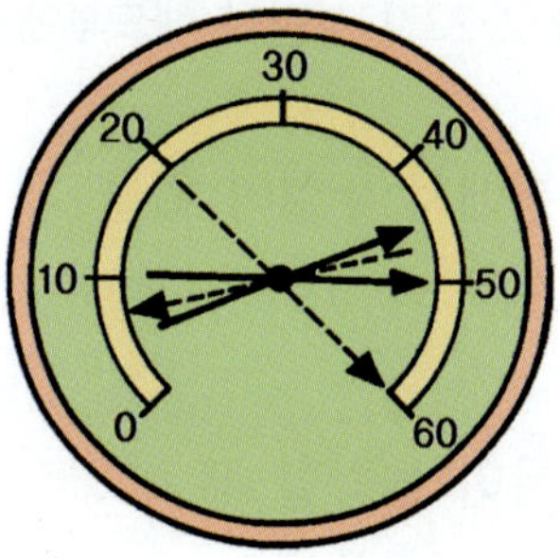

[그림 2-221] **스로틀밸브 급개폐시**

[2] 실린더 벽이나 피스톤링이 마멸되었을 때

① 공회전시 진공도는 저하한다(약 30~40cmHg 정도).

② 스로틀밸브 급개폐시는 약 0~5cmHg 정도로 저하하였다가 30~40cmHg 정도로 증가한다.

(a) 마모시

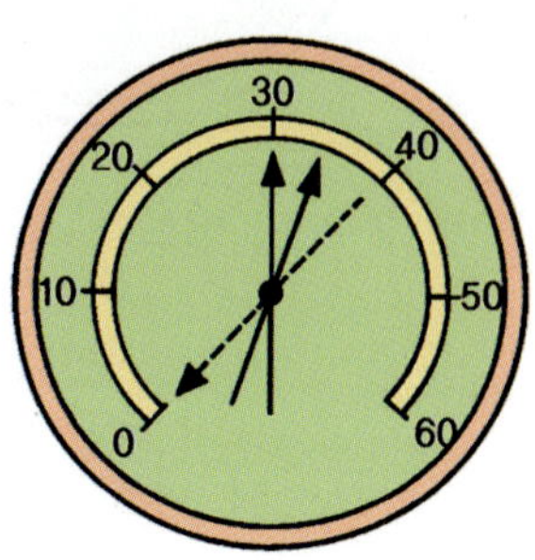

(b) 스로틀밸브 급개폐시

[그림 2-222] **실린더벽 또는 피스톤링**

[3] 실린더 헤드부에서 누출이 있을 때

① 진공도가 계속 변한다.

[그림 2-223] **실린더 헤드부에서 누출시**

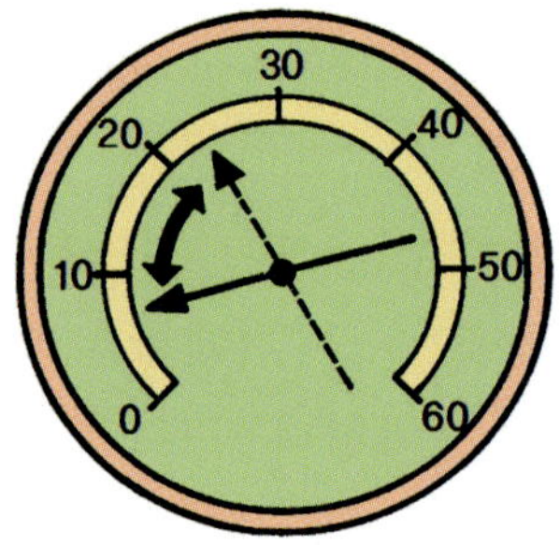

[그림 2-224] **흡기계통에서 누설시**

[4] 흡기계통에서 누설이 있을 때

① 공회전시 약 5~25cmHg 정도로 낮은 값을 나타낸다.

[5] 밸브계통이 불량할 때

① 밸브가 소손되었을 때

② 밸브면과 시트와의 밀착이 불량할 때

[그림 2-225] **밸브가 소손되었을 때**

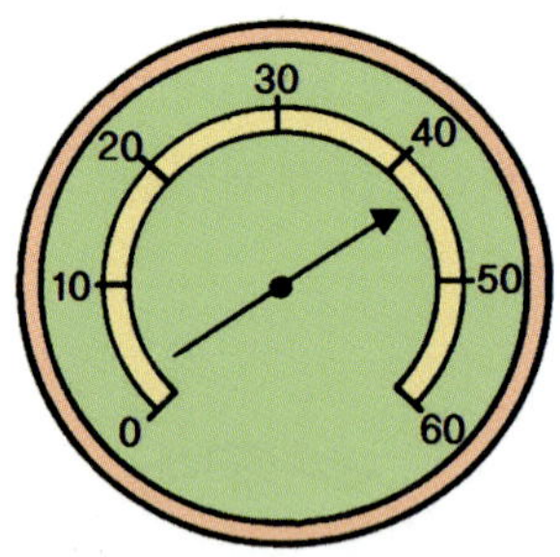

[그림 2-226] **밸브면과 시트의 밀착 불량시**

③ 밸브가이드가 마멸되었을 때

④ 밸브가 완전히 닫히지 않을 때

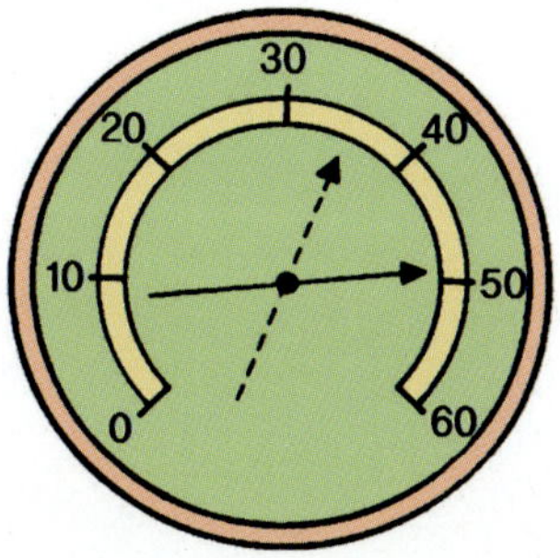

[그림 2-227] **밸브가이드가 마멸되었을 때**

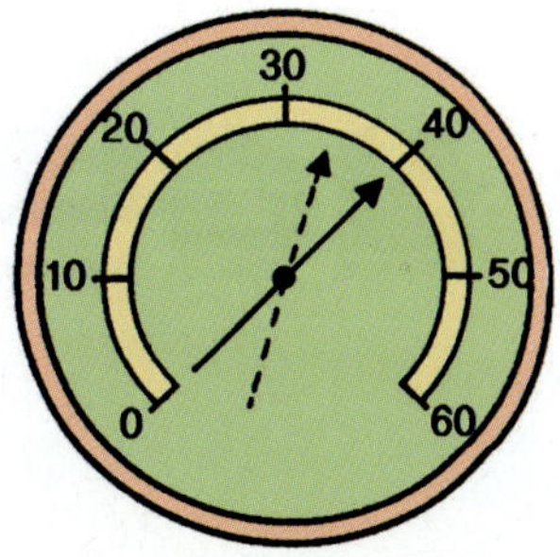

[그림 2-228] **밸브가 완전히 닫히지 않을 때**

⑤ 밸브 스프링이 약할 때

⑥ 밸브 개폐시기가 맞지 않을 때

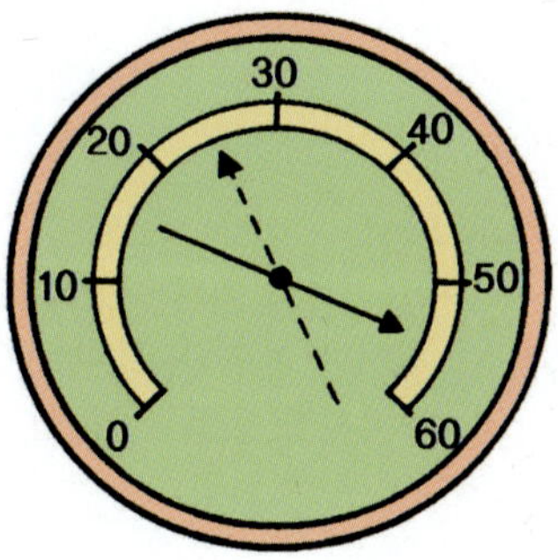

[그림 2-229] **밸브스프링이 약할 때**

[그림 2-230] **밸브개폐시기가 맞지 않을 때**

CHAPTER 02 실습보고서

01 **주어진 기관을 기록표 작성할 수 있는 부분까지 분해하여 기록표의 요구사항[실린더헤드 변형도]를 측정 또는 점검하고 본래 상태로 조립하시오.**

측정항목	① 점검(또는 측정)		② 판정 및 정비(또는 조치)사항		득점
	측정값	규정(정비한계)값	판정(□에 "✔" 표)	정비 및 조치할 사항	
헤드 변형도			□ 양호 □ 불량		

◘ 기록표 작성방법

① 측정값 : 측정한 값을 단위와 함께 기록한다(예 : 0.15㎜).
② 규정(정비한계)값 : 측정용 기관의 제원에 맞는 규정 값을 단위와 함께 기록한다(예 : 0.05㎜ 이하).
③ 판정 : 측정한 값이 정비 한계 값 이내인 경우에는 "양호", 벗어난 경우에는 "불량"으로 기록한다.
④ 정비 및 조치할 사항 : 양호로 판정한 경우에는 "정비 및 조치사항 없음", 불량으로 판정한 경우에는 정비 및 조치할 사항을 기록한다(예 : 실린더헤드 교환 후 재점검).

02 **주어진 기관을 기록표 작성할 수 있는 부분까지 분해하여 기록표의 요구사항[실린더 마모량]을 측정 및 점검하고 본래 상태로 조립하시오.**

측정항목	① 점검(또는 측정)		② 판정 및 정비(또는 조치)사항		득점
	측정값	규정(정비한계)값	판정(□에 "✔" 표)	정비 및 조치할 사항	
실린더 마모량			□ 양호 □ 불량		

◘ 기록표 작성방법

① 측정값 : 측정한 값을 단위와 함께 기록한다(예 : 75.32㎜).
② 규정(정비한계)값 : 측정용 기관의 제원에 맞는 규정 값을 단위와 함께 기록한다(예 : 75.00~75.20㎜).
③ 판정 : 측정한 값이 정비 한계 값 이내인 경우에는 "양호", 벗어난 경우에는 "불량"으로 기록한다.
④ 정비 및 조치할 사항 : 양호로 판정한 경우에는 "정비 및 조치사항 없음", 불량으로 판정한 경우에는 정비 및 조치할 사항을 기록한다(예 : 실린더블록 교환 후 재점검).

03 주어진 기관을 기록표 작성할 수 있는 부분까지 분해하여 기록표의 요구사항[실린더 간극]을 측정 및 점검하고 본래 상태로 조립하시오.

측정항목	① 점검(또는 측정)		② 판정 및 정비(또는 조치)사항		득점
	측 정 값	규정(정비한계)값	판정(□에 "✔" 표)	정비 및 조치할 사항	
실린더 간극			□ 양호 □ 불량		

✪ 기록표 작성방법

① 측정값 : 측정한 값을 단위와 함께 기록한다(예 : 0.18mm).
② 규정(정비한계)값 : 측정용 기관의 제원에 맞는 규정 값을 단위와 함께 기록한다(예 : 0.03~0.08mm).
③ 판정 : 측정한 값이 정비 한계 값 이내인 경우에는 "양호", 벗어난 경우에는 "불량"으로 기록한다.
④ 정비 및 조치할 사항 : 양호로 판정한 경우에는 "정비 및 조치사항 없음", 불량으로 판정한 경우에는 정비 및 조치할 사항을 기록한다(예 : 피스톤 교환 후 재점검).

04 실린더블록 평면도를 측정 및 점검하시오.

측정항목	① 측정(또는 점검)		② 판정 및 정비(또는 조치)사항		득 점
	측정값	규정(정비한계)값	판정(□에 "✔" 표)	정비 및 조치 사항	
실린더블록 평면도			□ 양호 □ 불량		

✪ 기록표 작성방법

① 측정값 : 측정한 값을 단위와 함께 기록한다(예 : 0.15mm).
② 규정(정비한계)값 : 측정용 기관의 제원에 맞는 규정 값을 단위와 함께 기록한다(예 : 0.05mm 이하).
③ 판정 : 측정한 값이 정비 한계 값 이내인 경우에는 "양호", 벗어난 경우에는 "불량"으로 기록한다.
④ 정비 및 조치할 사항 : 양호로 판정한 경우에는 "정비 및 조치사항 없음", 불량으로 판정한 경우에는 정비 및 조치할 사항을 기록한다(예 : 실린더블록 교환 후 재점검).

05 **주어진 기관을 기록표 작성할 수 있는 부분까지 분해하여 기록표의 요구 사항[피스톤 링 엔드 갭(이음 간극)]을 측정 및 점검하고 본래 상태로 조립하시오.**

측정항목	① 점검(또는 측정)		② 판정 및 정비(또는 조치)사항		득점
	측 정 값	규정(정비한계)값	판정(□에 "✔" 표)	정비 및 조치할 사항	
피스톤 링 (이음간극)			□ 양호 □ 불량		

◘ 기록표 작성방법

① 측정값 : 측정한 값을 단위와 함께 기록한다(예 : 0.35㎜).
② 규정(정비한계)값 : 측정용 기관의 제원에 맞는 규정 값을 단위와 함께 기록한다(예 : 제1번 링 0.15~0.3㎜).
③ 판정 : 측정한 값이 정비 한계 값 이내인 경우에는 "양호", 벗어난 경우에는 "불량" 으로 기록한다.
④ 정비 및 조치할 사항 : 양호로 판정한 경우에는 "정비 및 조치사항 없음", 불량으로 판정한 경우에는 정비 및 조치할 사항을 기록한다(예 : 피스톤링 교환 후 재점검).

06 **주어진 기관을 기록표 작성할 수 있는 부분까지 분해하여 기록표의 요구 사항[크랭크축 축방향 유격]을 측정 및 점검하고 본래 상태로 조립하시오.**

측정항목	① 점검(또는 측정)		② 판정 및 정비(또는 조치)사항		득점
	측 정 값	규정(정비한계)값	판정(□에 "✔" 표)	정비 및 조치할 사항	
축방향 유격			□ 양호 □ 불량		

◘ 기록표 작성방법

① 측정값 : 측정한 값을 단위와 함께 기록한다(예 : 0.28㎜을 단위와 함께 기록한다.
② 규정(정비한계)값 : 측정용 기관의 제원에 맞는 규정 값을 단위와 함께 기록한다.
(예 : 0.05~0.18㎜)
③ 판정 : 측정한 값이 정비 한계 값 이내인 경우에는 "양호", 벗어난 경우에는 "불량" 으로 기록한다.
④ 정비 및 조치할 사항 : 양호로 판정한 경우에는 "정비 및 조치사항 없음", 불량으로 판정한 경우에는 정비 및 조치할 사항을 기록한다(예 : 스러스트 베어링 교환 후 재점검).

07 주어진 기관을 기록표 작성할 수 있는 부분까지 분해하여 기록표의 요구 사항[크랭크축 메인 저널 마모량]을 측정 및 점검하고 본래 상태로 조립하시오.

측정항목	① 점검(또는 측정)		② 판정 및 정비(또는 조치)사항		득점
	측 정 값	규정(정비한계)값	판정(□에 "✔" 표)	정비 및 조치할 사항	
메인저널 마모량			□ 양호 □ 불량		

◘ 기록표 작성방법

① 측정값 : 측정한 값을 단위와 함께 기록한다(예 : 55.90㎜).
② 규정(정비한계)값 : 측정용 기관의 제원에 맞는 규정 값을 단위와 함께 기록한다(예 : 56.982~57.00㎜).
③ 판정 : 측정한 값이 정비 한계 값 이내인 경우에는 "양호", 벗어난 경우에는 "불량"으로 기록한다.
④ 정비 및 조치할 사항 : 양호로 판정한 경우에는 "정비 및 조치사항 없음", 불량으로 판정한 경우에는 정비 및 조치할 사항을 기록한다(예 : 크랭크축 교환 후 재점검).

08 주어진 기관을 기록표 작성할 수 있는 부분까지 분해하여 기록표의 요구 사항[크랭크축 메인 저널 오일간극]을 측정 및 점검하고 본래 상태로 조립하시오.

측정항목	① 점검(또는 측정)		② 판정 및 정비(또는 조치)사항		득점
	측 정 값	규정(정비한계)값	판정(□에 "✔" 표)	정비 및 조치할 사항	
메인저널 오일간극			□ 양호 □ 불량		

◘ 기록표 작성방법

① 측정값 : 측정한 값을 단위와 함께 기록한다(예 : 0.03㎜).
② 규정(정비한계)값 : 측정용 기관의 제원에 맞는 규정 값을 단위와 함께 기록한다(예 : 0.02~0.04㎜).
③ 판정 : 측정한 값이 정비 한계 값 이내인 경우에는 "양호", 벗어난 경우에는 "불량"으로 기록한다.
④ 정비 및 조치할 사항 : 양호로 판정한 경우에는 "정비 및 조치사항 없음", 불량으로 판정한 경우에는 정비 및 조치할 사항을 기록한다(예 : 메인저널 베어링 교환 후 재점검).

09 주어진 기관을 기록표 작성할 수 있는 부분까지 분해하여 기록표의 요구 사항크랭크축 휨을 측정 및 점검하고 본래 상태로 조립하시오.

측정항목	① 점검(또는 측정)		② 판정 및 정비(또는 조치)사항		득점
	측 정 값	규정(정비한계)값	판정(□에 "✔" 표)	정비 및 조치할 사항	
크랭크축 휨			□ 양호 □ 불량		

◘ 기록표 작성방법

① 측정값 : 측정한 값을 단위와 함께 기록한다(예 : 0.06㎜).
② 규정(정비한계)값 : 측정용 기관의 제원에 맞는 규정 값을 단위와 함께 기록한다(예 : 0.04㎜ 이하).
③ 판정 : 측정한 값이 정비 한계 값 이내인 경우에는 "양호", 벗어난 경우에는 "불량"으로 기록한다.
④ 정비 및 조치할 사항 : 양호로 판정한 경우에는 "정비 및 조치사항 없음", 불량으로 판정한 경우에는 정비 및 조치할 사항을 기록한다(예 : 크랭크축 교환 후 재점검).

10 주어진 기관을 기록표 작성할 수 있는 부분까지 분해하여 기록표의 요구 사항[캠 축 양정]을 측정 및 점검하고 본래 상태로 조립하시오

측정항목	① 점검(또는 측정)		② 판정 및 정비(또는 조치)사항		득점
	측 정 값	규정(정비한계)값	판정(□에 "✔" 표)	정비 및 조치할 사항	
캠 양정			□ 양호 □ 불량		

◘ 기록표 작성방법

① 측정값 : 측정한 값을 단위와 함께 기록한다(예 : 7.4㎜).
② 규정(정비한계)값 : 측정용 기관의 제원에 맞는 규정 값을 단위와 함께 기록한다(예 : 7.5~7.8㎜ 이하).
③ 판정 : 측정한 값이 정비 한계 값 이내인 경우에는 "양호", 벗어난 경우에는 "불량"으로 기록한다.
④ 정비 및 조치할 사항 : 양호로 판정한 경우에는 "정비 및 조치사항 없음", 불량으로 판정한 경우에는 정비 및 조치할 사항을 기록한다(예 : 캠축 교환 후 재점검).

11 **주어진 기관을 기록표 작성할 수 있는 부분까지 분해하여 기록표의 요구 사항[밸브스프링 장력]을 측정 및 점검하고 본래 상태로 조립하시오.**

측정항목	① 점검(또는 측정)		② 판정 및 정비(또는 조치)사항		득점
	측 정 값	규정(정비한계)값	판정(□에 "✔" 표)	정비 및 조치할 사항	
밸브장력			□ 양호 □ 불량		

◘ 기록표 작성방법

① 측정값 : 측정한 값을 단위와 함께 기록한다(예 : 35kg/35㎜).
② 규정(정비한계)값 : 측정용 기관의 제원에 맞는 규정 값을 단위와 함께 기록한다(예 : 40~45kg/35㎜).
③ 판정 : 측정한 값이 정비 한계 값 이내인 경우에는 "양호", 벗어난 경우에는 "불량"으로 기록한다.
④ 정비 및 조치할 사항 : 양호로 판정한 경우에는 "정비 및 조치사항 없음", 불량으로 판정한 경우에는 정비 및 조치할 사항을 기록한다(예 : 밸브스프링 교환 후 재점검).

12 **주어진 기관을 기록표 작성할 수 있는 부분까지 분해하여 기록표의 요구 사항[압축압력]을 측정 및 점검하고 본래 상태로 조립하시오.**

측정항목	① 점검(또는 측정)		② 판정 및 정비(또는 조치)사항		득점
	측 정 값	규정(정비한계)값	판정(□에 "✔" 표)	정비 및 조치할 사항	
실린더 압축압력			□ 양호 □ 불량		

◘ 기록표 작성방법

① 측정값 : 측정한 값을 단위와 함께 기록한다(예 : 13.2kgf/㎠).
② 규정(정비한계)값 : 측정용 기관의 제원에 맞는 규정 값을 단위와 함께 기록한다(예 : 14.2~16kgf/㎠).
③ 판정 : 측정한 값이 정비 한계 값 이내인 경우에는 "양호", 벗어난 경우에는 "불량"으로 기록한다.
④ 정비 및 조치할 사항 : 양호로 판정한 경우에는 "정비 및 조치사항 없음", 불량으로 판정한 경우에는 정비 및 조치할 사항을 기록한다(예 : 피스톤링 교환 후 재점검).

13 주어진 자동차에서 주어진 기관을 기록표 작성할 수 있는 부분까지 분해하여 압축압력을 측정 및 점검하고 본래 상태로 조립하시오.

측정항목	① 측정(또는 점검)		② 판정 및 정비(또는 조치)사항		득 점
	측정값	규정(정비한계)값	판정(□에 "✔" 표)	정비 및 조치할 사항	
( ) 기통압력			□ 양호 □ 불량		
( ) 기통압력					

◘ 기록표 작성방법

① 측정값 : 측정한 값을 단위와 함께 기록한다(예 : 30~40cmHg).
② 규정(정비한계)값 : 측정용 기관의 제원에 맞는 규정 값을 단위와 함께 기록한다(예 : 45~50cmHg).
③ 판정 : 측정한 값이 정비 한계 값 이내인 경우에는 "양호", 벗어난 경우에는 "불량"으로 기록한다.
④ 정비 및 조치할 사항 : 양호로 판정한 경우에는 "정비 및 조치사항 없음", 불량으로 판정한 경우에는 정비 및 조치할 사항을 기록한다(예 : 피스톤 또는 피스톤링 교환 후 재점검).

Chapter

03

윤활장치

1. 윤활장치의 개요
2. 윤활유의 공급방법 및 장치
3. 엔진 윤활장치 점검 및 측정

03 윤활장치

1. 윤활장치의 개요

윤활장치는 기관 내부의 각 미끄럼 운동부분에 윤활유를 공급하여 마찰열로 인한 베어링의 고착을 방지하기 위해 미끄럼운동 면 사이에 오일 막(oil film)을 형성하여, 마찰력이 매우 큰 고체마찰을 마찰력이 작은 액체마찰로 바꾸어 주는 작용을 말한다. 여기에서 사용되는 오일을 윤활유라 부르며, 오일 막을 유지하기 위해 지속적으로 윤활유를 공급해주는 장치를 윤활장치(lubrication system)라 한다.

1.1 윤활유의 작용과 구비조건

1.1.1 윤활유의 작용

① 마찰감소 및 마멸방지 작용
② 실린더 내의 가스누출 방지(밀봉, 기밀유지)작용
③ 열전도(냉각)작용
④ 세척(청정)작용
⑤ 응력분산(충격완화)작용
⑥ 부식방지(방청)작용

1.1.2 윤활유의 구비조건

① 점도지수가 커 온도와 점도와의 관계가 적당할 것
② 인화점 및 자연발화점이 높을 것
③ 강인한 오일 막을 형성할 것
④ 응고점이 낮을 것
⑤ 비중과 점도가 적당할 것
⑥ 기포발생 및 카본생성에 대한 저항력이 클 것

참고 점도 및 점도지수

① 점도(viscosity) : 윤활유를 유동시킬 때 발생하는 내부저항 또는 마찰을 말하며, 윤활유의 가장 중요한 성질이다.

② 점도지수 : 윤활유의 점도는 온도가 상승하면 점도가 낮아지고, 온도가 낮아지면 점도가 높아지는 성질이 있는데 이 변화정도를 표시하는 것이며, 점도지수가 높은 윤활유일수록 점도 변화가 적다. 윤활유는 점도지수가 120~140 정도이다.

1.2 윤활유의 분류

윤활유의 분류에는 점도에 따른 분류인 SAE(society of automotive engineers, 미국 자동차 기술협회)분류, 기관의 사용조건 및 온도에 따른 분류인 API(america petroleum lnstitute, 미국 석유협회)분류와 SAE 신분류가 있다.

1.2.1 SAE분류

SAE분류는 SAE번호로 그 점도를 표시하며, 번호가 클수록 점도가 높은 윤활유이다. SAE분류는 다음과 같다.

[1] 겨울철용 윤활유

겨울에는 기온이 낮아서 윤활유의 유동성이 떨어지기 때문에 낮은 점도의 것이 필요하다. 만약, 윤활유의 점도를 기준보다 높은 것을 사용하면 윤활유 공급이 원활하지 못하게 되며, 또 기관을 시동할 때 필요 이상의 동력이 소모된다. 겨울철에는 SAE #10W, 20W, 10, 20을 사용한다.

[2] 봄·가을철용 윤활유

봄·가을철용은 겨울철용보다는 점도가 높고, 여름철용보다는 점도가 낮은 윤활유이며, SAE #30을 주로 사용한다.

[3] 여름철용 윤활유

여름철용은 기온이 높기 때문에 윤활유의 점도가 높아야 하며, SAE #40, 50을 주로 사용한다.

[4] 범용 윤활유

범용 윤활유는 낮은 온도에서 기관이 시동될 수 있도록 점도가 낮고, 높은 온도에서도 윤활유의 기능을 발휘할 수 있는 것이다. 전계절용 또는 다급 윤활유라고도 부르며, SAE 5W-20, 10W-30, 20W-40 등이 있다.

1.2.2 API분류

API(미국 석유협회)에서 제정한 윤활유이며, 가솔린기관용(ML, MM, MS)과 디젤기관용(DG, DM, DS)으로 구분되어 있다.

[1] 가솔린기관용 윤활유

① ML(motor light) : 가장 좋은 조건(경부하용)에서 사용하는 윤활유이다.

② MM(motor moderate) : ML과 MS사이에 해당하는 중부하용 윤활유이다.

③ MS(motor severe) : 높은 온도・높은 부하로 인하여 윤활유의 온도가 높고, 산화가 격렬하게 일어나는 가혹한 조건에서 가솔린에 의해 희석이 많은 기관에서 사용한다.

[2] 디젤기관용 윤활유

① DG(diesel general) : 황(S)분이 적은 경유를 사용하고, 알맞은 온도와 부하에서 사용되며, 마멸이나 침전물에 문제가 없는 디젤기관에서 사용한다.

② DM(diesel moderate) : 침전물이나 마멸이 발생할 경향이 비교적 크며, 중부하 운전조건에서 사용된다.

③ DS(diesel severe) : 높은 온도・높은 부하 및 출발, 정지, 장시간 연속운전 등의 가혹한 조건용이며, 황(S)분이 많은 저질 경유를 사용하거나 과급기가 부착된 디젤기관에서 사용한다.

1.2.3 SAE 신분류

SAE 신분류는 SAE가 ASTM(미국 재료시험협회), API 등과 협력하여 새로 제정한 윤활유이며, 가솔린기관용은 S(service), 디젤기관용은 C(commercial)로 하여 다시 A, B, C, D …… 알파벳 순서로 그 등급을 정하고 있다.

2. 윤활유의 공급방법 및 장치

2.1 윤활유 공급방법

[1] 비산(뿌림)방식

이 방식은 오일펌프가 없으며, 커넥팅로드 대단부에 부착한 주걱(oil dipper)으로 오일 팬 내의 오일을 크랭크축이 회전할 때의 원심력으로 퍼 올려 뿌려준다. 구조는 간단하나 오일공급이 고르지 못하여 실린더 수가 많은 기관에서는 부적합하다.

[2] 압송방식

이 방식은 크랭크축으로 구동되는 오일펌프로 윤활유를 흡입·가압하여 각 윤활부분으로 보낸다. 윤활유 공급은 오일펌프에 의해 흡입된 윤활유가 실린더블록에 마련된 주 오일통로(main oil gallery)로 들어가 크랭크축, 캠축 베어링 및 밸브개폐 기구에 공급되고, 크랭크축에는 메인저널과 크랭크 핀의 오일구멍을 통하여 공급된다.

[3] 비산 압송방식

이 방식은 비산방식과 압송방식을 조합한 것이며, 크랭크축과 캠축 베어링, 밸브 개폐기구 등에는 압송방식으로 공급하고, 실린더 벽, 피스톤 링과 핀 등에는 커넥팅로드 대단부에서 뿌려지는 오일로 윤활하는 방식이다. 현재 가장 많이 사용되고 있다.

2.2 윤활유 공급장치

2.2.1 윤활유 공급장치의 구성요소

윤활유 공급장치에는 윤활유를 담아두는 오일 팬, 윤활유 속에 포함된 굵은 불순물을 제거하여 오일펌프로 유도하는 펌프 스트레이너, 오일 팬에 저장된 윤활유를 흡입한 후 압력을 가하여 각 윤활부분으로 공급하는 오일펌프, 윤활유 속에 포함된 미세한 불순물을 여과하는 오일여과기, 항상 일정한 유압이 유지되도록 하는 유압 조절밸브, 오일 팬 내의 윤활유 양을 점검하기 위한 유면표시기, 윤활부분에 이상이 있을 때 이를 운전자에게 알려주는 유압계 또는 유압 경고등, 윤활유의 온도를 일정하게 유지시키는 오일냉각기 등으로 구성되어 있다.

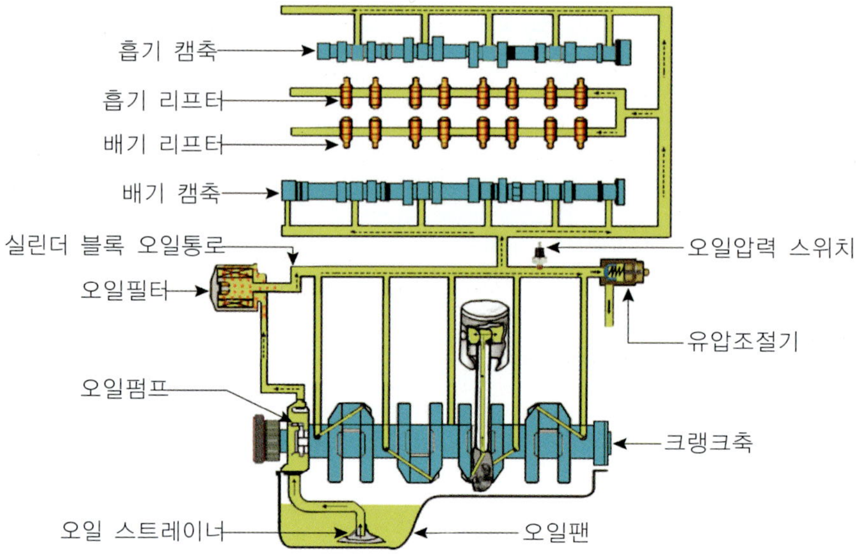

[그림 3-1] **윤활경로**

2.2.2 윤활유 공급장치의 구조와 기능

[1] 오일 팬(oil pan)

오일 팬은 실린더블록에 개스킷(실러)을 사이에 두고 볼트로 결합되어, 오일을 저장하는 역할을 하는 동시에 외부에 있는 공기와의 접촉을 통하여 어느 정도 냉각작용을 하고 있다.

구성은 본체, 엔진이 기울어졌을 때에도 오일이 충분히 고여 있도록 하는 섬프(sump), 급제동 또는 급선회시 언덕을 주행할 때 오일 유동으로 인해 오일이 비는 것을 방지 하여 밑바닥에 오일이 고여 있도록 해 오일 스트레이너가 공기 중에 노출되어 윤활작용이 불량해지는 것을 방지하는 배플(baffle plate, 칸막이), 오일을 교환할 때 배출시키는 드레인 플러그(drain plug)의 등으로 되어 있다. 재질은 주로 강철판을 프레스 가공하여 사용하고 있으나 최근에는 알루미늄합금의 오일 팬도 증가하고 있다.

[그림 3-2] 오일팬의 구조

[2] 오일펌프(oil pump)

오일펌프는 윤활장치의 심장부에 해당한다. 펌프속도가 증가하면 증가할수록 유량과 유압이 상승하며, 유압이 너무 낮아도 미끄럼운동 부위까지 오일공급이 안 되며, 반대로 유압이 너무 높으면 형성되어 있는 윤활막이 파괴된다. 따라서 적정한 유압은 가솔린엔진은 2~3kgf/㎠ 정도이고 디젤엔진은 3~4kgf/㎠이다. 사용되는 오일펌프에는 로터리 펌프, 내접기어 펌프, 외접기어 펌프, 베인펌프, 플런저펌프 등이 있다.

(1) 로터리펌프(rotary pump)

펌프 케이스 내에 있는 이너 로터(inner rotor)와 아우터 로터(outer rotor)가 있으며 2개의 로터는 편심되어 있다. 펌프의 작동은 이너 로터와 아우터 로터사이에 용적변화로 오일을 흡입하여 압송한다. 로터리펌프는 안쪽 로터의 이수가 바깥쪽 로터의 이수보다 1개가 적으며 소형이지만 내부 로터와 외부 로터사이의 용적변화가 크기 때문에 고속회전에서 다소 효율이 떨어지는 단점이 있다.

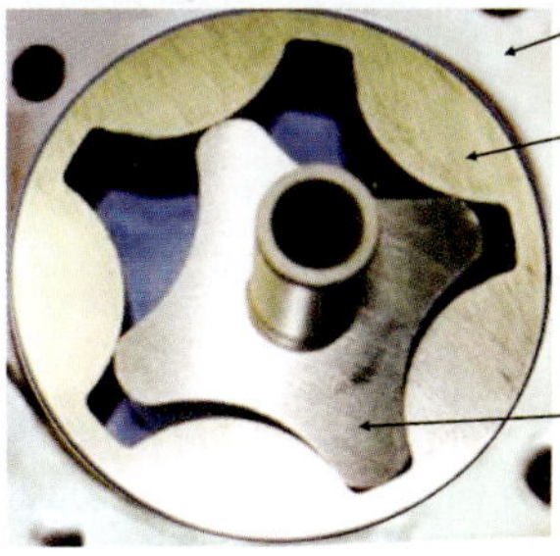

[그림 3-3] 로터리 펌프

(2) 내접 기어펌프

내접 기어펌프는 크랭크축이 직접 구동하기 때문에 구동장치가 필요 없으며 제작비가 싸고 콤팩트하여 좁은 공간에 설치가 가능하므로 현재 거의 모든 엔진이 이 형식을 사용하고 있다. 그러나 구동기어와 피동기어의 바깥지름이 커서 크랭크축 선단에 설치되며 특히 고속회전에서 기어와 오일펌프 케이스의 미끄럼마찰에 의한 마찰손실이 큰 결점이 있다.

(3) 외접 기어펌프

외접 기어펌프는 2개의 기어를 사용하여 기어의 회전에 따라 오일을 압송하며 작동이 확실하여 널리 사용되고 있다. 또한 이 기어의 용적효율은 기어틈새, 배출압력 오일의 점도에 따라 달라지며 일반적으로 60~90% 정도이고, 윤활용 오일펌프는 캐비테이션(cavitation, 공동현상)에 대하여 고려해야 한다.

[그림 3-4] 내접 기어 펌프

[그림 3-5] 외접 기어펌프

[3] 베인펌프(vane pump)

베인펌프는 편심된 로터가 설치되어 있고 로터에는 2개 이상의 날개(vane)가 로터 홈에 설치되어 로터가 회전하면 베인이 펌프실 벽과 밀착하며 회전하여 윤활유를 흡입하여 배출구 쪽으로 가압하며 배출한다.

[4] 플런저펌프(plunger pump)

플런저펌프는 플런저밸브, 플런저 스프링 등으로 구성되며 플런저는 캠축과 스프링에 의하여 왕복 운동한다. 플런저펌프의 작동은 캠의 회전이 플런저를 밀면 실린더 안에 흡입된 오일을 가압하면 출구밸브가 열려 오일을 배출하고 캠의 기초원 쪽으로 회전하면 스프링이 플런저를 밀어 내려 실린더 안이 진공상태가 되어 흡입쪽 흡입밸브가 열리므로 오일을 흡입한다.

[그림 3-6] 베인펌프의 구조

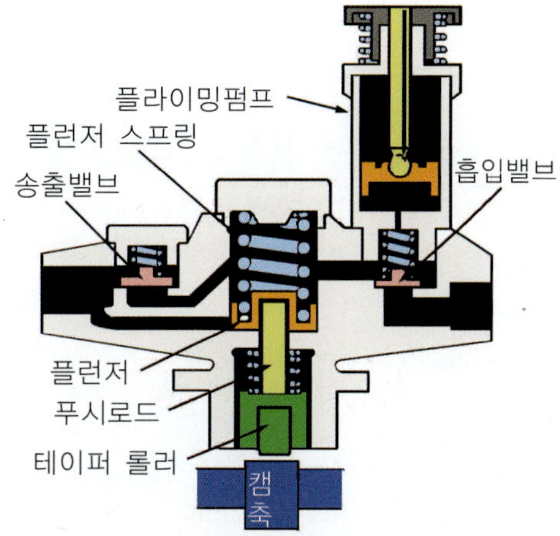

[그림 3-7] 플런저펌프의 구조

[5] 오일필터(oil filter)와 여과방식

오일필터는 엔진 각부의 마찰부분에서 발생한 금속분말이나 또는 연소에 의해 발생된 카본 및 기타 이물질을 여과하여 엔진에 공급되는 오일을 항상 깨끗하게 유지하는 장치이다.

(1) 구조에 따른 분류

오일여과기는 케이스와 여과 엘리먼트로 되어 있으며 구조에 따라 엘리먼트만 교환하는 엘리먼트 교환식과 엘리먼트와 케이스가 일체로 되어있는 카트리지 식이 있다.

[그림 3-8] 오일여과기의 구조

1) 엘리먼트(element) 교환식

엘리먼트 교환식은 케이스 하우징 안에 엘리먼트만 교환할 수 있도록 설계되어 있으며 오일은 오일입구에서 엘리먼트를 거쳐 여과되어 엘리먼트 중심부로 들어와 중심 파이프에서 배출된다.

[그림 3-9] **엘리먼트 교환식 오일여과기**

2) 카트리지(cartridge)식

카트리지식은 엘리먼트와 케이스가 일체인 상태로 조립되어 분해할 수 없으며 여과기 교환시 카트리지 전체를 교환한다. 이 형식은 최근 대부분의 자동차에 널리 사용되며 필터의 교환이 간편하다.

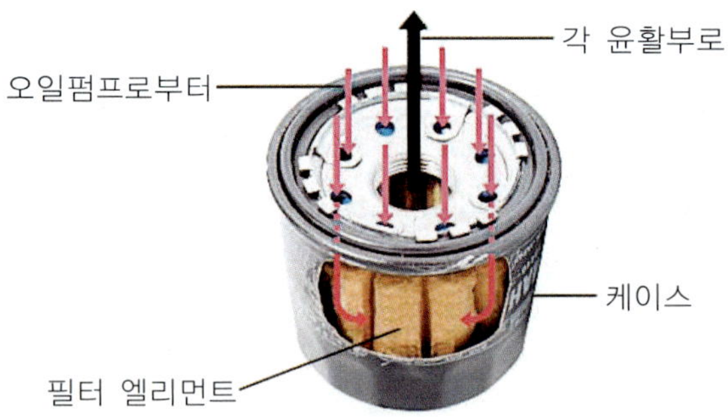

[그림 3-10] **카트리지식 오일여과기**

(2) 오일필터(oil filter)

오일필터에서 가압된 엔진오일은 오일필터에서 미세한 오일 속에 들어 있는 불순물을 여과하는 작용을 한다. 일반적으로 승용차에는 일체형 오일필터를 많이 사용한다. 필터가 정상적으로 작동할 때는 바이패스 밸브가 닫힌 상태에서 오일이 필터 외부에서 내부로 흘러 들어가면서 불순물을 여과한다. 한편, 필터가 막혔을 때 바이패스 밸브를 통하여 바이패싱 된다.

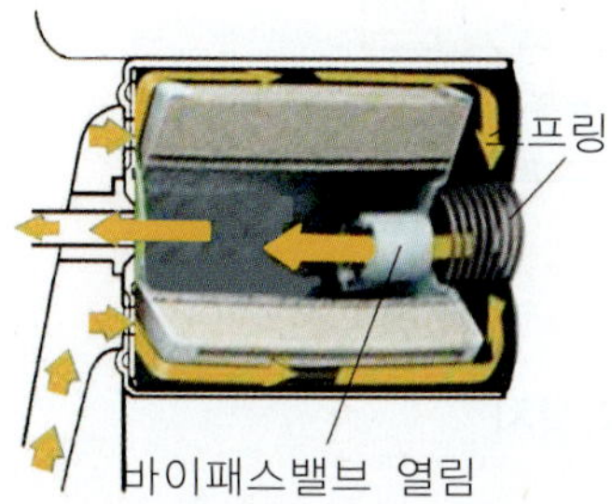

(a) 필터가 막혔을 때 바이패스

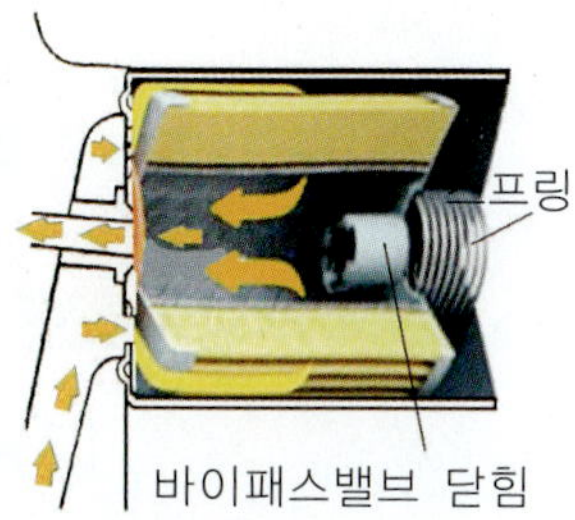

(b) 정상적으로 여과

[그림 3-11] 오일필터를 통한 오일의 흐름

(3) 여과방식

1) **전류식**(full flow filtering)

전류식은 미끄럼운동 부위로 공급되는 윤활유를 모두 필터로 여과하여 공급하는 방식으로 미끄럼운동 부위에 공급되는 엔진오일에 불순물이 유입될 염려는 적지만 필터가 막혔을 때 미끄럼운동 부위의 급유부족과 손상을 방지하기 위해 반드시 바이패스 밸브가 설치되어 있다.

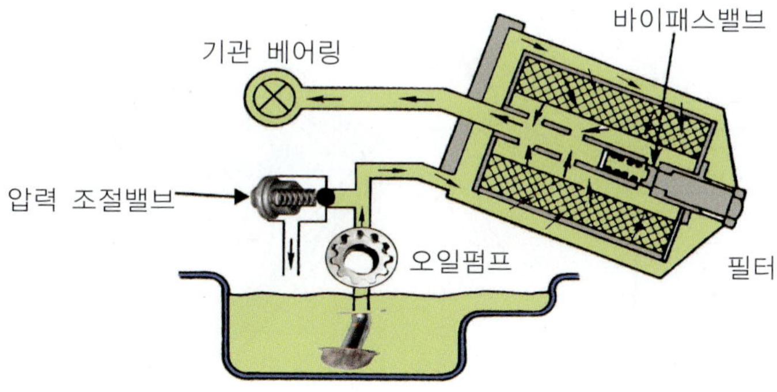

[그림 3-12] 전류식 여과장치

2) **분류식**(by-pass filtering)

분류식은 오일펌프에서 가압된 오일을 미끄럼운동 부위로 바로 공급하고, 필터를 통과하는 오일을 오일 팬으로 보내는 방식이다.

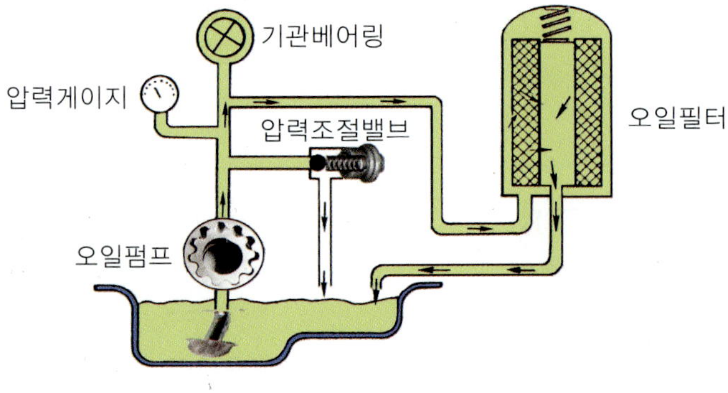

[그림 3-13] 분류식 여과장치

3) 샨트식

샨트식은 전류식과 분류식을 결합한 형태로서 미끄럼운동 부위에 공급되는 윤활유의 일부는 필터를 통과하고 나머지는 필터를 바이패스하여 공급된다. 그림 15는 커넥팅로드 대단부에 오일 분출구멍이 있어 여기에서 분출되는 오일에 의해 피스톤 보스 부위, 피스톤, 실린더벽의 윤활을 보조하고 냉각작용을 하고 있다.

한편, 오일펌프를 사용하여 윤활유를 강제로 미끄럼운동 부위로 공급하는 방식을 압력식이라 하며, 크랭크축에 주걱을 설치하여 크랭크축의 회전에 의해 오일팬 내의 윤활유를 실린더 벽에 뿌리는 비산식이 있다. 자동차 엔진은 고속·저부하상태에서 운전되기 때문에 비산식과 압력식을 조합한 비산압력식을 사용한다.

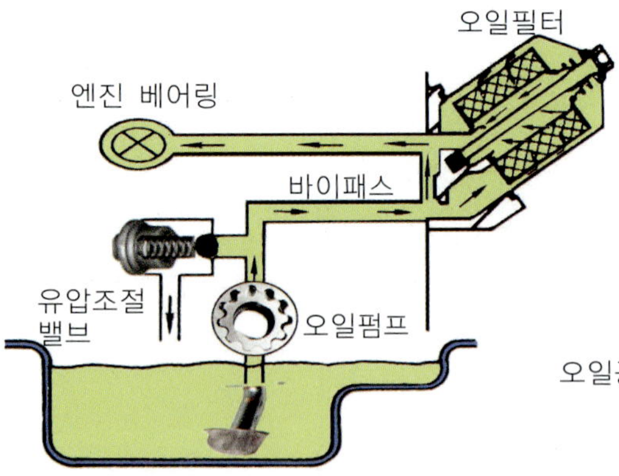

[그림 3-14] 샨트식 윤활장치

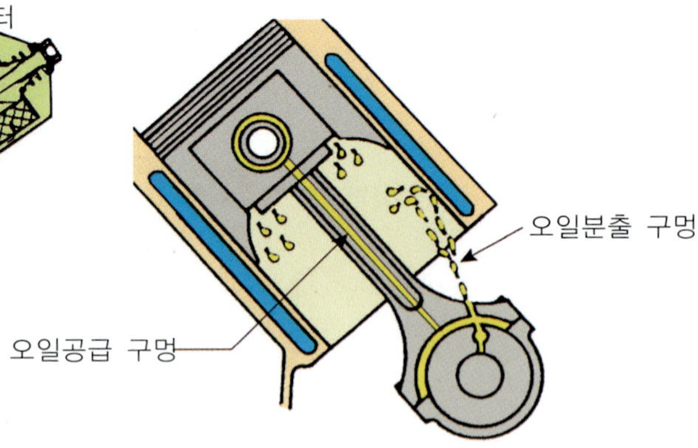

[그림 3-15] 커넥팅로드를 통한 윤활유 비산

[6] 오일 스트레이너(oil strainer)

오일 스트레이너는 오일 팬의 오일 속에 항상 잠겨 있으며 오일 팬에 있는 비교적 굵은 입자의 불순물을 여과하며 얇은 철망으로 되어 있다.

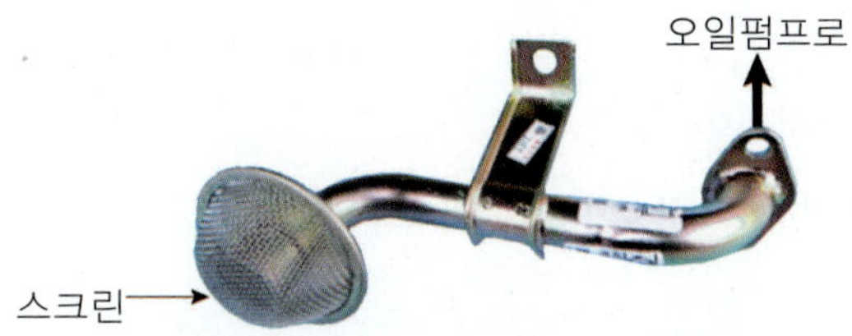

[그림 3-16] 오일 스트레이너

[7] 유압 조절밸브(relief valve, 릴리프밸브)

이 밸브는 프런트 케이스 측면에 설치되어 윤활회로 내의 압력이 과도하게 상승되는 것을 방지하여 최고 유압을 조정하는 작용을 한다. 밸브의 동작이 원활하지 못하면 윤활회로에 유압이 과도하게 걸리게 되고, 심할 경우 오일필터가 파열된다. 유압조절밸브는 윤활통로에 과도한 압력이 걸리게 되면 릴리프 플런저는 스프링 힘을 이기고 이동하여 과도한 압력만큼의 오일을 오일 팬으로 복귀시킨다.

유압의 조정은 심(shim)을 추가하여 조정플러그(adjust plug)를 조이거나 늦추어 밸브스프링 세기를 조정하여 규정 압력으로 조절한다. 일반적으로 엔진에 작동되는 오일압력은 가솔린엔진은 2~3kgf/㎠, 디젤엔진은 3~4kgf/㎠ 정도로 되어 있다.

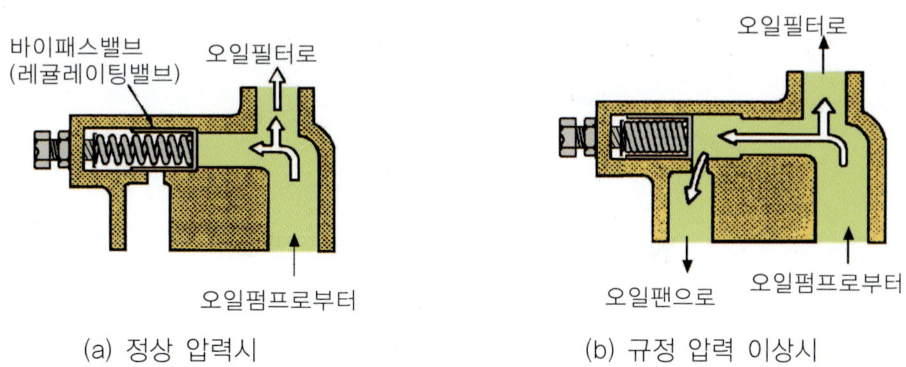

[그림 3-17] 유압조절밸브의 작동

(1) 유압이 낮아지는 원인

① 베어링의 오일간극이 클 때
② 오일펌프가 마멸되었거나 회로 내에서 윤활유가 누출될 때
③ 오일 팬 내의 윤활유 양이 부족할 때
④ 유압조절밸브 스프링의 장력이 너무 약하거나 절손되었을 때
⑤ 윤활유의 점도가 너무 낮을 때
⑥ 윤활유에 연료 등의 유입으로 현저하게 희석되었을 때

(2) 유압이 높아지는 원인

① 윤활유의 점도가 높을 때
② 윤활회로의 일부가 막혔을 때
③ 유압조절밸브의 스프링 장력이 클 때

2.3 유면표시기 및 유압계

2.3.1 유면표시기(oil level gauge)

유면표시기는 오일 팬 내의 윤활유의 양을 점검할 때 사용하는 금속막대이며, 그 아래쪽에 F(full or MAX)과 L(low or MIN) 표시눈금이 표시되어 있다. 윤활유의 양은 항상 "F" 선 가까이 있어야 하며, "F" 선보다 높으면 많은 양의 윤활유가 실린더 벽에 뿌려져 연소하고, "L" 선 보다 훨씬 낮으면 공급량 부족으로 윤활이 불완전하게 된다.

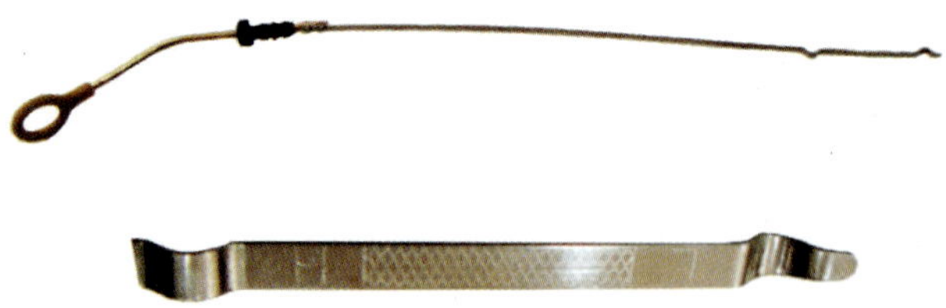

[그림 3-18] 유면표시기

2.3.2 오일압력 경고장치

엔진오일이 부족하거나 오일펌프가 고장나면 엔진오일의 순환이 어려워지고 엔진이 마모하거나 고착된다. 오일압력 경고장치는 자동차마다 형식이 틀리며 일반적으로 오일압력스위치, 계기판의 경고 표시등으로 구성되어 있다. 엔진의 유압이 규정압력 이상이 되면 오일이 오일압력스위치의 스프링을 밀어 올리고 이때 접점이 OFF되어 경고 표시등은 소등하고, 반대로 오일압력이 낮아지면 스프링의 힘에 의해 점점이 ON되어 경고등이 점등된다.

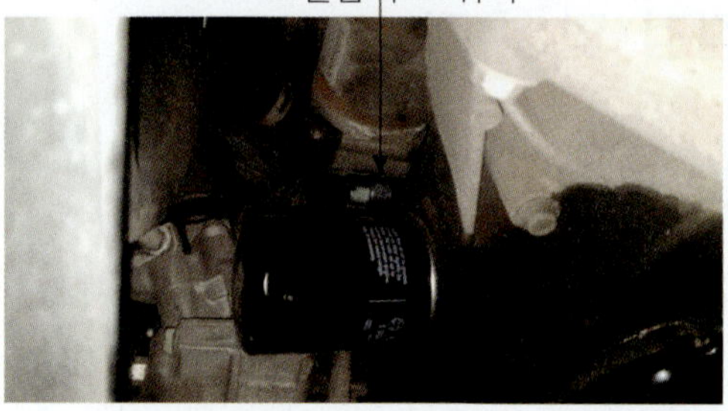

[그림 3-19] 오일압력 스위치

일반적으로 엔진온도 80℃, 엔진회전수 2,000rpm 정도에서 최소한 2kgf/㎠ 정도의 압력이 유지되어야 한다. 또한 시동키나 버튼을 ON시에는 오일 경고등이 점등되어야만 하고, 시동을 걸어 오일압력이 0.3~1.6kgf/㎠ 정도를 형성하면 경고등은 소등된다. 만약 공회전 상태에서 오일압력이 0.3kgf/㎠ 이하가 되면 오일 경고등이 계속 점등되어 있게 되는데, 이때에는 오일펌프 또는 베어링 각 부의 마멸이나, 오일 스트레이너 또는 오일필터의 막힘 등을 생각할 수 있다.

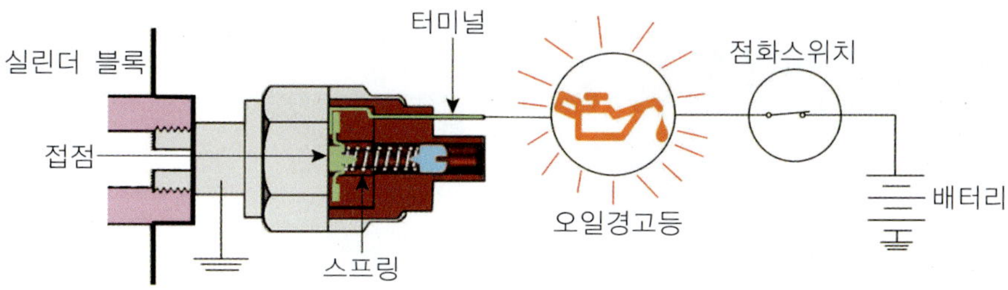

(a) 오일압력이 낮을 때

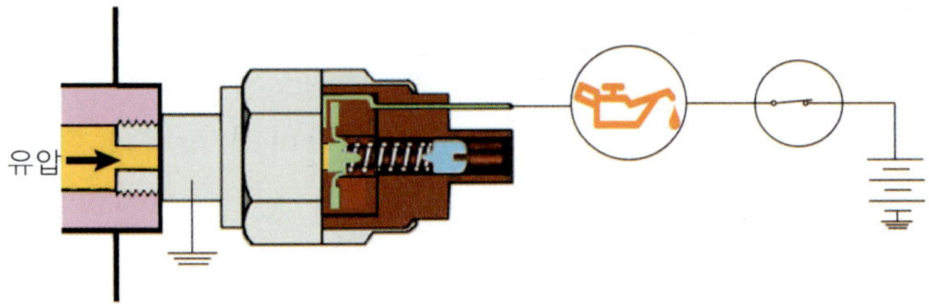

(b) 오일압력이 규정값 이상일 때

[그림 3-20] 오일압력 경고등의 전기회로

3. 엔진 윤활장치 점검 및 측정

3.1 엔진오일

3.1.1 엔진오일 점검

① 차량이 평탄하게 주차된 상태에서 주차브레이크를 작동시킨 후 엔진시동을 끄고 오일팬으로 오일이 가라앉을 때까지 약 5분 이상 지난 후 유면표시기(오일 레벨 게이지, Dip stick)를 뽑아낸다.

② 마른 헝겊으로 게이지에 묻어 있는 오일을 닦아낸 후 다시 끼운다.

③ 오일 레벨게이지를 다시 뽑아 F와 L(또는 Max와 Min) 사이에 있는지 확인하고 정상이면 다시 끼운다.

④ 오일이 부족하면 오일 주입구 캡을 열어 규정량으로 보충하고 오일 주입구 캡은 "따닥" 소리가 2~3번 날 때 까지 조인다.

⑤ 오일 질의 점검은 색깔이 처음 주입할 때의 오일 색과 어느 정도 다른지 비교한다. 심하게 오염이 되었거나, 주행거리가 오래되었으면 엔진 오일을 교환한다.

⑥ 오일 점도의 점검은 손으로 만져보아 처음 주입한 것보다 너무 묽으면 교환한다.

(a) 게이지 탈거

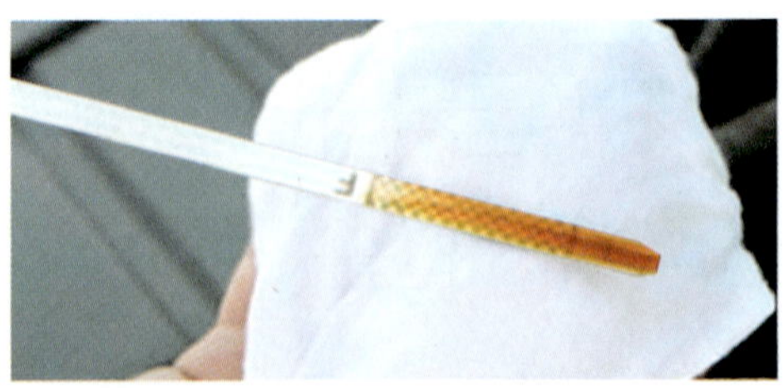

(b) 오일양 점검

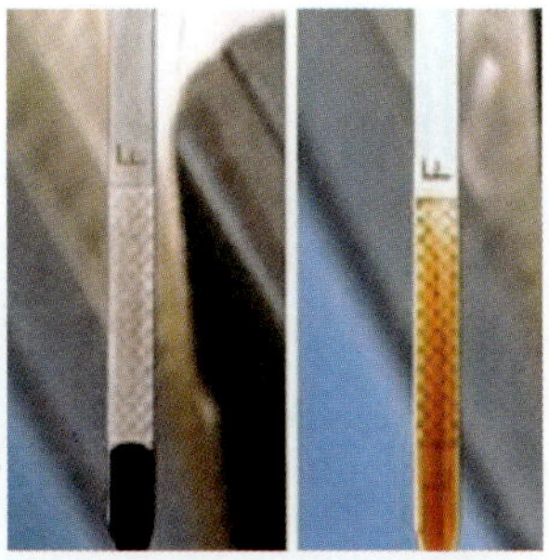

(×)　　　(○)

(c) 오일 양 및 색깔 점검

[그림 3-21] 오일 점검

3.1.2 오일이 연소되는 원인

① 오일팬 내의 오일이 규정량보다 많다.

② 오일의 열화로 인하여 점도가 낮다.

③ 피스톤과 실린더와의 간극이 과다하다.

④ 피스톤 링의 장력이 불량하다.

⑤ 밸브스템과 가이드 사이의 간극이 과대하다.

⑥ 밸브 가이드 오일실이 불량하다.

3.1.3 오일이 누설되는 원인

① 크랭크축 오일실이 마멸되었거나 파손되었다.

② 오일펌프 개스킷이 파손되었다.

③ 로커암 커버 개스킷이 파손되었다.

④ 오일팬이 균열에 의해서 누출되고 있다.

⑤ 오일여과기의 오일실이 파손되었다.

⑥ 엔진의 오일이 소모되는 가장 큰 원인은 연소와 누설이다.

3.2 오일펌프 점검 및 측정

① 오일펌프를 펌프 케이스에 조립하고 펌프를 회전시켜 헐거움 없이 원활하게 회전하는가를 점검한다.

② 펌프 케이스와 커버의 기어면 사이 접촉면의 마멸을 점검한다.

③ 구동 기어와 피동 기어를 펌프 케이스에 설치한 후 기어의 팁 간극을 측정한다.

④ 사이드 간극을 측정한다.

(a) 보디 간극측정 (b) 기어 이 끝 간극측정 (c) 사이드 간극측정

[그림 3-22] 내접 기어 펌프 점검

[표 3-1] 내접 기어 펌프의 제원(단위 : ㎜)]

적용 차종	바디 간극		사이드 간극		로터 간극	
	규정값	한계값	규정값	한계값	규정값	한계값
EF소나타2.5	0.100~0.181		0.040~0.095			
라노스 누비라	0.1~0.18	0.2	0.02~0.07	0.12	0.04~0.16	2.0

(a) 보디 간극측정 (b) 사이드 간극측정

[그림 3-23] 외접 기어 펌프 점검

[표 3-2] **외접기어 펌프 각부의 규정값(단위 : ㎜)**

적용 차종	바디 간극	한계값	사이드 간극	한계값
소나타Ⅱ	구동기어 : 0.16~0.21 피동기어 : 0.13~0.18	0.25	구동기어 : 0.08~0.14 피동기어 : 0.06~0.12	0.25
EF소나타2.0	구동기어 : 0.16~0.21 피동기어 : 0.13~0.18	0.25	구동기어 : 0.08~0.14 피동기어 : 0.06~0.12	0.25
마르샤 2.0	구동기어 : 0.28~0.33 피동기어 : 0.21~0.26		구동기어 : 0.08~0.14 피동기어 : 0.06~0.12	

(a) 보디 간극측정 (b) 로터 간극측정 (c) 사이드 간극측정

[그림 3-24] **로터리 펌프 점검**

[표 3-3] **로터리 펌프의 제원(단위 : ㎜)**

차 종	보디 간극		로터 간극		사이드 간극	
	규정값	한계값	규정값	한계값	규정값	한계값
마르샤 2.5	0.1~0.18				0.04~0.09	
라노스, 누비라	0.1~0.18	0.2	0.04~0.16	2.0	0.02~0.07	0.12

3.3 오일 압력스위치 점검

① 멀티 테스터로 단자와 보디사이의 통전을 점검하여 통전이 안되면 오일 압력스위치를 교환한다.

② 가는 막대로 눌렀을 때 단자와 보디사이가 통전이 되면 오일 압력스위치를 교환한다.

③ 오일구멍을 통하여 0.5kgf/㎠의 압력을 가하였을 때 통전이 되지 않아야 한다. 스위치가 적절히 작동하지 않을 때에는 공기 누설을 점검한다. 공기가 누설되면 다이어프램이 파손된 상태이므로 엔진 오일도 누설되므로 스위치를 교환한다.

[그림 3-25] 오일 압력스위치 점검

3.4 오일 압력점검

① 오일 압력스위치를 실린더블록에서 떼어낸다.
② 오일 압력스위치 설치구멍에 압력계를 설치한다.
③ 엔진을 시동하고 정상작동 온도로 난기운전을 시킨다.
④ 엔진의 회전속도를 약 3,000rpm으로 유지하고 압력계 지침을 읽는다.
⑤ 압력이 규정 값보다 낮으면 윤활장치 각부를 점검한다.

[그림 3-26] 오일 압력점검

[표 3-4] 차종별 오일 순환 압력(단위 : ㎏f/㎠)

차 종	유 압	차 종	유 압
현대 승용차 모두	공전할 때 : 0.8	아벨라	3000rpm : 3.5~4.5
라노스, 레간자	공전할 때 : 0.7 4000rpm : 4.8~6.2	프라이드	3,000rpm : 3.0~4.0

CHAPTER 03

실습보고서

01 주어진 기관을 기록표 작성할 수 있는 부분까지 분해하여 기록표의 요구사항[오일펌프 사이드 간극]을 측정 및 점검하고 본래 상태로 조립하시오.

측정항목	① 점검(또는 측정)		② 판정 및 정비(또는 조치)사항		득점
	측정값	규정(정비한계)값	판정(□에 "✔" 표)	정비 및 조치할 사항	
오일펌프 사이드간극			□ 양호 □ 불량		

◘ 기록표 작성방법

① 측정값 : 측정한 값을 단위와 함께 기록한다(예 : 0.05㎜).
② 규정(정비한계)값 : 측정용 기관의 제원에 맞는 규정 값을 단위와 함께 기록한다(예 : 0.04~0.08㎜).
③ 판정 : 측정한 값이 정비 한계 값 이내인 경우에는 "양호", 벗어난 경우에는 "불량"으로 기록한다.
④ 정비 및 조치할 사항 : 양호로 판정한 경우에는 "정비 및 조치사항 없음", 불량으로 판정한 경우에는 정비 및 조치할 사항을 기록한다(예 : 오일펌프 교환 후 재점검).

Chapter 04

냉각장치

1. 냉각장치의 개요
2. 기관의 냉각방법
3. 냉각수와 부동액
4. 신 냉각시스템
5. 냉각장치 주요부분 점검

04 냉각장치

1. 냉각장치의 개요

작동 중인 기관이 폭발행정을 할 때 발생되는 열(1,500～2,000℃)을 냉각시켜 온도를 알맞게 유지시키는 장치이다. 기관의 온도는 실린더헤드 물재킷 내의 냉각수 온도로 표시하며, 정상 작동온도는 75～95℃이다.

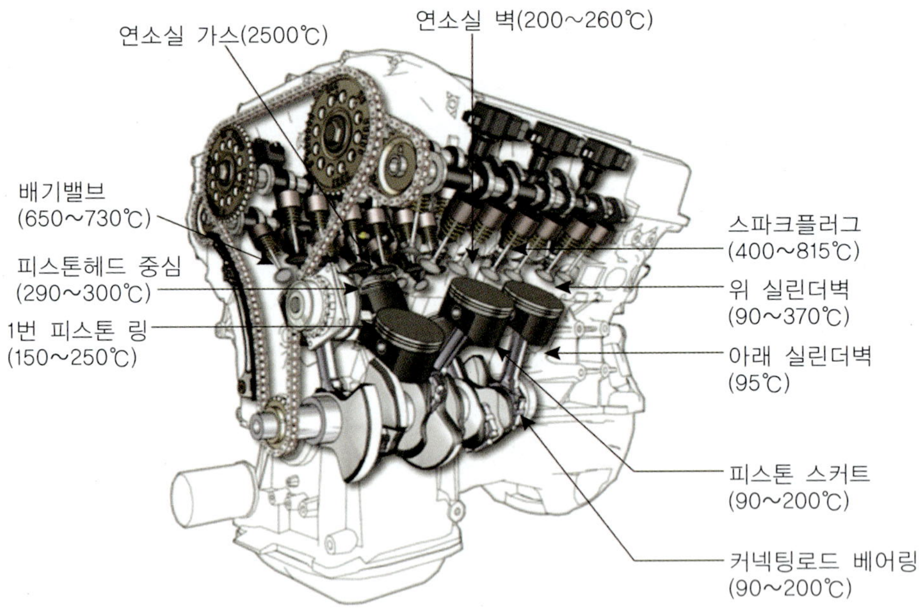

[그림 4-1] 엔진의 온도 분포도

2. 기관의 냉각방법

기관을 냉각시키는 방법에는 공기로 기관의 외부를 냉각시키는 공랭방식과 냉각수를 사용하여 기관의 내부를 냉각시키는 수랭방식이 있다.

2.1 공랭방식(air cooling type)

공랭방식은 기관을 대기와 직접 접촉시켜서 냉각시키는 방법으로 냉각수의 보충·누출 및 동결 등의 염려가 없고 구조가 간단하여 취급이 쉬운 장점이 있으나, 기후·운전상태 등에 따라 기관의 온도가 변화하기 쉽고 냉각이 균일하지 못한 단점이 있다. 공랭방식에는 자연 통풍방식과 강제 통풍방식이 있다.

[그림 4-2] 공랭식 엔진

[1] 자연 통풍방식

이 방식은 차량이 주행할 때 받는 공기로 냉각시키는 것이며, 실린더헤드와 블록과 같이 과열되기 쉬운 부분에 냉각 핀(cooling fin)을 두고 있다.

[2] 강제 통풍방식

이 방식은 냉각 팬(cooling fan)을 사용하여 강제로 많은 양의 공기를 기관으로 보내어 냉각하는 것이다. 기관을 균일하게 냉각시키기 위하여 기관 주위를 덮개(시라우드 : shroud)로 감싸고 이곳을 냉각 공기가 통과하도록 되어 있다.

2.2 수랭방식(water cooling type)

2.2.1 수랭식 냉각수를 순환시키는 방식

[1] 자연 순환방식

이 방식은 냉각수를 대류에 의해 순환시키는 것이며, 현재의 고성능 기관에서는 부적합하다.

[2] 강제 순환방식

이 방식은 물 펌프로 실린더헤드와 블록에 설치된 물 재킷 내에 냉각수를 순환시켜 냉각시키는 것이다.

[3] 압력 순환방식

이 방식은 냉각계통을 밀폐시키고, 냉각수가 가열되어 팽창할 때의 압력이 냉각수에 압력을 가하여 냉각수의 비등점을 높여 비등에 의한 손실을 감소시킬 수 있다. 이때 압력조절은 라디에이터 캡의 압력밸브로 하며 다음과 같은 장점이 있다.

① 라디에이터를 작게 할 수 있다.
② 냉각수의 비등점을 높일 수 있다.
③ 냉각수 손실이 적다.
④ 냉각수 보충횟수를 줄일 수 있다.
⑤ 기관의 열효율이 향상된다.

[4] 밀봉 압력방식

압력 순환방식은 라디에이터 캡으로 압력은 조절되지만 냉각수가 가열되어 팽창할 때 오버플로 파이프(over flow pipe)로 냉각수가 배출된다. 이러한 결점을 보완하여 라디에이터 캡을 밀봉시킨 후 냉각수의 팽창과 맞먹는 크기의 보조 물탱크를 설치하고 냉각수가 팽창하였을 때 외부로 배출되지 않도록 한 방식이다.

특징은 냉각수 유출에 의한 손실이 적어 장시간 냉각수 양을 점검 및 보충하지 않아도 된다.

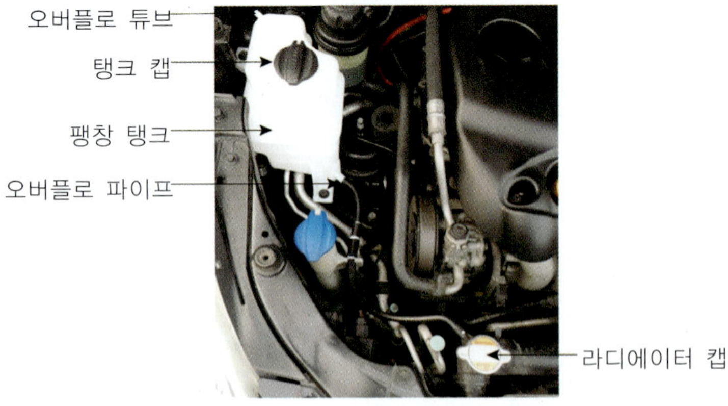

[그림 4-3] 밀봉 압력방식의 구조

2.2.2 수랭방식의 주요구조와 그 기능

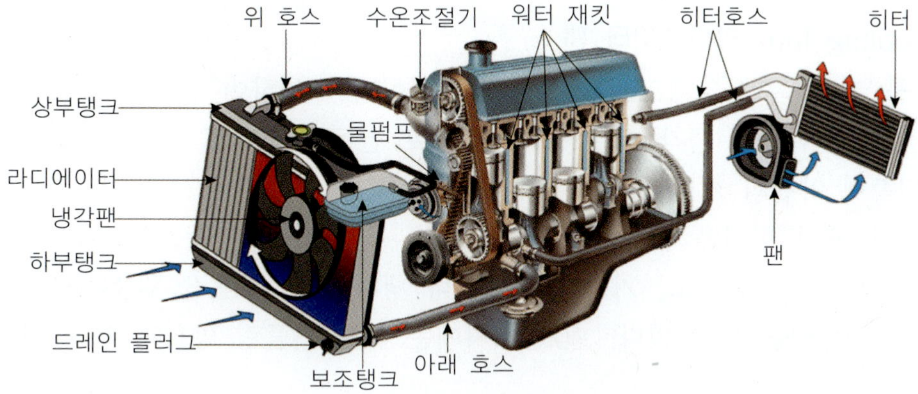

[그림 4-4] **수냉식 엔진**

[1] 물 재킷(water jacket)

물 재킷은 실린더헤드 및 블록에 일체 구조로 된 냉각수가 순환하는 물 통로이다. 이 물 재킷을 통과하는 냉각수가 실린더 벽, 밸브 시트, 밸브 가이드 및 연소실 등의 열을 냉각시킨다. 즉 연소실에서 발생하는 열을 냉각수로 전달한다.

[2] 물 펌프(water pump)

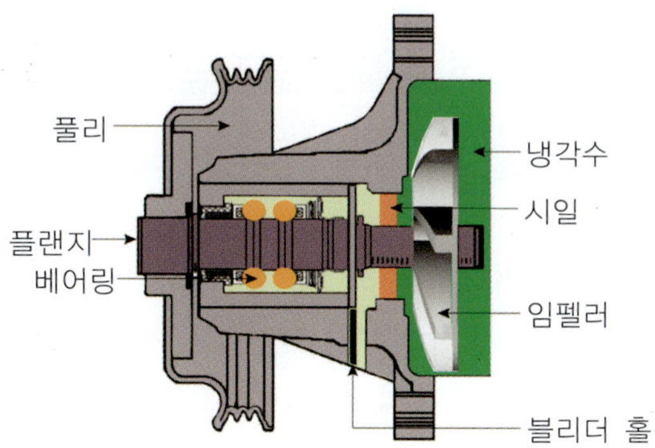

[그림 4-5] **물 펌프의 구조**

물 펌프는 팬벨트를 통하여 크랭크축에 의해 구동되며, 실린더헤드 및 블록의 물 재킷 내로 냉각수를 순환시키는 원심력 펌프이다. 물 펌프의 능력은 송수량으로 표시하며, 펌프의 효율은 냉각수 온도에 반비례하고 압력에 비례한다. 따라서 냉각수에 압력을 가하면 물 펌프의 효율이 증대된다.

[3] 냉각 팬(cooling fan)-라디에이터 팬

냉각 팬은 물 펌프 축과 일체로 회전하며 라디에이터를 통하여 공기를 흡입하여 라디에이터 통풍을 도와준다. 냉각 팬은 플라스틱으로 만든 4~6개의 날개로 되어 있고, 라디에이터 뒤쪽에 약간의 거리를 두고 설치되어 있다.

최근에는 냉각 팬의 회전을 자동적으로 조절하여 냉각 팬의 구동으로 소비되는 기관의 출력을 최대한으로 줄이고, 기관의 과냉이나 냉각 팬의 소음을 감소시키기 위해 팬 클러치(fan clutch)를 두고 있다. 팬 클러치에는 유체 커플링 방식과 전동 팬 방식이 사용된다.

(1) 유체커플링 방식(fluid coupling type)

이 방식은 냉각 팬과 물 펌프사이에 실리콘 오일을 봉입한 유체커플링을 둔 것이며, 동력전달은 오일의 저항을 이용한다.

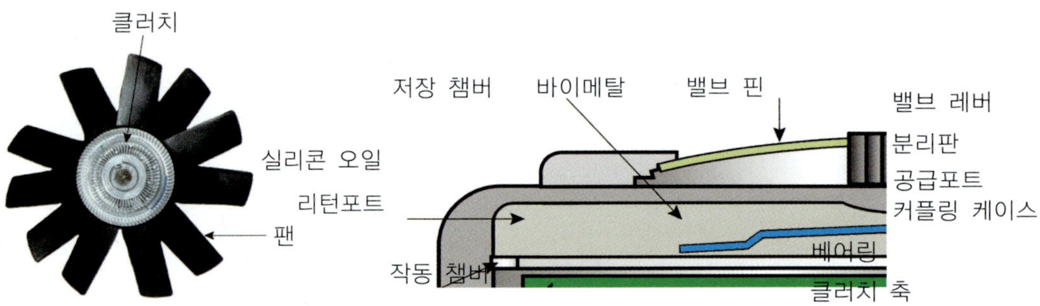

[그림 4-6] 유체커플링 방식의 구조

작동은 저속에서는 냉각 팬이 물 펌프 축과 동일한 회전속도로 회전을 하지만, 고속(약 2,000rpm 이상)이 되면 냉각 팬의 회전저항이 증가하므로 유체 커플링이 미끄러져 냉각 팬의 회전속도는 물 펌프의 회전에 비하여 미끄러진 만큼 늦어진다. 유체 커플링 팬의 특징은 다음과 같다.

① 기관의 소비 마력을 감소시킬 수 있다.
② 팬벨트의 내구성을 향상시킬 수 있다.
③ 냉각 팬에서 발생하는 소음을 방지한다.

(2) 전동 팬 방식(motor fan type)

이 방식은 전동기로 냉각 팬을 구동시키는 것이며, 축전지 전원으로 작동한다. 작동은 수온센서로 냉각수 온도를 검출하여 85℃ 이상 되면 냉각팬이 회전한다. 전동 팬 방식의 특징은 다음과 같다.

① 기관의 시동여부에 관계없이 냉각수 온도에 따라 작동한다.
② 정상온도 이하에서는 작동하지 않고 과열일 때 작동한다.
③ 형식에 따라 차이가 있을 수 있으나, 약 85~100℃에서 간헐적으로 작동한다.
④ 팬벨트가 필요 없다.
⑤ 라디에이터 설치위치가 자유롭다.
⑥ 차량 실내의 난방이 빨라진다.
⑦ 일정한 바람의 양을 확보할 수 있어 기관이 공회전할 때에도 충분한 냉각효과를 얻을 수 있다.
⑧ 값이 비싸고, 냉각 팬을 구동하는 소비전력과 소음이 크다.

[그림 4-7] **전동식 냉각팬**

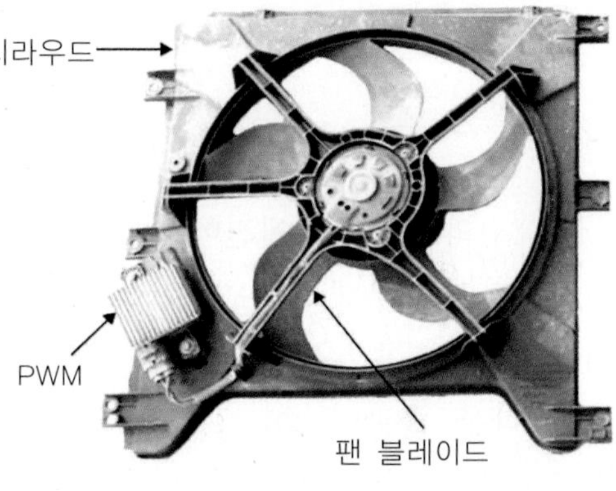

[그림 4-8] **PWM 전동팬**

[4] 팬벨트(drive belt or fan belt)

팬벨트는 이음새가 없는 고무제 V벨트를 사용하며, 크랭크축 풀리, 발전기 풀리, 물 펌프 풀리 등을 연결 구동한다. 팬벨트는 각 풀리의 양쪽 경사진 부분에 접촉되어야 하며, 마멸되어 팬벨트가 풀리 밑바닥에 닿으면 미끄러지면서 소음이 발생한다. V벨트 접촉면의 각도는 40° 이며, 반드시 기관의 작동이 정지된 상태에서 걸거나 빼내야 한다.

[5] 라디에이터(radiator : 방열기)

라디에이터(radiator)는 엔진에서 가열된 냉각수가 방열되는 장소로서 대부분 엔진의 앞쪽에 설치된다. 라디에이터의 구조는 위 탱크(upper tank). 아래 탱크(lower tank), 코어(core)로 되어 있고 위 탱크에는 라디에이터 캡과 오버플로 파이프가 설치되어있고 아래 탱크에는 드레인 콕(drain cock)이 부착되어 있다.

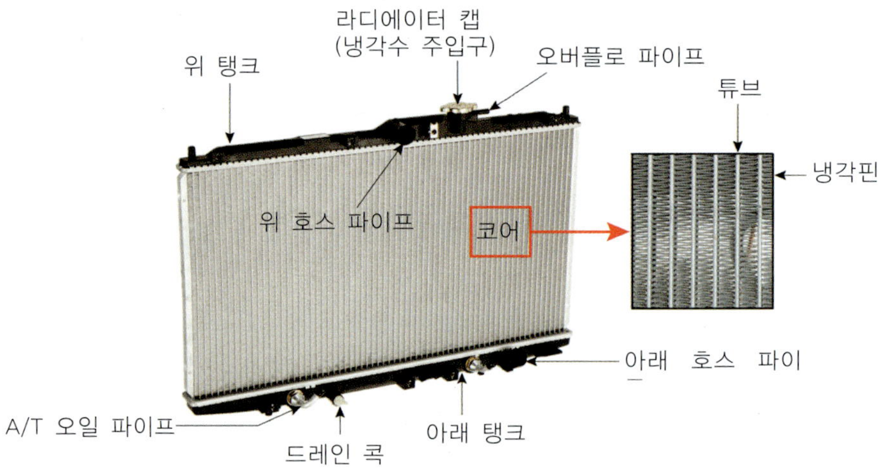

[그림 4-9] **라디에이터의 구조**

냉각수의 흐름은 엔진에서 열을 흡수한 냉각수가 라디에이터 상부탱크로 들어와 코어를 따라 하부탱크로 흐르면서 방열되며 냉각 팬(cooling fan)의 유입공기와 자동차의 속도에 따른 유입 공기에 의하여 냉각된다. 라디에이터는 냉각수가 흐르는 방향에 따라 다운 플로(down flow), 크로스 플로(cross flow), U턴 플로방식으로 분류할 수 있다. 다운플로 방식은 버티컬 플로식 라디에이터라고도 하며, 냉각수 탱크를 라디에이터 상하로 배치하는 것으로 뜨거운 물은 위로 가고 차가운 물은 아래로 흐르는 원리와 중력을 이용해 냉각수를 위에서 아래로 흐르게 하는 방식으로 주로 사용되고 있다.

크로스 플로와 U턴 플로방식은 라디에이터 좌우에 탱크를 배치해 냉각수를 가로로 흐르게 하는 방식으로 다운 플로방식과 비교해 방열면적이 넓어 열교환 효과를 높일 수 있는 장점이 있지만 가로로 흐르는 특성으로 인해 유동저항이 커 워터펌프의 성능이 상당부분 요구된다.

(1) 라디에이터의 요구조건

① 단위 면적당 방열량이 커야 한다.

② 소형 경량으로 튼튼한 구조이어야 한다.
③ 공기의 흐름저항이 적어야 한다.
④ 냉각수의 흐름이 원활해야 한다.

(2) 라디에이터 코어(radiator core)

코어(core)는 냉각수가 위 탱크에서 아래탱크로 흐르는 튜브와 공기가 통하는 핀 부분으로 되어 있으며 방열을 좋게 하기 위하여 방열성이 좋은 얇은 구리판이나 알루미늄 합금판을 성형 재단하고 납땜하여 만들며 라디에이터 코어 막힘률은 20% 이상 되어서는 안된다.

$$\text{라디에이터 코어 막힘률} = \frac{\text{신품 용량} - \text{사용품 용량}}{\text{신품 용량}} \times 100(\%)$$

(3) 라디에이터의 상부 및 하부탱크

상부탱크는 방열되기 전의 엔진냉각수가 잠시 머무는 저장탱크로 일반적으로 냉각수 주입구가 설치되어 있고 엔진에서 오는 입구파이프(inlet pipe)가 부착되어 있다. 상부탱크는 보통 황동판을 프레스 가공하여 납땜을 하여 만들지만 알루미늄합금의 코어를 사용하면서 수지계열의 플라스틱을 사용하고 접합은 라디에이터 코어바디와 수지탱크사이에 고무패킹을 넣고 코어 플레이트의 일부분을 프레싱하는 기계적 접합방법을 사용한다.

아래 탱크는 방열 코어에서 방열된 냉각수가 아래 탱크에서 모여 엔진으로 들어가며 출구 파이프(outlet pipe)와 배수구(drain cock)가 부착되어 있으며 황동판을 프레스 가공하여 납땜을 하여만들지만 알루미늄합금의 코어를 사용하면서 수지계열의 플라스틱을 사용하고 접합은 라디에이터 코어바디와 수지탱크사이에 고무패킹을 넣고 코어 플레이트의 일부분을 프레싱하는 기계적 접합방법을 사용한다. 보통 위 탱크보다 용량이 적다.

(4) 사이드멤버와 팬 슈라우드(side member & fan shroud)

사이드멤버(side member)는 라디에이터 코어를 보호하며 라디에이터를 차체에 보호하기 위하여 두며 팬 시라우드는 팬(fan)에서 오는 공기의 흐름을 좋게 하여 방열 효과를 증대시키고 라디에이터를 보호한다.

(5) 라디에이터 캡(radiator cap)

라디에이터 캡은 내부를 밀폐하는 가압식으로 압력 캡이라고 한다. 압력 캡은 라디에이터 내부를 밀폐하여 압축시키며 특히, 온도가 높아지면 물이 팽창하여 압축하므로 압력이 높아져 100℃ 이상이 되어도 비등하지 않고 냉각수 온도가 110~120℃ 정도 되도록 한다.

라디에이터 내부의 압력이 0.3~1.09kgf/㎠가 되면 압력밸브가 열려 보조탱크로 연결된 호스를 통해 배출되어 방열기 안은 항상 일정한 압력을 유지한다. 엔진이 과열되면 압력이 밖으로 배출되며 엔진온도가 내려가 방열기 내부압력이 대기압보다 낮아지면 부압밸브가 열려 외부공기를 흡입하여 부압을 해소하는 작용을 한다. 보조탱크가 부착된 방열기는 냉각수 팽창시에는 오버플로 파이프를 통해 보조탱크에 냉각수를 일시 저장하였다가 압력이 떨어졌을 때 다시 리턴 되어 라디에이터 내의 냉각수가 자동 조정되어 냉각수의 손실을 막고 장기간 냉각수의 보충을 하지 않아도 된다.

(a) 라디에이터 캡의 구조

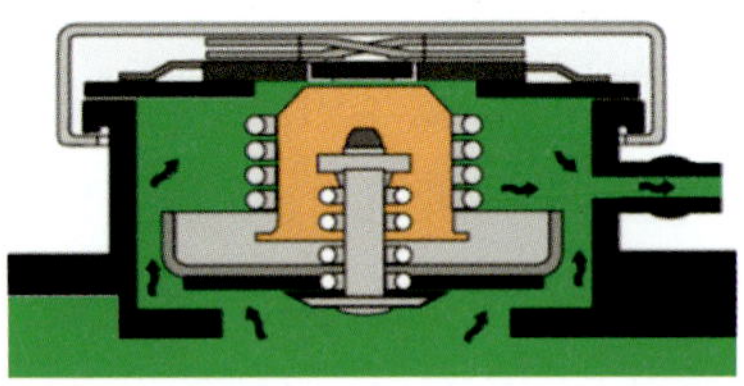

(b) 압력이 높을 때

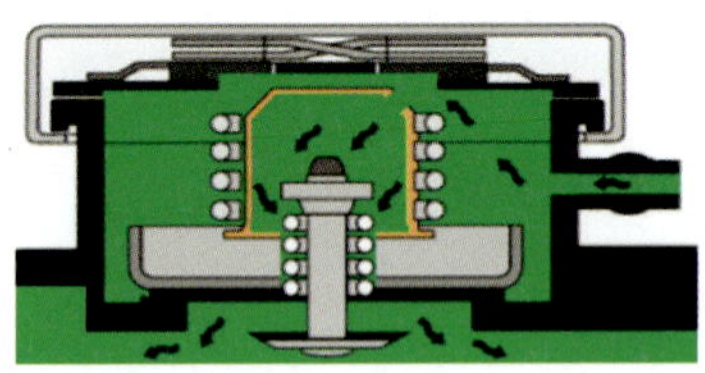

(c) 압력이 낮을 때

[그림 4-10] **라디에이터 압력 캡의 구조와 작용**

(6) 라디에이터에 기름이나 기포발생시 고장개소

① 실린더헤드 파손

② 실린더헤드 개스킷 파손

③ 실린더헤드 볼트 파손 또는 이완

(7) 라디에이터 세척

라디에이터의 세척은 라디에이터 아래탱크에서 위 탱크로 역수시켜 스케일을 제거한다.

① 라디에이터 출구 파이프에 플러시 건을 설치한다.
② 플러시 건의 물 밸브를 열고 라디에이터에 물을 가득 채운다.
③ 플러시 건의 공기밸브를 열고 압축공기를 서서히 보낸다.
④ 압축공기를 잠그고 배출되는 물이 깨끗해 질 때까지 ②, ③의 작업을 반복한다.

[6] 수온조절기(thermostat)

수온조절기는 시동 직후 워밍업을 빠르게 하고 냉각수 온도를 항상 적정온도인 80~90℃로 유지하기 위해 엔진과 냉각수사이를 순환하는 시간과 냉각수의 양을 제어하는 밸브이다. 시동 초기에는 엔진 측에 있는 냉각수를 라디에이터로 보내지 않고 실린더블록과 실린더헤드 사이를 폐쇄회로로 구성하여 순환시킨다. 이때 수온조절기가 닫혀있더라도 엔진 내부를 항상 일정량의 냉각수가 순환하여 엔진 각부의 온도를 균일하게 하고 동시에 수온조절기도 따뜻한 냉각수와 접촉할 수 있도록 엔진 본체 또는 수온조절기에 바이패스(by—pass) 통로가 설치되어 있다.

이러한 목적을 위해 바이패스 통로는 큰 쪽이 바람직하나 너무 크게 하면 수온조절기가 열렸을 때 라디에이터로 순환하는 냉각수 양이 감소하여 정확한 엔진 온도제어가 어려워져 냉각 능력이 저하된다. 그래서 최근에는 바이패스 통로를 충분히 크게 설치하되 수온조절기가 열린 경우 수온조절기에 설치된 바이패스밸브가 작동하여 엔진 본체에 형성되어 있는 바이패스 통로를 막는 방법을 이용하고 있다.

수온조절기에는 벨로즈형식과 펠릿형식의 2가지가 있다.

(a) 벨로즈형

(b) 펠릿형

(c) 펠릿형 저온시(밸브닫힘)　　　(d) 펠릿형 고온시(밸브열림)

[그림 4-11] 수온조절기

펠릿 내부에는 왁스(wax)와 함께 고무가 봉입되어 왁스의 팽창 및 수축으로 밸브가 개폐되어 진다. 즉, 온도가 낮을 때는 펠릿이 스프링에 밀리어 밸브를 닫은 상태가 되며 온도가 올라가면 왁스가 팽창하여 고무 부분을 압축하므로 펠릿이 밀려 내려와 밸브를 열어주게 된다. 벨로즈형식은 벨로즈 내부에 에틸이나 알코올이 들어있다.

2가지 모두 냉각수 온도에 따른 작동물질의 열팽창을 이용하여 65℃에서 열리기 시작하여 85℃에서 밸브를 여는데 벨로즈형식은 벨로즈 내부의 압력에 따라 밸브 열림 온도가 달라지는 부작용이 있어 최근에는 거의 사용하지 않는다. 수온조절기가 열린 채 고장이 나면 엔진이 과냉되고, 닫힌 채로 고장이 나면 과열의 원인이 된다.

(1) 수온조절기의 주요 역할

① 엔진의 온도를 일정하게 하므로 엔진의 성능을 최고로 발휘 시킨다.
② 과열 및 과냉을 방지한다.
③ 오일의 노화방지 및 엔진 수명을 연장시킨다.
④ 차실내 난방 효과를 높인다.
⑤ 냉각수의 소모를 방지한다.

3. 냉각수와 부동액

3.1 냉각수

기관에서 사용하는 냉각수는 연수(증류수, 수돗물, 빗물)를 사용하며, 물은 구하기 쉽고, 열을 잘 흡수하는 장점이 있으나 100℃에서 비등하고, 0℃에서 얼고 물 때(scale)가 생기는 단점이 있다.

3.2 부동액

냉각수가 동결되는 것을 방지하기 위하여 냉각수와 혼합하여 사용하는 액체이며, 그 종류에는 에틸렌글리콜, 메탄올(알코올), 글리세린 등이 있으며 현재는 에틸렌글리콜이 주로 사용된다.

3.2.1 부동액의 특징

[1] 에틸렌글리콜의 특징

① 비등점이 197.2℃, 응고점이 최고 −50℃이다.
② 도료(페인트)를 침식하지 않는다.
③ 냄새가 없고 휘발하지 않으며, 불연소성이다.
④ 기관 내부에 누출되면 교질 상태의 침전물이 생긴다.
⑤ 금속 부식성이 있으며, 팽창계수가 크다.

[2] 메탄올의 특징

① 알코올이 주성분이며, 응고점이 −30℃이다.
② 가연성이며, 도료(페인트)를 침식시킨다.
③ 비등점이 80℃ 정도이므로 휘발성이 크다.

[3] 글리세린의 특징

① 비중이 커 혼합할 때 잘 저어야 한다.
② 금속 부식성이 있다.

3.2.2 부동액의 구비조건

① 비등점이 물보다 높을 것
② 빙점(응고점)은 물보다 낮을 것
③ 물과 혼합이 잘 될 것
④ 휘발성이 없고, 순환이 잘 될 것
⑤ 내부식성이 크고, 팽창계수가 적을 것
⑥ 침전물이 없을 것

4. 신 냉각시스템

최근 자동차 메이커들은 지구환경을 보호하고 배출가스의 규제에 대응하기 위해 최고 수준의 저연비와 배출가스 저감시키는 고성능, 경량화 엔진을 개발하고자 노력하고 있다. 특히, 최적의 냉각시스템은 냉각과 마찰손실을 줄여주어 열효율과 연비를 향상시키고 엔진의 조기 워밍업을 통한 탄화수소를 줄여주며 연소실의 열부하를 저감시켜 엔진의 내구성 향상은 물론 고 출력화를 실현할 수 있다. 이러한 자동차의 신기술 중에서 열효율을 개선하기 위한 신 냉각시스템이 개발하게 되었다.

4.1 통합열관리 시스템(ITMS : integrated thermal management system)

ITMS는 기관오일과 냉각수는 기관의 온도를 제어한다. 저속에서 냉각수 온도를 높여주면 열로 빠져나가는 냉각손실을 줄일 수 있고, 고속에서는 냉각수 온도를 낮춰주면 노킹을 줄일 수 있다. 이렇게 기관의 운전 상황에 따라 냉각수의 온도를 제어하면 열효율을 높이고 연비를 향상시킬 수 있다. 정밀한 열관리를 수행하는 ITMS는 온도에 따라 반응하는 하나의 밸브가 아닌 통합적인 온도관리와 최적화를 위한 시스템이다.

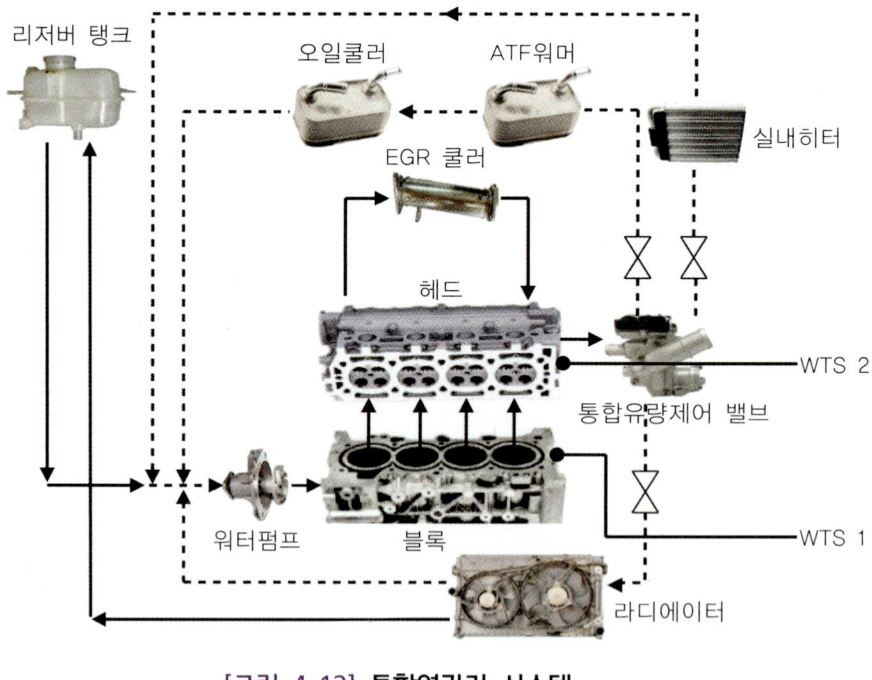

[그림 4-12] 통합열관리 시스템

ITMS는 시동을 걸고 예열하는 시간이 필요 없을 정도로 기관오일의 온도를 빠르게 상승시켜 시동을 걸고 대기하는 시간 낭비가 줄었으며, 저온 상태에서 기관의 힘이 손실되는 원인인 마찰 에너지를 줄일 수 있어 연비 향상에 큰 역할을 하게 된다. ITMS 시스템의 효과는 다음과 같다.

① DC모터를 이용한 냉각수 유량 및 회로 독립제어 설계로 워밍업 성능 개선 및 통합 열관리를 통한 연비 개선
② 통합 유량제어 밸브를 적용하여 실린더블록의 냉각수 고온 제어를 통한 마찰저감
③ 차량 저중속 운전 시 냉각 수온 상향제어로 열손실 최소화를 통한 연비개선
④ 라디에이터 및 히터로 분기되는 냉각 유동을 가변 제어하여 냉각/마찰 손실 최소화
⑤ 고속 고부하 운전 시 냉각 수온 하향제어로 기관 내구성 확보 및 가속성능 확보
⑥ 통합유량 제어 밸브 적용으로 포트별 온도 제어가능

4.2 입 · 출구 제어방식

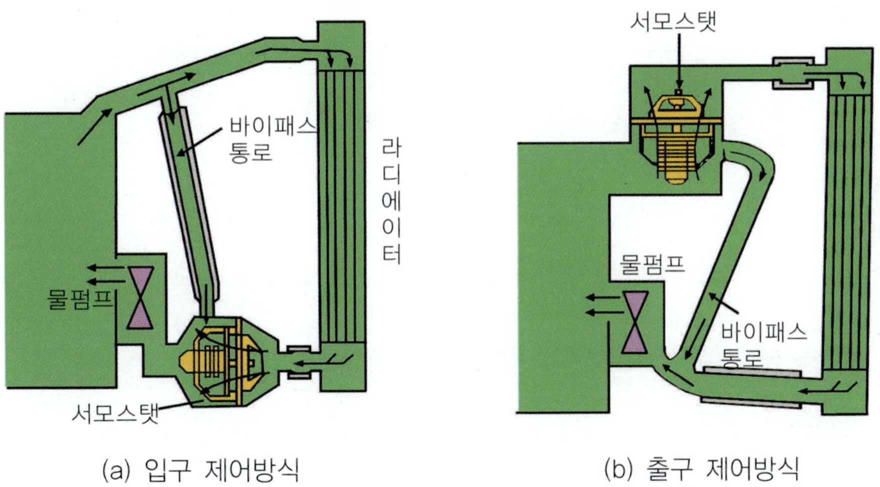

[그림 4-13] 냉각수 입 · 출구 제어방식

냉각수 온도 조절장치로 입구 제어방식과 출구제어 방식으로 구분할 수 있는데 기존의 출구 제어방식은 서모스탯이 열린 후 라디에이터 내의 차가운 냉각수가 엔진을 통과하여 서모스탯까지 순회해야 닫힘으로 엔진 헤드 그리고 실린더블록의 실제적인 온도와 큰 차이가 있다. 그러므로 ECU가 냉각수 온도를 기준으로 인젝터 통전시간

및 점화시기를 보정하는데 부정확하고 연비나 배출가스 조절에 오차가 발생할 수가 있다.

이러한 문제점을 해소하고자 출구제어에서 입구 제어로 바뀌었으며 입구 제어방식은 서모스탯이 열리자마자 라디에이터에서 유입되는 냉각수에 의해 서모스탯의 열림이 결정되기 때문에 냉각수가 조금씩 유입되면서 서모스탯의 열림이 적절히 조절된다.

입구 제어방식은 한번 웜업이 끝나면 온도변화가 거의 없이 적절히 냉각수 온도를 조절하는 반면에 출구 제어방식은 온도의 변화 폭이 약 40℃ 정도로 매우 크다는 것을 알 수 있다.

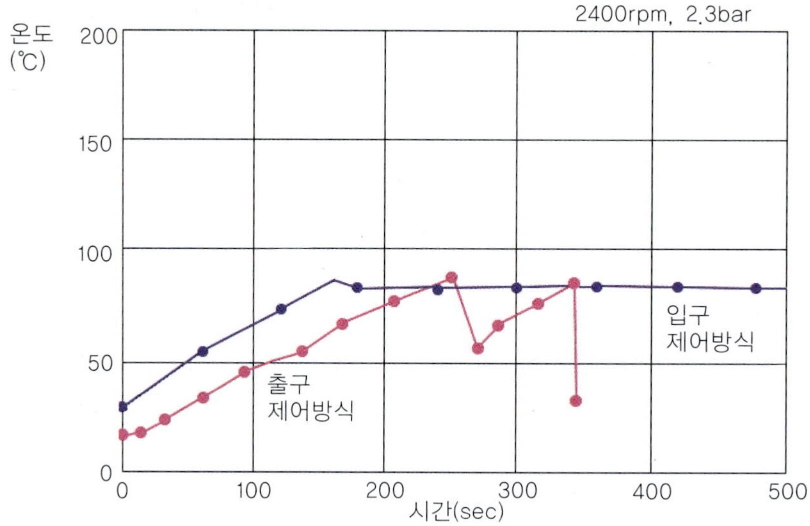

[그림 4-14] **냉각수 입·출구 제어방식 온도 비교**

참고 수온조절기의 입구 제어방식의 장·단점

1. 장 점
① 온도 변화폭이 적다.
② 바이패스 통로를 냉각수 입구 파이프로 공유할 수 있기 때문에 바이패스 통로를 없앨 수 있다.
③ 웜업(warm-Up)기간 중 엔진 내의 냉각수 온도 분포가 균일하다.

2. 단 점
① 냉각수 주입이 어렵다.
② 수온조절기 하우징 구조가 복잡하다.
③ 공동현상(cavitation)이 발생할 수 있다.
④ 웜업기간이 길다.

4.3 엔진의 과열 및 과냉원인

[1] 과열원인

① 수온조절기가 닫힌 채로 고장이 났다.
② 수온조절기의 열림 온도가 너무 높다.
③ 라디에이터의 코어 막힘이 과도하다.
④ 라디에이터 코어가 오손 및 파손되었다.
⑤ 구동벨트의 장력이 약하다.
⑥ 구동벨트가 이완 및 절손되었다.
⑦ 워터재킷 내의 스케일(물때)이 과다하다.
⑧ 워터펌프의 작동이 불량하다.
⑨ 라디에이터 호스가 파손되었다.

[2] 과냉원인

① 수온조절기가 열린 채로 고장이 났다.
② 수온조절기의 열림 온도가 너무 낮다.

5. 냉각장치 주요부분 점검

5.1 구동벨트 장력점검 및 조정

5.1.1 장력점검

① 물 펌프 풀리와 발전기 풀리 사이를 10kgf의 힘으로 누르고 벨트의 처짐(유격)을 점검한다.
② 벨트 처짐이 규정 값을 벗어나면 조정한다.

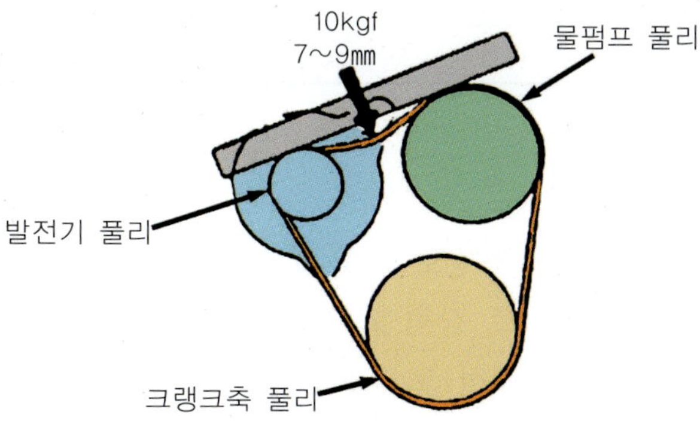

[그림 4-15] 구동벨트 장력 점검

[표 4-1] **차종별 구동벨트 유격(단위 : ㎜)**

차 종	발전기	에어컨	동력조향 장치 오일펌프	차 종	발전기	에어컨	동력조향 장치 오일펌프
엑셀	7~9			베르나	9~10		
엘란트라	9~11.5	8	6~9	아벨라	6~7.5	9~11	9~10
소나타Ⅱ, 아반떼	9~10.4	8	6~9	콩코드	7~9	9~11	8~10

5.1.2 장력게이지 사용법

① 게이지의 훅(hook)과 스핀들 사이에 구동벨트를 끼워 넣고 장력게이지 핸들을 누른다.

② 핸들을 놓고 게이지 지침을 읽는다.

(a) 장력 게이지

(b) 장력 게이지 설치 예

[그림 4-16] **장력게이지 사용법**

[표 4-2] **차종별 구동벨트 장력]**

차 종	발전기	에어컨
아반떼, 소나타Ⅱ	35~50kgf.	25~50kgf
베르나	40~50kgf	40~50kgf

5.1.3 구동벨트 장력 조정방법

① 발전기지지 볼트 A의 너트와 조정로크 볼트 B를 푼다

② 장력조절 볼트를 움직이며 벨트 장력을 조정한다.

③ 볼트 B를 조인 후 너트 A를 규정 토크로 조인다.

④ 벨트장력이 과도하면 벨트가 조기 마멸되며 소음이 발생한다.

[그림 4-17] 구동벨트 설치상태

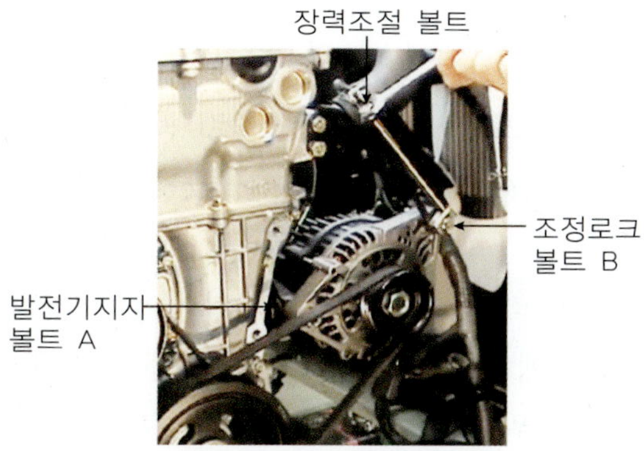

[그림 4-18] 구동벨트 장력조정

[그림 4-19] 1벨트 시스템

5.2 냉각수 누출점검

5.2.1 냉각수 누출시험을 할 때 주의사항

① 라디에이터의 냉각수는 매우 뜨거우므로 계통이 뜨거울 때 캡을 열면 뜨거운 물이 분출되어 상해를 입을 위험성이 있으니 주의한다.

② 점검한 부분의 물기를 완전히 닦아낸다.

③ 테스터를 탈·부착할 때 또 시험을 진행할 때 라디에이터의 필러 넥이 변형되지 않도록 주의한다.

④ 테스터를 분리할 때 냉각수가 뿌려지지 않도록 주의한다.

⑤ 누출이 있는 부위는 교환 및 수리한다.

5.2.2 측정방법

① 냉각수 온도가 38℃ 미만으로 냉각된 후 라디에이터 캡을 연다.

② 냉각수 량이 필러 넥(feeler neck)까지 차 있는지를 점검하고 부족하면 냉각수를 보충한다.

③ 라디에이터 캡 테스터를 라디에이터 필러 넥에 설치하고 규정의 압력을 가한다. 이 상태에서 2분 동안 그 상태를 유지하면서 라디에이터, 호스 연결부등 냉각장치 각 부위에서의 냉각수 누출여부를 점검한다.

[표 4-3] **차종별 라디에이터 압력**

차 종	규정값	차 종	규정값
소나타Ⅱ, 아반떼	1.53kgf/㎠	베르나, 아벨라	1.05kgf/㎠
레간자, 라노스	0.95~1.25kgf/㎠	콩코드	0.9kgf/㎠

라디에이터 캡 테스터

[그림 4-20] **라디에이터 냉각수 누출점검**

5.3 라디에이터 캡 압력시험

① 캡 실(cap seal)내에 녹이나 이물질이 있으면 부정확한 압력을 나타내므로 시험 전에 깨끗이 닦아낸다.

② 어댑터를 사용하여 테스터를 캡에 설치한다.

③ 게이지의 바늘이 움직임을 멈출 때까지 압력을 증가시킨다. 이때 바늘이 10초 동안 일정하게 유지하여야 한다.

④ 측정 압력이 규정값을 벗어나면 라디에이터 캡을 교환한다.

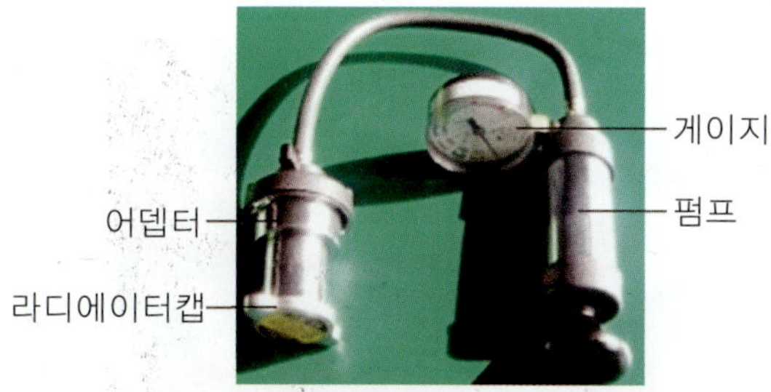

(a) 라디에이터 캡 설치

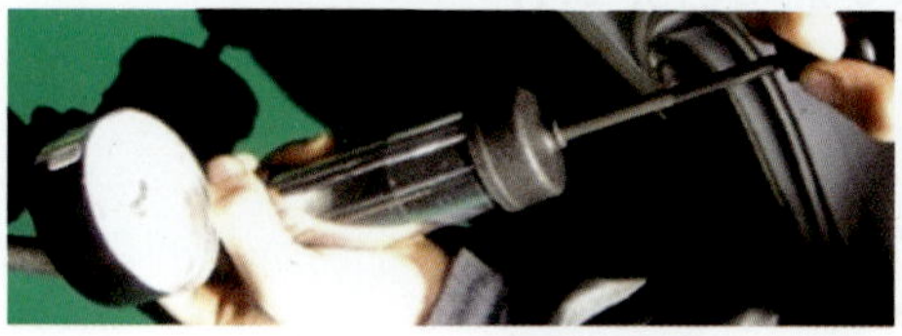

(b) 압력을 가한다

(c) 압력유지 확인

[그림 4-21] **라디에이터 캡 시험**

[표 4-4] **차종별 라디에이터 캡 압력**

적용 차종	고압밸브 개방 압력	진공밸브 개방 압력
아반떼, 소나타II	0.83~1.1kgf/㎠	0.07kgf/㎠
EF소나타, NF소나타	0.95~1.25kgf/㎠	0.07kgf/㎠
에스페로, 레간자, 라노스, 아카디아	0.95~1.25kgf/㎠	
프라이드, 포텐샤	1.05kgf/㎠	

5.4 수온계 유닛 및 센서 점검

5.4.1 수온계 유닛 점검

수온계 유닛을 빼낸 후 냉각수 온도를 높이면서 저항값을 측정한다.

[그림 4-22] **수온계 유닛의 위치**

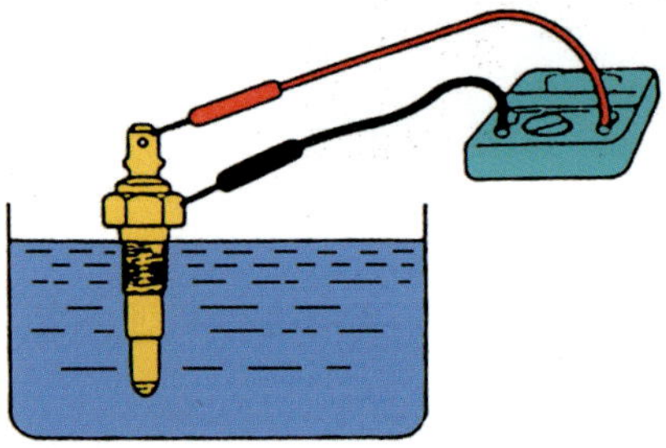

[그림 4-23] **수온계 유닛 저항점검**

[표 4-5] **수온계 유닛 저항**

표준 저항값	90.5～117.5Ω (70℃에서)
	21.3～26.3Ω (115℃에서)

5.4.2 수온센서

[1] 단품점검

냉각수 온도를 높여 가면서 저항 값을 점검한다.

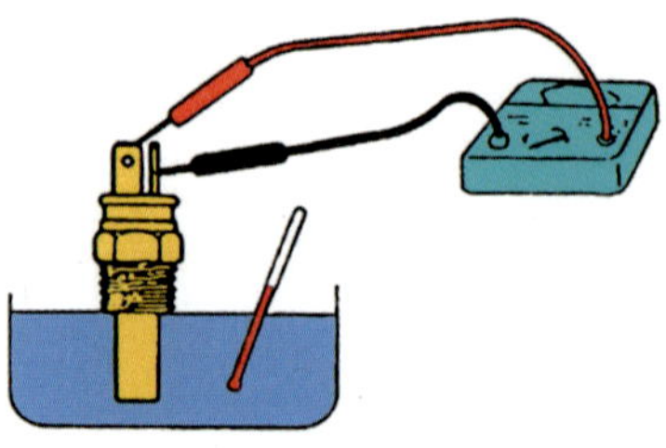

[그림 4-24] **수온센서 점검**

[표 4-6] **온도에 따른 수온센서의 저항값 및 전압값**

냉각수 온도(℃)	저항값(kΩ)	전압값(V)
0	5.18~6.6	4.05
20	2.27~2.73	3.44
40	1.06~1.30	2.72
80	0.29~0.35	1.25

[2] 자기진단를 이용한 점검

(1) 점검내용

① 센서에 5V 전원이 공급되는지 점검한다.

② 각 배선의 단선, 단락, 접지성을 점검한다.

③ 냉각수온 변화에 따른 저항변화값과 출력전압을 점검한다.

(2) 점검방법 및 점검순서

공전속도가 규정값에 미치지 못하거나 엔진을 난기운전을 할 때 검은 배가가스를 배출한다면 수온센서의 결함을 점검하여야 한다. MUT나 오실로스코를 이용하여 WTS 출력파형을 점검한다. 또한 커넥터의 접촉상태, 배선의 단선 및 단락을 점검하고, 온도 변화에 따른 저항값의 변화 또는 전압을 점검한다.

① 하네스측 커넥터 2번 단자에 전압계를 설치하여 ref. 전원공급을 확인한다(IG ON상태).

② 멀티미터의 적색 프로브는 센서측 커넥터 1번 단자 흑색 프로브는 차체 또는 ECU측 커넥터 30번 단자에 연결하여 접지성을 확인한다.

③ ECU측 커넥터 45번 단자에 전압계를 설치하여 흡입공기온도 변화에 따른 출력 전압을 점검한다.

④ 스캔툴(MUT)을 이용하여 자기진단과 센서 출력값을 분석 진단한다.

⑤ 오실로스코프 기능을 이용하여 출력파형을 측정한 후 분석 진단한다.

[3] 전원, 접지, 센서 출력 전압점검

① 멀티미터 적색 프로브를 하네스측 2번 단자(전원공급단자)에 흑색 프로브를 배터리(−) 또는 차체에 연결한다(전원 공급 점검).

② 멀티미터 적색 프로브를 하네스측 1번 단자(접지단자)에 흑색 프로브를 배터리

(−) 또는 차체에 연결한다(접지 전압 점검).

③ 멀티미터 적색 프로브를 센서측 2번 단자에 흑색 프로브를 배터리(−) 또는 차체에 연결한다(출력 전압 점검).

[4] 고장일 때 나타나는 현상

일반적으로 WTS고장 시(126℃ 이상 : 단락, −38℃ 이하 : 단선) 고장으로 판정하고 ECU에 메모리 된 대체값으로 제어하며 쿨링팬을 항상 돌게 한다. 다른 제어시스템의 경우 흡기온을 통해 초기에 냉각수온 값을 추정 계산하고 시간에 따라 증가시켜 일정 시간 후 정상 작동온도로 판단하게 한다.

① 냉간 시 초기 시동성 불량 또는 시동불능이 될 수 있다.
② 공회전 시 엔진 부조 및 시동꺼짐 현상이 발생될 수 있다.
③ 주행 중 출력저하 및 가속성능 저하 또는 시동꺼짐 현상이 발생된다.
④ 연료소모 과다 및 일산화탄소 및 탄화수소의 배출이 증가될 수 있다.

5.5 수온조절기(thermostat)점검

수온조절기를 떼어낸 후 아래 그림과 같이 수온조절기를 가열하여 밸브가 열리기 시작할 때의 온도와 밸브가 완전히 열렸을 때의 온도를 측정한다.

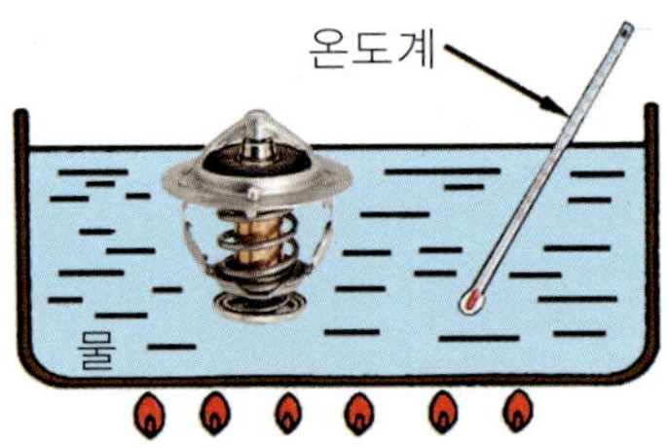

[그림 4-25] 수온조절기 점검

[표 4-7] 차종별 수온조절기 작동온도

적용 차종		밸브 개방 온도(℃)	밸브 전개 온도(℃)
아반떼, NF소나타		82	95
소나타 Ⅱ		88	100
EF소나타	1.8, 2.0 D	86.5~89.5	100
	2.5 D	80.0~84.0	95
프라이드		80.5~83.5	95

CHAPTER 04

실습보고서

01 주어진 기관에 워터펌프와 수온조절기(thermostat)를 탈거하시오.

02 주어진 기관에 기록표의 요구 사항[라지에이터 압력]을 측정 및 점검하고 본래 상태로 조립하시오.

측정항목	① 점검(또는 측정)		② 판정 및 정비(또는 조치)사항		득점
	측정값	규정(정비한계)값	판정(□에 "✔" 표)	정비 및 조치할 사항	
라디에이터 압력시험			□ 양호 □ 불량		

◘ 기록표 작성방법

① 측정값 : 측정한 값을 단위와 함께 기록한다(예 : 1.6kgf/㎠ 2분간 압력유지).
② 규정(정비한계)값 : 측정용 기관의 제원에 맞는 규정 값을 단위와 함께 기록한다(예 : :1.5~1.7kgf/㎠ 2분간 압력유지).
③ 판정 : 측정한 값이 정비 한계 값 이내인 경우에는 "양호", 벗어난 경우에는 "불량"으로 기록한다.
④ 정비 및 조치할 사항 : 양호로 판정한 경우에는 "정비 및 조치사항 없음", 불량으로 판정한 경우에는 정비 및 조치할 사항을 기록한다(예 : 라디에이터 교환 후 재점검).

03 **주어진 기관에서 압력식 캡을 탈거하고 기록표의 요구 사항[라지에이터 압력식 캡]을 측정 및 점검하고 본래 상태로 조립하시오.**

측정항목	① 점검(또는 측정)		② 판정 및 정비(또는 조치)사항		득점
	측정값	규정(정비한계)값	판정(□에 "✔" 표)	정비 및 조치할 사항	
압력식 캡 작동시험			□ 양호 □ 불량		

◘ 기록표 작성방법

① 측정값 : 측정한 값을 단위와 함께 기록한다(예 : 0.92kgf/㎠ 10초간 압력유지).

② 규정(정비한계)값 : 측정용 기관의 제원에 맞는 규정 값을 단위와 함께 기록한다(예 : 0.80~1.10 kgf/㎠, 10초간 압력유지).

③ 판정 : 측정한 값이 정비 한계 값 이내인 경우에는 "양호", 벗어난 경우에는 "불량"으로 기록한다.

④ 정비 및 조치할 사항 : 양호로 판정한 경우에는 "정비 및 조치사항 없음", 불량으로 판정한 경우에는 정비 및 조치할 사항을 기록한다(예 : 라지에이터 캡 교환 후 재점검).

04 **주어진 기관에서 수온센서를 탈거하고 기록표의 요구 사항[수온센서 저항]을 측정 및 점검하고 본래 상태로 조립하시오.**

측정항목	① 측정(또는 점검)		② 판정 및 정비(또는 조치)사항		득점
	측정값	규정(정비한계)값	판정(□에 "✔" 표)	정비 및 조치할 사항	
수온센서			□ 양호 □ 불량		

◘ 기록표 작성방법

① 측정값 : 측정한 값을 단위와 함께 기록한다(예 : 23Ω).

② 규정(정비한계)값 : 측정용 기관의 제원에 맞는 규정 값을 단위와 함께 기록한다(예 : 21.3~26.3Ω).

③ 판정 : 측정한 값이 정비 한계 값 이내인 경우에는 "양호", 벗어난 경우에는 "불량"으로 기록한다.

④ 정비 및 조치할 사항 : 양호로 판정한 경우에는 "정비 및 조치사항 없음", 불량으로 판정한 경우에는 정비 및 조치할 사항을 기록한다(예 : 수온센서 교환 후 재점검).

Chapter

05

흡・배기장치

1. 흡・배기장치의 개요
2. 흡・배기장치의 구조

05 흡 · 배기장치

1. 흡 · 배기장치의 개요

기관은 작동할 때 공기가 필요하며, 공기의 공급은 흡입행정에서 실린더 내에 발생하는 진공에 의하여 자연적으로 흡입되거나 과급기(supercharger) 등을 사용하여 강제로 공기를 실린더 내로 주입시켜야 한다. 그리고 혼합기가 연소한 후 연소가스를 외부로 배출해야 하는데 이러한 일을 하는 장치를 흡·배기장치라 한다.

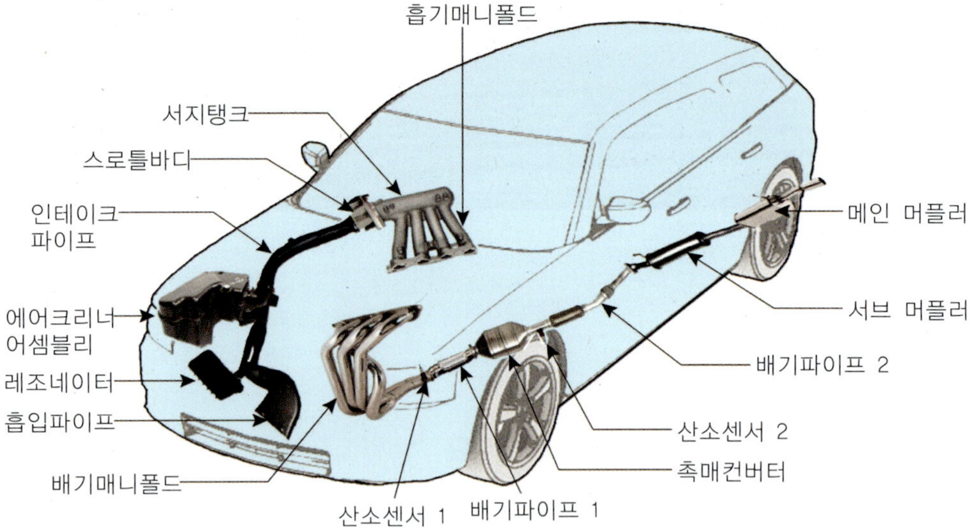

[그림 5-1] 흡기 및 배기장치

흡입장치에는 공기청정기(air cleaner), 공기유량센서(air flow meter), 흡기다기관(intake manifold), 스로틀보디, 과급기(supercharger) 등이 있으며, 배기장치는 배기다기관(exhaust manifold), 소음기(muffler), 공명기(resonator), 촉매컨버터(catalytic converter), 산소센서, 배기파이프(exhaust pipe) 등으로 구성된다.

2. 흡·배기장치의 구조

2.1 흡입장치(Intake system)

2.1.1 공기청정기(air cleaner)

기관의 실린더 내로 흡입되는 공기는 대기이므로 대기 중의 먼지 등이 흡입되면 실린더 벽, 피스톤링, 흡입밸브 등의 마모를 촉진시키며, 이와 같은 먼지가 기관의 오일 속에 유입되면 연마제와 같은 역할을 하여 베어링 및 기관 각 부위를 마모시키는 원인이 된다. 따라서 공기청정기는 흡입되는 공기 속의 먼지를 제거함과 동시에 공기를 흡입할 때 흡입계통에서 발생하는 소음을 제거하는 역할을 하는 장치이다.

공기 중에 포함되어 있는 먼지(dust)는 산화규소(SiO_2), 산화알루미늄(Al_2O_3), 산화철(Fe_2O_3), 카본(carbon) 등이 주성분으로 되어 있는데 흡입공기의 청정도는 기관의 수명을 좌우하는 매우 중요한 한 요소이다. 공기청정기의 종류에는 건식 공기청정기(dry type air cleaner)와 습식 공기청정기(wet type air cleaner)가 있다.

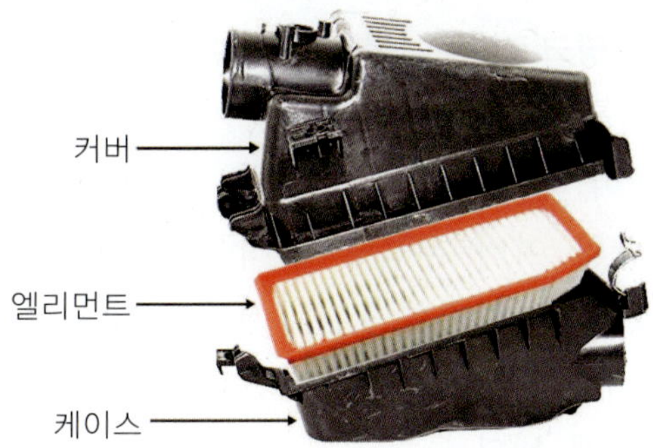

[그림 5-2] 건식 공기여과기의 구조

2.1.2 레조네이터(resonator)

공명기(共鳴器)라고도 부른다. 공기가 흡입구로 들어와 에어클리너를 지난 다음 에어 덕트를 통해 엔진으로 들어갈 때의 속도는 초속 7~8m에 달해 공기가 이런 속도로 에어덕트와 흡기계통의 구부러진 곳을 지나다 보면 자연히 소음이 커지므로 특정 주파수의 공명을 이용해 소음을 줄이는 장치이다.

2.1.3 스로틀 보디(throttle body)

플라스틱 에어덕트는 스로틀 보디와 연결되고, 공기가 엔진에 들어가기 전 제일 먼저 만나는 것이 스로틀밸브이다. 원반 모양으로 중간에 축이 있는 모습이 나비 날개 같다고 해서 버터플라이 밸브라고도 부르며, 운전자가 액셀 페달을 밟는 양에 따라 엔진으로 들어가는 공기의 양을 조절한다. 이 밸브가 설치된 케이스를 스로틀 보디라고 한다.

엔진 출력은 엔진으로 들어가는 공기의 양에 의해 조절된다. 스로틀 보디에는 밸브가 열린 정도를 측정하는 스로틀 포지션 센서(TPS)가 달려 있다.

2.1.4 서지탱크(surge tank)

스로틀보디와 엔진사이에는 서지탱크와 흡기 매니폴드가 설치되어 있다. 스로틀밸브를 지난 공기를 1차적으로 저장하는 공간이다. 엔진은 흡입행정시 공기가 들어간다. 그러나 흡기 매니폴드를 통해 실린더로 빨려 들어가던 중 흡기밸브가 닫히면 미처 들어가지 못한 공기가 밸브에 부딪히며 곧바로 3개의 다른 실린더에서도 공기를 빨아들이기 때문에 이런 상황이 반복되면 공기는 흡기 매니폴드 파이프사이에서 파도치는 듯한 맥동현상이 발생한다.

이런 현상을 막는 것이 서지탱크로 공기를 각 실린더로 안정되게 공급하는 역할을 하고, 서지탱크는 스로틀 바디를 지나 유입되는 공기를 또한 흡입계통에서 대기로부터 실린더로 공기를 흡입하기 위해 발생하는 진공을 생성 및 저장하도 한다. 서지탱크에 생성된 진공에 의해 차량의 여러 부품들이 작동이 된다. 때문에 엔진의 성능에 영향을 미칠 수 있다. 출력에 비해 지나치게 큰 서지탱크는 진공도가 떨어져서 응답성에 저하가 일어날 수 있고 작은 서지탱크는 진공용량의 부족으로 전체 출력 저하와 부품들의 작동이 원활하지 못하게 된다.

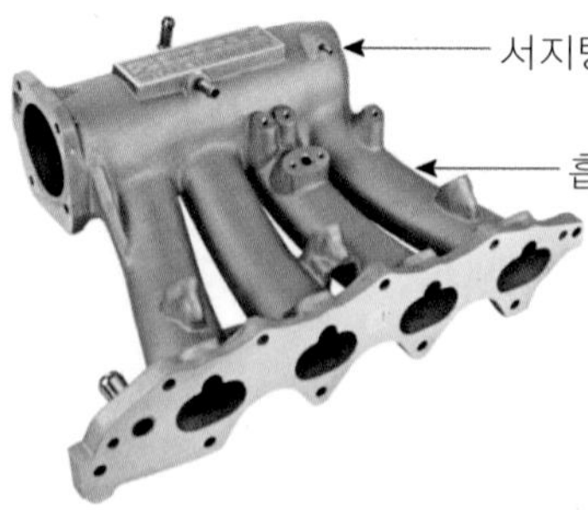

[그림 5-3] 서지탱크 및 흡기 매니폴드

2.1.5 흡기다기관(intake manifold)

흡기다기관은 공기나 혼합기를 각 실린더에 가능한 균등히 배분시켜주는 장치를 말하며, 재질은 알루미늄합금 또는 특수 플라스틱을 사용한다. 흡기다기관 형상은 공기 흐름이 양호하면서 흡기 맥동이나 공기 관성 등을 충분히 고려하여 기관의 전체 회전 속도 범위에서 높은 충전효율을 얻도록 설계되어야 한다. 또, 흡기다기관 내부는 가능한 매끄러워야 하며, 각 실린더까지 길이는 모두 같아야 각 실린더에 공급되는 공기량 또는 혼합기량이 균등하게 배분될 수 있으므로 흡기다기관의 지름, 단면 형상, 휨 부분의 곡률반지름(가능한 크게) 등을 충분히 고려하여야 한다.

가속할 때의 응답성능을 양호하게 하고 저속에서 원활한 운전을 하기 위해서는 다기관의 단면적이 적어 흡입공기의 흐름속도가 빠른 것이 좋고 고속운전에서는 큰 출력이 필요할 때는 저항이 적고 단면적이 큰 것이 좋다.

일반적으로 기관의 흡입과정은 정상흐름이 아니고 간헐 흐름이므로 이에 따른 맥동이나 부가적인 소음발생이 발생하므로 흐름관성을 이용한 외기도입 덕트(duct)를 길게 하거나 흡입손실을 적게 하고 소음을 줄일 목적으로 공명기(resonator)를 설치하기도 한다.

2.2 배기장치(exhaust system)

2.2.1 배기다기관(exhaust manifold)

배기 매니폴드는 각 기통의 연소실과 연결된 다기관으로 연소실로부터 배출되는 배기가스를 원활하게 배기장치 및 배기관으로 전달하는 역할을 하며 내열성이 좋은 주철로 만들어진다. 스테인리스 소재도 있기도 하다. 자동차 기관의 배기과정 에서 발생하는 고온의 열과 소음을 차단하기 위해 배기 다기관의 상측에 배기 다기관과 이격되게 히트 프로텍터에 장착되어 있다.

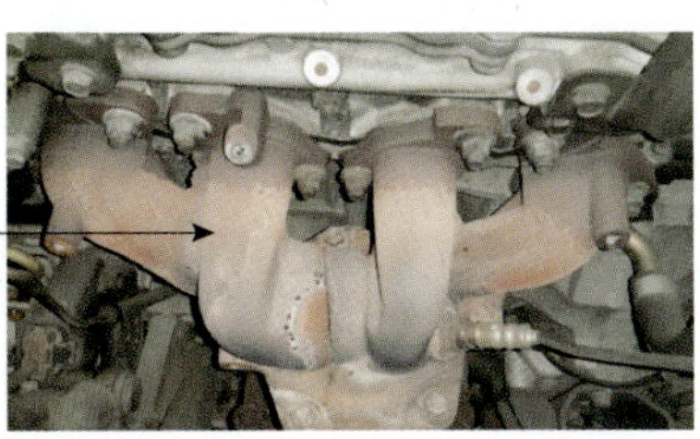

[그림 5-4] 배기다기관 및 히트 프로텍터

2.2.2 촉매컨버터(catalytic converter)

[1] 촉매의 작용

촉매란 그 자체는 변화하지 않고 적당한 조건하에서 반응물질의 산화 또는 환원을 도와주는 성질이 있는 물질을 말하며 촉매장치는 배기가스 중의 유해성분인 CO, HC 및 NOx를 산화 또는 환원반응을 이용하여 무해물질로 변화시킨다. 촉매반응의 기본 요인은 반응물질의 농도, 온도, 가스의 공간 이동속도에 따라 좌우된다.

일반적으로 촉매반응은 300℃ 이상의 조건이 요구되고, 반응물질의 농도에 있어서는 산소농도와 피 산화물질(CO, HC, H_2)의 농도 평형이 촉매반응에 중요한 역할을 하므로 반응효과를 높이기 위해서는 이들 인자에 대한 적절한 제어가 필요하다.

가솔린엔진의 최적의 연료 공기 혼합비는 연료(1kgf) : 공기(14.7kgf)이다. 공기의 비율이 높으면 탄화수소(HC)와, 일산화탄소(CO)가 높아지고 질소산화물(NOx)은 낮아져 촉매변환기가 제대로 작동하지 못하거나 망가지게 된다. 이러한 공기비의 유지는 공기비 센서에서 감지되어 ECU를 통해 제어된다.

- 산화반응

$2CO + O_2 \rightarrow 2CO_2$

$HC + O_2 \rightarrow 2CO_2 + H_2O$

- 환원반응

$2NO + 2CO \rightarrow 2CO_2 + H_2O + N_2$

$NO + HC \rightarrow CO_2 + H_2O + N_2$

$2NO + 2H_2 \rightarrow N_2 + 2H_2O$

- 수성가스 반응

$CO + H_2O \rightarrow CO_2 + H_2$

$HC + H_2O \rightarrow CO_2 + H_2$

$2H_2 + O_2 \rightarrow 2H_2O$

[2] 촉매반응 물질(catalytic reaction metal)

촉매반응 물질에는 백금(Pt : platinum), 팔라듐(Pd : palladium), 로듐(Rh : rhodium)

이 이용되고 있으며 촉매반응 형식에 따라 이들 물질의 사용이 달라진다. 일반적으로 산화촉매에는 백금, 팔라듐 또는 백금+팔라듐이 사용되며 3원 촉매에는 백금+로듐이 사용되고 있다.

[3] 촉매장치의 종류

촉매장치에는 그 형상에 따라 펠릿형과 모노리스형이 있고, 촉매의 기능에 따라 산화촉매, 환원촉매, 3원 촉매가 있다. 펠릿형 촉매장치는 산화알루미늄(Al_2O_3), 산화실리콘(SiO_2), 산화마그네슘(MgO)을 주원료로 하는 2~4㎜ 직경의 구상 담체에 촉매성분을 도포하여 금속제 용기에 담아서 사용한다. 모노리스형 촉매장치는 벌집모양의 담체표면에 촉매성분을 도포하여 사용한다.

(1) 산화촉매(oxidation catalyzer)

산화촉매는 백금 또는 팔라듐이 사용되고 있으며 CO, HC를 산화반응시켜 CO_2와 H_2O로 변환시킨다. 산화촉매의 기본적인 조건은 산화분위기를 조성할 수 있는 희박공연비상태 제어이나 일반적으로 후처리장치인 2차 공기 공급장치가 많이 사용되고 있다. 산화 촉매장치의 단점으로는 NOx처리가 되지 않기 때문에 EGR장치가 추가되거나 NOx배출량이 적은 엔진에 적용되고 있다.

(2) 환원 촉매(reduction catalyzer)

환원촉매는 NOx의 환원처리를 주목적으로 하는 것으로 배기가스의 환원반응 분위기를 조성하기 위해 농후한 공연비가 요구된다. 환원 촉매장치를 장착하는 경우 CO, HC의 처리가 불충분하기 때문에 산화 촉매장치 및 2차 공기 공급장치를 추가로 설치할 필요가 있다. 따라서 환원 촉매장치는 구조가 복잡해지고, 농후한 공연비제어에 의한 연비의 악화 그리고 암모니아(NH_3)를 생성하는 등의 문제로 실용화되지는 못하였다.

(3) 3원 촉매(3way catalyzer)

3원 촉매에는 백금+로듐이 사용되며 CO, HC의 산화반응과 동시에 NOx의 환원반응도 동시에 행한다. 즉, 배기가스내의 CO, HC, NOx를 하나의 촉매로 처리하는 것이다.

3원 촉매는 이론공연비 부근에서 CO, HC, NOx의 3성분에 대한 높은 정화율을 나타낸다. 따라서 이들 3성분의 높은 정화율이 얻어지는 좁은 범위(빗금 구간)의 공연비

제어영역으로 엔진의 공연비를 제어할 필요가 있다.

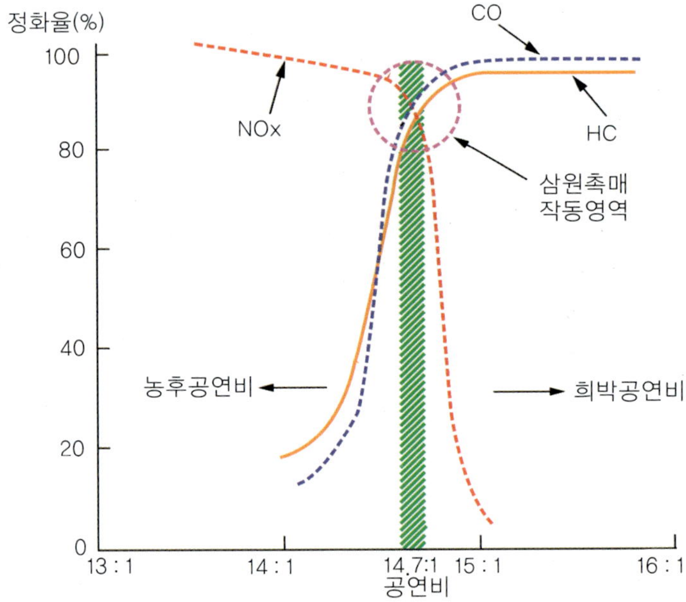

[그림 5-5] 림 5. 삼원촉매의 정화성능

3원 촉매의 정화율은 공연비와 촉매컨버터(catalytic converter) 입구에서의 배기가스 온도에 관계하며 이론공연비 부근과 배기가스 온도 약 300℃ 이상에서 높은 정화율을 나타내므로 이론공연비(14.7 : 1)를 제어하기 위하여 산소센서를 이용한 크로즈 루프(closed loop)가 가장 바람직하다.

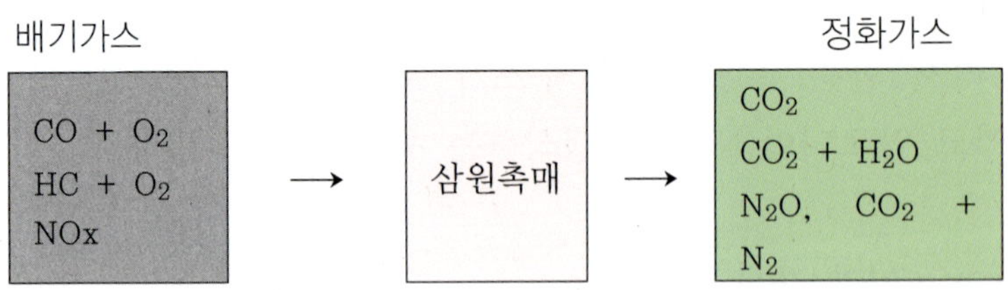

[삼원촉매의 배기가스 처리의 개요도]

(4) 작은 구슬형 담체(pellet type substrate)

세라믹으로 된 작은 구슬(pallet) 수천 개를 금속제 하우징에 삽입한 것으로 배압이 많이 걸리고 담체마모 손실이 커 거의 사용하지 않는다.

(5) 세라믹 일체형 담체(ceramic monoliths substrate)

오늘날 가장 많이 사용되는 형식이다. 재질은 내열성이 높은 마그네슘-알루미늄 실리케이트(예 : $2MgO-2Al_2O_3-5SiO_2$)가 주성분이다. 이 형식의 담체는 벌집모양으로 배기가스가 통과하는 수천 개의 통로 즉, 셀(cell)이 뚫려 있다. 셀 밀도(cell density)는 보통 1㎠에 약 65개 정도(약 420CPSI(cell per square inch))에서부터 120개(약 800 CPSI) 정도가 실용화되어 있으나, 점점 증가하는 추세에 있다.

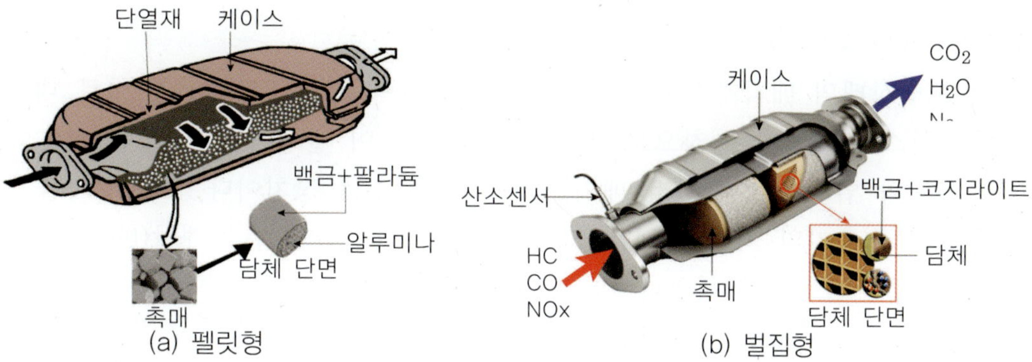

[그림 5-6] 촉매장치의 형태

셀 밀도가 증가할수록 셀의 벽두께는 그 만큼 얇아지고 촉매기의 성능은 상승한다. 세라믹 담체는 진동이나 충격에 아주 약하기 때문에 하우징과 담체 사이에는 금속섬유(metal wool) 등과 같은 탄성물질을 채워두고 있다. 이 탄성물질은 운전 중 담체와 하우징의 팽창계수차를 보상해주며 기계적 응력을 흡수한다.

(6) 금속제 담체형 촉매장치

0.05~0.07㎜ 정도의 가느다란 내열, 내 부식성 철선으로 짠 그물망의 띠를 감아서 만든 담체를 사용하여 그 담체 표면에 촉매물질을 코팅한 것으로 세라믹 담체에 비하여 배압이 적게 걸린다. 그러나 가격이 비싸고, 고온부식의 위험이 있으며(약 1,100℃부터), 출발·정지가 잦은 경우 낮은 비열로 촉매가 쉽게 냉각되는 단점이 있다.

삼원촉매장치는 엔진 배기측과의 근접성, 배치위치 및 정화성능 등에 따라 MCC (manifold catalytic converter), CCC(closed-coupled catalytic converter), WCC (warm-up catalytic converter), UCC(under floor catalytic converter)형식 등이 있다.

MCC방식은 촉매장치를 배기 매니폴드에 볼트로 체결하며, CCC방식은 배기매니폴드에 용접하여 설치함으로써 엔진 배기 측과 근접시켜 촉매의 성능효율을 높인다. WCC방식은 냉간 시 정화성능이 우수하며 UCC방식은 차량바닥에 설치한 형식이다.

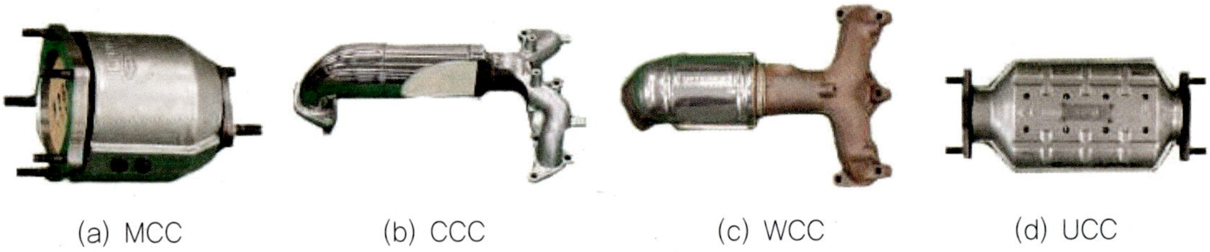

[그림 5-7] 삼원촉매의 구조

2.3 소음기(muffler)

고온·고압상태의 배기가스(온도 300~800℃, 압력 0.3~0.5MPa)를 바로 대기로 배출시키면 가스의 급격한 팽창으로 인하여 큰 폭발음이 발생하는데, 소음기는 이 배기가스의 온도와 압력을 저하시켜 배기소음을 줄여 주는 장치이다. 소음효과를 증대시키기 위하여 소음기의 저항을 너무 크게 하면 소음은 작아지나 배압(back pressure)이 높아져 기관 출력이 저하한다. 따라서 소음기는 가능한 한 배압을 높이지 않고 출력손실 없이 소음을 줄이는 구조로 설계되어야 한다.

소음을 줄이는 방법으로는 흡음재(sound deading materials)를 사용하거나 배기가스를 작은 구멍으로 분출시켜 온도와 압력을 저하시키기도 하며 길이가 다른 배기가스 통로를 만들어 음파를 서로 간섭시켜 소음을 줄이는 방법 등이 있다. 자동차용으로 사용되는 소음기는 팽창형, 저항형, 공명형, 흡음형, 간섭형 등이 있으나 저항이 적고 배압이 발생이 적은 형상이나 구조를 선택해야 한다.

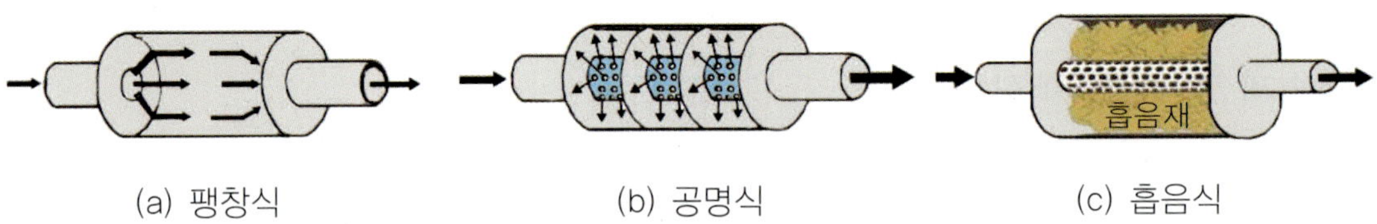

[그림 5-8] 머플러 타입

2.3.1 팽창식

팽창식은 머플러 내부에 몇 개의 팽창실로 공간을 나누어 배기가스가 이러한 팽창실을 지나며 단계적으로 압력을 낮춰 소음발생을 억제한다. 이는 관의 단면을 갑자기 확대 또는 축소시켜 관을 지나가는 음파를 간섭시켜 소리를 줄이는 원리의 방식이다.

2.3.2 공명식

여러 소리가 합쳐지는 경우 소리가 커지거나 작아지는 현상을 소리의 공명현상이라고 한다. 이러한 공명현상을 이용해 소음을 줄이는 방식이 공명식이다. 팽창실 내부의 벽을 통해 배기가스의 소리가 반사되어 돌아오는데 이러한 벽 사이에 거리를 조절하여 반사되어 돌아오는 소리와 이후에 발생된 소리가 만났을 때 음파가 서로 상쇄되어 소리가 작아지는 지점을 찾아 공명 현상을 일으키는 방식이다.

2.3.3 흡음식

흡음식의 경우 배기가스가 다공질의 흡음재를 통과하며 소음 에너지를 마찰 에너지에 의한 열에너지로 변환하는 방식이다. 머플러 내에는 유리 섬유 등으로 만들어진 흡음재가 들어가 있다. 머플러로 들어온 배기가스는 흡음재와 만나 소리 에너지(운동에너지)를 빼앗기게 된다. 특히 고주파수 소음을 컨트롤할 때 자주 사용되는 방식으로 대부분의 복합 머플러 방식에 장착된다.

Chapter 06

배출가스 정화장치

1. 가솔린기관 배출가스 정화장치의 개요
2. 가솔린기관 배출가스 정화장치의 점검・정비
3. 배기가스의 상태 측정(CO, HC시험기)

06 배출가스 정화장치

1. 가솔린기관 배출가스 정화장치의 개요

1.1 배출가스의 개요

자동차에서 발생되는 배출가스는 주로 배기파이프에서 배출되는 배기가스(exhaust gas), 엔진 크랭크케이스에서의 블로바이가스 및 연료탱크나 연료라인에서 발생되는 연료증발가스(fuel evaporation gas)가 있다. 자동차에 의한 대기오염의 제 1주범은 주로 주행 중에 대기로 방출하는 배기가스이며 이들 배기가스 중에 포함되어 있는 일산화탄소(CO)는 혈액중의 헤모글로빈(hemo globin)과 결합되기 쉽고, 고농도로 되면 산소결핍증의 원인이 된다.

탄화수소(HC)와 질소산화물(NOx)은 대기 중에서 태양에너지에 의하여 광화학반응을 일으켜 오존(O_3), 팬(pan), 알데히드(aldehyde)류와 같은 옥시던트(oxident)를 형성하여 광화학스모그(photochemical smog)현상을 일으킨다.

일반적으로 자동차의 배출가스 중 배기가스는 약 60%, 크랭크실 블로바이 가스는 약 25%, 그리고 연료 증발가스는 약 20%의 비율을 가진다.

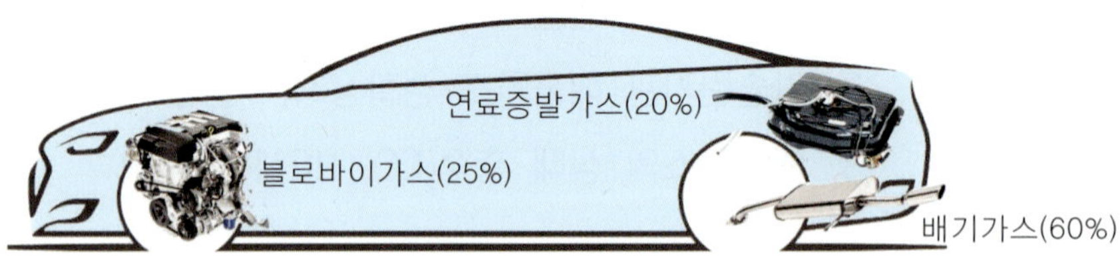

[그림 6-1] 자동차에서 발생되는 유해 배출가스

1.2 배기가스(exhaust gas)

엔진 연소실에서 연료를 완전 연소시킬 수 있다면 연료의 주성분인 탄화수소는 산소와 결합하여 수증기와 이산화탄소(CO_2)만을 배출시켜야 하나 실제 엔진에서 완전연소가 불가능하고 공기 중에는 산소 이외의 물질이 함유되어 있기 때문에 연소 후 유해 배기가스를 배출하게 된다.

가솔린엔진에서 연소 후 배출되는 유해 연소생성물에는 일산화탄소(CO), 미연탄화수소(HC) 및 질소산화물(NOx)이 있다. 연소 중에 연료는 공기 중의 산소(O_2)와 반응하며 그 일부가 불완전 연소하여 CO와 HC를 발생시키고, 공기 중의 질소(N_2)와 반응하여 NO, NO_2 등의 질소산화물(NOx)이 발생된다. 이들의 배출가스의 양은 공연비, 연소온도, 배기온도 등에 따라 변화하므로 엔진의 성능을 악화시키지 않는 조건하의 배기 정화장치를 장착하거나 엔진의 개량, 혼합기 형성장치의 개량, 점화장치의 개량 등을 통하여 이들을 저감시키고 있다.

디젤엔진에서는 과잉 공기율로 인하여 CO, HC의 배출은 적으나 NOx의 배출량이 많고 불완전연소에 의한 카본입자(PM, particular matter)가 배출된다. 따라서 디젤엔진의 배기가스 저감은 연소실의 개량, 분사장치의 개량 등으로 해결하고 있다.

1.2.1 일산화탄소(CO : carbon monoxide)

자동차가 일정한 회전속도로 전부하 운전을 할 때 발생하는 유해가스의 배출 비율은 이론 혼합비를 중심으로 이보다 짙은 혼합비일 때는 공기가 부족하므로 불완전 연소가 되어 CO 발생비율이 높아진다. 최근에는 유해가스의 발생량과 관련이 있는 출력 및 연료 소비율에 대한 요구도 엄격하다. 출력은 혼합비가 12.5 : 1때 최대가 되고, 연료 소비율은 15 : 1 부근에서 최저값을 나타낸다. 또한 엔진의 성능과는 다음과 같은 관계가 있다.

① CO가 많이 발생할 때는 연료소비가 증가하는 것을 나타내고, 짙은 혼합기를 공급하는 최고 출력 시에는 CO의 발생량은 증가한다.

② NOx의 발생량이 감소할 때는 CO의 발생량은 증가하여 연료소비율은 악화된다.

일산화탄소는 무색, 무취로써 인체에 흡수되면 산소 대신 적혈구에 흡수되어 산소 부족현상이 발생하며 소량일 경우 두통, 현기증이 발생하나 대량이 흡수될 경우 사망을 초래한다. 일산화탄소의 배출량은 엔진에 공급되는 혼합기의 공연비에 좌우하며 희박공연비일 경우 CO 농도는 낮으나 농후공연비일 경우 높아진다.

1.2.2 탄화수소(HC : unburned hydro carbon)

HC의 발생은 혼합비와 직접 관계가 적으며, 가솔린 연료는 탄소와 수소로 결합된 탄화수소 화합물로써 불완전연소에 의하여 발생할 뿐만 아니라 블로바이가스(blow by gas) 또는 연료증발가스에도 포함되어 있다.

탄화수소는 공기부족에 의한 불완전 연소시에 주로 발생되는데 실린더 또는 연소실 벽쪽은 저온이므로 이 부분(소염경계층)에서는 연소온도에 이르지 못하고 화염이 전달되지 못하므로 미연소 HC가 발생되며, 점화플러그의 불꽃이 약해서 완전히 착화가 되지 않을 때의 미연소 현상, 밸브 오버랩 시에 혼합기가 빠져 나가는 것이 원인이 된다. 따라서 혼합비가 17 : 1의 범위에서는 혼합비가 짙을수록 HC의 배출량은 증가하나, 혼합비가 17 : 1이 넘는 희박한 혼합비로 되면 연료 성분이 너무 적기 때문에 보통의 연소방식으로는 실화(misfire)이며 미연소 HC가 대량으로 배출된다. 그리고 인체에 흡입시 호흡기계통에 자극을 주며 산화되면 알데히드류로 변화하여 눈의 점막에 강한 자극을 준다.

엔진에서 탄화수소가 발생되는 조건은 다음과 같다.

① 불완전 연소시
② 감속시
③ 희박공연비 상태시
④ 밸브 오버랩시 혼합기배출

1.2.3 질소산화물(NOx : nitrogen oxide)

공기 중에는 질소가 70% 이상이므로 연소시 질소와 산소가 반응하여 질소산화물을 배출시킨다.

질소산화물은 산화는 잘되지 않지만 고온, 고압 하에서는 산화되어 발생량이 증대된다. 이 질소산화물 발생은 최고 연소온도에 좌우되며 연소온도의 상승과 함께 급격히 증가하나 역으로 최고 연소온도를 다소 낮추면 급격히 하락된다. 따라서 배기가스를 연소실로 재순환(EGR)시킴으로써 최고 연소온도나 압력을 낮추어 질소산화물의 발생을 줄이고 있다. 재순환되는 배기가스 중 불활성가스인 CO_2는 연소온도가 1500~1700℃ 이상으로 되면 열해리현상이 발생되며 이로 인해 연소온도가 저하(약 100~150℃)된다.

일반적으로 질소산화물 배출은 이론공연비 부근에서 최대가 되며 희박하거나 농후한 공연비 상태가 되면 급격히 저하한다. 그리고 점화시기가 늦어짐에 따라 연소온도가 저하하여 탄화수소 및 질소산화물 배출은 저하된다.

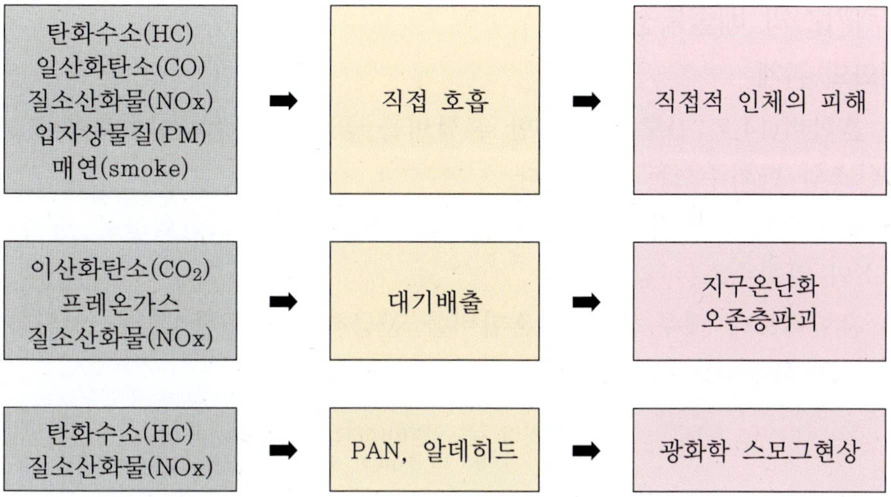

[그림 6-2] **유해 배출가스의 영향**

1.2.4 입자상 물질(PM : particulate matter)

입자상 물질은 우리가 눈으로 볼 수 있는 입자성을 띠고 있다. 이들은 주로 불완전 연소시 발생하며 나쁜 연료와 윤활유도 원인이다. 입자상 물질의 입자는 75% 이상이 직경 1㎛ 이하의 미세입자이기 때문에 기관지 등에 침투하여 장기간 잠재하며 특히 폐암의 원인으로 판명되고 있어 위해성에 대한 논란이 가중되고 있다.

배기가스 온도가 500℃ 이상의 고온시 배출되는 입자상 물질은 대부분 직경 0.1~0.3㎛의 탄소 입자덩어리로서 "드라이 수트(dry soot)" 로 불리며 배기온도 500℃ 이하에서는 유기성용제로 제거할 수 있는 성분인 SOF(soluble organic fraction)가 입자상 물질에 흡착되어 있으며 "웨트 수트(wet soot)" 이다. SOF는 액상의 미연 탄화수소로서 연료의 미연분과 연소실내로 흡입된 오일의 미연분으로 구성된다.

입자상 물질은 국소적인 과농혼합기 상태의 공기부족상태에서 연료가 연소할 때 불완전연소, 열분해에 의해 생긴 물질을 미립자핵으로 하여 응집, 표면 성장하여 합체되면서 생성이 되는 것이다. 디젤연소기간 중에는 확산연소 중에 대량 생성되며 연소후기에 화염 중에 공기를 도입하면 재연소가 일어나 급격히 감소하므로 그 생성을 억제할 수가 있다. 엔진 연소실 내의 연소온도, 혼합기 운동형태, 연료성분, 확산속도, 반응시간, 연료미립도 등의 요인에 따라 크게 변화한다.

1.2.5 배기가스의 배출특성

[1] 혼합비와의 관계

① 이론 혼합비(14.7 : 1)보다 농후한 혼합비를 공급하면 질소산화물은 감소하고, 일산화탄소와 탄화수소는 증가한다.

② 이론 혼합비보다 약간 희박한 혼합비를 공급하면 질소산화물은 증가하고, 일산화탄소와 탄화수소는 감소한다.

③ 이론 혼합비보다 매우 희박한 혼합비를 공급하면 질소산화물과 일산화탄소는 감소하고, 탄화수소는 증가한다.

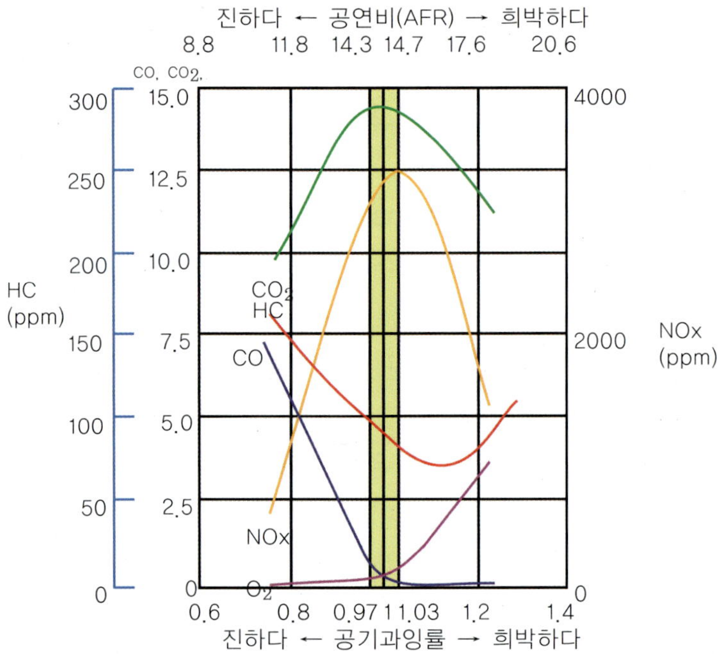

[그림 6-3] **공연비와 배기가스 농도와의 관계**

(1) 공기 과잉률(λ)

연료를 연소하기 위하여는 14.7 : 1의 이론 공기량보다는 실제로 많은 공기량이 필요하며 이론 공기량과 실제 필요한 공기량의 비를 공기 과잉률이라 한다.

$$\text{공기 과잉률} = \frac{\text{실제흡입된 공기중량}}{\text{이론공기량의 총중량}}$$

공기 과잉률이 1에 가까워지면 엔진은 출력이 증대되며 연료별 이론공기량과 공기 과잉률은 다음 표와 같다.

[표 6-1] 연료별 이론공기량과 공기 과잉률]

연 료	이론공기량	공기 과잉률
가솔린 중 유 알 콜	11.3~11.5 10.8~11.0 ~7.0	1.2~2.5

[2] 기관의 온도와의 관계

① 기관의 온도가 낮을 경우에는 농후한 혼합비를 공급하므로 일산화탄소와 탄화수소는 증가하지만, 연소온도가 낮아 질소산화물은 감소한다.

② 기관의 온도가 높을 경우에는 질소산화물의 발생이 증가한다.

[3] 기관을 감속 또는 가속하였을 때

① 기관을 감속하였을 때 질소산화물은 감소하지만, 일산화탄소와 탄화수소는 증가한다.

② 기관을 가속할 때는 일산화탄소, 탄화수소, 질소산화물 모두 증가한다.

[4] 기관 작동상태와의 관계

① 기관이 공전할 때에는 일산화탄소와 탄화수소는 증가하지만 질소산화물은 감소한다.

② 기관을 가속할 때에는 일산화탄소, 탄화수소, 질소산화물 모두 증가한다.

③ 기관을 감속할 때에는 일산화탄소와 탄화수소는 증가하지만 질소산화물은 감소한다.

1.3 배출가스 제어장치

1.3.1 블로바이가스 제어장치

① 경부하 및 중부하에서의 블로바이가스는 PCV밸브(positive crank case ventilation valve)의 열림 정도에 따라서 유량이 조절되어 서지탱크로 들어간다.

② 급가속 및 높은 부하운전에서는 흡기 부압이 감소하여 PCV밸브의 열림 정도가

작아지므로 블로바이가스는 흡기 부압을 이용하여 블리더 호스를 통하여 서지탱크로 들어간다.

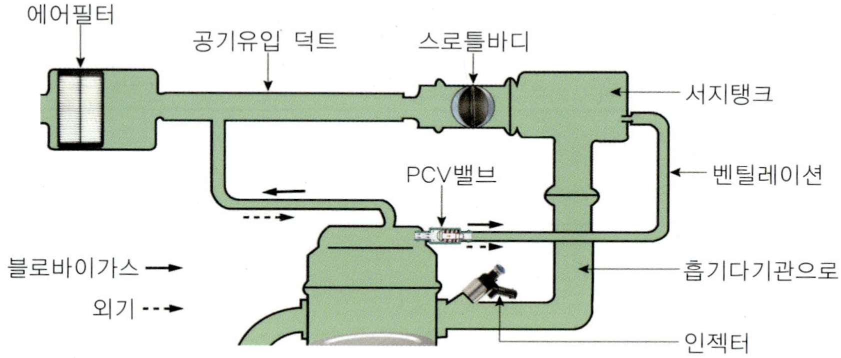

[그림 6-4] 밀폐식 PCV시스템

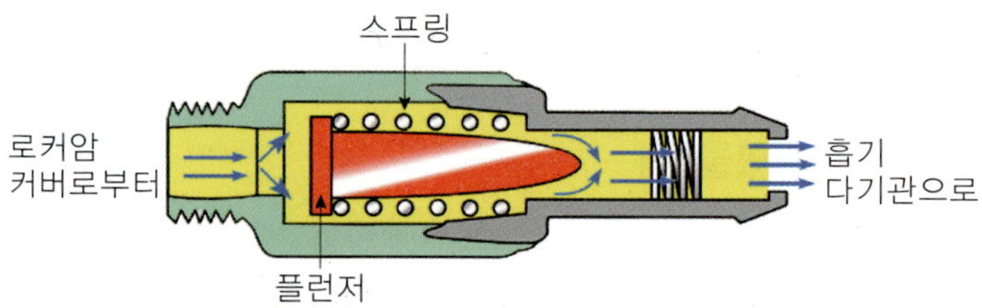

[그림 6-5] PCV밸브의 구조

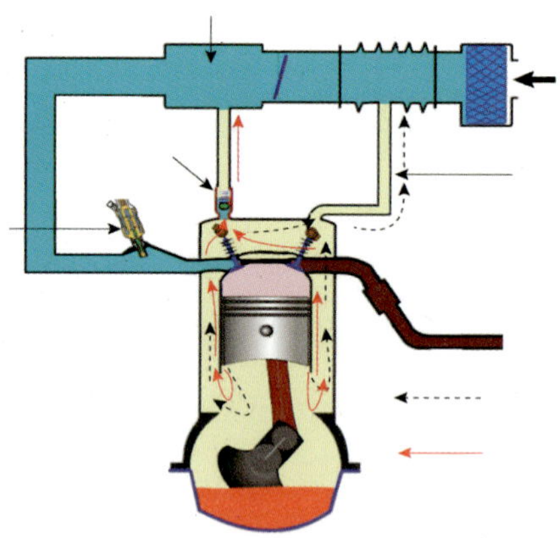

[그림 6-6] 블로바이 가스의 흐름

1.4 연료 증발가스 제어장치

1.4.1 증발가스 제어의 개요

자동차에서 연료증발가스는 연료탱크 등의 연료계통에서 발생하며, 주요성분은 탄화수소(HC)이다. 연료증발가스 제어방식에는 활성탄 저장방식(charcoal canister), 크랭크케이스 저장방식, 에어클리너 저장방식 등이 있으나 대부분 캐니스터 방식을 사용하고 있다. 활성탄은 연료증기를 잘 흡착하고 공기를 흐르도록 하면 연료 증기를 이탈시키는 특성이 있다. 따라서 기관의 가동을 정지시킨 경우에는 증발된 연료를 채운 용기(활성탄 캐니스터, charcoal canister)에서 포집하고, 가동될 때에는 캐니스터 외부에서 새로운 공기를 도입하여 활성탄에 흡착된 연료를 이탈시켜 흡입계통으로 흡입, 퍼지(purge)시킨다. 캐니스터에 포집된 연료증발가스 순환량을 제어하기 위하여 퍼지 컨트롤밸브(PCV : purge control valve)를 사용하며, 또한, ECU에 의해 듀티 제어를 하는 밸브를 퍼지 컨트롤 솔레노이드밸브(PCSV)라 하며, ECU에 의하여 흡기다기관의 부압, 수온센서 등의 신호에 따라 제어된다.

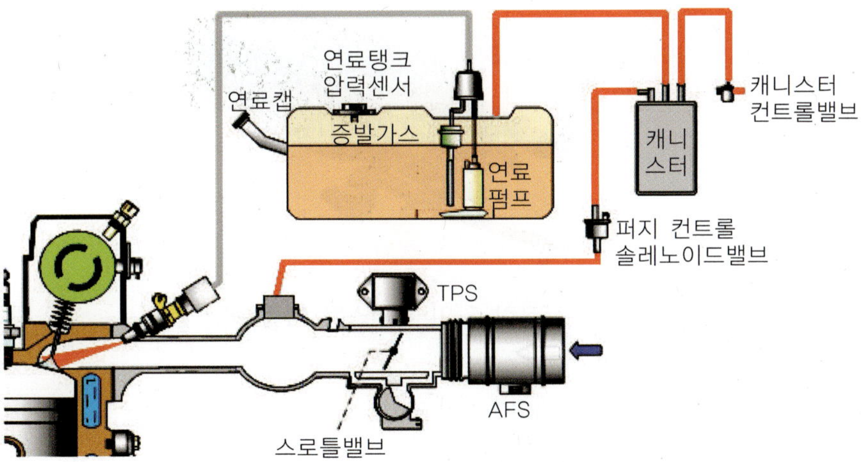

[그림 6-7] **연료 증발가스 제어장치의 구성 예**

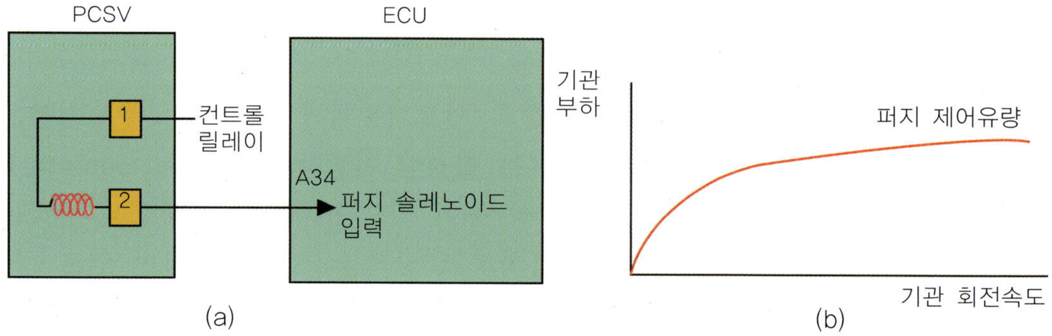

[그림 6-8] **퍼지 제어 듀티량 결정 예**

1.4.2 증발가스 제어의 구성부품

[1] 캐니스터(canister)

캐니스터는 기관이 작동하지 않을 때 연료탱크에서 발생한 증발가스를 캐니스터 내에 흡수 저장(포집)하였다가 기관이 작동되면 PCSV를 통하여 서지 탱크로 유입한다.

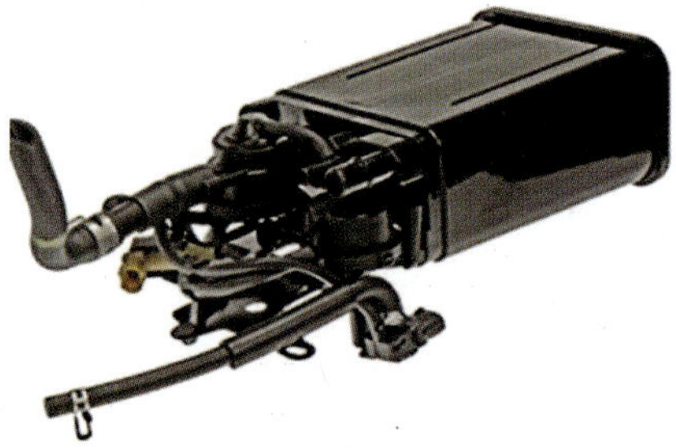

[그림 6-9] **캐니스터 어셈블리**

[2] PCSV(purge control solenoid valve)

PCSV는 캐니스터에 포집된 연료증발 가스를 조절하는 장치이며, 컴퓨터에 의하여 작동된다. 기관의 온도가 낮거나 공전할 때에는 PCSV가 닫혀 연료증발 가스가 서지 탱크로 유입되지 않으나, 기관이 정상온도에 도달하면 PCSV가 열려 저장되었던 연료 증발 가스를 서지탱크로 보낸다.

[3] 연료탱크 압력센서(FTPS : Fuel Tank Pressure Sensor)

연료탱크 압력 센서는 증발가스 제어 시스템의 구성 요소로서, 연료탱크, 연료펌프, 캐니스터 등에 장착되어 퍼지제어 솔레노이드 밸브의 작동상태와 증발가스 제어 시스템의 누설 여부를 점검하기 위해 압전소자 방식의 압력센서가 장착 되어있다. 연료탱크 압력 센서는 연료탱크에서 발생되는 증발가스 성분이 대기로 방출되는 것을 규제하는 법규를 만족시키기 위해 사용된다.

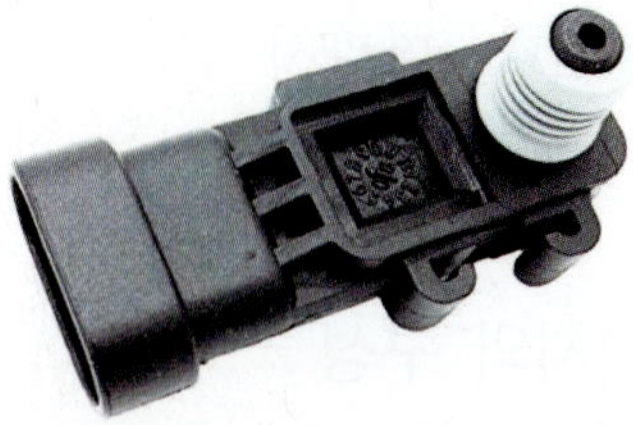

[그림 6-10] **연료탱크 압력센서**

1.4.3 증발가스 제어장치의 작동

증발가스 제어장치는 ECU가 기관부하, 기관 회전속도 및 에어컨 스위치 신호 등을 입력받고 제어조건에 따라 퍼지 제어밸브를 듀티 제어한다. 퍼지제어 솔레노이드 밸브가 작동하는 조건은 다음과 같다.

① 냉각수 온도 80℃ 이상

② 공전 이외의 운전상태

③ 공연비 학습을 하지 않는 경우

또 퍼지제어는 계속적으로 실행되는 것이 아니라 일정시간(예, 3분 정도)작동하다가 캐니스터에 증발연료를 모으기 위해 일정시간 동안 작동하지 않는다. 따라서 퍼지제어 듀티량은 주로 기관 회전속도와 부하 등에 의하여 결정되며, 그림 6과 같다.

1.5 배기가스 재순환 제어장치

1.5.1 배기가스 재순환 제어장치의 개요

배기가스 재순환장치(EGR : exhaust gas recirculation system)는 배기가스 중의 일부를 배기계통에서 흡입 공기계통으로 다시 순환시켜 공기와 연료의 혼합가스에 혼합시켜서 연소실에 공급하는 장치이다.

배기가스를 다시 흡입 공기계통으로 순환시키면 새로운 혼합가스의 충전효율은 낮아지고 다시 순환된 배기가스는 불활성 가스(H_2O, N_2, CO_2) 등이 많이 포함되어 있어 연소온도가 낮아져 질소산화물(NOx)의 생성을 억제시킬 수 있다. 즉 배기가스를 다시 순환시켜서 질소산화물 발생을 억제시키기 위하여 사용하는 장치이다. 또 적정량의 배기가스 재순환은 펌프손실의 감소 및 연소가스 온도저하에 의한 냉각수로의 방열 손실 감소, 작동가스 조성의 변화에 따른 비열비 증대에 따른 사이클 효율 향상 등의 효과가 있으므로 점화시기를 적절히 제어하면 열효율 개선의 효과도 기대할 수 있다.

그러나 배기가스 재순환량이 증가하면 연소의 안정도가 낮아지고, 탄화수소의 발생이 증가하며, 연료소비율도 나빠진다. 따라서 질소산화물의 배출량이 많은 기관의 운전조건에서 적정량의 배기가스 재순환량을 제어하는 것이 필요하다.

1.5.2 배기가스 재순환 제어장치의 구성

배기가스 재순환 제어장치는 배기가스를 흡입 공기계통의 어느 위치로 주입하는 방법에 따라 상류 배기가스 재순환방식과 하류 배기가스 재순환방식이 있다. 상류 배기가스 재순환방식은 스로틀밸브 위쪽에 주입시키는 것으로 재순환시키는 가스의 배출구멍의 배압(back pressure)과 스로틀밸브 위쪽 입구의 압력 차이에 의해 지배되며, 새로운 혼합가스와 재순환되는 가스를 거의 일정한 비율로 쉽게 제어할 수 있으나 낮은 온도에서 수분이 스로틀 밸브에서 결빙되는 현상이 일어나거나 오염물질이 퇴적되는 현상이 발생할 수 있으므로 주의가 필요하다.

하류 배기가스 재 순환방식은 낮은 부하일수록 흡기다기관 절대압력이 높아져 압력차이가 커지기 때문에 배기가스 재 순환비율이 커진다. 따라서 넓은 운전조건에서 적절한 배기가스 재 순환비율을 요구하는데 불리한 특성이 있어 배기가스 재순환량 제어장치가 필요하다.

그리고 배기가스 재순환제어에는 흡기다기관의 절대압력과 배기가스 압력을 이용하는 기계적인 절대압력을 이용하는 방법과 ECU에 의한 전자제어를 이용하는 방법도 있다. 일반적으로 배기가스 재순환비율이 적은(5～15%) 경우에는 기계적인 방법을 이용하고, 배기가스 재순환비율이 큰(15～35%) 경우에는 전자제어방식을 사용한다.

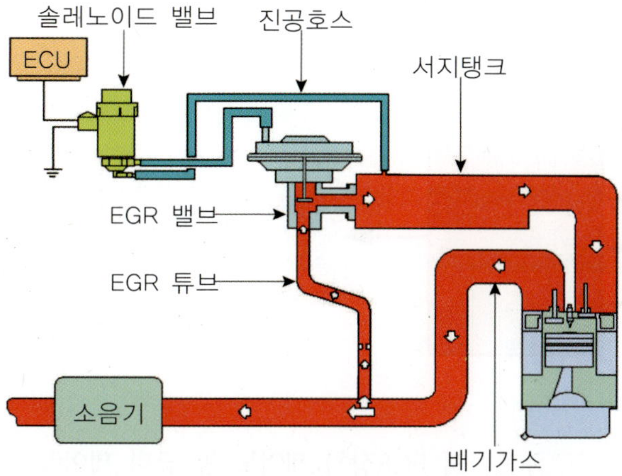

[그림 6-11] **기계식 배기가스 재 순환장치**

전자식 EGR(E-EGR) 밸브는 흡기 부압라인을 없애고 밸브의 구동을 모터나 솔레노이드에 의해 제어하는 구조이다. 전자제어식 배기가스 재순환장치의 구성부품은 EGR 밸브, EGR제어 솔레노이드밸브, ECU 및 각 센서 등으로 구성되어 있다. ECU는 기관 회전속도와 흡입공기량에 대응한 최적의 EGR량을 기준으로 하여 EGR제어 솔레노이드밸브에 통전되는 듀티비(duty ratio)를 제어하여 EGR량을 조절하고 있다.

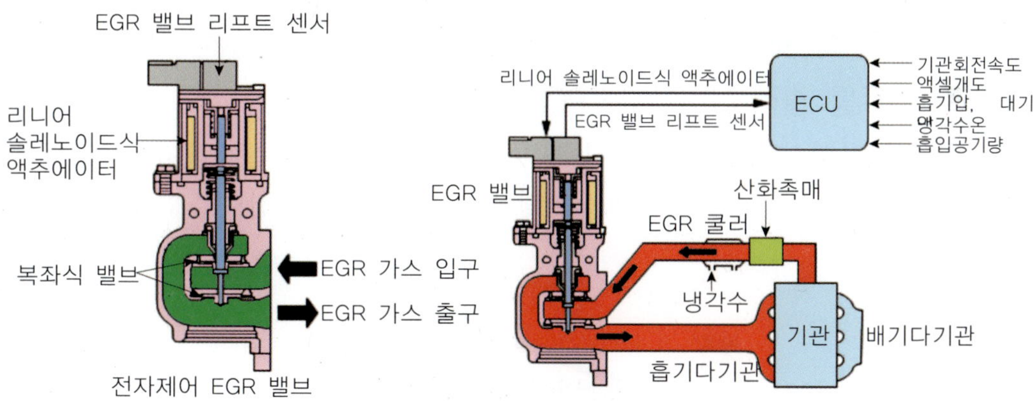

[그림 6-12] **전자식 배기가스 재 순환장치**

1.5.3 배기가스 재순환 제어장치의 작동

배기가스 재순환장치는 배기가스 재순환밸브(EGR밸브)의 위치를 검출하여 배기가스 재 순환비율을 제어한다. 기관 회전속도와 흡입 공기량에 따른 배기가스 재순환량은 ECU의 기억장치에 맵핑(mapping)되어 있으며, 이것에 의하여 솔레노이드에 통전하는 듀티 비율을 제어한다. 듀티 비율은 기관 회전속도와 부하에 따른 기본 듀티와 냉각수온도 및 축전지 전압에 의한 보정량으로 결정된다.

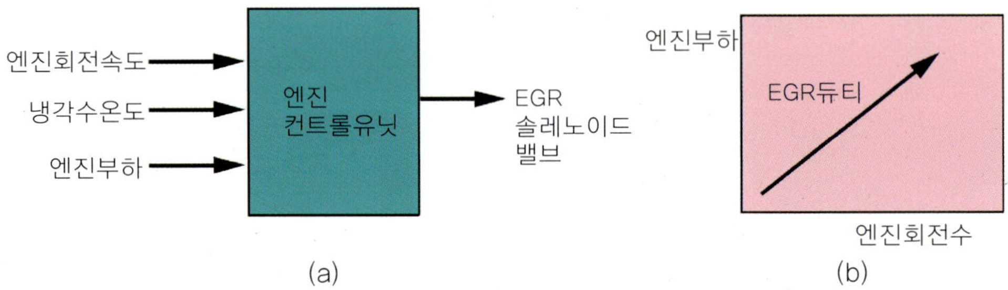

[그림 6-13] EGR장치 제어도 및 듀티 제어량

또 배기가스 재 순환밸브는 특정조건에서 연소가 불안정해지는 것을 방지하기 위해 배기가스를 재순환시키지 않는데 이것을 배기가스 재순환 차단(EGR cut)이라 한다. 차단조건은 기관을 시동할 때 및 저속운전, 낮은 부하 운전영역, 냉각수 온도가 일정 온도보다 높거나 낮은 경우 등이다.

2. 가솔린기관 배출가스 정화장치의 점검 · 정비

2.1 연료 증발가스 제어장치 검사

2.1.1 퍼지 컨트롤 솔레노이드밸브(PCSV) 점검

① 진공호스를 분리시킬 때 식별표시를 해두어 원래 위치에 설치하기 쉽도록 한다.

② 솔레노이드밸브에서 진공호스(흑색바탕에 적색선)를 분리한다.

[그림 6-14] PCSV에 핸드 진공펌프 연결

③ 하니스 커넥터를 분리한다.

④ 핸드 진공펌프를 진공호스가 연결되었던 니플에 연결한다.

⑤ 진공을 가한 후 PCSV에 전압을 공급하였을 때와 공급하지 않았을 때를 점검한

다. 이때 축전지 전압을 공급하였을 때 진공이 해제되어야 하고, 공급하지 않았을 때에는 진공이 유지되어야 정상이다.

⑥ PCSV 단자 사이의 저항을 측정한다. 이때 규정 값은 36~44Ω (20℃에서)이다.

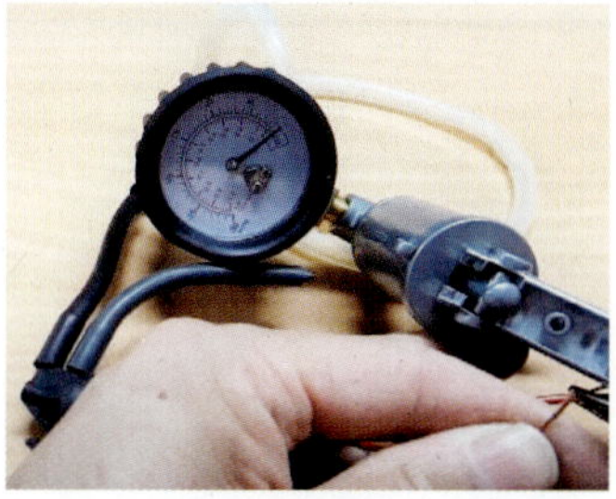

[그림 6-15] PCSV 작동 점검(전압 공급)

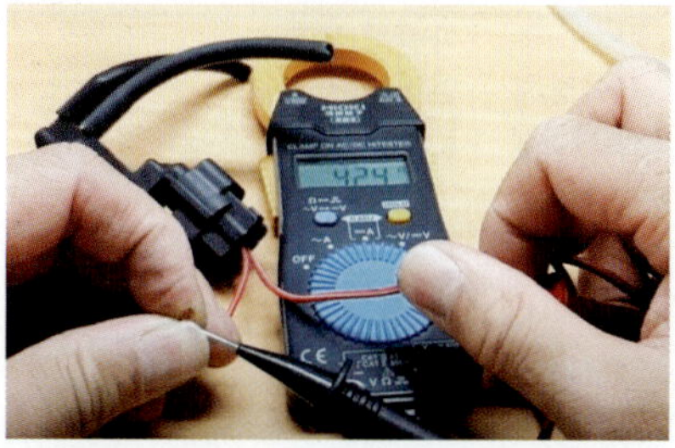

[그림 6-16] PCSV 저항 점검

측정 항목	배터리 전압	정상 조건
진공	배터리 전압 공급했을 때	진공이 해제됨
	배터리 전압 공급하지 않았을 때	진공이 유지됨
저항	PCSV 코일 저항	36~44Ω (20℃에서)

2.1.2 오버 휠 리미터(2웨이 밸브)의 점검

① 오버 휠 리미터는 진공밸브와 압력밸브로 구성되어 있다.

② 연료탱크의 내부 압력이 규정보다 높으면 압력밸브가 개방되어야 한다.

③ 연료탱크의 내부가 진공이 형성되면 진공밸브 작동되어 진공이 해제되어야 한다.

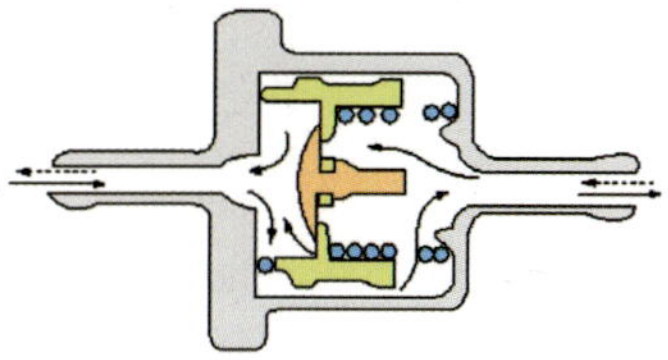

[그림 6-17] 오버 휠 리미터의 작동

2.1.3 증발가스 누설시험

증발가스의 누설을 진단하기 위해 진단장비를 이용한 누설시험을 할 수 있다.

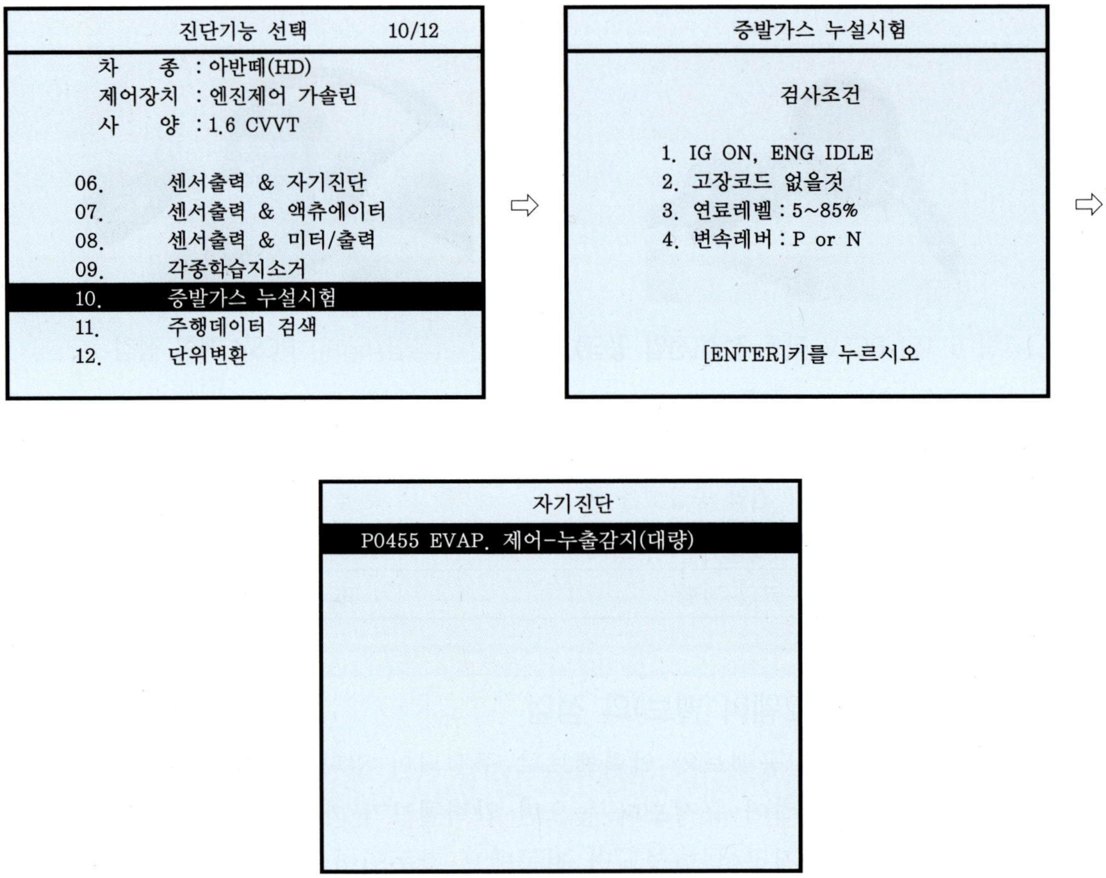

[그림 6-18] **증발가스 누설시험**

OBD-Ⅱ(KOBD)시스템이 장착된 차량에서는 진단기능 중에 있는 증발가스 누설시험을 통해 누설 여부를 판단할 수 있다. 이 실험은 실제 주행 중 실시하는 감시조건과 같은 방법으로 PCSV와 CCV를 ON/OFF하여 연료탱크 압력의 변화를 감지하는 것이다.

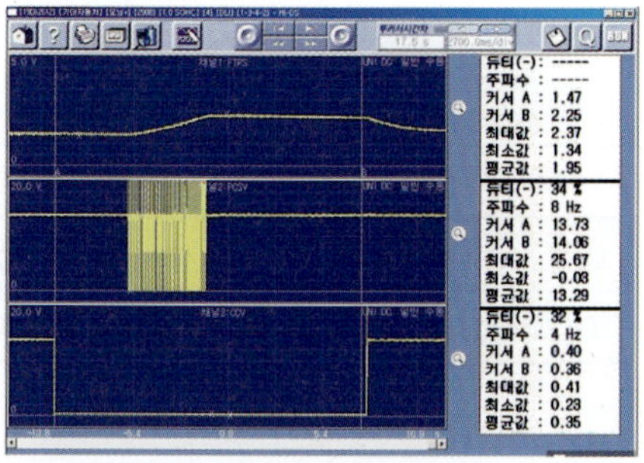

[그림 6-19] 누설이 없을 때의 압력 변화

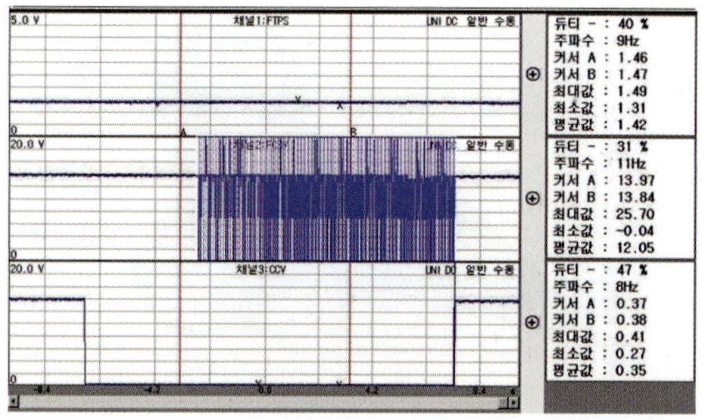

[그림 6-20] 누설이 있을 때의 압력 변화

2.2 EGR 밸브 및 EGR 솔레노이드밸브 점검

2.2.1 EGR 밸브

[1] 배기가스 재 순환장치(EGR) 실차에서 검사방법

① 스로틀 보디에서 진공호스(녹색선)를 분리시키고, 핸드 진공펌프를 진공호스에 연결한다.

② 진공호스를 빼낸 니플은 플러그로 막는다.

③ 엔진이 냉각되었을 때(냉각수 온도 60℃ 이하)와 난기 운전되었을 때(냉각수 온도 80~95℃) 아래 사항을 점검한다.

④ 스로틀 보디의 EGR 진공포트에 진공펌프를 연결, 엔진 회전수 증가에 따라 진공도는 증가해야 한다.

엔진 냉각수 온도	진 공	엔진 회전상태	정상상태
냉 간	진공을 가함	공전상태	진공이 해제된다.
열 간	0.06kgf/㎠	공전상태	진공이 유지된다.
	0.26kgf/㎠	공전이 불규칙함	

[2] EGR 밸브 단품 검사방법

① EGR 밸브를 떼어내어 고착, 카본 퇴적 등을 점검하고 상태가 나쁘면 솔벤트로 청소하여 밸브 시트의 접촉이 완전하도록 한다.

② 핸드 진공펌프를 EGR 밸브에 연결한다.

③ 0.67kgf/㎠의 진공을 가하면서 공기의 밀폐도를 점검한다.

④ EGR의 한 통로에서 공기를 불면서 다음 사항을 점검한다.

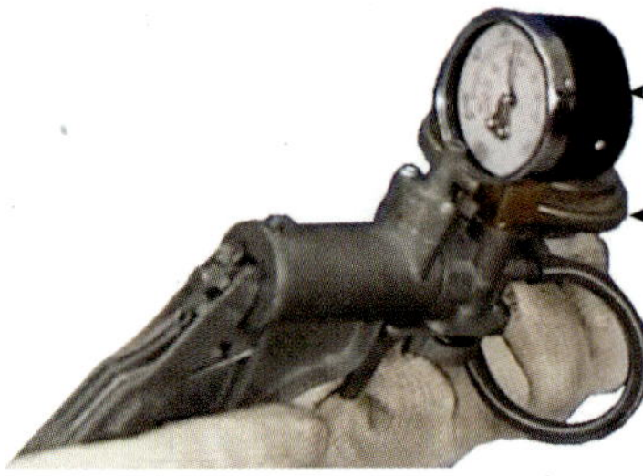

진 공	결 과
0.07kgf/㎠ 이하	공기가 통하지 않는다.
0.23kgf/㎠이상	공기가 통한다.

[그림 6-21] **EGR 밸브에 핸드 진공펌프 연결**

⑤ EGR 밸브를 설치할 때 신품의 개스킷을 사용하여야 하며 볼트의 조임 토크는 1.5～2.2kgf・m이다.

2.2.2 EGR 솔레노이드밸브 검사방법

EGR 컨트롤 솔레노이드밸브는 ECU에 의해 제어된다. 엔진 냉각수 온도가 낮거나 공회전시에는 밸브가 닫혀 연소가스가 서지탱크에 유입되지 않다가 엔진이 워밍업되어 정상 작동시에는 밸브가 개방되어 연소가스의 일부가 서지탱크로 유입된다.

① 진공호스를 분리시킬 때 식별표시를 해두어 원래 위치에 장착하기에 용이하게 한다.

② 솔레노이드밸브에서 진공호스(녹색)를 분리한다.

③ 하니스 커넥터를 분리시킨다.

④ 진공을 가하면서 EGR 솔레노이드밸브에 전압을 인가했을 때와 인가하지 않았을 때를 점검한다.

배터리 전압	정상상태
인가했을 때	진공이 유지됨
인가하지 않았을 때	진공이 해제됨

⑤ 솔레노이드밸브 터미널 사이의 저항을 측정한다.

항 목	규정값
EGR 컨트롤 솔레노이드밸브 코일저항	36～44Ω (20℃에서)

(a) 작동점검

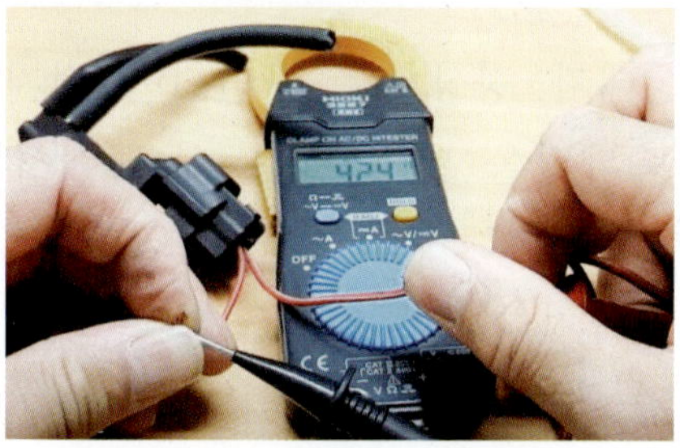

(b) 저항점검

[그림 6-22] **솔레노이드 점검**

3. 배기가스의 상태 측정(CO, HC시험기)

CO·HC시험기는 가솔린엔진의 자동차에서 공회전할 때 배출되는 CO와 HC의 농도를 측정하는 것이며, 제작된 자동차의 CO·HC 배출농도를 규정 값 이하로 계속하여 유지하기 위해서는 주기적인 점검과 정비가 필요하다.

3.1 측정대상 자동차의 상태

① 엔진은 시험 전에 적당히 예열되어 있어야 한다. 특히 주차상태에 있거나 장시간 운행하지 않은 상태의 자동차는 충분히 예열이 된 후 측정되도록 주의하여야 한다.

② 주행 중 또는 가동 중인 상태의 자동차로서 엔진이 과열되었을 경우(정상 작동온도를 초과한 경우)에는 정지 가동상태로 엔진을 가동시켜 본넷을 열고 5분 이상 경과한 후 정상상태가 되었을 때 측정한다. 다만, 정상작동(수랭식 엔진의 경우 계기판 온도가 40℃ 이상에 있는 것을 말함)인 경우에는 그러하지 아니하다.

③ 변속기가 수동인 자동차의 경우에는 기어는 중립에 클러치페달은 밟지 않은 상

태(연결된 상태)에 두고, 자동변속기를 사용하는 자동차의 경우에는 중립(N)위치에 둔다.

④ 엔진은 냉방장치 등 부속장치는 작동시키지 않은 상태에서 가동시키고, 배기관은 바람이 부는 경우 바람의 영향을 받지 않는 방향으로 하여야 하며, 배기관의 파손 및 훼손 등으로 배출가스가 새어나오거나 외부 공기가 유입되는지의 여부를 필히 확인하여야 한다.

3.2 측정절차

① 시험 대상 자동차의 상태가 정상으로 확인되면 정지 가동상태(엔진이 가동되어 공회전되고 있으며 가속페달을 밟지 않은 상태)에서 배기가스 채취관을 배기관 내에 30㎝ 이상 삽입하고 시료 채취 펌프를 작동시킨다. 배기관이 30㎝ 이하일 경우는 연장관을 사용한다.

② 시험기 지시계의 지시가 안정(채취관 삽입 후 10초 이상 경과)되면 배출가스 농도를 읽어 기록한다.

③ 배기관이 2개 이상일 경우에는 임의로 배기관 1개를 선정하여 측정을 한 후 측정값을 산출한다. 다만, 자동차용 엔진 배기관과 냉・난방용 엔진 배기관이 별도로 있을 경우에는 자동차용 엔진 배기관에서만 측정한다.

④ 시험 완료 후 배기관에서 시료 채취관을 빼고 그대로 약 3분 이상 펌프를 공회전시켜 공기로 충분히 세척한 후에 다음 측정을 실시한다.

⑤ 시료 채취관은 시험을 할 경우에만 삽입하고 장시간 배기관에 삽입하여 두어서는 아니된다. 또한 측정 도중 외부 공기가 세어 들어오지 않도록 배기관, 시료 채취관 등의 파손 및 누설 여부를 수시로 확인하여야 한다.

3.3 디지털방식(HORIBA 테스터기)

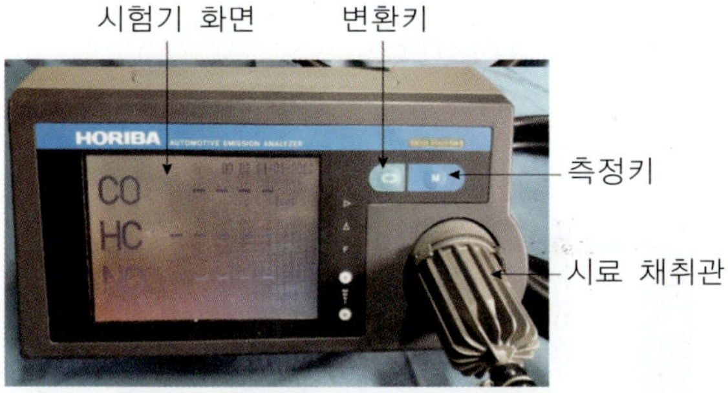

[그림 6-23] **시험기 앞쪽의 구조**

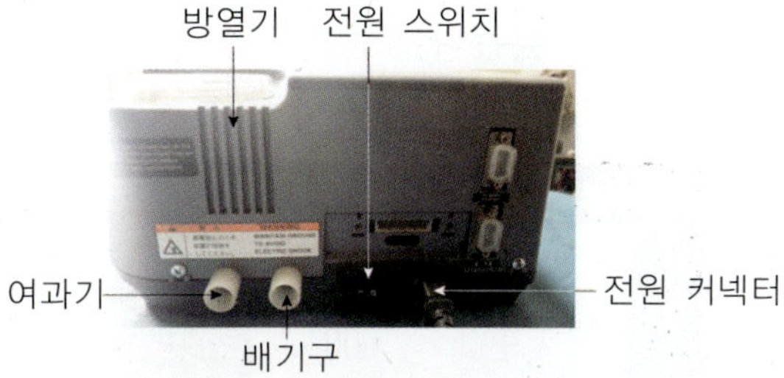

[그림 6-24] **시험기 뒤쪽의 구조**

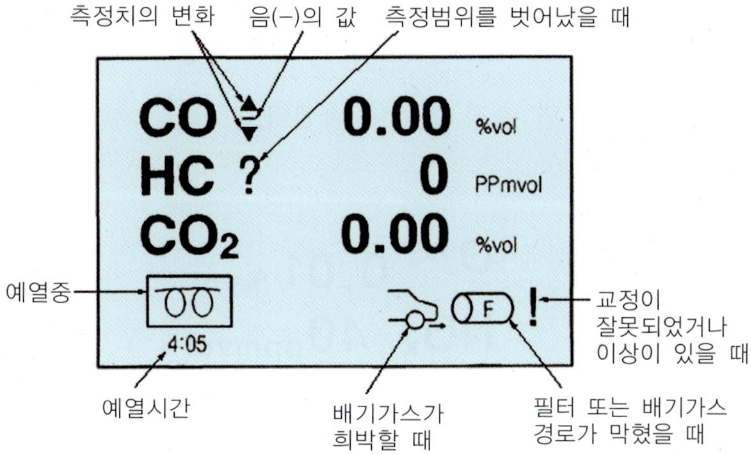

[그림 6-25] **시험기 표시 내용**

① 시험기 뒤쪽에 있는 전원 스위치를 ON으로 하면 시험기는 5분간 워밍업 된다.

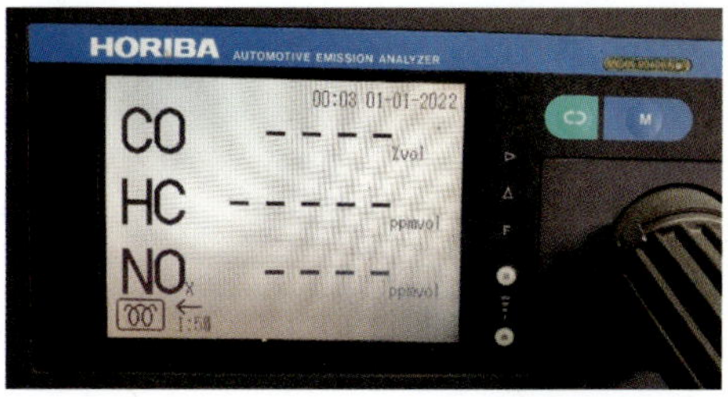

[그림 6-26] **워밍업 될 때의 표시**

② 앞쪽 패널에서 측정키(M)를 누른다. 이때 10초 공안 MENS가 깜박인 후 측정 모드로 들어간다.

③ 시료 채취관(프로브)를 배기관 내로 밀어 넣고 고정시킨다.

④ 측정값을 읽는다.

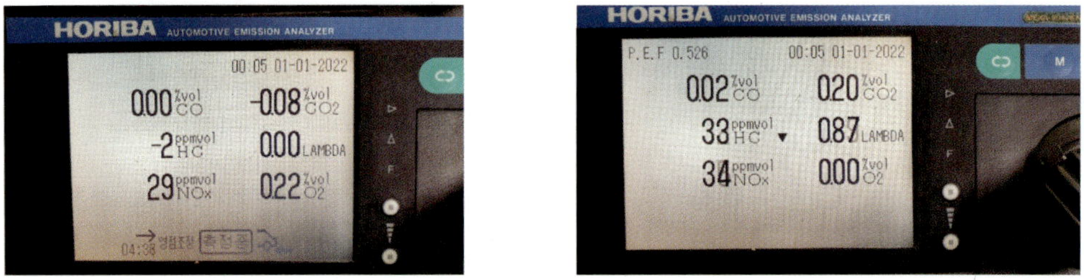

(a) 측정 중 표시　　　(b) 측정완료

[그림 6-27] CO · HC 측정

⑤ 변환키( )를 누르면 측정 항목이 바뀐다.

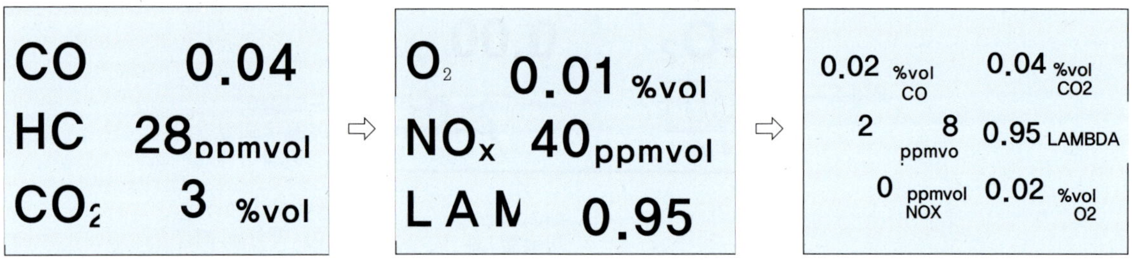

(a)　　　(b)　　　(c)

[그림 6-28] 변환키 측정 모드

3.4 휘발유(알코올포함)사용 또는 가스사용 자동차 운행 차량 배출 허용기준 (CO, HC)

차 종		제작 일자	일산화탄소	배기관 탄화수소	공기과잉률
경자동차		1997. 12. 31이전	4.5% 이하	1,200ppm 이하	1±0.1 이내, 다만, 기화기식 연료공급 장치 부착 자동차는 1±0.15 이내, 촉매 미부착 자동차는 1±0.20 이내
		1998. 1. 1부터 2000. 12. 31까지	2.5% 이하	400ppm 이하	
		2001. 1. 1부터 2003. 12. 31까지	1.2% 이하	220ppm 이하	
		2004. 1. 1일 이후	1.0% 이하	150ppm 이하	
승용자동차		1987. 12. 31.이전	4.5% 이하	1,200ppm 이하	
		1988. 1. 1.부터 2000. 12. 31.까지	1.2% 이하	220ppm 이하(휘발유·알코올 사용 자동차) 400ppm 이하(가스 사용 자동차)	
		2001. 1. 1부터 2005. 12. 31까지	1.2% 이하	220ppm 이하	
		2006. 1. 1 이후	1.0% 이하	120ppm 이하	
승합·화물·특수자동차	소형	1989. 12. 31.이전	4.5% 이하	1,200ppm 이하	
		1990. 1. 1.부터 2003. 12. 31.까지	2.5% 이하	400ppm 이하	
		2004. 1. 1 이후	1.2% 이하	220ppm 이하	
	중형·대형	2003. 12. 31이전	4.5% 이하	1200ppm 이하	
		2004. 1. 1 이후	2.5% 이하	400ppm 이하	

① CO는 소수점 둘째 자리를 절삭하여 0.1% 단위로 측정 결과를 산출한다.

② HC는 소수점 첫째 자리를 절삭하여 1ppm 단위로 측정 결과를 산출한다.

③ 소수점 둘째자리를 절삭함은 소수점 둘째자리에서 숫자가 아무리 커도 모두 생략한다는 것을 말한다.

CHAPTER 06

실습보고서

01 주어진 자동차 기관에서 배기가스 제어장치의 퍼지 컨트롤 솔레노이드밸브(PCSV)를 점검하여 기록표에 기록하시오(아래 기록표 작성방법을 참고하여 답안작성 하세요).

측정항목	① 측정(또는 점검)		② 판정 및 정비(또는 조치)사항		득점
	공급전압	진공유지 또는 진공해제	판정(□에 "✔" 표)	정비 및 조치할 사항	
퍼지 컨트롤 솔레이노이드 밸브	작동시 :		□ 양호 □ 불량		
	비작동시 :				

◘ 기록표 작성방법

① 퍼지 컨트롤 솔레노이드밸브에서 진공호스 분리 후 마이티백(핸드 진공펌프)을 설치한다.
② 마이티백으로 진공을 가한 후 배터리 전압을 공급하지 않았을 때 진공이 유지되면 정상작동이다.
③ 마이티백으로 진공을 가한 후 12V 전압을 공급하였을 때 진공이 해제되면 정상작동이다.
④ 저항 측정값 : 측정한 값을 단위와 함께 기록한다(예 : 32Ω).
⑤ 저항 규정(정비한계)값 : 측정용 기관의 제원에 맞는 규정 값을 단위와 함께 기록한다(예 : 36~44Ω).
⑥ 판정 : 측정한 값이 정비 한계 값 이내인 경우에는 "양호", 벗어난 경우에는 "불량" 으로 기록한다.
⑦ 정비 및 조치할 사항 : 양호로 판정한 경우에는 "정비 및 조치사항 없음", 불량으로 판정한 경우에는 정비 및 조치할 사항을 기록한다(예 : 퍼지 컨트롤 솔레노이드밸브 교환 후 재점검).

02 주어진 자동차에서 시동을 걸고 CO, HC, 공기과잉률(λ)을 측정하시오.

측정항목	① 측정(또는 점검)		② 판정 및 정비(또는 조치)사항		득점
	측정값	규정(정비한계)값	판정(□에 "✔" 표)	정비 및 조치할 사항	
CO			□ 양호 □ 불량		
HC					
공기 과잉률(λ)					

Chapter 07

가솔린 기관 전자제어 엔진

1. 전자제어 엔진의 개요
2. 엔진 ECU
3. 연료장치
4. 전자제어용 센서의 작용 및 점검

07 가솔린 기관 전자제어 엔진

1. 전자제어 엔진의 개요

1.1 EMS(engine management system)

최근의 자동차용 엔진은 종래의 기계식으로 작동되는 시스템에 비하여 보다 효과적이고 다양한 외부환경에 적극 대응이 가능하도록 각 시스템이 전자제어화 내지는 자동화되고 있다. 따라서 과거 엔진에 비하여 출력, 성능, 연비, 에미션 저감, 각 부품의 신뢰성 등이 매우 향상되는 추세에 있다.

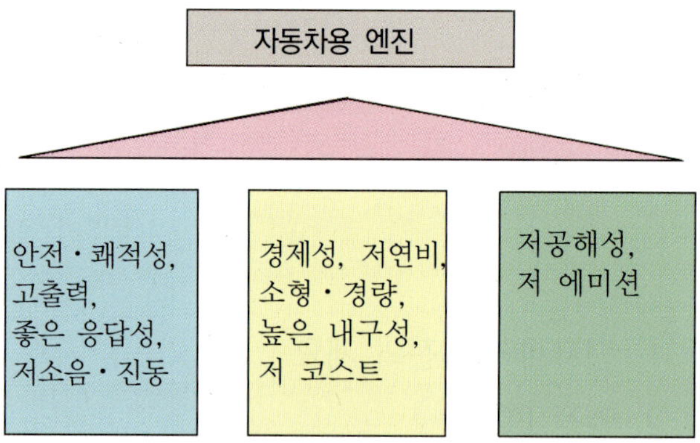

[그림 7-1] EMS 요구사항

EMS란 아래와 같은 사용자의 엔진요구조건을 만족시키기 위하여 각 단품을 개발하고, 이 단품들을 조합하여 엔진의 전 운전영역에서 사용자의 요구조건에 적합하게끔 엔진을 제어 관리하는 것을 말한다.

일반적으로 엔진 개발 시 요구되어지는 조건은 다음과 같다.

① **엔진 성능향상 :** 엔진 구동력 및 가속성능의 극대화

② **운행의 경제성 :** 연료소비율의 극소화

③ **환경공해법의 적합성**: 유해배출가스의 극소화
④ **운행의 신뢰성**: 엔진구동 시 고장 및 A/S의 극소화
⑤ **안락한 운행**: 운행 시 엔진소음 및 진동의 극소화

1.2 가솔린 분사시스템의 분류

1.2.1 제어방식

[1] 기계식 제어방식(mechanical control injection)

이 방식은 분사량을 흡기관 내에 설치된 센서 플랩(sensor plate)에 의하여 연료분배기 내의 제어플런저(control plunger)를 움직여 인젝터로 통하는 통로의 면적을 변화시켜 제어하는 방식으로 기계식 연속분사방식을 말하며 Bosch사의 K-Jetronic이 여기에 해당된다.

[2] 전자제어방식(electronic control injection)

각 사이클마다 흡입되는 공기량을 기준으로 ECU가 각 센서를 이용하여 연료 분사량을 제어하는 방식이다. D-Jetronic, L-Jetronic이 여기에 속한다.

(1) D-jetronic시스템

D-jetronic은 스로틀밸브 개도의 변화가 흡기다기관내 진공도를 변화시키므로 흡입공기량을 흡기다기관 내 진공압력 변화를 이용하여 간접계측방식(Speed Density Type)으로 이 압력변화에 상당하는 출력전압을 ECU에 보내면 ECU가 이 신호를 기초로 기본 분사 량을 결정하여 분사하는 방식으로 피에조(piezo) 압전소자를 이용한 MAPS(manifold absolute pressure sensor)센서를 사용하고 있다.

(2) L-Jetronic

L-jetronic시스템은 직접계측방식(Mass Flow Type)으로 스로틀밸브 개도에 따라 공기청정기로 유입되는 흡입공기량을 직접 공기유량계(AFM)로 검출하여 이 신호를 기준으로 기본 분사량을 결정하여 분사시키며 종류에는 베인식, 칼만와류식, 열선식, 열막식 등이 있으나 요즘은 기존의 베인식 공기량 센서보다 성능이 우수한 핫 와이어 타입 공기량센서(HW-MAFS)를 사용한 LH-jetronic시스템이 있으며 최근의 LH-jetronic 시스템에는 핫와이어보다 가격이 저렴한 핫 필름 타입 공기량센서(HF- MAFS)를 많이 사용한다.

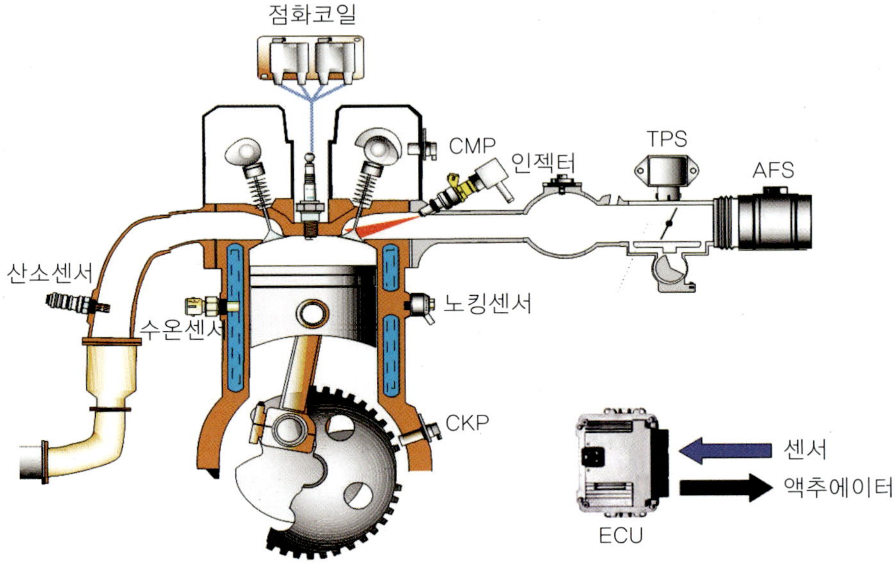

[그림 7-2] LH-Jetronic

1.2.2 분사위치

[1] SPI시스템(single point or throttle body injection)

이 방식은 FBC와 MPI방식의 중간방식으로 1개 또는 2개의 인젝터를 스로틀바디의 벤투리부 즉 스로틀밸브 상단에 장착하여 연료를 분사하는 방식으로 MPI시스템에 비하여 구조가 간단하다.

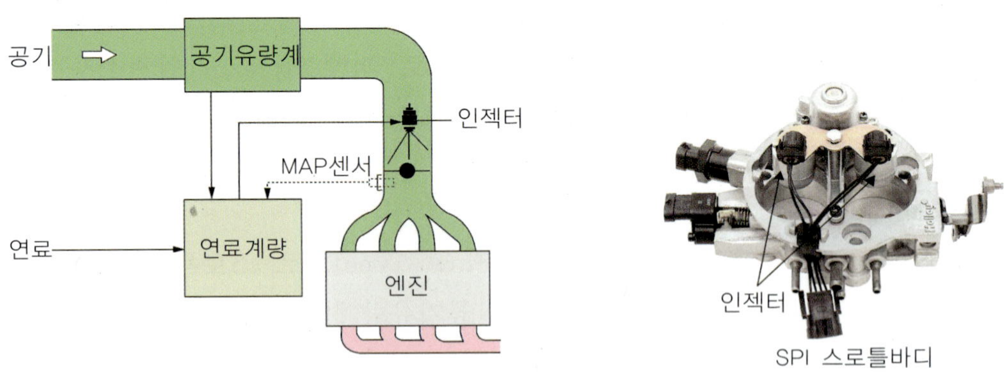

[그림 7-3] SPI시스템

ECU는 동기(synchronized) 또는 비동기(unsynchronized)방식에 의하여 인젝터의 구동펄스를 제어한다. 동기분사 방식은 배전기나 크랭크축에 의하여 발생되는 기준신호마다 1회의 분사펄스를 주어 연료를 분사하며 비동기분사방식은 기준신호와는 별개로 주어진 기간 동안 인젝터에 분사펄스를 1회 주는 방식이다.

SPI방식은 FBC식에 비하여 연료계량의 향상, 정비의 용이성, 제작비가 싼 이점이 있으나 기화기식과 같이 각 실린더로의 혼합기 공급의 불균등, 흡기다기관에서의 응축 등의 단점이 있다.

[2] MPI시스템(multi point injection or port fuel injection)

이 방식은 각 실린더에 해당하는 흡입포트(intake port)에 인젝터를 각각 1개씩 설치하여 연료를 분사하는 방식이다. 연료는 흡기밸브 바로 앞쪽에서 분사되기 때문에 월 웨팅(wall wetting)에 전혀 문제가 없으며 기관의 냉·온에 관계없이 최적의 성능이 보장된다.

연료분사는 배기행정 말에 분사되며 이미 분사된 연료는 흡입포트 부근에서 흡기밸브가 열릴 때까지 기다리는 동안에 기화되며 흡기밸브가 열리면 실린더로 공기와 함께 유입된다. 그리고 설계 시 최적 체적효율을 내는 흡기다기관의 설계가 자유로우며 저속 또는 고속에서 토크(torque) 영역의 변경이 가능하다.

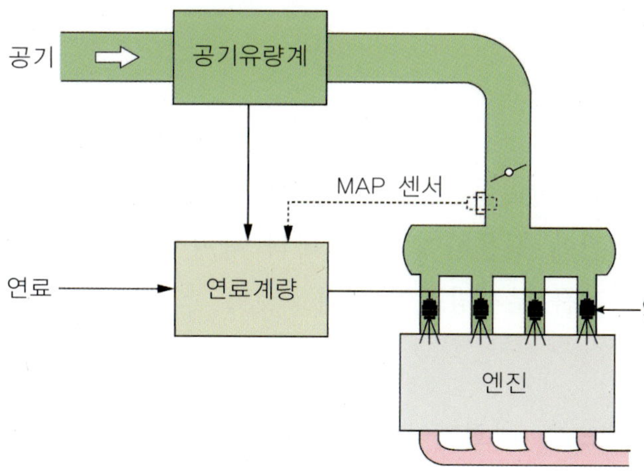

(a)

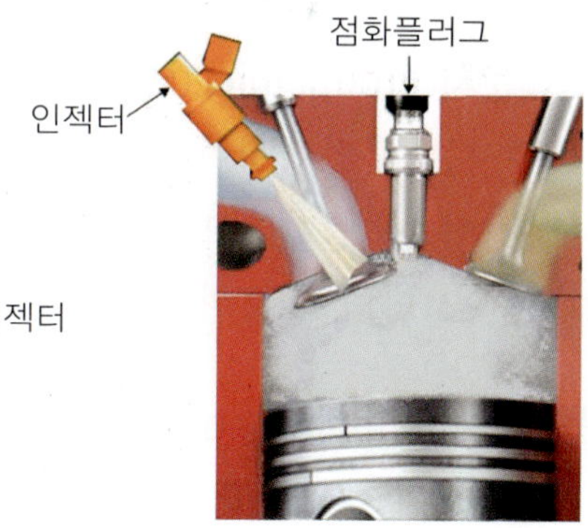

(b)

[그림 7-4] MPI시스템

[3] GDI시스템(gasoline direct injection)

이 방식은 디젤기관과 같이 실린더 내에 가솔린을 직접분사하는 방식(GDI)으로 약 35~40 : 1의 초 희박 공연비의 연소가 가능하다. 연료공급압력은 일반 가솔린 분사식(흡기관 분사식)의 경우 약 2~4kgf/㎠인데 비하여 약 50~100kgf/㎠으로 매우 높으며, 실린더 내 유동을 제어하는 직립형 흡기포트, 연소를 제어하는 만곡형 피스톤헤드, 고압 연료펌프, 고압 스월 인젝터(swirl injector) 등이 적용되고 있다.

1.2.3 분사방식

[1] 연속분사방식(continuous injection type)

기관이 기동되면 시동이 꺼질 때까지 계속적으로 연료를 분사시키는 방식으로 K-Jetronic, KE-Jetronic이 여기에 속한다.

[2] 간헐분사방식(pulse timed injection type)

일정한 시간 간격으로 연료를 분사하는 방식으로 D-Jetronic, L-Jetronic, motronic : mono Jetronic)이 여기에 속한다.

1.2.4 분사시기

[1] 동기분사(synchronized or sequential injection)

동기분사는 점화순서에 따라 각 실린더의 흡입행정(배기행정 말)에 맞추어 연료를 분사하는 방식이다.

[2] 그룹분사(group injection)

그룹분사는 흡입행정이 서로 이웃하고 있는 실린더를 그룹별로 묶어서 연료를 분사하는 방식이다. 일반적으로 6실린더 기관에 적용하며 2실린더씩 묶어서 분사하면 3그룹 분사, 3실린더씩 묶어서 분사하면 2그룹 분사방식이 된다.

[3] 동시분사(simultaneous injection)

동시분사는 전 실린더에 대하여 크랭크축 매회전마다 1회씩 일제히 분사하는 것을 말하며 시동 시나 급가속시에 동시분사를 행한다.

1.3 전자제어 가솔린분사시스템의 주요 구성요소

현재의 전자제어 가솔린 분사시스템은 대부분이 L-Jetronic시스템을 기본으로 하는 MPI형이 대부분이다. 연료공급시스템은 각 실린더의 흡기 매니폴드에 연료를 직접 분사하기 위하여 각 실린더의 흡기밸브 앞에 인젝터가 설치되어 연료를 분사한다. 즉,

기관 각부에 장착된 각종 센서(AFM, ATS, WTS, TPS, BPS, O_2센서 등)로부터 입력되는 전기적 신호를 바탕으로 ECU가 기관의 조건 및 주행상태에 알맞은 연료를 분사하며 일반적인 엔진 전자제어 입·출력 및 연료분사량 제어는 ECU에 의하여 인젝터의 니들밸브(needle valve)가 열려 있는 개변시간으로 결정되므로 정밀제어를 할 수 있으며 점화시기도 정확히 제어한다.

일반적으로 가솔린 분사시스템은 크게 연료계통(fuel system), 공기계통(air system), 제어계통(control system) 및 점화계통(ignition system)으로 구성된다.

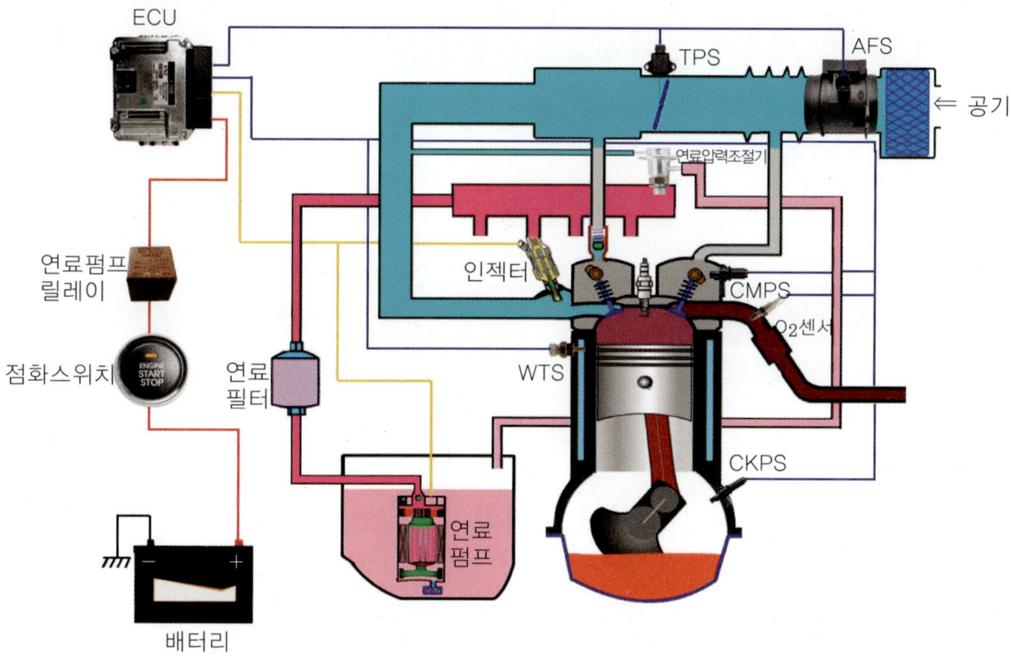

[그림 7-5] 전자제어엔진 주요 장치의 구성

[표 7-1] 가솔린 분사시스템의 기본구성

항 목	구성요소
흡입계통 (air system)	흡입공기량 계측기(AFM : air flow meter &sensor), 스로틀바디(throttle body), 서지탱크(surge tank), 흡기다기관(intake manifold)
연료계통 (fuel system)	연료펌프(fuel pump), 인젝터(injector), 연료압력조절기(fuel pressure regulator), 고압필터(filter), 연료분배파이프(common rail) 등
제어계통 (control system)	각종센서(냉각수온센서, 흡입공기온도센서, 스로틀위치센서, 공전위치센서, 크랭크각센서, 산소센서, 녹센서 등), ECU (electronic control unit)
점화계통 (Ignition system)	배전기(No.1 TDC센서, 엔진회전수센서), 파워 TR, 점화코일 등

1.4 센서의 정의(sensor)

일반적으로 센서란 물리, 화학, 생물 등의 자연현상으로부터 그 상태변화의 신호를 검출하여 전기적신호(전류, 전압, 임피던스)로 변환시키는 것을 말한다.

전자제어식 가솔린엔진은 엔진 각부에 장착된 각종 센서(AFS, ATS, WTS, TPS, BPS, CPS, CAS, MAP센서, O_2센서 등)로부터 입력되는 전기적 신호를 바탕으로 ECU가 기관의 조건 및 주행상태에 알맞은 연료를 분사하며, 연료분사량의 제어는 ECU에 의하여 인젝터의 니들밸브(needle valve)가 열려 있는 개변시간으로 결정되므로 정밀제어를 할 수 있으며 점화시기도 정확히 제어한다. ECU는 엔진 가동에 필요한 각종 제어 변수를 계측 또는 운전조건을 판단하여 액추에이터(actuator)를 가동시키는 전기 출력신호를 발생한다.

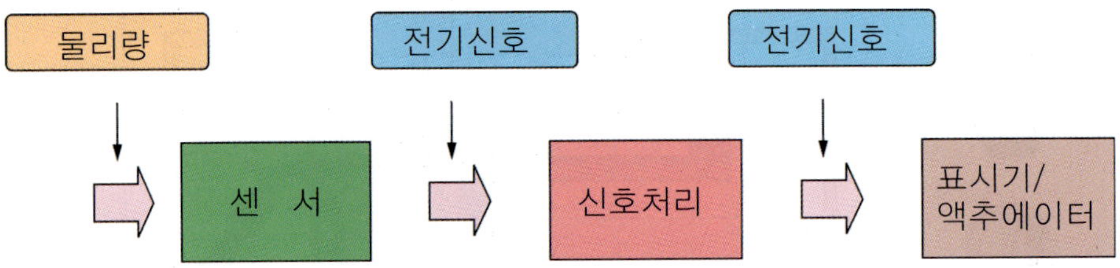

[그림 7-6] **센서 신호처리 개요도**

일반적으로 엔진을 제어하기 위하여 측정할 변수들은 공기유량, 흡기다기관 부압, 대기압력, 냉각수 및 흡입공기의 온도, 크랭크축 및 캠축 각도와 회전속도, 배기가스 내의 산소농도, 스로틀밸브 열림 정도, 노크발생 여부 등이다.

2. 엔진 ECU

2.1 ECU(electronic control unit)

2.1.1 ECU의 개요

엔진을 전자제어 하기 위해서는 MICOM(micro computer)이 필요하며 자동차에 사용되고 있는 MICOM은 일반적으로 ECU 또는 ECM(electronic control module)이라 부르며 마이크로프로세서(CPU), RAM(random access memory), ROM(read only memory) 및 입출력 단자로 구성되어 있다. 즉, ECU는 일종의 컴퓨터로써 기관의 상태를 감지한 각종 센서로부터의 입력 신호에 따라 연료분사량(기본분사량, 증량보정), 분사시기 및 점화시기 등을 제어하는 것으로 전자제어 가솔린 분사장치 중 핵심부에 해당한다.

엔진 ECU는 입력부분과 제어부분 및 출력부분으로 구성되어 있으며, 입력은 엔진의 각종 상태 즉, 흡입공기량, 냉각수온도, 흡입공기온도, 엔진 회전수 및 차속 등의 상태를 각 센서를 이용하여 측정한다. 그리고 이 측정된 신호를 입력 연산처리하여 기관의 상태에 대응하는 최적의 연료분사 및 점화시기를 출력회로를 통하여 제어함으로써 각 액추에이터를 구동시킨다. 그리고, 각종 엔진 관련 센서의 신호를 기초로 최적 점화시기의 제어와 녹제어, 공회전피드백제어를 한다. 엔진에는 다양한 형태의 기계, 전기, 자기(磁氣)적으로 가동되는 센서가 부착되어 있다.

센서는 주행속도(車速), 엔진 회전속도, 대기압력, 배기가스 중의 산소 농도, 흡입공기 유량, 냉각수 및 흡입 공기의 온도 등을 전압 형태로 컴퓨터에 보낸다. 그림 9는 컴퓨터에 입력되는 기본적인 입출력신호의 예를 나타낸 것이다. 컴퓨터는 입력신호를 받아 액추에이터를 구동한다. ECU는 제어 및 입·출력 과정을 통하여 주위의 다른 컴퓨터와 통신기능을 수행한다.

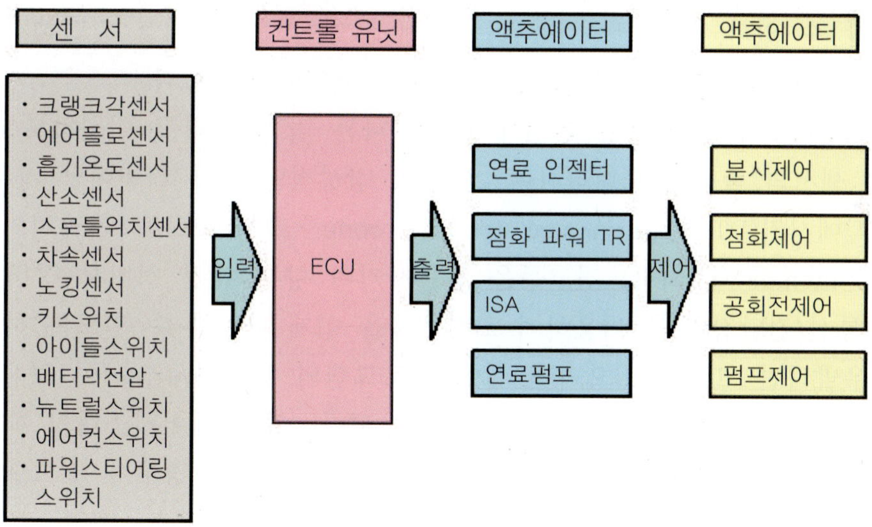

[그림 7-7] **ECU의 입출력 및 제어 flow**

ECU로의 전원공급은 크게 배터리에서 ECU로 직접 공급되는 전원, 키스위치를 거쳐서 ECU로 공급되는 전원, 메인릴레이를 거쳐서 ECU로 공급되는 전원 등과 같이 다양하게 입력된다. 이중 배터리에서 ECU로 직접 공급되는 전원은 ECU 내부의 마이크로컴퓨터 내의 기억공간인 KAM(keep alive memory)에 전원을 공급하여 줌으로써 차량의 정보를 기억하게 된다. 또한, 배터리 전원을 이용하여 ECU는 각 센서로 공급되는 5V(ref.)의 전원을 공급하게 되며 이 전원이 공급되지 않을 경우 시동이 걸리지 않는다. 따라서 엔진 시동이 걸리지 않을 경우 배터리에서 ECU로 입력되는 각 단자의 전원전압을 측정 점검해야 한다.

만약, ECU 각 단자에 정상적인 전압이 측정되는데도 시스템이나 엔진에 이상이 발생될 경우, 현재 고장으로 판단되고 있는 ECU를 정상적인 동일 엔진에 장착하여 전과 동일한 현상이 발생되면 ECU불량으로 판정하여야 하나 만약 정상적이 차량에 설치한 후 이상이 없어지는 경우 ECU 이상 이라기보다는 다른 센서나 배선 등의 이상으로 판단하여야 한다.

2.1.2 자기진단기능(self diagnostic function)

ECU는 엔진 전자제어 각 시스템의 고장여부를 자기진단 할 수 있으며 고장 발생시 계기판의 엔진 체크 경고등(warning lamp, MIL : malfunction indicate lamp)을 점등시켜 운전자에게 엔진을 정비하도록 경고 한다. 센서의 고장검출은 software 처리로서만 행할 수 있다. 마이크로컴퓨터는 센서가 엔진 운전상태를 판단해서 정상상태에서 아주 벗어난 신호를 보내오고 있을 때에 고장으로 판정한다.

ECU는 정상적으로 작동하는 엔진에서 나타나는 각 데이터를 인식하도록 되어 있다, 즉, 각 센서의 출력을 모니터하여 그 값이 정상적인 값에서 벗어날 경우 이 값을 코드화 된 메시지(DTC : diagnostic trouble code, 고장코드)로 기억시키고(KAM : keep alive memory에 저장) 경고등을 점등시키며 향후 엔진 정비시 정비사가 scan tool(ECU 통신/진단장비)을 이용하여 고장내용을 쉽게 파악할 수 있도록 하고 있다.

ECU가 우발적인 고장을 일으키면 제어 프로그램의 루틴(routine)이 정상적으로 동작하지 못하게 되어 작동 이상 상태에 빠지게 된다. 엔진 제어시스템의 핵심인 ECU가 이상 동작 또는 정지하면 차량은 주행불능 상태가 되는 경우가 있으므로 ECU의 이상을 감시해서 이상시 백업회로에 의한 간이 제어로 변하는 페일 오퍼러블(fail operable) 기능이 적용되고 있다. 감시회로는 워치 독 타이머(watch dog timer)를 내장하여 이상 시 루틴이 정상적으로 돌지 않게 되면 ECU를 리셋시키도록 하고 있다.

2.1.3 페일 백업기능(fail back up)

엔진제어시스템에 어떤 결함이 발생되면 엔진 체크 경고등을 점등하고 고장코드를 메모리에 기억시키게 되며 ECU는 페일 백업모드(fail back mode, fail safe mode)를 수행하게 된다. 예를 들어, 수온센서는 정상적인 사용범위 인 -30℃~150℃에서 출력전압 0.3~4V를 나타내도록 설계되어 있으므로 그 범위를 넘는 출력을 ECU가 검출한 경우 센서 신호계의 단선 또는 쇼트라 판정한다. 그리고 엔진 경고등을 점등시킴과 동시에 엔진제어에 이용하도록 냉각수온 값으로서 미리 ECU 메모리 내에 기억시킨 대체값(예 : 엔진 냉각수온 고정값 80℃)을 주어서 엔진 작동 불능이 되는 것을 방지한다.

최근의 엔진제어시스템에서는 대체값보다는 소프트웨어 처리에 의해 대체값을 거의 정확히 연산하도록 하기도 한다. 이와 같이 ECU는 어떤 센서에 고장 발생 시 그 센서 신호를 무시하게 되며 대신 미리 입력된 프로그램 또는 수치로써 제어할 수 있도록 하는 백업 기능을 가지고 있다.

2.1.4 적응 학습제어(adaptive learning)

적응 학습제어는 엔진의 가동 상태를 모니터하고 있는 센서 등의 신호에 의해 엔진의 상태, 부품의 성상, 흐트러짐, 열화상태, 사용 연료, 기상 조건 등과 같은 엔진의 제어 성능에 관계되는 변수를 기억하고, 그 기억 값에 따른 최적의 제어 상수를 설정하는 것이다. 적응 학습제어는 공연비 보정, 노크제어, 공전속도 제어 등에서 사용되고 있으며, 컴퓨터는 룩업 테이블(look-up table)에 있는 정보를 조금씩 조정하여 적응 학습제어를 실행한다. 예를 들어 연료분사장치의 인젝터가 부분적으로 막힌 경우 컴퓨터는 인젝터로 보내는 신호의 펄스폭을 조정한다. 즉, 인젝터 열림 시간을 길게 하여 감소된 연료 분사량을 보상한다.

2.1.5 점화스위치 Off시 ECU의 가동

자동차에서 ECU는 점화스위치를 OFF로 하였을 때 KAM을 위하여 축전지로부터 전류를 공급받으며, KAM을 제외한 컴퓨터 회로는 점화스위치를 OFF로 하였을 때에는 가동하지 않는다. 이 전류는 축전지의 방전을 방지할 수 있을 정도로 매우 적지만, 자동차를 장시간 가동하지 않을 경우에는 축전지를 방전시킬 수도 있다. 일부의 자동차에서는 점화스위치가 OFF되었을 경우에도 ECU가 가동되어야만 하는 경우도 있다.

예를 들어 문이 열릴 때에는 커티시 라이트가 점등되며, 이것은 ECU에 의해 가동된다. 따라서 점화스위치가 OFF된 경우에도 ECU 회로가 계속 가동하면 축전지가 지나치게 소모될 가능성이 있다. 이런 장치는 축전지 방전을 방지하기 위해 웨이크 업 기능을 가지고 있다. 즉, ECU회로가 꺼져 있으면 전류는 흐르지 않으나, ECU가 웨이크 업 신호를 받으면 마이크로프로세서는 기억된 프로그램을 가동하기 시작한다.

2.1.6 각 센서별 자기진단 판정기준

엔진 시동 후 ECU는 각 센서에 대한 자기진단을 실시하고 이상 시 고장으로 판정되면 고장코드를 ECU 메모리 내에 기억시키며 페일 백업 모드(fail back-up mode)로 전환하여 가능한 엔진이 가동 될 수 있도록 조치한다. 아래 표는 자기진단 판정기준의 예를 나타내고 있다.

[표 7-2] 자기진단 판정기준 예

센서, 장치류 항목	고장진단 및 판정	판정조치 및 대체	기능 및 특성
AFS	· 공기량이 상한(출력단자가 short circuit to BAT.) 혹은 하한(케이블 단선 혹은 short circuit to ground) 범위를 벗어나는 경우 · 스로틀 개도가 어떤값 이상(엔진 회전수에 따라)에서 공기량이 설정값 이하일 경우	· 에러 저장 · 스로틀 개도와 엔진회전수에 의해 간접 계산된 공기량으로 전환 · 학습제어 중단(공회전 속도제어, 녹제어) · 퍼지밸브 상시 개방	공기흐름량 직접 계측
산소센서	· 센서 출력값이 설정시간 이상 약 1V 이상 유지(short circuit to battery) · 센서 출력값이 설정시간 이상 약 100mV 이하 유지(short circuit to ground) · 센서 출력값이 설정시간 이상 300~600mV 유지(시그널 없음)	· 에러 저장 · 산소센서 closed loop 제어 정지 · 고장수리 후 학습치 reset	· 엔진 웜업(약 70℃ 이상) · 센서의 정상적인 작동을 위한 히팅 시작 · 부분부하 · Load센서 정상(MAP 센서 혹은 Hot Film 센서) · 퍼지 시스템 정상
MAP센서	· 전기적 진단(배터리회로쇼트: 4.8V 이상, 접지: 200mV 이하)가 검출된 경우 · 낮은 엔진회전수에서 흡기관 압력이 설정값 이하인 경우 · 엔진 회전수가 높고 스로틀개도가 작은 상태에서 흡기관 압력이 설정 이상인 경우	· 에러 저장 · 스로틀 개도와 엔진회전수에 의해 간접 계산된 공기량을 전환	공기흐름량을 간접 계측
TPS	스로틀 개도가 상,하한치를 벗어나는 경우(쇼트 또는 접지)	· 흡입공기량으로 공회전상태 판정 · 대시포트 기능과 ISA 학습 중지 · Idle speed 컨트롤러의 적분상수를 0으로 set	스로틀밸브의 위치를 감지

센서, 장치류 항목	고장진단 및 판정	판정조치 및 대체	기능 및 특성
ATS	ATS 출력값이 상, 하한 범위를 벗어나는 경우(약 140℃ 이상 또는 -45℃ 이하)	· 에러 저장 · 흡기온도를 대체값으로 전환(약 20℃)	흡기온도 측정
WTS(CTS)	WTS의 출력값이 상, 하한 범위를 벗어나는 경우 약 140℃ 이상 또는 -45℃ 이하)	· 에러 저장 · 냉각수온 맵값 또는 계산치로 전환	냉각수온 측정
CKP센서 (CAS)	· 점화스위치 ON 이후 연속적으로 2회의 기준점이 검출될 때까지(잠정) · 엔진회전수가 설정값 이상에서 기준점이 측정 범위를 벗어나는 경우	· 에러 저장 · 연료 학습제어 중단 · 공회전 속도제어 및 ISA 학습 중단	엔진회전수 감지
CMP센서 (CAM)	· 캠축이 100회전 하는 동안 센서 출력신호가 없는 경우 · 1사이클 동안 1회 이상 시그널이 입력되는 경우	· 에러 저장 · 노크제어는 대체값(기본값)을 적용한 노크 판정으로 수행 · 노크 학습제어 중단	기통 및 상사점 판별
Knock센서	· ECU 내부 노크 관련 회로의 전기적 진단 · 측정 시작점에서의 적분치가 설정 범위를 벗어나는 경우 또는 회로 내부의 noise level이 설정값 보다 큰 경우 · 노크센서로부터의 출력이 설정값 보다 적은 경우	· 노크 컨트롤 중단 · 점화시기를 강제적으로 진각(약 10도 정도)	이상폭발 감지
VSS	엔진회전수가 높고 부하가 큰 경우에도 차속이 검출되지 않는 경우	에러 저장	차량 속도 감지
ECU ROM	프로그램 상 입력된 check sum data와 실제 ROM의 check sum data가 다른 경우	· 에러 저장 · 프로그램 수행은 계속 진행 · 다른 ROM data의 영향으로 정상적 엔진 구동에 장애 발생할 가능성 있음	기준값(표준)
ECU RAM	ECU 내부 RAM 메모리에 대한 read/write test에 이상이 발생한 경우	· 에러 저장 · 프로그램 수행을 계속 진행 · 이상 발생 RAM area의 영향으로 정상적 엔진 구동에 장애 발생할 가능성 있음	측정값(센서)

센서, 장치류 항목	고장진단 및 판정	판정조치 및 대체	기능 및 특성
ISA	전기적 진단(쇼트, 단선)	· 에러 저장 · 액추에이터 작동 정지 · Limp home 위치 유지(fail safe)	공회전 조절장치
인젝터	전기적 진단(쇼트, 단선)	· 에러 저장 · 연료제어의 전환(산소센서 closed loop & open loop control)	연료분사 장치
연료펌프 릴레이	Power stage에 대한 전기적 진단(쇼트, 단선)	에러 저장	
에어컨 릴레이	에어컨 스위치가 OFF이고 에어컨 컴프레서가 ON인 경우	에어컨 스위치 ON으로 인식	· 에어컨 스위치 라인 단선 · 에어컨 Comp. 스위치가 배터리에 쇼트
PCSV	전기적 진단(쇼트, 단선)	· power stage 스위치 Off · purge 제어 중단	연료증발가스 제어장치

2.2 OBD(on board diagnosis)

2.2.1 OBD의 개요

[1] OBD-I의 개요

자동차대수의 증가에 따른 배출가스의 대기오염문제가 심각해짐에 따라 EPA(environmental protection agency : 미국환경보호청), CARB(california air research Board : 캘리포니아주 대기 자원국) 등에서 엄격한 자동차 배출가스 규제를 마련하게 되었다. 이에 따라, 배기가스를 포함한 자동차의 Emission Gas 발생 억제장치를 장착함과 동시에 엔진에 전자제어 시스템을 적용하고 운전자에게 이들 시스템 이상 시 경고등(warning lamp, MIL : malfunction indicator lamp)으로 알려주고 가능한 한 빨리 정비를 할 수 있도록 하고 있다.

OBD란 ECU가 고장부품과 고장내용에 따라 고장코드 DTC(diagnostic trouble code)정하여 ECU 메모리 내에 기록시킴과 동시에 센서나 장치류(actuator) 고장시 페일 백업기능을 부여하여 공장까지 주행시킬 수 있도록 하여 정비를 받도록 하는 기능을 말한다. OBD체제는 점차적으로 엄격해 지고 있는 배기규제에 대응하도록 ECU의 자기진단은 물론이고 각 장치 관련 데이터의 모니터링 등 그 기능을 점차 확대 강화시키고 있다(OBD-I, OBD-II..., EOBD).

OBD-I 체제의 특징으로는, 고장발생 시 ECU 내에 자기진단기능을 부여하여 각 센서로부터의 입력신호를 감시하고 단선, 단락 등의 불량이 발생한 경우에 불량개소를 기억시켜 고장부위별로 고장코드를 부여하고 있다. 고장코드의 판독은 Code Reader나 스캔툴로 ECU의 자기진단 커넥터에 연결시켜 DTC(data trouble code)를 읽어 낼 수 있다. 그리고 진단테스터로 모든 고장을 완전히 해결할 수 없으므로 각각의 부품에 대해 종래와 같은 테스터를 이용하여 점검개소불량을 계통적으로 체크해야 한다.

[그림 7-8] 계기판의 엔진 경고등

[2] 자기진단 커넥터

자동차에서 전자제어시스템이 적용된 경우 ECU RAM에 메모리 된 자기진단 내용을 경고등 점멸이나 스캔툴로 통신하여 알 수 있도록 별도의 자기진단 커넥터를 설치하고 있으며 그 형상이나 설치 위치는 제작회사에 따라 다소 달리하고 있다. 스캔 툴(scan tool)의 자기진단 커넥터를 차량의 진단 커넥터에 연결한 후 자기진단 항목을 수행시키면 기록된 고장내용을 파악할 수 있으며 동시에 실시간 데이터 들을 확인 할 수 있다.

자기진단 커넥터는 제작회사별로 형상 및 차상 장착위치가 다르나 그 개념은 동일하다. 자기진단 커넥터의 장착위치는 릴레이박스, 퓨즈박스, 콘솔부 등 다양한 위치에 설치되어 있다.

[그림 7-9] **차량별 자기진단커넥터 장착위치 예**

(1) 점검내용

① ECU 작동전압의 입력상태를 점검한다.

② 센서 공급전압 출력상태를 점검한다.

③ 각 센서로부터 ECU로의 신호 입력상태를 점검한다.

④ ECU로부터 각 액추에이터로의 신호 출력상태를 점검한다.

(2) 점검방법

① ECU 하네스측 커넥터 전원공급단자(예 : C03-02 또는 C03-07번 단자)에 멀티미터 전압계를 설치하여 전원공급(BAT. 전압)을 확인한다.

② MUT를 이용하여 센서 입력값을 점검 분석한다.

③ 각 액추에이터 구동단자(예 : C02-01, 02, 04, 05, 08, 09, 10, 11, 12...)에 멀티미터 또는 오실로스코프 프로브를 설치하여 출력전압 또는 파형을 측정 분석한다.

1) ECU 작동전원(전원 : BAT.전압) 및 센서 공급전원(5V)

① 멀티미터 적색 프로브를 ECU 하네스측 전원공급 단자(예 : C03-02, 07단자)에 흑색 프로브를 배터리(-) 또는 차체에 연결한다(전원 공급 점검).

② 멀티미터 적색 프로브를 ECU 하네스측 센서 전원공급 단자(예 : C01-21단자)에 흑색 프로브를 배터리(-) 또는 차체에 연결한다(센서 전원공급 점검).

③ IG/ON 시킨 후 측정을 시작한다.

2) 센서 입력신호 및 액추에이터 출력신호 점검

① 차량의 자기진단 커넥터에 MUT를 장착한다.

② 엔진을 가동시킨다.

③ MUT의 자기진단, 센서출력 항목을 진행시키며 입력값 및 출력값을 비교 분석한다.

(3) 결과분석

항 목	내 용
ECU 전원 공급 점검	① 배터리 전압이 측정되어야 한다. ② 센서 전원공급의 경우 5V가 나와야 한다.
센서 입력 신호 점검	① MUT의 센서출력항목을 수행시키고 기준값과 비교분석한다. ② 신호가 입력되지 않거나 기준값을 벗어날 경우 센서 및 관련배선을 점검한다.
액추에이터 출력신호 점검	① 각 액추에이터 구동단자에 MUT 또는 스캔장비를 장착하여 출력신호를 점검한다. ② 출력신호가 나오지 않거나 기준값을 벗어날 경우 ECU를 교환한다.

[3] OBD시스템의 문제점

기존 OBD-I 적용 차량의 경우, 각 전자부품과 배선(wiring)의 단선 단락에 의한 고장이 아닌 촉매나 O_2센서의 열화, 관련배선의 문제, 센서나 액추에이터의 비정상적인 거동 의해 에미션가스 배출이 증가하는 것은 알 수 없다. 그리고 차량의 자기진단 커넥터(DLC : data link connector)가 표준화 되어 있지 않아 차량마다 다른 자기진단용 어댑터가 필요한 단점을 가지고 있다.

또한, 제작업체에 따라 고장코드가 다르므로 이를 해석하기 위한 정보가 제공되어야 하며 경고등을 점등시키는 기준이 제작사마다 다르며 진단 시 저장된 정보의 형태가 제작사별로 상이한 문제를 안고 있다.

2.2.2 OBD-II

국내와 같이(향후는 OBD-Ⅱ. Ⅲ 체제로 감) 배기규제가 그렇게 강하지 않은 지역에서는 전자제어 관련 부품이 고장발생 시에만 경고등을 점등하여 운전자에게 알려준다.

따라서, 경고등 점등 시 운전자는 정비공장에서 고장요소를 점검 수리하고 조치하여 문제가 없도록 하고 있다. 그러나 점차적으로 배기규제가 엄격해 짐에 따라 각국에서는 OBD-I보다 엄격한 OBD-Ⅱ 규제를 적용하게 되었으며 자동차 배출가스가 매우 완벽한 수준으로 배출되도록 규제하고 있다.

OBD-Ⅱ 체제에서는 전자제어 관련 장치 특히 배기 관련시스템이나 부품의 경우 고장나기 전 상황을 사전에 계속 감시(monitoring)하여 고장발생 전에 고장이 예측되면 (특히, 배기 관련장치류) 점멸신호로 반복해서 경고신호를 보내 운전자가 관련 부품이 고장나기 전에 교환 수리하도록 하고 있다(고장 발생시에는 점등신호).

실제로 사용되고 있는 자동차의 배출가스를 조사하는 데에는 CVS장치(constant volume sampler : 배출가스 측정장치)를 이용하여 계측하며 1대 측정에 상당한 시간이 걸리므로 연방정부나 캘리포니아주에서 협력하여 실제 사용상태에 있는 자동차의 배출가스제어에 관계하는 장치의 데이터를 모니터하는 방법을 고려하였다. 즉, OBD-Ⅱ(OBD의 Phase Ⅱ)에서는 자동차측의 구조를 배출가스 관련 장치의 데이터가 계측될 수 있는 구조로 하는 것을 의무화하였다.

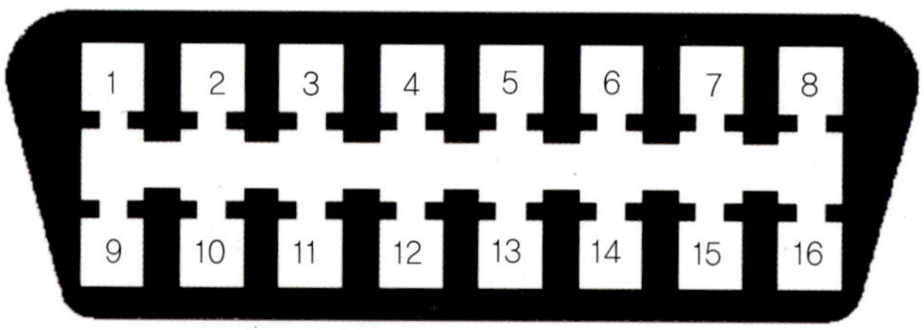

1. 2. communication bus positive (+)
3. 4. chassis ground (−)
5. signal ground
6. 7. "K" line ISO 9141-2
8. 9. 10. communications bus negative (−)
11. 12. 13. 14. 15. "L" line ISO 9141-2
16. battery positive (+)

[그림 7-10] OBD-Ⅱ 자기진단 커넥터

OBD-Ⅱ 규제 목적은 자동차의 유해배출가스 배출수준을 낮추는 제어장치가 정상작동하는가를 모니터링하는 방법을 자동차측에 의무적으로 적용하고 이들 장치의 성능저하를 감지하도록 하는데 있다.

규정 테스트에 합격된 자동차가 판매 후 사용 중에도 그 품질유지가 가능한가를 조사하여 악화되면 인정방법을 개선하거나 리콜을 실시하도록 하고 있다.

OBD-Ⅱ 체제에서 차량측에 부여된 기능은 다음과 같다.

① 진단커넥터의 표준화(16핀 : 전원공급 단자 포함)
② 고장 경고 기능의 확장(배기 관련 장치의 고장 예측 시 경고등 점등)
③ 고장코드와 용어의 통일
④ 배출가스 제어장치의 현재 파라미터(data list)표시가 가능할 것
⑤ 통신방식 프로토콜(protocol)의 통일
⑥ 프리즈 프레임(freeze frame)기능 부여(고장발생시 데이터 리스트의 ECU기록)
⑦ 레디니스(readiness)기능 부여(배출가스 제어장치의 연속, 비연속 모니터링)
⑧ 연속 모니터링 증대(실화, 연료공급, 촉매, EGR, EVAP, 산소센서 등 광범위한 제어시스템 모니터링)

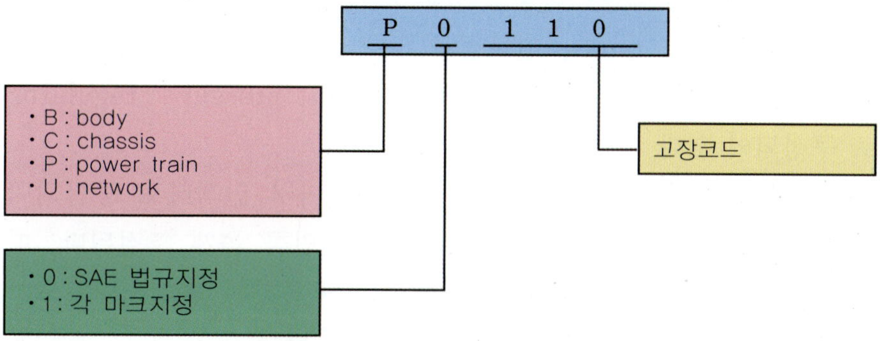

[그림 7-11] OBD-II 고장코드 예

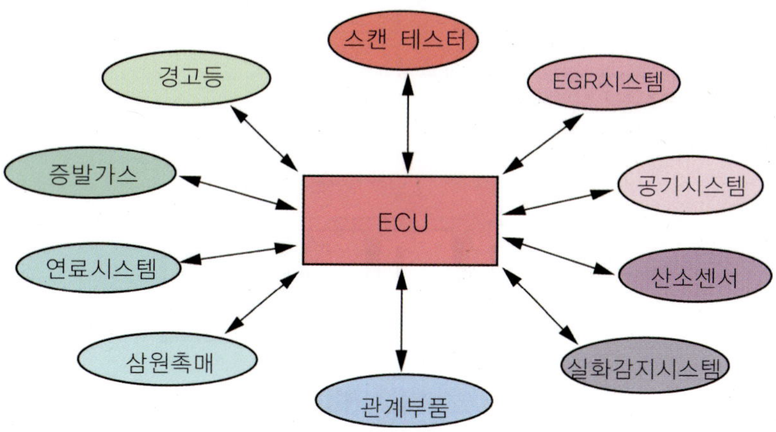

[그림 7-12] OBD-II 시스템 모니터링 개요도

2.2.3 EOBD(european on board diagnosis)

EOBD란 CARB OBD-Ⅱ와 거의 같은 개념으로 유럽지역에서 자동차의 배출가스 규

제를 위한 전자제어시스템의 진단규정을 말한다. EOBD는 2000년 1월 1일 이후 판매 차량에 적용하고 있으며 캘리포니아 CARB OBD-Ⅱ 규제와 거의 동일한 개념을 적용하고 있다. 특이 사항으로는 진단항목별 상세 규정 없이 정해진 배출가스 기준치를 넘을 때 경고등(MIL : malfunction indicate lamp)을 점등시킨다. 배출가스와 관련된 모든 항목을 규정하고 있으나 CARB OBD-Ⅱ의 증발가스 누설 감지기능(evaporative systems leakage monitoring)은 제외되어 있다.

3. 연료장치

3.1 연료계통(fuel system)

연료 공급장치는 기관의 모든 작동조건에 요구되는 양의 가솔린을 분사시켜 주기 위한 것이며 연료탱크(fuel tank), 연료펌프(fuel pump), 연료여과기(fuel filter), 연료분배관(fuel delivery rail), 연료압력조절기(fuel pressure regulator), 인젝터(injector)로 구성되어 있다.

연료펌프에 의하여 압송된 연료는 연료여과기를 거쳐 인젝터로 공급되며 압력조절기에 의해 흡기다기관의 압력보다 항상 일정한 압력만큼 높게 조절된다. 따라서 인젝터로 분사되는 연료의 양은 인젝터의 니들밸브를 구동하는 솔레노이드코일의 통전시간으로 결정하며 여분의 연료는 연료탱크로 되돌아온다.

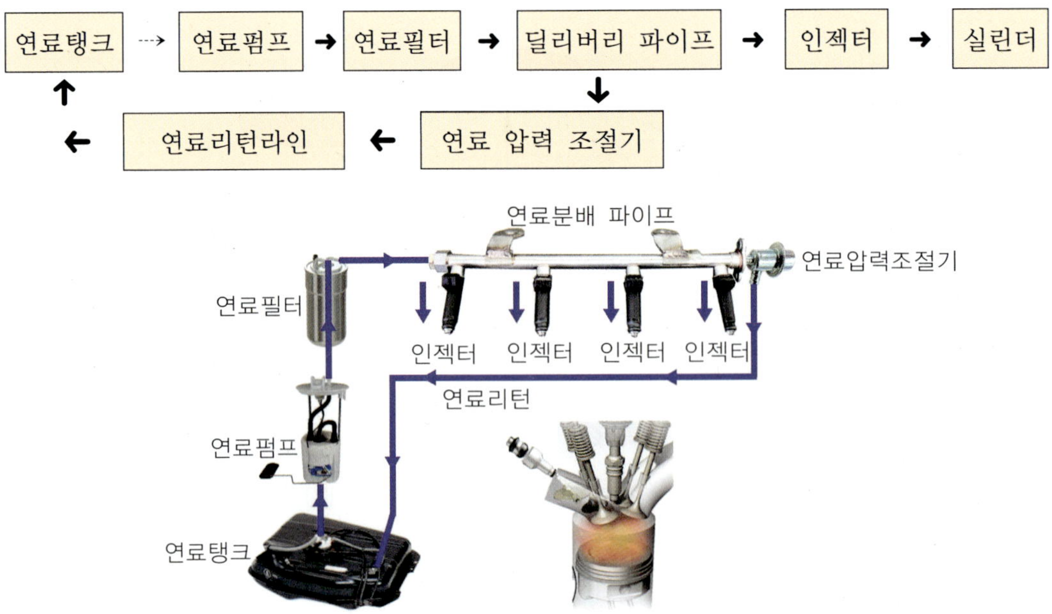

[그림 7-13] **연료계통의 구성**

3.2 연료탱크(fuel tank)

연료탱크는 자동차의 주행에 소요되는 연료를 저장하는 탱크로써 강판(steel) 연료탱크 내면에는 녹스는 것을 방지하기 위하여 아연이나 주석 또는 알루미늄 등으로 피막 처리되어 있다.

일반적으로 플라스틱 연료탱크에 사용되는 것은 HDPE로 불리는 고밀도 폴리에틸렌 플라스틱이다. HDPE(high-density polyethylene)는 일상생활에서도 많이 사용되는 범용 플라스틱 중 하나로 분자가 적고 결정성이 높은 밀도 0.95 이상의 폴리에틸렌으로 경도, 기계적 강도, 내열성 등이 우수하나 가공성 등은 약간 열악하다.

탱크의 구성은 연료 주입구, 드레인 플러그, 운전석에서 연료의 잔류량을 알 수 있도록 하는 장치인 연료계 송신장치(sender unit), 칸막이(baffle), 브리더 파이프 등으로 구성되며 용량은 1일 사용량으로 보통 400~500km 주행 양으로 되어 있다.

① **연료탱크**(fuel tank) : 주로 차량 뒷좌석 하단에 장착되어 연료를 저장한다.
② **연료펌프**(fuel pump) : 주로 연료탱크 내부에 설치되어 연료탱크 내의 연료를 연료분사장치로 공급하고 연료 양을 측정하는 장치(sender unit)가 설치되어 있으며, 연료라인 내 압력을 일정하게 유지한다.
③ **캐니스터**(canister) : 자동차 시스템에 따라 연료탱크 또는 자동차 차체에 부착하며, 연료탱크 내에서 발생된 증발가스를 흡착하고 활성탄에 의해 정화된 공기는 대기로 방출한다.
④ **에어 필터**(air filter) : 연료탱크에 장착되어 탱크 부압시 탱크 내로 유입되는 대기 중 공기 오염물을 정화한다.
⑤ CCV(canister close valve) : 연료탱크에 장착되어 연료시스템의 증발가스 누유여부 모니터링 시(약 2분소요, 수회/1일) CCV를 작동하여 닫으면 평상시 OPEN상태이다.
⑥ FTPS(fuel tank pressure sensor) : 연료탱크 혹은 연료펌프에 부착되어 증발가스 누유 모니터링 시 탱크 내부 압력평가이다.
⑦ **필러넥**(filler neck) : 연료 주입구에 장착되어 연료주입 통로이다.
⑧ **히트 실드**(hear protector, heat shield) : 머플러 장착부 윗면의 연료탱크 하단부에 장착되어 머플러 발생 열이 탱크 내 온도상승을 억제한다.
⑨ **배플**(baffle) : 연료탱크 내에 장착(조립 및 insert type이 있음)되어 차량의 주행 및 가·감속시 연료의 거동을 안정화 및 유동을 방지 기능이다.

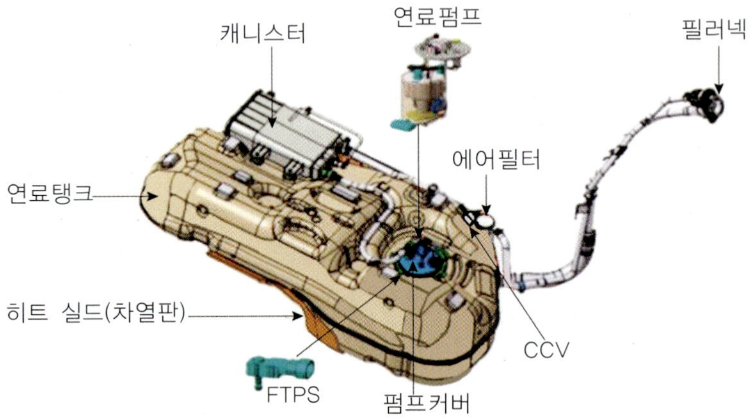

[그림 7-14] **연료탱크의 구성품**

3.3 연료여과기(fuel filter)

연료여과기는 연료에 포함된 먼지나 수분 등 불순물을 제거하여 깨끗한 연료를 장치 내로 공급하는 역할을 하며 연료탱크와 분배파이프(기화기 차량은 연료펌프) 사이에 설치되며, 독립적으로 설치된 분배형과 연료펌프와 일체로 만들어진 비분배형이 있다.

연료여과기는 보통 분배형이 많이 사용되며 금속판 또는 플라스틱 케이스 내부에 여과지나 여과 포식의 엘리먼트를 넣어 밀봉시킨 카트리지식(cartridge type)으로 되어 있다. 여과지의 여과성능은 5~10㎛ 정도이며 연료여과기는 장시간 사용되면 오손으로 인하여 여과작용의 성능이 떨어지므로 교환하여야 하며 보통 40,000km주행 후 교환한다.

최근 자동차의 연료시스템은 상당히 정밀하고 부품의 허용공차도 아주 작아 제대로 여과되지 않은 연료가 인젝터 등 연료시스템을 통해 실린더로 공급되면 연료시스템은 물론 엔진의 성능에도 악영향을 미치게 된다. 연료펌프에서 발생하는 연료압력은 일반적으로 5bar 정도이다. 고압으로 유입되는 연료와 여과지가 직접 충돌하면 여과지가 파손될 수 있으므로 파이프를 통해 우회해서 유입되도록 설계되어 있다. 따라서 연료필터에 표시된 설치방향을 반드시 준수해야 한다. 설치방향은 주로 화살표 또는 IN/OUT 등으로 표시되어 있다. 전자제어식 연료분사장치에서 사용하고 있는 고압 연료필터는 기화기방식의 필터에 비하여 다음과 같은 특징이 있다.

① 먼지 등의 여과성능을 높이기 위해 엘리먼트의 눈이 작아 막히기 쉬우므로 여과

면적이 크다.

② 연료의 압력이 높기 때문에 내압성(耐壓性)이 크다.

③ 여과면적이 크고 필터 자체가 크다.

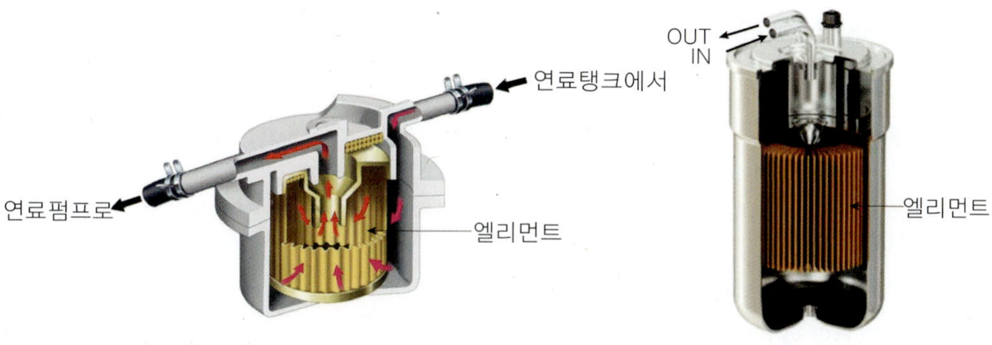

(a) 기화기식 연료필터 (b) 전자제어식 연료필터

[그림 7-15] **연료여과기**

3.4 연료펌프(fuel pump)

연료펌프는 연료탱크에서 기화기 또는 인젝터(injector)까지 연료를 공급해 주는 장치이며 기화기식 엔진에서는 주로 기계식 다이어프램 펌프(diaphragm pump)를 가솔린 분사식 엔진에는 전기모터식 펌프를 사용한다. 대부분의 기화기식 연료시스템에는 기계식 연료펌프가 사용되며 이 펌프는 주로 실린더블록 또는 헤드 측면에 장착되며 캠축에 의해 구동된다.

기계식 연료펌프의 일반적인 구조로써 캠축이 회전하면 편심 캠이 회전하여 작동레버나 푸시로드(push rod)를 밀고 이에 연결된 다이어프램을 작동시켜 연료를 압송한다. 전기식 연료펌프에는 전기모터에 의한 방식과 솔레노이드(solenoid)에 의한 방식이 있으나 현재는 대부분 전기모터식 연료펌프를 사용하고 있다. 전기모터식 연료펌프는 기계식 연료펌프에 비하여 항상 엔진이 요구하는 이상의 충분한 연료를 공급할 수 있고 회로 내에 잔압을 유지시키므로 점화스위치가 작동되는 순간 연료를 공급할 수 있으며 베이퍼록(vapor lock)에 강한 이점이 있다. 이 펌프는 엔진 시동시, 점화스위치가 시동(start)에 있을 때는 시동스위치에 의하여 작동되며 엔진이 작동된 후부터는 ECU(ECM)에 의하여 ON/OFF제어 된다.

ECU에서는 점화신호나 회전수 신호가 입력되지 않으면 연료펌프를 정지시킨다. 모터가 회전하면 측면에 장착되어 있는 로터가 회전하며 이 로터는 펌프하우징에 편심

되어 있어 회전시 체적차 만큼 하우징 내벽을 따라 회전하면서 펌핑작용을 한다.

3.4.1 연료펌프의 종류

[1] 형식에 따른 분류

① 막판식(diaphram type)

② 플런저식(plunger type)

③ 베인식(vane type)

[2] 구동방식에 따른 분류

① 기계식(mechanical type)

② 전자식(electric type)

[그림 7-16] **연료펌프**

3.4.2 전기식 연료펌프의 구성

[1] 펌프(pump)

펌프모듈의 주 부품으로 탱크 내의 연료를 엔진에 공급하기 위해 연료를 흡입한다.

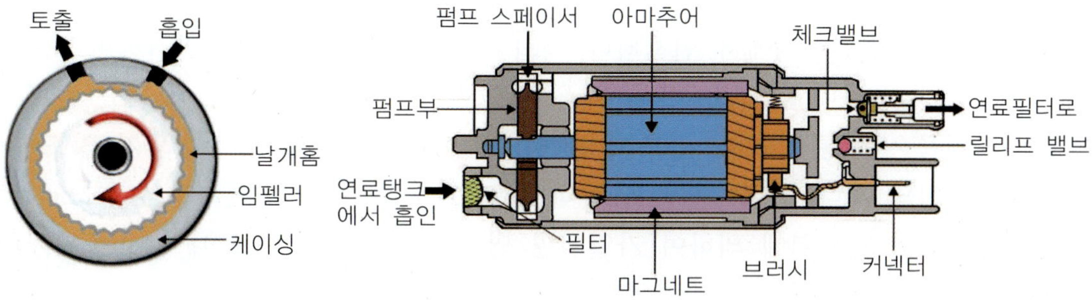

(a) 펌프부 단면 (b) 모터

[그림 7-17] 전기식 연료펌프의 구조

[2] 릴리프밸브(relief valve)

연료펌프가 작동 중 어떤 이유로 인해서든지 연료가 연료출구를 통과하지 못한다면 연료 펌프내의 압력은 비정상적으로 높아진다. 이런 경우에 릴리프밸브는 압력을 낮추기 위해 열리게 되며, 연료라인에서 일정압력보다 비정상적으로 올라가는 연료압력을 제어하여 항상 일정한 압력을 유지하도록 한다.

[3] 체크밸브(check valve)

연료펌프가 작동 중 멈추면 체크밸브는 스프링의 힘에 의해 닫히고, 일정압력이 연료라인에 남게 된다. 연료라인에 남은 일정한 압력은 엔진의 재시동을 용이하게 하며, 높은 온도에서의 베이퍼 록을 방지한다.

[4] 리저브 컵(reserve cup)

펌프와 필터를 감싸고 있는 케이스로 연료 끊김을 방지하기 위해 항상 연료를 저장하고 있다.

[5] 연료 센더(fuel sender)

연료의 양을 게이지로 나타내기 위한 센서가 달린 부표이다. 부표가 상하로 움직임에 따라 저항 값이 변하여 이를 이용하여 연료량을 측정한다,

[6] suction 필터(filter)

펌프 모듈 상에서 연료를 빨아드리는 곳으로 1차적인 필터 작용을 한다.

3.5 연료파이프(fuel pipe)

연료파이프는 연료탱크에서 인젝터나 기화기까지 각각의 장치를 연결하며 보통 구리 파이프를 사용하며 비닐파이프나 내유성 고무파이프를 사용하는 경우도 있다. 파이프의 안지름은 보통 5~8㎜ 정도이며 파이프 이음매는 연료가 누설되지 않도록 원뿔형이나 구형의 유니언으로 되어 있고 파이프너트로 조여져 있다.

또한 연료파이프는 열에 의하여 가열되면 연료의 일부가 파이프 내에서 증기폐쇄를 일으켜 송유작용을 방해하므로 가열되지 않도록 주의하여야 한다. 그리고 차체와 기관 사이에는 진동이 심하므로 플렉시블 파이프(flexible Pipe)로 연결하는 것이 좋다.

3.5.1 딜리버리 파이프(delivery pipe, 연료분배 파이프)

이 파이프는 각 인젝터에 동일한 분사압력이 되도록 하며, 연료저장 기능을 지니고 있다. 분배파이프의 체적은 인젝터에서 분사되는 연료 공급량에 비례하므로 분사에 따른 파이프 내부 압력변동이 없도록 한다. 그리고 이 파이프에 각 인젝터들이 연결되어 있어 각각의 인젝터에 동일한 분사압력이 되게 할 수 있으며, 인젝터 설치도 쉽도록 해 준다.

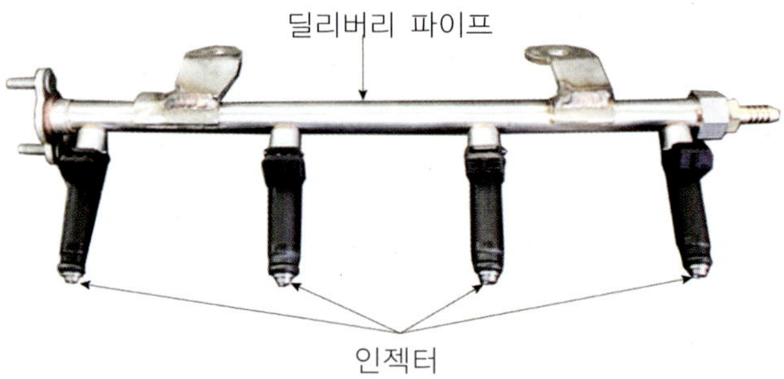

[그림 7-18] **딜리버리 파이프**

3.6 연료압력 조절기(fuel pressure regulator)

인젝터를 통해 분사되는 연료량은 분사압력, 분사시간 및 분사노즐 홀 직경에 의해 결정된다. 따라서 분사노즐 홀 직경은 결정되어 있으며 인젝터에 대해 연료 분사량을 통전 시간으로 제어하려면 분사압력이 흡기관 압력에 일정하게 유지하도록 해야 한다. 엔진이 요구하는 연료 분사량은 ECU가 통전시간에 의해 인젝터를 제어하게 된다.

그러나 연료압력이 제대로 제어되지 않으면 통전시간이 동일하다 하더라도 연료 분사량은 제대로 제어되지 않는다.

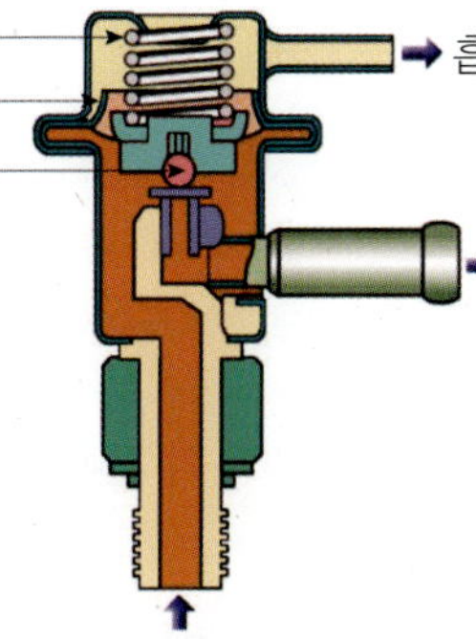

[그림 7-19] 연료압력 조절기

연료압력이 높은 경우에는 연료 분사량이 많고 연료 압력이 낮은 경우에는 적을 것이다. 흡기관 압력변화에 대응하여 연료압력을 항상 일정하게 하면 ECU는 인젝터 통전시간으로 정확한 분사량을 결정 할 수 있다.

연료 압력조절기는 흡기다기관의 부압을 이용하여 연료계통 내의 압력을 조절해주는 것으로 분배파이프 앞 끝에 설치되어 있다. 즉 연료계통 내의 압력을 2~3kgf/㎠로 유지시켜 주는 다이어프램 조절의 오버플로(over flow)형식이다. 연료계통 내의 압력이 규정 값 이상 되면 다이어프램에 의해 조절되는 밸브가 열려 연료 출구포트를 연다. 이에 따라 규정압력 이상의 연료는 밸브를 통하여 연료탱크로 되돌아간다. 그러므로 흡기 매니폴드에 진공도가 높으면 많은 연료를 리턴 하여 다이어프램 스프링에 설정된 압력은 항상 일정하다.

최근에 출고된 차량은 환경문제로 인해 HC 감시를 위해 연료탱크 내부로 들어가서 외부에는 찾아 볼 수 없는 경우도 있다. 일반적으로 연료압은 공전시에 약 2.0kgf/㎠이며, 이때 연료압력 조절기의 진공호스를 빼면 약 2.5kgf/㎠로 상승한다. 결국 엔진의 흡기부압의 작동압이 0.55kgf/㎠이다.

연료압 = 설정압력(2.55kgf/㎠) - 흡기다기관의 압력

이 된다는 것이다. 흡기관의 압력은 운전상황에 따라 다르며 스로틀의 전개의 경우는 거의 대기압과 같으므로 흡기관의 부압은 “0” 이 된다. 이와 같이 연료압은 운전조건에 따라 높아지거나 낮아지는 변화를 계속하여 연료압과 흡기다기관 부압과의 차는 언제나 2.55kgf/㎠이 유지되도록 한다.

• 아이들링시 2.0kgf/㎠ - (-0.55kgf/㎠) = 2.55kgf/㎠
• WOT시 2.5kgf/㎠ - (-0.05kgf/㎠) = 2.55kgf/㎠

3.7 인젝터(injector)

인젝터는 각 실린더의 흡입밸브 앞쪽(흡기다기관)에 1개씩 설치되어 각 실린더에 연료를 분사하는 솔레노이드밸브이다.

인젝터는 컴퓨터로부터의 전기적 신호에 의해 작동하며, 그 구조는 밸브보디와 플런저(plunger)가 설치된 니들밸브로 되어 있다. 솔레노이드 코일에 전류가 흐르지 않을 경우 니들밸브는 스프링의 장력에 의해 밸브시트에 밀착되어 연료의 분사를 차단하고, 솔레노이드 코일에 전류가 흐르면 솔레노이드 코일이 니들밸브를 들어 올려 연료가 원통형의 분사구멍에서 분사된다. 인젝터의 분사각도는 10~40° 정도이며, 분사시간은 2~4ms(ms=1/1,000sec), 분사압력은 2~3kgf/㎠이다.

우리나라에서는 가솔린엔진에 전자제어시스템이 도입되면서 엔진에 흡입되는 공기량을 공기량 센서로 측정하여 공기량을 알고 가솔린의 이론공연비(14.7 : 1)에 맞는 연료량을 인젝터로 분사하면서 가솔린용 인젝터가 처음 사용되었다. 가솔린엔진용 인젝터는 연료로 사용되는 액체 상태의 가솔린을 연소실 입구인 흡기밸브 뒷면에 분사하여(간접분사식) 흡기밸브의 온도에 의해 액체상태에서 기체상태의 연료로 변화되면서 공기와 함께 연소실로 들어가도록 한다. 인젝터의 성능은 액체의 가솔린을 기체로 변환시키는 무화정도에 따라 결정되는데 이것은 분사식 전자제어 가솔린엔진에서 중요한 작동요소이며 초기의 분사식 엔진은 1개의 엔진에 1개의 인젝터를 사용하다(SPI, TBI, CPI).

최근의 엔진은 대부분 1 실린더당 1개의 인젝터(MPI, GDI)를 사용한다.

엔진 제어시스템은 엔진 배기량에 의해 결정된 인젝터 노즐포트의 크기(직경)와 일정한 압력으로 압축된 가솔린을 인젝터에 계속 공급하고 엔진에 흡입된 공기량에 알맞는 적절한 혼합비율에 따라 계산된 연료량을 인젝터의 개방시간으로 결정하게 된다.

3.7.1 가솔린 인젝터의 구조

가솔린 인젝터는 응답성이 좋은 전자밸브로 구성되어 전기가 공급되지 않으면 스프링의 장력으로 아마추어와 연결된 니들밸브를 밀어 통로가 차단되고 전기가 공급되어 솔레노이드 코일이 자화되면 아마추어가 스프링의 힘을 이기고 움직이면서 니들밸브가 들리면서 통로가 열려 연료가 분사된다.

인젝터 외부에는 솔레노이드를 작동하기 위한 전기 커넥터와 연료가 공급되는 입구에서 이물질을 걸러주는 스크린(필터)가 설치되며 연료 입구 쪽에는 연료누출을 방지하는 고무제 리테이너와 O링이 있으며 분사노즐이 위치해 흡기 매니폴드에 설치되는 아래 부분에는 진공누설을 방지하는 고무제 O링이 설치되며 고정은 연료 분배파이프에 의해 눌러주는 방법을 주로 사용하며 엔진의 열이 인젝터에 전달되어 연료라인에 가스가 발생하지 않도록 단열을 위하여 적당한 방법을 사용한다.

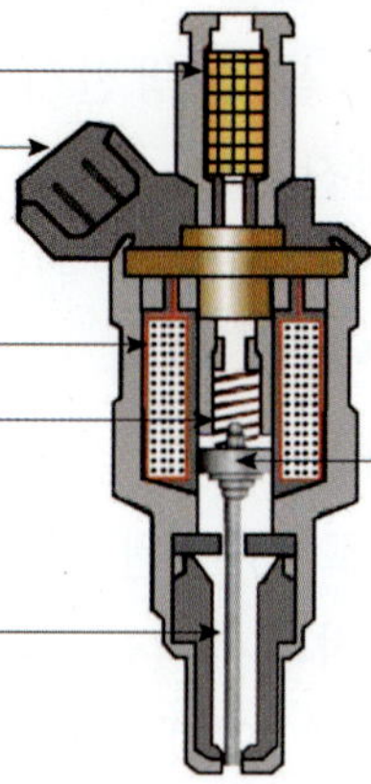

[그림 7-20] **인젝터의 구조**

3.7.2 가솔린 인젝터의 종류

가솔린엔진용 인젝터는 분사위치, 인젝터 구동 회로형식, 솔레노이드의 저항값, 연료의 공급위치, 연료 분사노즐의 형태등 기계적 구조에 따라 분류한다.

인젝터를 제어하는 방법에는 인젝터는 항상 열고 연료압력으로 연료량을 조절하는 연속분사, 연료압력은 일정하고 인젝터 밸브의 열림시간으로 연료량을 조절하는 간헐분사, 크랭크축의 위치에 따라 이미 결정된 위치에 따라 분사하는 동기분사와 크랭크축의 위치와 상관없이 필요하다고 판단되는 시점에 모든 인젝터가 동시에 분사하는 비동기 분사, 실린더당 1개씩 인젝터를 설치하는 형식에서 2개의 인젝터를 동시에 구동하는 그룹분사, 1개의 인젝터를 구동하는 독립분사(순차분사), 높은 혼합비가 필요한 경우에 모든 인젝터를 동시에 구동하는 동시분사가 있다.

4. 전자제어용 센서의 작용 및 점검

4.1 점화장치의 개요

점화장치는 가솔린엔진 및 가스(LPI, CNG)엔진 등의 실린더 내의 압축된 혼합가스에 스파크플러그의 전극으로부터 불꽃방전을 발생시켜 점화 착화시키는 장치를 말한다. 스파크플러그 전극으로부터 불꽃방전을 발생시켜 완전 연소에 접근하기 위해서는 실제로 점화장치는 여러 가지 요구조건이 필요하게 된다. 이때 스파크플러그의 전극으로부터 불꽃은 연소실 내의 혼합가스를 충분히 착화시킬 수 있는 불꽃의 세기와 착화 후 완전연소에 접근할 수 있도록 불꽃 방전시간을 유지하지 못해 점화가 불량하면 시동성이 떨어지거나, 공회전 시 엔진부조, 가속 시 출력이 떨어지며, 이러한 현상은 연비 악화 및 유해 배출가스 증가로 이어지게 된다.

엔진의 고성능화와 배출가스의 규제와 함께 반도체산업의 급속한 발달로 초기의 단속기 접점방식 점화장치에서 최근에는 전자 점화방식으로 발전하였다. 단속기 접점방식 점화장치는 배전기 내의 원심추로 구성된 원심 진각장치와 흡기다기관 내의 부압을 이용한 진공 진각장치에 의해 점화시기를 제어하는 반면 전자 점화장치는 AFS, CAS 센서의 신호를 기준으로 컴퓨터에 의해 1차코일 전류의 통전개시 및 점화시기를 제어하기 때문에 최적의 제어를 통해 성능과 연료소비율 향상 및 배기가스 제어에 훨씬 유리하다.

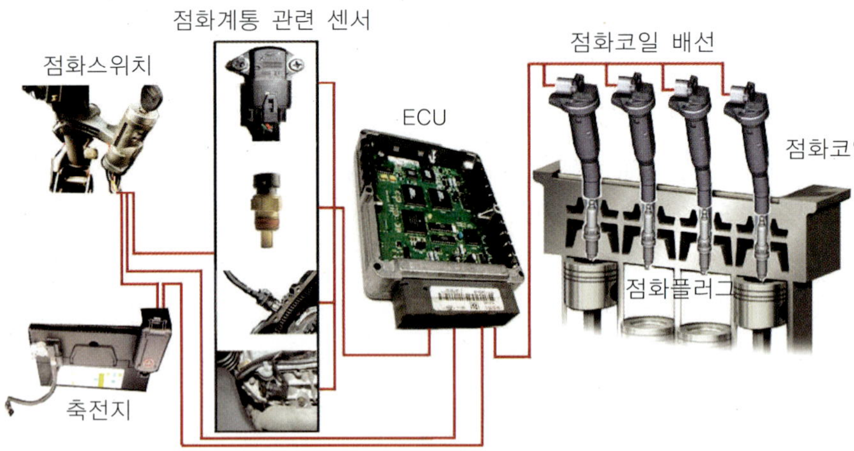

[그림 7-21] 점화장치의 구성

4.2 점화장치의 구성

4.2.1 파워 트랜지스터(power TR)

파워 트랜지스터는 컴퓨터로부터 제어신호를 받아 점화코일에 흐르는 1차 전류를 단속하는 역할을 하며, 구조는 컴퓨터에 의해 제어되는 베이스(base), 점화코일 1차 코일의 (-)단자와 연결되는 컬렉터(collector), 그리고 접지되는 이미터(emitter)로 구성된 NPN형이다.

(a) 외형

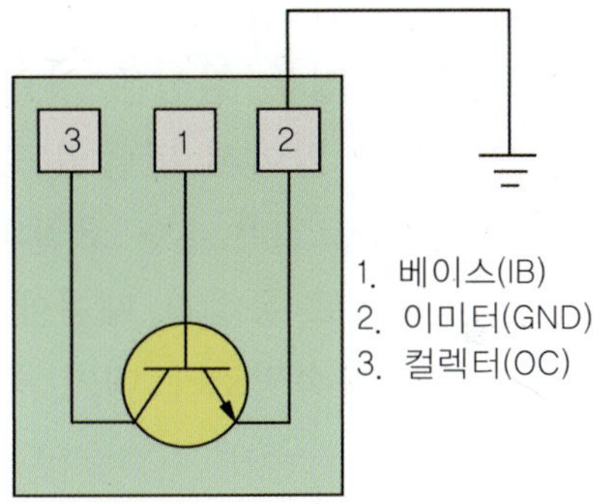

(b) 배선도

[그림 7-22] **파워 트랜지스터의 외관과 배선**

파워 트랜지스터의 작용은 점화스위치를 ON으로 하면 축전지 전압이 점화 1차 코일에 흐른다. 크랭크 각 센서의 점화신호가 컴퓨터에서 파워 트랜지스터를 단속시켜 점화 1차 코일에 흐르는 파워 트랜지스터를 통하여 단선과 접지를 반복한다. 그리고 점화시기는 컴퓨터가 연산하며, 파워 트랜지스터 베이스의 전류흐름이 차단되면 점화 1차 전류가 차단되며, 이 작동으로 점화코일의 2차 코일에 높은 전압이 유기되며, 이 높은 전압은 배전기 로터에 의해 점화플러그로 보내진다.

4.2.2 점화코일(ignition coil)

점화코일은 점화플러그에서 불꽃을 발생시키기 위하여 전압을 높여주는 변압기(승압기)이다. 현재 자동차 전원으로 사용되는 전압은 대부분 12V를 많이 사용하는데 이 전압으로는 압력이 높은 연소실에서 점화에 필요한 충분한 불꽃을 얻을 수 없어 점화코일을 이용하여 높은 전압을 얻는다. 이것을 위해서는 매우 강력한 자장이 필요로 한다. 이 자장은 점화 1차 코일의 전류의 흐름에 의하여 생성된다.

그래서 점화 1차 코일은 매우 낮은 저항을 갖는데 일반적으로 약 1~4Ω 정도이다.

파워 TR은 1차 코일의 전류의 흐름을 단속하는 스위치 역할을 담당한다. 점화 1차 코일에 전류가 흐르면 전기에너지는 점화코일에서 자기 에너지로 저장된다. 이때 ECU의 신호에 의해 파워 TR의 스위치가 갑자기 끊기게 되고, 자기유도 작용과 상호유도 작용에 의해 점화 2차 코일에는 7~35kV의 고전압이 유기되게 된다. 이 전압은 점화 2차 코일을 타고 각 기통의 스파크 플러그에서 점화불꽃을 방전하게 된다.

[1] 개자로형 점화코일

구조는 원통형의 철이나 알루미늄 등의 금속 안에 컴파운드 또는 오일을 넣어 만들었다. 코일의 중심부 철심은 자력선의 손실과 열 발생을 감소시키기 위해 얇은 규소 강판을 겹치거나 말아서 만들었고, 이 철심 봉에 2차 코일과 1차 코일이 감겨져 있다.

개자로형 점화코일은 1차 코일의 전류에 의해서 발생하는 자속이 철심의 중심을 통한 후 공기 중으로 통하기 때문에 자속의 손실이 많으므로 2차 전류의 손실이 커진다. 따라서 코일의 자속경로가 대기 중으로 열렸다고 하여 개자로(開磁路)형이라고 한다.

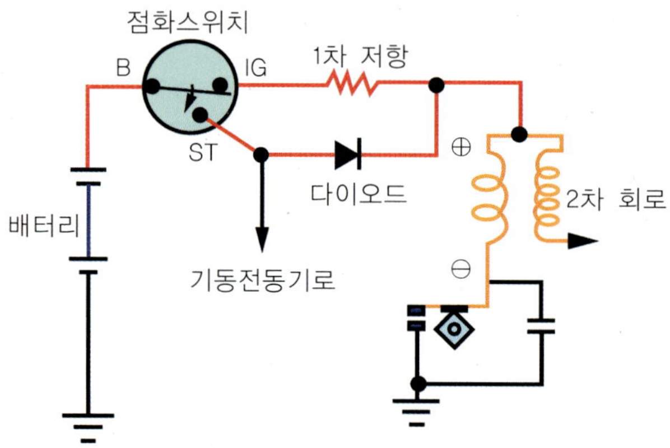

(a) 1차 저항을 사용한 점화회로

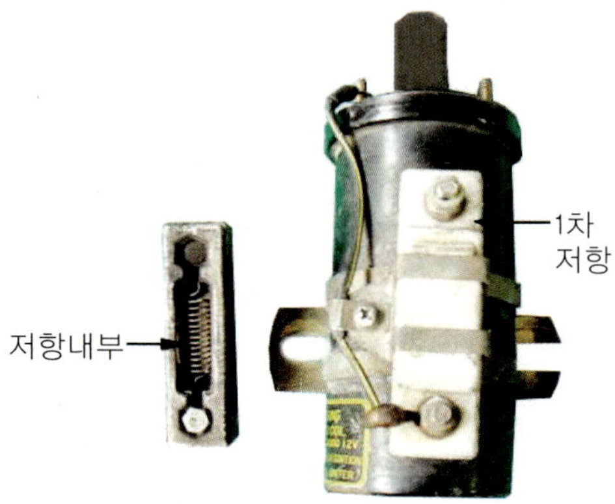

(b) 1차 저항의 부착

[그림 7-23] 외부 1차 저항회로 및 개자로형 점화코일

[2] 폐자로형 점화코일

폐자로형은 얇은 철판을 가운데 발이 짧은 E자형으로 가공하여 여러 장을 겹친 2개의 철판을 마주보게 하여 철심으로 하고 에어간극이 생긴 철심 가운데에 1차 코일과 2차 코일을 감고 표면을 플라스틱 수지로 씌운 형식이다(수지로 몰드 하였다고 몰드형 점화코일이라고도 한다).

폐자로형은 좁은 철심 안에 코일을 감아야 하므로 생산비용이 증가하는 단점이 있지만 자속(자로)이 철심내부(에어간극)에서 형성되므로 자속의 손실이 작아 1차 코일의 사용량을 작게 하여도 발생전압이 높고 소형경량화가 가능하여 최근의 엔진에서 많이 사용되고 있다.

폐자로형 점화코일은 4각 철심의 안쪽에 1차 코일을 감고 바깥쪽에 2차 코일을 감아 개자로 형과는 반대로 되어 있다. 이것은 자속의 경로가 대기로 개방되어 있는 개자로 형과는 달리 4각의 철심으로 자로(磁路)를 만들었기 때문에 철심만을 통해 돌아오도록 소형화된 것이 특징이며, 자속이 공기 중으로 통할 때보다 약 1만 배 정도 자속이 잘 통하는 성질이 있어 자속의 손실이 거의 없기 때문에 높은 2차 전압을 발생시킬 수가 있다. 개자로형 점화코일에서는 보통 20,000~25,000V의 고전압을 얻는데 비하여 폐자로형 점화코일에서는 30,000V 이상의 고전압을 얻을 수 있는 장점이 있다.

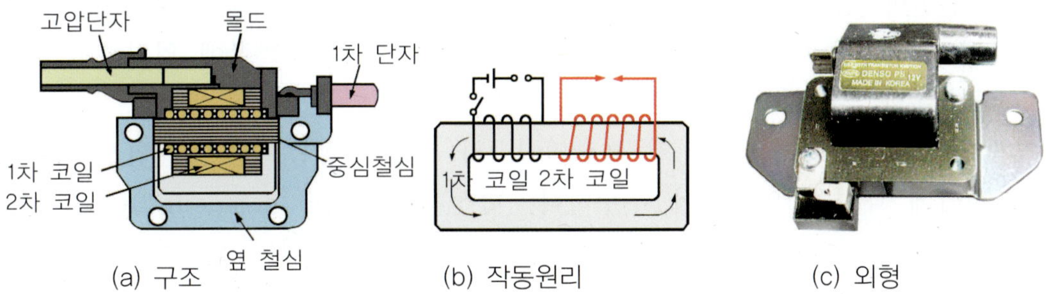

[그림 7-24] 폐자로형 점화코일의 구조와 작동

(1) 싱글 스파크(single spark) 점화코일

각 실린더마다 한 개씩, 1차 코일과 2차 코일이 함께 집적된 점화코일이 직접 스파크 플러그에 설치된다. ECU는 크랭크앵글 센서와 캠 앵글 센서가 제공하는 신호에 근거하여 점화 1차 코일을 점화순서에 따라 ON/OFF시킨다.

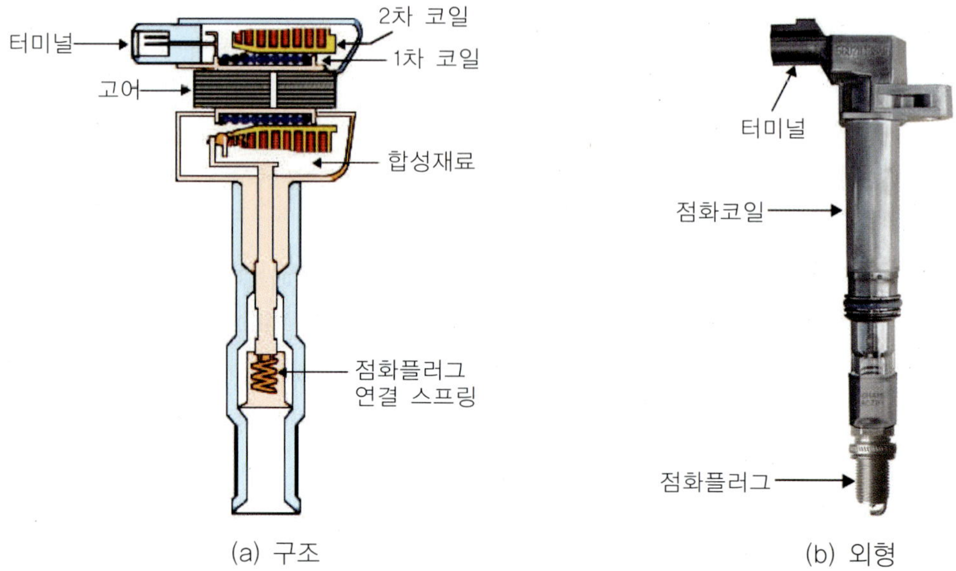

[그림 7-25] **싱글 스파크 점화코일의 구조 및 외형**

점화코일이 실린더별로 장착되어 개별적으로 이를 제어할 수 있으므로 실린더별로 점화시기를 제어할 수 있으므로 노크가 발생하는 실린더만큼 선택적으로 점화시기를 지각시킬 수 있는 장점이 있다. 1차코일은 2차코일 보다 굵기가 굵은 반면 감긴 횟수는 적다. 권선비는 대략 1 : 150~1 : 200 정도이다. 재료는 구리를 사용하고, 철심(코어)이 대기로 노출된 형식도 있다. 2차 코일은 1차 코일의 바깥쪽에 위치하며 세그먼트(segment)속에 분산되어 감겨있다.

절연재료가 세그먼트에 균일하게 분산되어 1차 코일과 2차 코일을 절연시키는 구조로서 고전압에 대한 절연능력이 우수하다. 합성재료(mould compound)는 고전압이 흐르는 모든 부품과 에폭시수지간의 접착을 좋게 한다. 철심이 보통은 이 합성재료 몰딩 속에 매입되어 있으며 내부 고전압 단자에 스파크플러그가 연결된다. 점화코일 단자(terminal)에는 1차 전류 ON/OFF신호, 전원, 실화 감시용 단자 등이 있다.

(2) 4-스파크 점화코일

4-스파크 점화코일은 4기통 엔진용이며, 1차 코일이 2개, 2차 코일은 1개인 구조를 가진다. 2차 코일의 양단에는 각각 2개씩의 출력단자가 있으며, 각 출력단자에는 다이오드가 반대로 되어 있다. 이들 출력단자가 4개의 스파크플러그와 연결된다. 2개의 듀얼 스파크 점화코일이 1개의 하우징 안에 집적된 형식이다. 설치와 연결이 간단한 장점이 있다.

[그림 7-26] 4-스파크 점화코일

4.2.3 디스트리뷰터(distributor)

디스트리뷰터는 점화코일로부터 만들어진 고압을 각 실린더로 배전하는 역할을 하는 부품으로 점화장치의 종류에 따라 점화 1차 전류를 단속기구 및 진각장치를 내장하여 사용하는 방식과 CAS & TDC센서를 내장한 전자제어식 디스트리뷰터방식 등이 사용되고 있다.

디스트리뷰터를 사용하는 방식은 현재 주종을 이루고 있는 DLI방식과 달리 점화코일로부터 30㎸의 높은 고전압은 고압 케이블을 거쳐 디스트리뷰터 캡(distributor cap)의 중심전극을 통해 로터(rotor)로 접속돼 각 실린더의 전극으로 배전되어 스파크플러그로 전달된다. 따라서 고전압은 점화코일로부터 스파크플러그까지 전달되기까지 약 20%의 전송 손실이 발생하게 되고, 전송로가 길어지게 된 만큼 누설전류도 그 만큼 증가할 수 있는 조건이 되는 등 단점을 가지고 있어 고속 회전을 요하는 엔진에는 부적합하다.

4.2.4 점화케이블(ignition cable)

점화케이블은 점화코일의 2차 단자와 점화플러그를 연결하는 절연전선이다. 점화케이블의 한 쪽 끝은 황동제의 태그(tag)를 통하여 점화플러그 단자에 끼워지고 다른 한 쪽은 점화코일의 점화플러그 단자 또는 배전기 캡의 중심단자에 끼워진 후 수분이 들어가지 못하도록 고무제의 캡이 씌워져 있다.

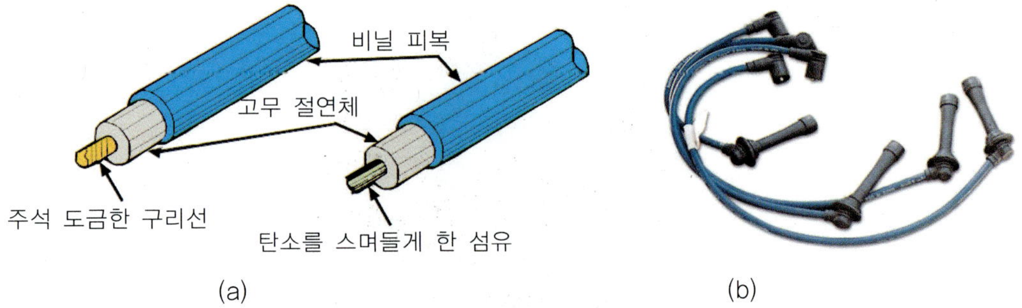

[그림 7-27] 점화케이블의 구성

고주파 노이즈를 방출하는 매개체 역할을 하는 점화케이블의 일반적 구성은 주석 또는 납 등으로 도금처리한 동선을 몇 가닥 꼬아 이루어진 심선도체를 중심에 위치시켜 그 외주 면에 설정두께의 고무로 절연 층을 확보한 후 다시 그 위에 비닐 또는 실리콘 등으로 피복처리한 통상의 것과 또 글래스화이버 또는 아라미드화이버와 같은 높은 인장력을 갖는 섬유사로 된 심선도체 위에 미세한 탄소분말로 피막 처리한 전도층 위에 절연물과 전선의 외측면 역할을 하도록 제적저항률이 약 $10^{15}\Omega \cdot cm$ 정도의 고무를 직접 피복하여서 된 것, 또는 심선도체 위에 전도층으로 피막처리 후 그 위에 절연물을 피복하고 전선에 힘을 부가하기 위해 글래스화이버를 편조하거나 전선의 외측 면을 피복한 것 또는 심선도체위에 전도 층으로 피막처리 후 그 전도 층에 지름이 약 0.04~0.07㎜ 정도의 니켈-크롬 합금 선으로 감아 그 전체의 외경을 약 1~4㎜가 되게 하여 절연물을 피복처리하고 글래스화이버를 편조하거나, 편조 후 전선의 외측 면을 피복 처리하여 구성되어 있다.

자동차에서 불꽃방전이 일어나면 고주파의 전기진동이 발생되어 전기회로에 고주파 간섭에 의한 잡음전파가 공중에 방사되어 무선기기에 대한 통신장애의 원인이 되므로 이것을 없애기 위해서는 고주파 발생에 따른 잡음을 방지하기 위해 불꽃 발생원에 대해 병렬로 콘덴서를 연결하거나, 불꽃 발생원의 주위를 금속으로 실드하거나, 회로에 저항을 직렬로 연결하여 진동전류를 감쇠시키는 방법을 사용하는데 어느 경우에나 본래의 기능을 손상시키지 않아야 하는데 고압회로에서는 콘덴서나 금속실드의 방법은 성능 저하를 초래하므로 점화케이블 전체에 10㏀의 저항을 둔 TVRS(television radio suppress cable)를 사용한다.

4.2.5 점화플러그(spark plug)

[1] 점화플러그의 개요

스파크플러그에서 최초에 착화하여(이것을 점화원이라 한다) 연소실 전체를 연소시키기 까지 시간이 걸리는데 이것을 화염 전파시간이라 하고, 또한 연소실의 크기에 따라 비례하지만 혼합기의 유동(swirl, squish, tumble)이 연소에 영향을 미친다. 그래서 연소실의 형태와 혼합기의 유동상태를 고려하여 스파크플러그의 위치를 선정하여 설계하는 것이다.

점화플러그는 실린더헤드에 설치되어 있으며, 실린더 내의 압축된 혼합가스에 고압전기로 불꽃을 일으키는 역할을 한다. 이때 불꽃에너지(높은 전압)는 점화코일에서 발생하여 고압케이블을 통해 각 실린더의 점화플러그에 공급된다. 점화플러그는 구조가 간단하지만 가혹한 조건에서 사용되기 때문에 엔진성능에 직접 영향을 준다.

[2] 점화플러그의 구조 및 특성

점화플러그의 구조는 크게 중심전극, 접지전극과 절연체, 단자, 본체 등으로 이루어져 있다. 끝부분에는 스파크를 일으키는 접지전극과 플러그의 중심을 이루는 중심전극이 위치한다. 단자는 플러스 전극의 배선이 연결되어 중심전극으로 보내고 단자 주위에는 플러스 전극과 마이너스 전극을 절연하는 세라믹으로 된 절연체가 위치하고, 그 위에는 육각 너트와 마이너스 전기통로가 되는 점화플러그 본체(하우징)가 장착된다.

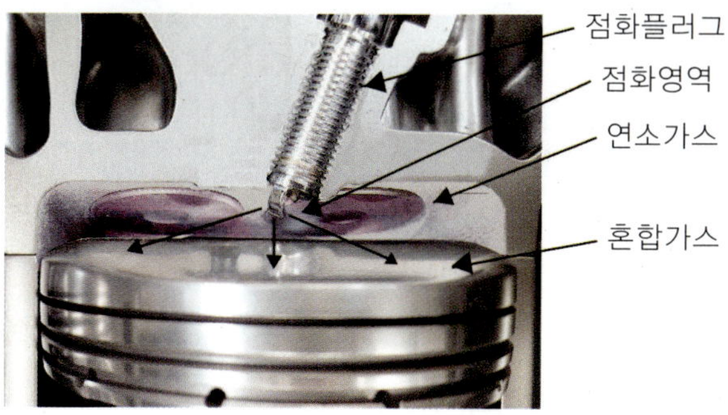

(a)

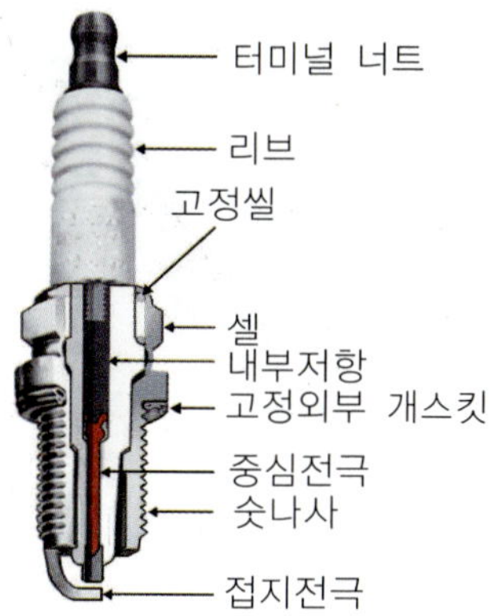

(b)

[그림 7-28] 점화플러그의 구조

(1) 재질에 의한 분류

1) 일반 점화플러그(copper core plug)

스파크가 발생되는 발화 부 간극(electrode)에 아무 처리를 하지 않은 제품으로 전극은 고온의 연소가스에 노출되기 때문에 내열성, 내부식성이 우수한 니켈합금, 크롬합금이나 니켈-망간합금 등이 사용된다. 중심전극은 접지전극보다 고온이므로 지름이 약 2.5㎜인 중심전극 내에 열전도성이 좋은 구리를 넣은 것도 있다.

중심전극은 특수 유리분말에 구리분말을 혼합한 후 고온에서 용융시켜 만들거나 중심전극과 중심축을 일체로 만들어 중심축의 주위에 특수 분말(cement)을 충전하여 만드는 방법이 있다. 몸체에 니켈 도금이 되어 있어 니켈플러그 라고도 한다.

2) 이리듐 점화플러그(iridium spark plug)

스파크가 발생되는 발화부 양쪽 간극 중 중심전극 전극의 재질이 이리듐이라는 재료의 얇은 0.5㎜ 철심을 말한다. 이리듐을 소재로 한 것은 수명이 길고, 녹는점이 2447℃로 높고 밀도는 철의 3배인 22.4로 금속 중 가장 무겁고 노킹이 발생해도 녹아내리거나 전극이 잘 파손되지 않는 특성 때문이다. 또 중심전극이 가늘어 불꽃이 튈 때 최저 방전전압인 요구전압을 낮출 수 있어 시동능력 뛰어나고, 색이 변하거나 그을음이 잘 생기지 않으며, 부식에도 잘 견디는 등 여러 가지 장점을 가지고 있다. 이리듐 점화플러그의 수명은 일반플러그 보다 약 5배 정도 길고, 가속력은 0.7초 단축, 연비는 3.5% 향상이 되며 엔진출력은 1% 정도 향상된다.

(a) 백금 점화플러그 (b) 이리듐 점화플러그

[그림 7-29] **백금 점화플러그와 이리듐 점화플러그,**

3) 백금 점화플러그(platinum plug)

불꽃이 발생(폭발 에너지 발생)되는 발화부 간극에 백금으로 코팅하여 간극의 오염과 훼손을 방지한 점화플러그이다. 이리듐 플러그의 하위 기종으로 일반 점화플러그보다 수명이 길고 녹는점이 1770℃, 밀도는 21.4이다. 이리듐 플러그보다는 녹는점이 낮아 손상을 줄이고자 전극의 모양이 넓적하며 시동성은 떨어진다. 하지만 가격이 저렴하고 그을림 부식에 대한 내구성은 이리듐 같이 높다.

(2) 전극 간극

전극의 간극은 중심전극과 접지전극사이의 틈새로 전극간극이 클수록 점화 요구전압이 높아지며, 간극이 작으면 점화 요구전압은 낮아진다. 즉, 간극이 좁으면 아크를 만드는 전압은 낮아지지만 짧은 스파크는 혼합기에 최소 에너지를 전달하여 실화(ignition miss)를 일으킨다. 이 두 전극사이에 간극은 0.7~1.1㎜ 정도의 간극을 두고 불꽃을 일으키며 중심전극의 굵기가 작을수록 방전과 불꽃의 전파속도가 빨라진다.

[3] 점화플러그의 특성

(1) 점화플러그 열값에 따른 분류

점화플러그는 열값에 따라 열형, 표준형, 냉형으로 구분한다.

① **열형 플러그(hot type plug)** : 절연체의 노스(nose) 면적이 넓어 더 많은 열을 흡수하므로 열 분산이 낮다.

② **표준형 플러그(standard type plug)** : 절연체 노스(nose) 면적이 열형보다 작아 열 흡수가 더 낮으며, 열 분산은 더 높다.

③ **냉형 플러그(cold type plug)** : 절연체 노스(nose) 면적이 작아 열을 거의 흡수하지 못하며, 짧은 열전도 통로를 통한 열 분산성이 우수하다.

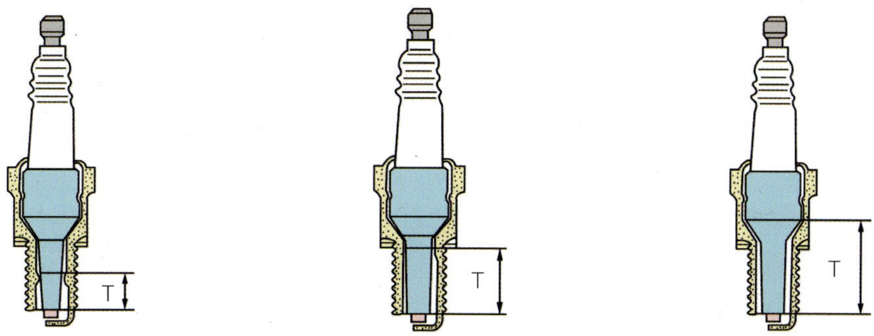

(a) 냉형 (b) 표준형 (c) 열형

[그림 7-30] 점화플러그의 종류

(2) 자기 청정온도(self cleaning temperature)

엔진이 냉각된 상태에서 공회전을 하거나 저속주행을 하게 되면, 냉각된 점화플러그와 농후한 혼합가스에 의해 연소과정에서 카본 발생량이 많아져 점화플러그에도 카본이 퇴적된다. 카본은 전기를 잘 통하는 양도체이기 때문에 점화플러그에 카본이 퇴적되면 중심전극과 셀 사이에 전도성 통로를 형성하게 되어 고압전류가 누전되거나 점화 에너지의 일부를 흡수하여 유효전류를 감소시켜 실화를 일으킨다. 이러한 카본은 450 ℃ 이상이 되면 연소되어 없어지는 성질이 있다. 따라서 엔진운전 중에는 가능한 한 빨리 점화플러그 전극부분의 온도를 450℃ 이상 올려 줄 필요가 있다.

그러나 전극부분의 온도가 너무 상승하여 950℃ 이상 되면, 조기점화 현상을 일으키기 때문에 950℃ 이상 되지 않도록 해야 한다. 점화플러그 전극부분의 온도가 너무 높아지면, 압축과정 중에 혼합가스를 자연 착화시켜 노킹을 동반한 엔진의 출력저하를 초래하는 것을 조기점화(pre-ignition)라 한다.

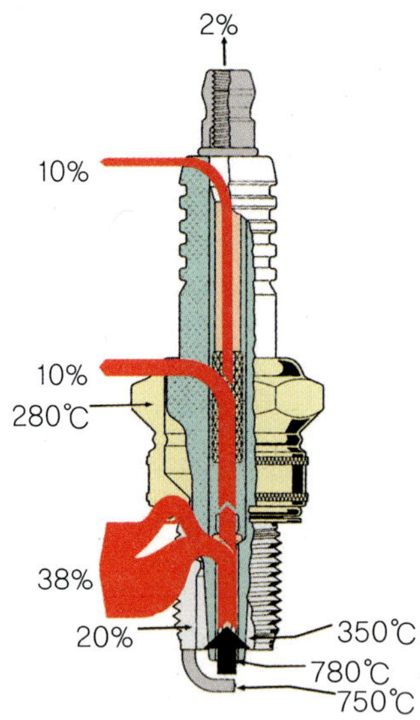

[그림 7-31] **점화플러그의 열전도 및 방열**

이런 현상은 고속으로 주행할 때 일어나기 쉽다. 이렇게 점화플러그의 전극부분 자체의 온도에 의해 카본 등에 의한 오손을 청소하는 작용을 자기청정 작용이라 하고, 그 청정작용이 완전히 이루어지는 온도를 자기청정 온도라 한다. 자기청정 온도는 500℃부터 시작하여 950℃ 이하의 범위가 이 자기청정 온도에 해당한다.

4.3 전자배전 점화장치(DLI : distributor less ignition)

고전압 배전 중에 발생하는 에너지 손실이나 전파잡음 등의 단점을 보완하기 위하여 풀트랜지스터 방식을 보완한 방식이 DLI(distributor less ignition), DIS(direct ignition system)이다. DLI(전자 배전 점화방식)는 배전기를 사용하지 아니하고 트랜지스터 등을 사용하여 전자적으로 배전하는 방식이다. 일반적인 배전부분은 점화시기를 검출하여 그 신호를 발생하는 부분과 고 전압을 분배하는 부분으로 구성된다.

DLI방식은 이 중에서 고 전압의 분배부분을 없앤 것이며, 점화 신호를 만들기 위하여 캠축 포지션 센서가 필요하게 된다. 또한 DLI방식은 동시 점화방식과 독립 점화방식으로 구분된다.

동시 점화방식은 2개의 실린더에 1개의 점화코일에 의하여 배기행정 중인 실린더와 압축행정인 실린더를 동시에 점화시키는 것이다. 이 경우 압축행정에 있는 실린더는 내부압력이 높으므로 전압을 가하여도 방전이 어려우나 배기행정에 있는 실린더는 대기압력에 가까운 압력이므로 전압이 가해지면 쉽게 방전을 한다. 압력이 높으면 방전이 어려운 이유는 다음과 같다. 공기의 분자밀도가 높으면 점화플러그 전극 틈새에 있는 기체 분자 수가 많아지고, 공기 분자와의 충돌로 전자가 가속하는 거리가 작아진다. 이에 따라 전자가 충분히 가속되지 못하므로 공기분자를 차례로 이온화해 나갈 수 있는 능력이 작아진다. 그러므로 압력이 높은 기체에서는 높은 전압을 가하지 않으면 방전이 이루어지기 어렵다. 동시점화에서 배기행정에 있는 실린더 내의 압력은 대기압력 정도로 낮아진다.

일반적으로 대기 압력 하에서는 점화플러그의 틈새가 1㎜일 때 약 2,000V 정도의 전압으로도 불꽃방전이 가능하므로 배기행정의 불꽃방전은 압축행정의 불꽃방전에 비해 저항이 거의 없는 경우와 같다.

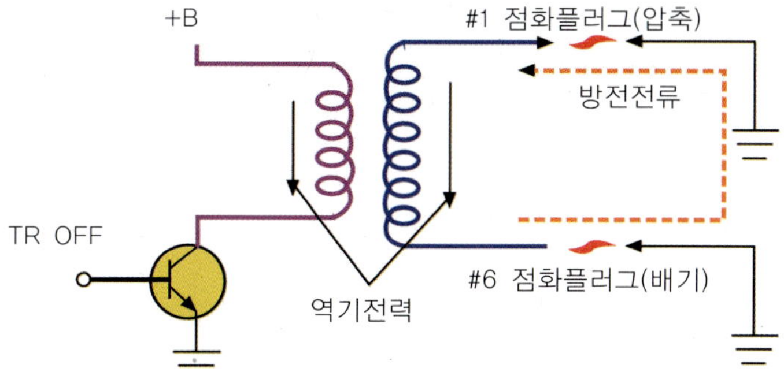

[그림 7-32] 동시 점화방식

즉, 그림 32와 같이 압축행정에 있는 점화플러그와 배기행정에 있는 점화플러그에 직렬로 고 전압을 가하면 배기행정에 있는 점화플러그는 거의 저항이 없는 것이 되고 전압의 대부분은 압축행정에 있는 점화플러그에 가해지게 된다.

이와 같은 동시 점화방식은 독립 점화방식과 비교하여 장치의 구성이 비교적 간단하고 가격이 저렴하지만 배기행정에서 불필요한 불꽃을 방전하기 때문에 불꽃방전 횟수가 배가되고, 또한 중심전극에 비해서 고온에 되는 접지전극 쪽이 부 극성(負 極性)으로 되기 때문에 점화플러그 전극 소모가 큰 단점이 있다.

독립 점화방식은 엔진의 실린더 수와 같은 수의 점화코일과 파워 트랜지스터를 지니고 있어 장치의 가격이 높지만, 점화코일을 점화플러그 바로 위쪽에 비치하기 때문에 고압 케이블이 필요 없고 점화 에너지 손실을 감소시킬 수 있는 장점이 있다.

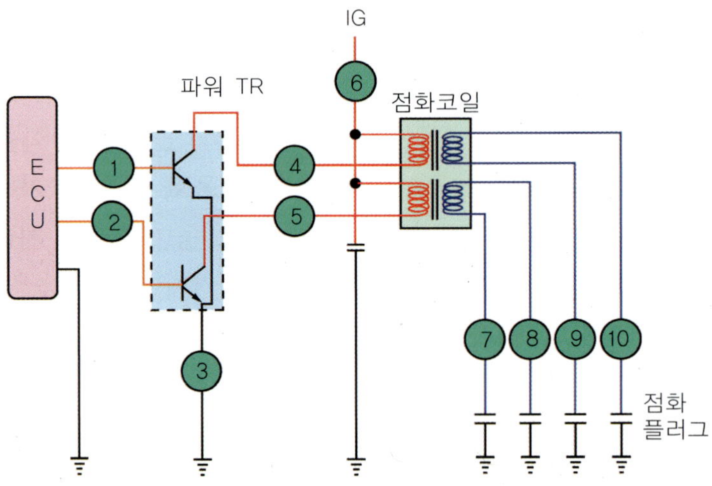

[그림 7-33] DLI식 점화회로도

DLI방식은 직렬 4기통 DOHC나 V6 DOHC엔진에 사용되고 있다. 이 타입은 ECU 작동신호, 점화 1차 파형, 작동전류 및 점화 2차 파형을 동시에 점검할 수 있다. DLI 타입의 회로도에서 1차 파형과 베이스파형을 모두 볼 수 있지만 다음에 나올 회로는 점화코일 구동용 TR이 외부에 별도로 있지 않고, ECU에 내장되어 있어 1차 파형은 측정이 가능하나 ECU작동 신호는 볼 수가 없는 경우도 있다.

그림 34는 공회전에서의 DLI 점화계통 오실로스코프 진단 화면이다. 1차 파형을 보는 것은 코일이 실제 작동하였는지를 확인하려고 하는 것이며, ECU 작동신호를 보는 것은 고장의 근거가 ECU로부터 발생한 것인지를 확인하는 것이다. 점화전류는 ECU 신호가 발생함에 있어 점화코일이 작동은 하더라도 제대로 작동했는지를 분석하기 위함이다.

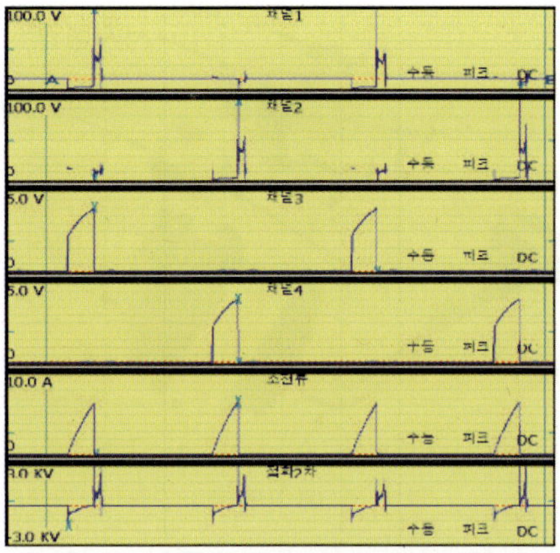

[그림 7-34] DLI식 점화계통 측정파형

4.4 공기계통(air system)

공기계통시스템은 흡입공기량 계측기(AFM : air flow meter), 스로틀바디(throttle body), 서지탱크(surge tank), 흡기다기관(intake manifold) 등으로 구성되어 있다.

L-Jetronic시스템에서 흡입공기량은 AFM(air flow meter)에서 계측되어 ECU로 신호를 보내면 ECU는 이 신호를 기초로 하여 기본 분사량을 계산한다. 그리고 공기 청정기에서 흡입된 공기는 AFM을 지나 스로틀바디, 서지탱크를 거쳐 흡기다기관으로 유입되며 이때 흡입포트 근방의 인젝터에서 분사된 연료와 함께 혼합, 기화된 후 연소실로 들어간다. 흡입되는 공기의 량은 스로틀밸브의 개도에 따라 조절되며 저온시나 공회전시의 공기량의 조절은 에어밸브(air valve), ISC 서보(idle speed control servo)기구, ISA(idle speed actuator) 등에 의하여 공기통로나 스로틀밸브의 열림량을 조절하여 제어한다.

[그림 7-35] 공기계통 개요도

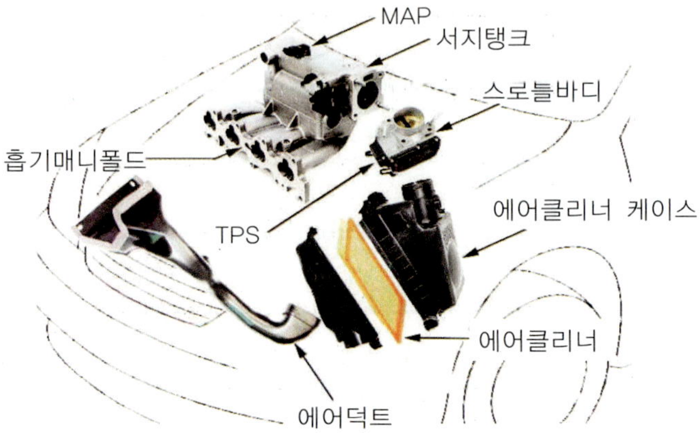

[그림 7-36] **흡기계통의 구성**

4.5 공기유량센서(AFS : air flow sensor)

흡입공기량의 계측방법에는 직접계측방식과 간접계측방식이 있으며 직접계측방식은 흡입공기의 체적이나 질량을 측정하는 방식으로 체적유량 측정방식(volumetric flow measuring type)과 질량유량 측정방식(mass flow measuring type)이 있다.

간접계량방식은 흡입공기량을 직접 검출하지 않고 흡기매니폴드 내의 절대압력을 측정하는 MAP센서(manifold absolute pressure sensor)가 있고 직접계측방식은 AFM (air flow meter) 베인식, 칼만와류식, 열선식, 열막식 등이 있다.

(a) MAP센서 (b) 칼만 볼텍스타입 (c) 핫 필름타입 (d) 베인식 타입

[그림 7-37] **흡입 공기량 센서**

4.5.1 MAP센서(manifold absolute pressure sensor)

[1] 맵센서 개요

MAP센서(흡기다기관 절대압력 센서)는 흡기다기관 내의 절대압력을 측정하여 실린더로 흡입되는 공기량을 간접적으로 알아내는 것이며, MAP센서는 절대압력에 비례하는 아날로그 출력신호를 ECU로 전달하고, 이 출력신호는 실린더로 흡입되는 공기량

으로 환산하여 흡입 공기량에 대응하는 인젝터 구동시간의 제어에 이용된다.

MAP센서는 피에조 압전소자를 이용하고 있다. MAP센서는 흡기다기관의 압력변화에 따라 흡입공기량을 간접적으로 검출하여 연료의 기본 분사 량과 분사시간 및 점화시기를 결정하는데 사용된다. 맵 센서(MAPS : manifold absolute pressure sensor)는 서지탱크에 장착되어 있으며 맵 센서는 압전소자(piezo-electric element)와 압전소자의 출력신호를 증폭하는 하이브리드 IC로 구성된다.

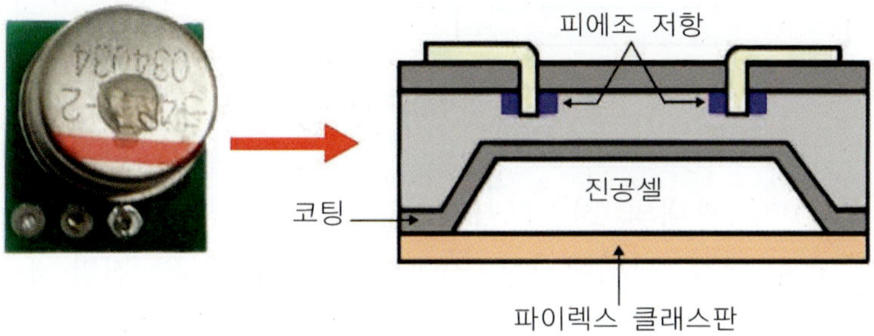

[그림 7-38] **MAP센서의 구조**

압전소자는 반도체의 압전 저항효과를 이용한 실리콘 다이어프램 형식이며, 실리콘 다이어프램의 한쪽은 100% 진공실이고 다른 한 쪽은 흡기관의 압력이 작용되는 구조로 되어 있다. 압력측정은 MAP센서 내부에 설치된 센서 칩에 의해 이루어진다. 센서 칩의 압력 도입구멍으로 인가된 압력은 압력에 따라 저항 값이 변화하는 실리콘 다이어프램 뒤쪽에 작용한다. 실리콘 다이어프램 상에는 4개의 저항으로 구성된 휘스톤 브리지가 형성되어 압력이 인가되면 다이어프램에 변형이 발생하며 이때 피에조 저항효과에 의해 4개의 저항 값들에 변화가 발생하게 되어 압력에 비례하는 선형(線型)적인 출력 전압을 얻는다. 이 출력전압은 실리콘 다이어프램의 주위 회로부분에서 증폭작용 및 특성 조정을 거친 후 출력단자를 통하여 ECU로 전달된다.

ECU로 전달된 출력전압은 다시 압력으로 환산된 후 미리 내장되어 있는 엔진 회전속도(rpm)와 압력에 따른 공기량 환산방식에 따라 흡입공기량으로 환산하고, ECU는 이 흡입공기량에 대응하는 연료분사를 위해 인젝터 구동시간을 제어한다. 즉, MAP센서는 흡기다기관의 압력변화에 따라 흡입공기량을 간접적으로 검출하여 연료의 기본 분사 량과 분사시간 및 점화시기를 결정하는데 사용된다.

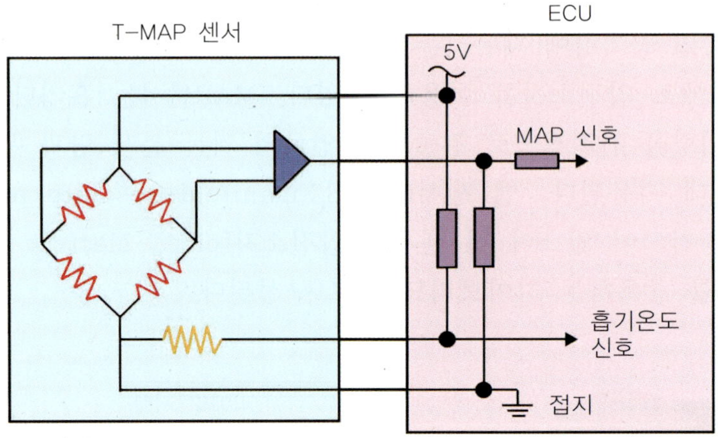

[그림 7-39] T-MAP 센서 회로도

공전 시에는 흡기다기관내의 진공도가 낮은 전압 0.9~1.7V(250㎜Hg)를 출력하고, 스로틀밸브가 완전히 열린 상태에서는 진공도가 낮아 높은 전압 4~5V(760㎜Hg)을 출력한다.

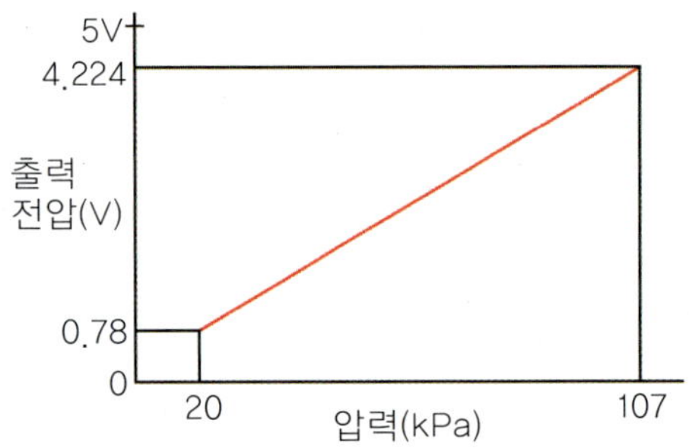

[표 7-3] 전압값과 진공도의 관계

압력 \ 전압	5V	4V	3V	2V	1V
mmHg	760	608	456	304	152
kPa	101.3	81.04	60.78	40.52	20.26
mbar	1013	810.4	607.8	405.2	202.6

[그림 7-40] MAP센서의 출력값(T-MAP센서)

[2] MAP센서 점검방법

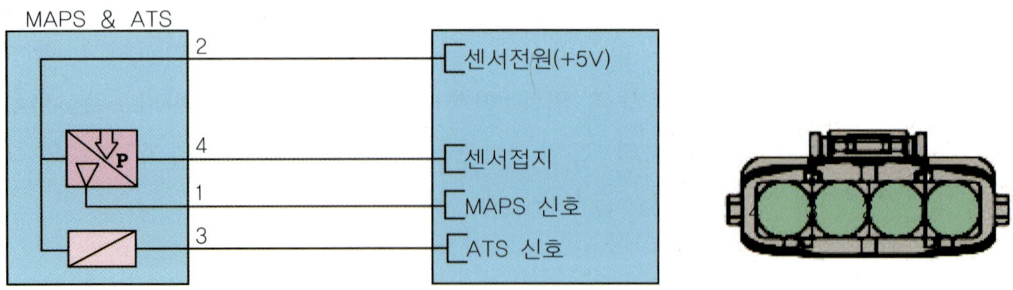

[그림 7-41] MAP센서의 회로 및 단자구성

(1) 점검내용

① 센서에 ref.(5V) 전원이 공급되는지 점검한다.

② 각 배선의 단선, 단락, 접지를 점검한다.

③ 출력전압을 점검한다.

(2) 전원, 접지, 센서 출력 전압점검

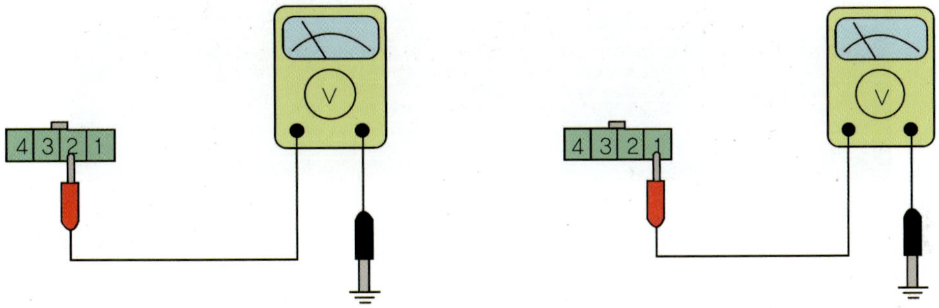

(a) 센서전원 점검　　　(b) 출력전압 점검

[그림 7-42] 전압계를 이용한 MAP센서 점검

[표 7-4] MAP센서 전압 점검

엔진상태	점검위치	규정값	비고
점화스위치 ON	하네스측 커넥터 2번 단자	4.8~5.0V	전원공급
점화스위치 ON	센서측 4번 단자와 차체	0Ω	접지
점화스위치 ON	센서측 1번 단자	3.9~4.1V	센서 출력전압
공회전	센서측 1번 단자	0.8~1.6V	센서 출력전압

(3) MUT(Scan Tool)점검

차종에 따라서는 스캔툴 데이터에서 MAP센서, 흡기압센서, 공기압센서등 여러 가지로 표기 되나 전부 같은 내용이다. 점검 방법은 공전시 서비스데이터에서 MAP의 값이 약 1V 또는200~300mmhg, 226~400mbar, 26.6kPa~39.9kPa 정도를 지시 하는데 이 값보다 높게 되면 차량은 다른 값으로 대체 될 수도 있지만 고장 시에는 차량의 공회전 부조나, 가속불량, 역화 노킹, 공연비 불량 등이 나타난다.

예상되는 부위는 흡기계통 쪽은 스로틀바디 개스킷, 서지탱크 개스킷, 차량의 진공호스 빠짐 등 각종 진공 누설과 관계되는 부위이며, 배기 쪽은 삼원 촉매 막힘, 소음기 막힘 정도이다. 그 외로 타이밍 불량도 의심할 수 있다.

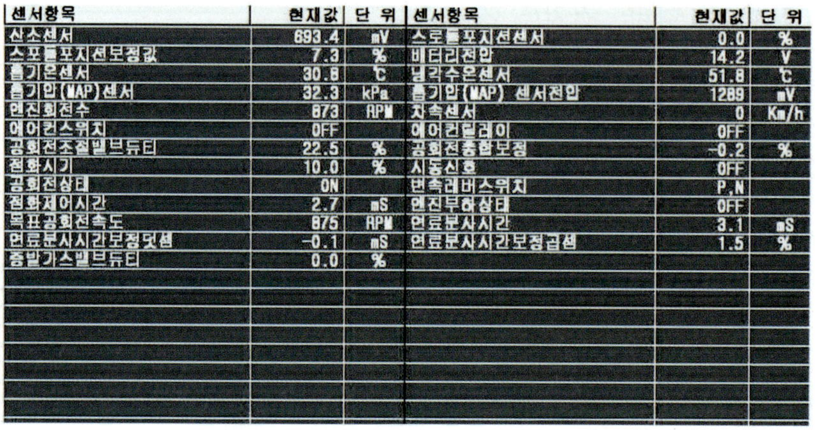

센서항목	현재값	단 위	센서항목	현재값	단 위
산소센서	693.4	mV	스로틀포지션센서	0.0	%
스포틀포지션보정값	7.3	%	배터리전압	14.2	V
흡기온센서	30.8	℃	냉각수온센서	51.8	℃
흡기압(MAP)센서	32.3	kPa	흡기압(MAP) 센서전압	1289	mV
엔진회전수	873	RPM	차속센서	0	Km/h
에어컨스위치	OFF		에어컨릴레이	OFF	
공회전조절밸브듀티	22.5	%	공회전충합보정	-0.2	%
점화시기	10.0	%	시동신호	OFF	
공회전상태	ON		변속레버스위치	P,N	
점화제어시간	2.7	mS	엔진부하상태	OFF	
목표공회전속도	875	RPM	연료분사시간	3.1	mS
연료분사시간보정덧셈	-0.1	mS	연료분사시간보정곱셈	1.5	%
증발가스밸브듀티	0.0	%			

[그림 7-43] **엔진 워밍업 후 맵센서 방식 AFS 서비스데이터**

[표 7-5] **MAP센서 엔진 상태에 따른 점검**

점검항목	서비스 데이터표시	점검조건	엔진상태	규정값
MAP센서	흡기관내 부압	· 엔진냉각수온 : 80~95℃ · 각종램프 및 전장품 모두 OFF · 트랜스액슬 중립 · 스티어링 중립	점화스위치 ON	850~1024mb
			공회전	250~400mb

(4) 파형점검

그림 44는 엔진이 공전할 때 MAP센서의 출력파형을 측정한 예이다. 공전할 때 스로틀밸브의 열림 정도의 변화가 없으면 MAP센서의 출력 전압도 일정하게 나타나지만, 스로틀밸브의 열림 정도를 변화시키면 이에 대응하여 MAP센서의 출력 값도 변화한다. 센서의 출력 값이 작은 경우는 엔진의 부하가 작은 경우이고, 흡기다기관 내에는 큰 부압이 형성된다.

그림 44에서 A부분은 흡기다기관 내의 절대압력이 높은 부분으로 높은 출력전압을 나타내며, 낮은 부압을 표시한다. B부분은 스로틀밸브가 열림에 따라 흡기다기관 내의 절대압력이 상승하고 있음을 알 수 있다. C부분은 낮은 출력전압으로 흡기다기관 내의 절대압력이 낮고, 높은 부압을 나타낸다.

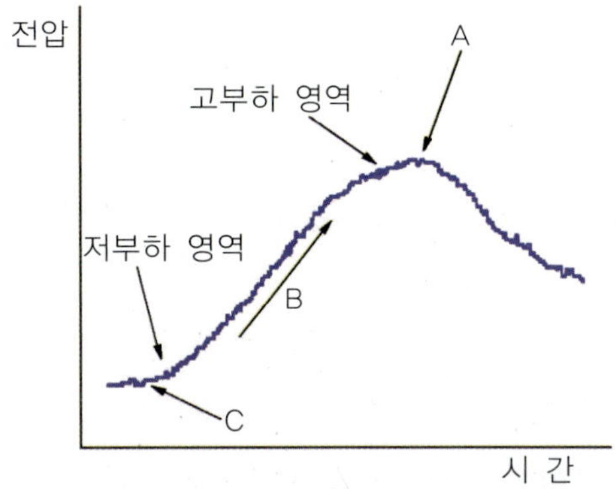

[그림 7-44] MAP센서의 출력파형 분석

[그림 7-45] MAP센서(T-MAP, ATS내장형)

1) 측정방법 1

① 채널 1번 프로브(+) : MAP 신호 선에 연결, 채널 1번 프로브(−) : Batt(−)에 연결

② 커서 A 부분의 공회전 상태에서는 약 0.97V이며 상하의 작은 맥동이 보이는데, 이는 극히 정상적인 파형이다.

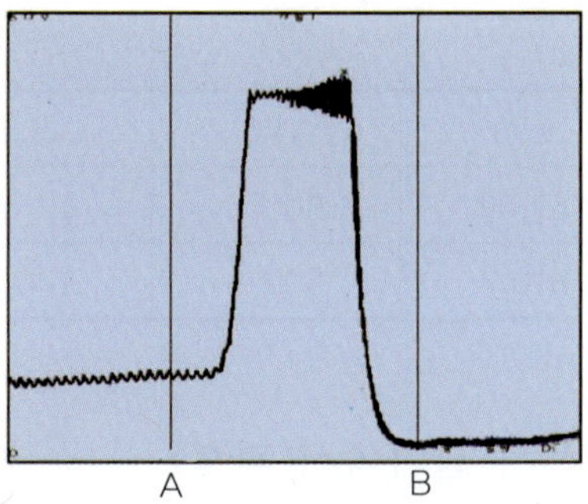

[그림 7-46] 급가속시 MAP센서 파형

③ 공회전 상태에서 MAP sensor의 출력 값을 오실로스코프로 측정하였을 때 커서 A의 값이 규정 값과 유사하더라도 일직선으로 그린다면, MAP sensor의 응답성이 떨어지는 타입이거나, Map sensor 불량이다. 그 이유는 흡·배기 밸브가 여닫히므로 인한 매니폴드 내의 부압 변화를 MAP 센서에서 일정한 평균치를 가지고 (+), (−)로 흔들려야 한다. 이를 확대하여 보는 것이 진단가이드의 밸브 파형이며, 위 파형을 가지고 밸브의 여닫힘의 상태를 알 수가 있으며, 흡·배기 밸브의 휨, 오토래쉬(유압 태핏)등의 문제로 인한 흡입효율편차(부조 현상)를 확인할 수가 있다. 이러한 흡입 매니폴드 진공 값을 읽어 헤드와 밸브계통의 기계적 문

제를 분석한다.

④ 진단가이드의 밸브검사도 흡입 매니폴드의 진공상태를 별도의 MAP sensor를 사용하여 사용자가 손쉽게 판별할 수 있도록 기통별로 보여주는 것이다.

⑤ 급가속 후 떨어지기 전에 맥동 폭이 큰 이유는 급 가속시 흡·배기 밸브의 떨림 양이 크기 때문이다.

⑥ 급가속 후 다시 공회전 상태로 돌아왔을 때 파형의 형상 또는 데이터 값으로 보아도 평상시 공회전 때 보다 진공 값이 떨어지는 이유는 피스톤 회전속도에 비해 급격히 스로틀 보디의 밸브가 닫힘으로 인하여 매니폴드 부압 변화를 파형으로 그려지기 때문이다.

⑦ 이 진공 값이 너무 작거나 너무 크다면 스로틀 보디나 공회전 조정 액추에이터나 조정 스크루(케이블)의 조정불량 및 카본생성으로 인한 오염원인이 될 수도 있다.

[표 7-6] 전압값과 진공도의 관계

압력 \ 전압	5V	4V	3V	2V	1V	0V
mmHg	760	608	456	304	152	0
KPa	101.3	81.04	60.78	40.52	20.26	0
mbar	1013	810.4	607.8	405.2	202.6	0

2) 측정방법 2(TPS와 MAP 센서 급가속시 파형)

① 채널 1번 프로브(+) : TPS 신호선에 연결, 채널 1번 프로브(-) : Batt(-)에 연결

② 채널 2번 프로브(+) : MAP 신호선에 연결, 채널 2번 프로브(-) : Batt(-)에 연결

③ 급 가속시 측정

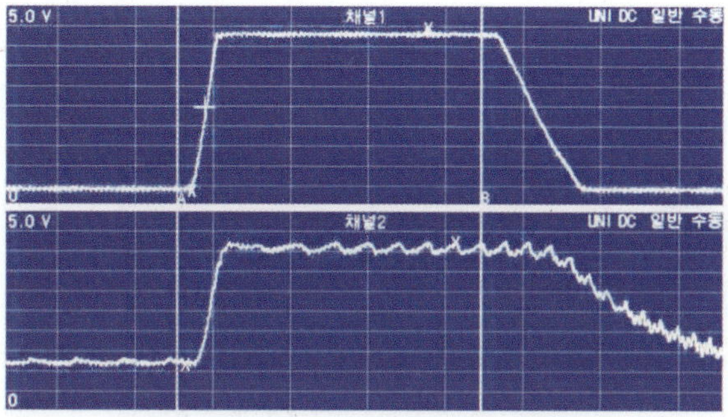

[그림 7-47] TPS와 MAP 센서 급가속시 출력파형

④ 분석방법

㉮ 급 가속구간에 TPS 최대값이 기준 값보다 현저히 높으면 센서의 접지불량을 확인하는데 약 0.2V이상 시에는 접지를 확인하고 접지가 정상이라면 센서단품을 확인한다.

㉯ TPS값이 최대로 올라간 전압이 기준 값보다 현저히 낮으면 액셀러레이터 케이블 느슨함 또는 TPS 전원을 확인하고 컴퓨터에서 TPS까지의 신호를 확인해야 한다.

㉰ MAP 급가속 이전의 전압 값이 기준 값보다 현저히 높으면 역시 센서의 접지를 확인해야 하며 접지 쪽의 전압이 약 0.2V이상 시 접지를 확인하고 접지가 정상이면 센서단품을 점검해야 한다.

㉱ MAP 출력 전압 값이 기준 값보다 현저히 낮으면 MAP센서의 전원을 확인하고 컴퓨터에서 MAP까지의 신호 선을 확인한다. 그리고 MAP, TPS 값의 상승구간에 5ms이상의 노이즈가 발생 시에는 센서 불량여부를 확인한다.

㉲ TPS와 MAP센서가 최고 전압에 도달하였을 때에 반응시간은 14.4ms이내여야 하며 MAP센서의 반응이 느릴 경우에는 가속불량의 원인이 될 수 있다. 정상적인 차량은 TPS와 MAP의 급가속 최대 시점이 거의 차이가 나지 않으며, 보통 10ms정도 차이가 나도 차량 문제가 야기된다.

3) 측정방법 3(급가속시 TPS, MAP, 진공센서 파형)

① 채널 1번 프로브(+) : TPS 신호 선에 연결, 채널 1번 프로브(−) : Batt(−)에 연결

② 채널 2번 프로브(+) : MAP 신호 선에 연결

③ 진공 채널 선택 : 테스터기의 진공센서 서지탱크 진공포트 연결

④ 급 가속시 측정

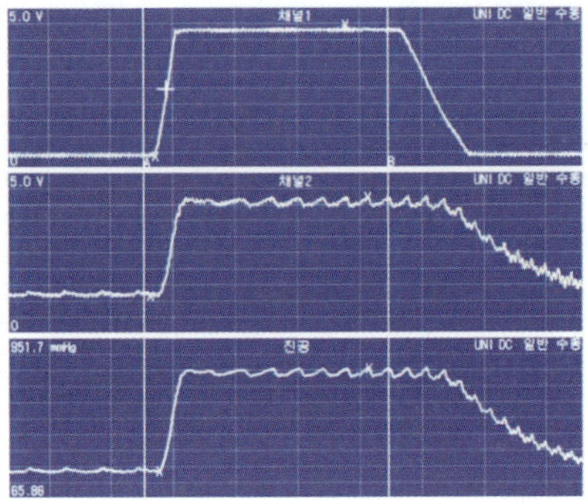

[그림 7-48] **급가속시 TPS, MAP, 진공센서 파형**

⑤ 분석방법

㉮ 분석의 주안점은 위의 첫 번째 내용에 추가하여 차량의 MAP과 테스터기의 진공센서를 상대 비교하는 방법이다.

㉯ 차량의 MAP와 테스터기의 MAP(진공센서)의 모양의 차이가 심할 경우 차량의 MAP 불량확인.

㉰ 차량의 MAP센서는 항시 차량에 연결되어 계속적으로 작동을 하여 피로도가 쌓여서 문제가 있을 가능성이 많은데 반면 테스터기의 MAP(진공)센서는 차량의 MAP센서보다 사용횟수가 휠 씬 적으므로 좀 더 성능이 낳을 것이므로 서로 상대 비교하여 산과 골의 모양의 차이 또는 급가속시 상대적 반응시간을 보는 것이 분석의 주안점이다.

(5) 고장일 때 나타나는 현상

① 크랭킹은 가능하지만 엔진의 시동이 어렵다.

② 공전할 때 엔진 부조현상이 발생한다.

③ 과다한 연료분사로 연료 소비량이 증가한다.

④ 촉매 컨버터의 열화가 촉진된다.

4.5.2 베인식 AFS(vane type air flow sensor, 메저링 플레이트식)

[그림 7-49] **베인식 AFS**

흡입되는 공기량을 에어크리너 케이스에 장착되어 엔진 내로 흡입되는 공기의 부압에 의해 가동베인(미저링 플레이트)이 흡입되는 공기량에 따라서 회전운동하여 가변되면 미저링 플레이트 반대편에 설치되어 있는 포텐셔미터의 슬라이더와 일축으로 연동하여 저항판 위를 움직이게 된다. 그러면 입력된 전압에 저항이 걸린 전압만큼 공기량을 직접적으로 검출하여 측정된 공기량을 전기적 신호로 변환하여 ECU으로 입력하는 장치로 연료의 기본 분사량을 결정하는 중요한 신호이다.

연료펌프 스위치가 AFS내부에 장착되어 메저링 플레이트에 공기가 검출됨과 동시에 접점이 붙어 연료모터가 작동된다.

4.5.3 칼만와류식 AFS(karman vortex type air flow sensor)

칼만 와류방식 공기유량센서의 계측원리는 균일하게 흐르는 유동부분에 와류(vortex)발생장치를 놓으면 칼만 와류라는 와류 열(渦列)이 발생하는데 이 칼만 와류의 발생 주파수와 흐름속도와의 관계로부터 유량을 계측한다. 따라서 칼만 와류의 발생 주파수를 측정하면 흐름속도를 알 수 있고, 흐름속도와 공기통로의 유효 단면적의 곱으로부터 체적유량을 구할 수 있다.

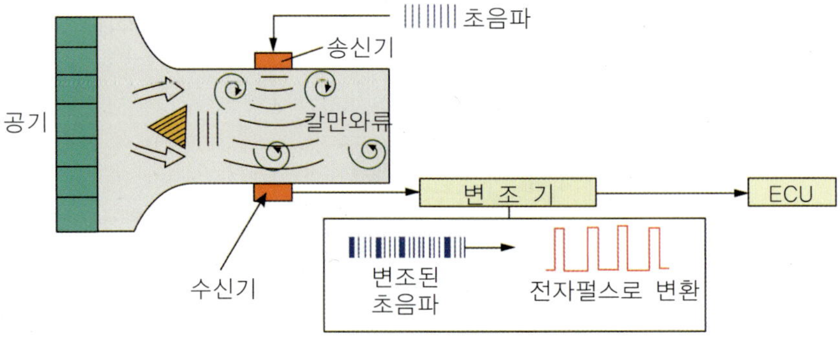

[그림 7-50] **칼만 와류방식(초음파 검출방식)**

초음파 검출방식은 와류에 의한 공기의 밀도 변화를 이용하여 관로 내에 연속적으로 발신되는 일정한 초음파를 수신할 때 밀도변화에 의해 수신신호가 와류의 수만큼 흩어지는 것으로 와류의 발생 주파수를 검출한다. 출력신호는 디지털(digital)신호이기 때문에 마이크로프로세서(micro processer)에서 처리하기에 매우 유리한 장점을 지니고 있다. 또한 출력신호는 흡입공기량에 비례하는 주파수신호를 나타낸다. 즉, 공기량이 적을 경우는 주파수가 낮고, 공기량이 증가하면 주파수가 높아지는 특성이 있다(700rpm은 약 30㎐, 2,500rpm은 약 95㎐, 4,000rpm은 약 140㎐).

(a) 공기량이 적을 때(공전시 : 낮은 주파수) (b) 공기량이 많을 때(전부하시 : 높은 주파수)

[그림 7-51] **칼만 와류방식의 출력신호**

(a) 대기압력센서 (b) 흡기온도센서

[그림 7-52] **칼만 와류방식 공기유량 센서의 형상**

그러나 측정하는 유량이 체적유량이므로 질량유량으로 변환하기 위하여 흡입공기

온도 및 대기압력에 따른 보정이 필요하기 때문에 흡기 온도센서와 대기압센서(BPS)가 함께 설치되어 있다.

4.5.4 핫 와이어 에어플로우 센서(hot wire air flow sensor)

핫 와이어 타입의 경우 흡기의 온도, 압력, 밀도와는 상관없이 엔진에 유입된 흡기질량을 직접 계측한다. 따라서 외부의 온도나 고도 등에 영향을 받지 않는 특성이 있고 따라서 대기압 센서나 흡기온도 센서를 생략할 수 있는 장점이 있어 최근에는 배출가스 규제 강화로 인하여 이들 센서를 사용하여 정밀도를 높이고 있다.

장착위치는 에어클리너와 스로틀바디사이이며 열선과 저항들은 원통내부에 설치되고, 입구에 설치된 미세한 철망은 이물질로 인한 열선의 기계적 파손을 방지하는 역할도 한다. 원통 안에 가운데 뾰족하게 튀어나온 부분이 온도보상 저항이고, 아주 가는 실선이 온도 변화에 저항 값의 변화가 일정하고 고온에서 산화가 되지 않는 백금열선이다.

열선은 항상 100℃를 유지하도록 전기적으로 가열된다. 열선을 통과하는 공기가 많을수록 열선은 더 많이 냉각되므로 열선의 온도를 일정하게 유지하기 위해서는 전류를 더 많이 공급해야 한다. 전류의 증가는 열선의 원래의 설정온도로 될 때까지 계속된다. 따라서 공급한 전류의 값이 흡입공기량을 측정하는 기준이 된다. 열선은 자체질량이 아주 작기 때문에 아주 급속히 일정한 온도로 가열된다. 보통 1초에 1,000회 정도 반복해서 측정이 가능하며 반응시간이 짧은 것이 장점이다.

(a)

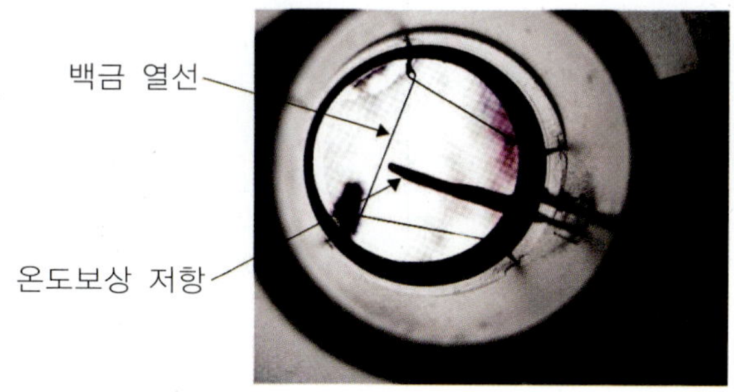

(b)

[그림 7-53] 핫 와이어 에어플로우 센서

열선이 흡기통로에 설치되어 있기 때문에 열선에 오염물질이 퇴적될 경우 측정결과에 오차가 생기므로 이를 방지하기 위해서 핫 와이어는 항상 깨끗한 상태를 유지해야 하므로 정기적으로 청소를 해 주어야 한다.

청소방법은 엔진이 작동 후 정지신호가 ECU로 입력되는 시점, 즉, 키 스위치가 ON 상태에서 OFF가 된 후부터 일정기간(약 4~5초)이 지난 후 순간적(약 1초간)으로 많은 전류를 공급하여 핫 와이어의 이물질을 약 1,000℃ 정도로 가열하여 순간적으로 퇴적물을 연소시켜 제거한다. 이러한 작동은 자기 청정회로(burn-off circuit)에 의해 이루어지며 이것을 클린 버닝(clean burning)이라고 한다. 통과 공기유량이 증가하면 열선은 냉각되어 저항이 감소하고 제어회로에서는 즉시 통과 전류를 증가시키게 되며 이 전류의 증가는 열선의 온도가 원래의 설정온도(약 100℃)가 될 때까지 계속된다.

전압과 공기질량유량과의 관계는 다음과 같다.

[표 7-7] 전압값과 공기질량과의 관계

출력전압(V)	공기질량(kgf/h)	출력전압(V)	공기질량(kgf/h)
0.3	7.34	3.0	149.07
0.5	10.06	3.5	226.66
1.0	19.85	4.0	335.66
1.50	35.58	4.5	500.16
2.0	58.79	4.76	614.61
2.5	94.70	5.00	730.01

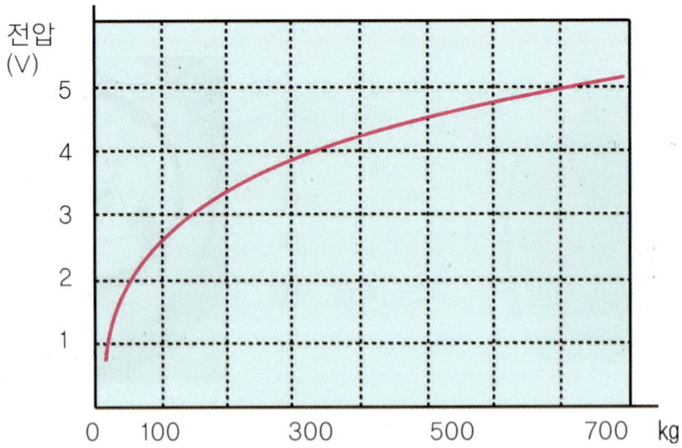

[그림 7-54] 흡입공기량과 신호전압

4.5.5 핫 필름 AFS(hot film type air flow sensor)

[1] 핫 필름 AFS의 개요

핫 필름 공기유량센서는 열선방식의 단점을 보완하여 등장한 것이다. 핫 필름방식은 열선방식의 백금열선(약 70㎛ 두께의 가느다란 백금선), 온도센서, 정밀저항기 등을 센서 저항필름(백금필름)과 온도센서, 브리지 트리밍저항 그리고 히팅저항 등이 세라믹(ceramic) 기판(약 0.2㎜)에 층 저항으로 집적시킨 것이며, 계측원리는 열선방식과 같다. 핫 필름방식은 열선방식에 비하여 열손실이 적기 때문에 작게 하여도 되며, 오염정도가 낮고 온도차를 일정하게 유지하도록 하이브리드 IC가 제어한다. 따라서 공기량 출력은 공기의 밀도변화에도 상응될 수 있으므로 온도나 압력에 의한 ECU의 보정이 필요 없다.

핫 필름(hot-film) 형식의 센서는 흡입공기량을 측정하여, 주파수 신호를 ECU에 전달하는 역할을 한다. ECU는 흡입공기량이 많을 경우는 가속상태이거나 고부하 상태로 판정하며, 반대로 흡입공기량이 적을 경우에는 감속 상태이거나 공회전 상태로 판정한다. ECU는 이러한 센서 신호를 이용하여, EGR량과 연료량을 보다 정확하게 제어할 수 있다. 통과 공기유량이 증가하면 열막은 냉각되어 저항이 감소하고 제어회로에서는 즉시 통과 전류를 증가시키게 되며 이 전류의 증가는 열막의 온도가 원래의 설정온도(약 100℃)가 될 때까지 계속된다. 따라서 ECU는 이 전류의 증감을 감지하여 흡입 공기량을 계산한다.

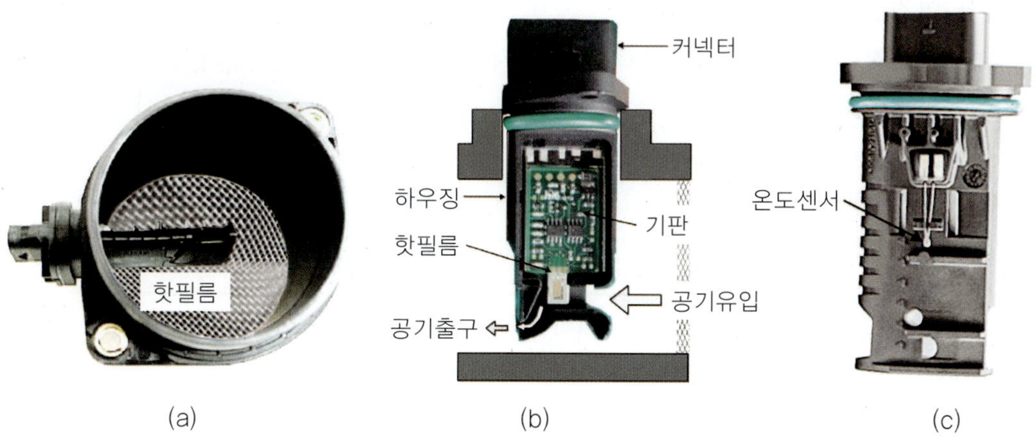

[그림 7-55] 핫 필름방식 AFS의 구조

[2] 핫 필름 AFS 점검

(1) 핫 필름 AFS의 회로구성 및 단자

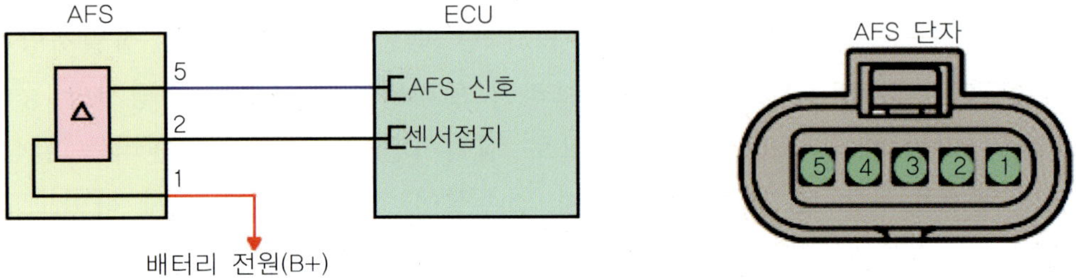

[그림 7-56] 핫 필름식 AFS의 회로도 및 단자의 구성

(2) 점검내용

① 센서에 ref.(5V) 전원이 공급되는지 점검한다.

② 각 배선의 단선, 단락, 접지성을 점검한다.

③ 출력파형을 점검하여 파형의 빠짐 또는 일그러짐이 있는지 점검한다.

(3) 전원, 접지, 센서 출력 전압점검

① 멀티미터 적색 프로브를 하네스측 1번 단자에 흑색 프로브를 배터리(-) 또는 차체에 연결한다(ref. 전원공급 점검).

② 멀티미터 적색 프로브를 하네스측 2번 단자에 흑색 프로브를 배터리(-) 또는 차체에 연결한다(접지전압 점검).

③ 멀티미터 적색 프로브를 센서측 5번 단자에 흑색 프로브를 배터리(-) 또는 차체에 연결한다(출력전압 점검).

[표 7-1] 핫 필름 AFS 전압 점검

엔진상태	점검위치	규정값	비고
점화스위치 ON	하네스측 커넥터 1번 단자	4.8~5.0V	전원공급
공회전	ECU측 5번 단자	0.7~1.1V	센서 출력전압
3,000rpm	ECU측 5번 단자	1.3~2.0V	센서 출력전압

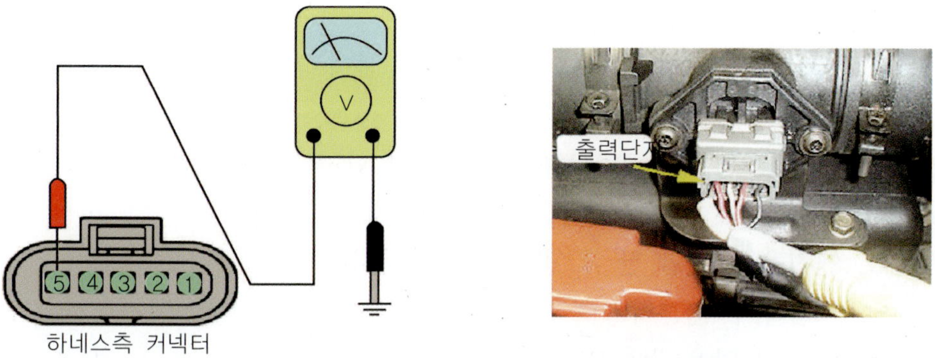

[그림 7-57] 핫 필름 방식 AFS 출력 측정

(4) 스캔툴을 이용하는 방법

센서항목	현재값	단 위	센서항목	현재값	단 위
11.산소센서	756	mV	12.AFS출력전압	839	mV
13.흡기온센서	45.0	℃	14.스로틀위치센서	7	%
15.ISA 듀티	32	%	16.배터리전압	13.9	V
18.시동신호	OFF		21.냉각수온센서	94.5	℃
22.엔진회전수(F)	850	RPM	24.차속센서	0	Km/h
26.공회전상태	ON		28.에어컨스위치	OFF	
32.엔진회전수(C)	840	RPM	37.엔진부하	1.2	mS
41.인젝터분사시간	3.1	mS	44.점화시기	BTDC 9	
46.퍼지밸브듀티	2	%	49.에어컨컴프레서	OFF	
56.흡입공기량(F)	9.0	Kg/h	57.흡입공기량(C)	8.0	Kg/h
58.전부하상태	OFF		80.공연비피드백제어	ON	
81.공연비보정값	99	%	82.중부하학습값	98	%
83.저부하학습값	42	uS	84.퍼지학습값	89	%

[그림 7-58] 엔진 워밍업 후 핫 필름 방식 AFS 서비스데이터

차량에 따라서 서비스데이터 값이 다르게 측정되며 단위는 mV 또는 kg/h 로 사용된다. 차종에 따라서 차이는 있지만 공전시에 약 0.5V 또는 10kg/h정도가 측정된다. 측정값이 정상 공전시 값보다 높으면 공기량이 추가로 들어왔다고 ECU가 인식을 하므로 RPM이 높아진다든지 연료 분사량이 많아져서 연비가 떨어진다든지 공기량 조절 액추에이터의 수치가 낮아질 것이다. 측정값이 정상 공전시 값보다 낮다면 공기가 많이 들어오지 않는다고 ECU가 인식을 하므로 RPM이 낮아진다든지 연료 분사량이 많아져서 연비가 떨어진다든지 공기량 조절 액추에이터의 수치가 높아진다.

(5) 파형점검

① 오실로스코프 CH1(+적색 프로브) : TPS 신호 선에 연결, CH1(-흑색 프로브) : 배터리(-)에 연결

② 오실로스코프 CH2(+적색 프로브)를 센서출력 단자(5번)에 CH1(-흑색 프로브)를 배터리(-) 또는 차제에 연결한다(출력 파형점검).

③ 시동 ON, 엔진을 워밍업 한 후 공회전을 유지시킨다.

④ 가속페달을 끝까지 순간적으로 밟았다 놓는다(급가속 시험 : 엔진회전수가 1500 rpm 이상이 되지 않을 정도로 순간적으로 밟았다 놓는다).

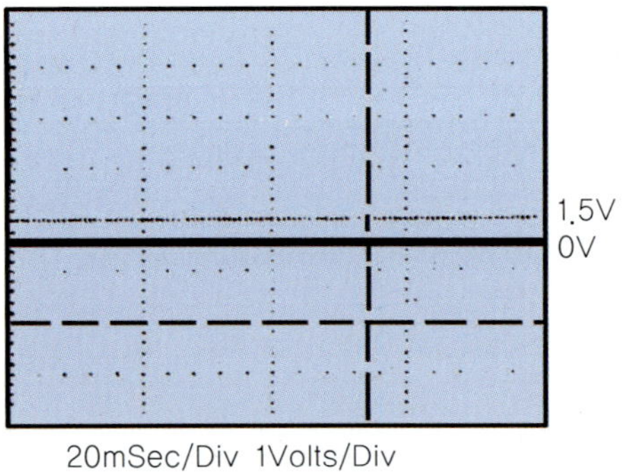

[그림 7-59] 핫 필름의 출력파형(2000rpm)

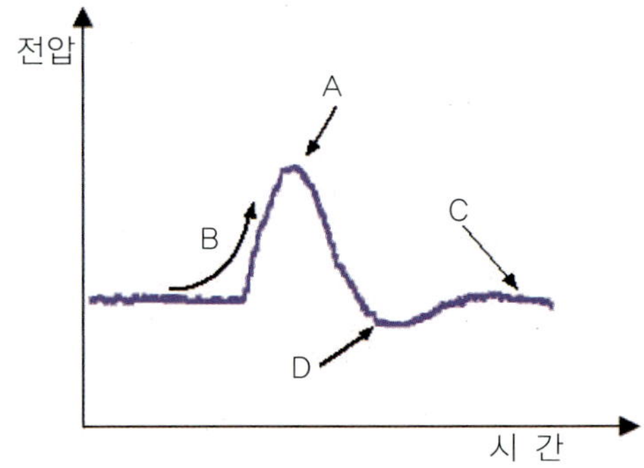

[그림 7-60] 핫 필름의 출력파형 분석

그림 59는 출력파형을 측정한 예이다. 흡입 공기량의 변화가 없는 경우 출력은 일정한 전압을 나타낸다. 그림 60은 흡입 공기량이 변화하는 경우를 측정한 것이다.

그림 60에서 A는 스로틀밸브가 완전히 열린 상태(WOT)로 최대 가속을 나타낸다. B는 흡기다기관으로 들어오는 공기량이 증가하고 있음을 나타내며, C는 공전할 때 들어오는 공전보상 흡입공기의 흐름을 나타내며, D는 공기 플랩의 움직임에 의한 감쇠 작용이다. 일반적으로 흡입공기가 증가함에 따라 출력전압이 증가한다.

(6) 결과분석

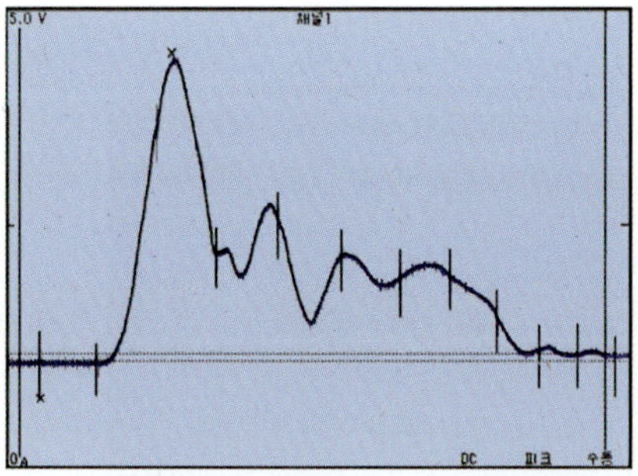

[그림 7-61] 핫 필름 방식의 AFS 급가속시 출력파형

① 스로틀밸브가 급격하게 열리는 순간 공기는 밀려들어오기 시작한다. 따라서 공기량이 증가하면 센서의 출력전압이 높아지는 타입이기 때문에 급격히 봉우리 모양을 그리면서 출력전압은 상승하게 된다. 그 후 스로틀밸브가 급격히 닫히면서 밀려들어오던 관성으로 공기는 계속 들어오려고 하나 스로틀밸브가 닫혀있기 때문에 스로틀밸브에 공기가 부딪히면서 다시 센서 감지부에 영향을 미쳐 낮은 봉우리들이 그리게 된다.

② 핫 와이어, 핫 필름센서의 불량여부를 판단하고자 할 때에는 스로틀밸브를 급격히 열어서 위와 같이 큰 봉우리와 작은 봉우리가 나오는 모양을 그려야 한다. 만일 큰 봉우리 뒤에 작은 봉우리들이 따라 나오지 않는다면 센서의 민감도가 떨어진다고 할 수 있다.

③ 스톨 테스트를 하는 것과 같은 상황은 실린더로 유입되는 공기량이 최대이기 때문에 흡입 공기량을 감지하는 센서의 출력전압은 공급 전압인 5V 가까이 나와야 하지만 아이들 상태에서 스로틀 밸브를 급격하게 열었을 때에도 최대 공기량이 흡입되지는 않지만 그래도 가장 큰 봉우리의 최고 전압은 약 4V 정도는 나와 주어야 한다. 4V 이하로 나온다면 센서의 민감도가 떨어지거나 배선 불량일 수가 있다.

④ 차종에 따라서 최대 공기량 흡입시 전압 값이 4V가 나타나지 않는 것도 있다 이는 차량의 ECU에 최대 공기량 흡입시 4V 정도가 나오도록 맵핑 되어있기 때문이다.

⑤ 급가속 최대값 전압이 현저히 높으면 센서 접지 전압 확인(0.1V 이상일 때 - 접지불량 확인, 접지 정상 시 - 센서단품 불량 확인)

(7) 급가속시 TPS와 핫 필름 방식의 출력파형 분석

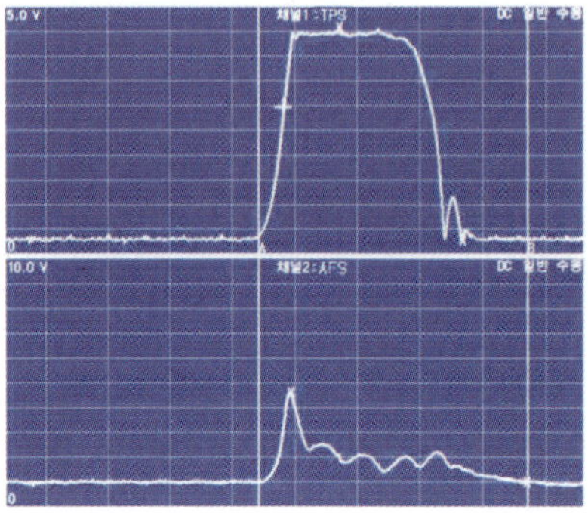

[그림 7-62] 급가속시 TPS와 핫 필름 방식의 출력파형

① 공회전 구간의 AFS의 평균값은 약 0.5V이며, 파형은 구불구불한 모양이 측정되어야 하며, 구불구불한 모양이 측정되지 않으면, 센서가 민감하지 못하다고 보면 된다. 단, V6 차량은 맥동이 미미하여 마치 측정이 안 되는 것처럼 보일 수 있으므로 맥동에 신경 쓰지 않는 것이 좋다.

② AFS 급가속 이전의 전압 값이 기준 값보다 현저히 높으면 역시 센서의 접지를 확인해야 하며 접지 쪽의 전압이 약 0.1V 이상 시 접지를 확인하고 접지가 정상이면 센서단품을 점검해야 한다.

③ AFS 출력 전압 값이 기준 값보다 현저히 낮으면 AFS센서의 전원을 확인하고 컴퓨터에서 AFS까지의 신호 선을 확인한다. 그리고 AFS, TPS 값의 상승구간에 5 ms이상의 노이즈가 발생 시에는 센서 불량여부를 확인한다.

④ 이외에도 파형의 본선과 접지는 따로 측정을 하여서 전원이 정상적인지 여부와 접지가 정상적인지 유무를 검사하여야 한다.(전원 접지가 불량이면 출력은 당연히 불량하게 측정이 된다.)

⑤ 추가로 위의 그림 중 TPS가 닫힌 후 파형의 진동구간이 생기는 것은 정상적으로 TPS가 닫혔다면 나타날 수 가 없는 파형이다. 이는 TPS의 리턴 스프링이 리턴 후 정상적으로 고정이 되어야 하는데도 불구하고 다시 스로틀 밸브가 열린 후 닫히는 모습이다. 파형이 위와 같이 측정되면, 주행 중 스로틀 밸브가 닫힌 후 다시 열렸다는 얘기 이므로 차량은 이때 울컥거림이나 변속 충격 및 기타 문제들이 발생할 것이므로 리턴 스프링을 교체하여야 할 것이다.

[3] 고장일 때 일어나는 현상

① 크랭킹은 가능하나 엔진 시동 성능이 불량하다.
② 공전할 때 엔진의 회전상태가 불안정하다.
③ 공전을 하거나 주행 중에 시동이 꺼진다.
④ 주행 중 가속력이 떨어진다.
⑤ 공기유량센서의 출력 값이 부정확할 때 자동변속기에서 변속할 때 충격이 발생할 수 있고, 완전히 고장이 나면 변속 지연이 발생할 수 있다.

4.5.6 스로틀 바디(throttle body)

스로틀바디에는 흡입공기량을 제어하는 장치로써 가속페달과 연동되어 흡입공기량을 제어하는 스로틀밸브(throttle valve), 공회전 속도 제어장치(ISA: idle speed actuator, ISC : idle speed control), 스로틀개도를 검출하는 스로틀위치센서(TPS : throttle position sensor) 등으로 구성되어 있다.

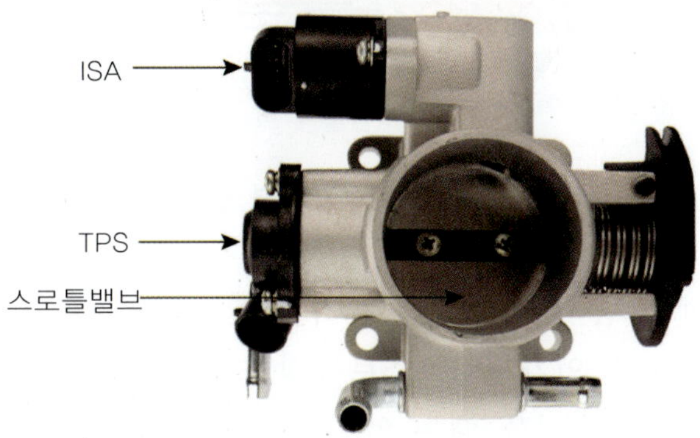

[그림 7-63] 스로틀바디 구조

[1] 스로틀 위치센서(TPS : throttle position sensor)

(1) TPS 개요

스로틀 위치센서는 스로틀밸브의 열림 정도를 검출하여 공회전, 가감속 등의 엔진 부하 상태를 판별하는 센서로 스로틀밸브의 축과 같이 연동되는 가변저항기의 일종인 전위차계(potentiometer)이다.

스로틀밸브가 회전하면 저항 값이 변화하며 이 변화되는 저항 값은 전압변화로 출력되고 ECU는 이 출력 전압 값과 엔진의 회전수 등 다른 센서로 부터의 입력신호를 바탕으로 엔진의 운전조건을 판정하여 분사량과 점화시기를 결정한다. TPS의 종류에는 선형방식(linear type)과 접점방식(switch type)이 있다. 전위차계는 저항선이나 저항물질로 만든 일종의 가변 저항기이다. 전원 공급단자와 접지단자, 미끄럼운동을 하는 브러시에 연결된 신호단자로 구성되어 있다. 전원 공급단자와 접지단자사이의 저항은 전위차계 전체의 저항이다.

그러나 신호단자와 접지단자사이의 저항은 미끄럼 운동하는 브러시가 움직임에 따라 변화되며, 이것은 공급된 일정한 전압을 분압된 형태로 신호를 발생한다. 스로틀밸브와 연동하여 움직이는 2개의 브러시가 있고, 1개의 접점이 저항물체 위를 미끄럼운동하여 움직이는데 따라 스로틀밸브의 열림정도에 대응하는 선형적인 출력전압을 얻을 수 있다.

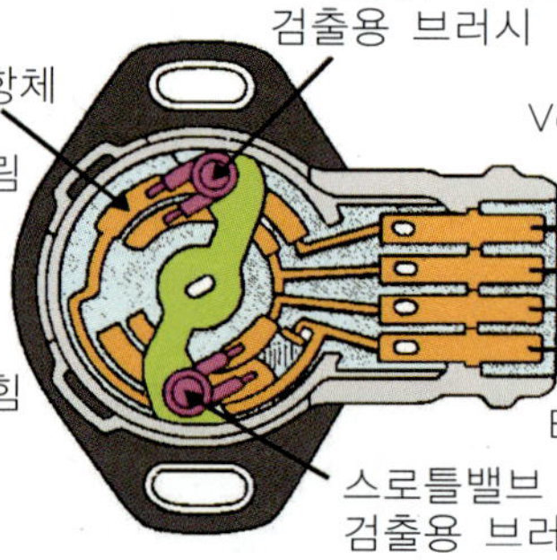

[그림 7-64] **선형방식 스로틀포지션 센서 구조**

또한, 스로틀밸브의 완전 닫힘 상태를 검출하기 위한 공전 접점이 있다. 먼저 ECU로부터 센서는 센서 전원 5V가 인가된다. 스로틀밸브가 완전히 닫혔을 때 전압은 대략 0.5V 정도이며, 완전히 개방되었을 때는 약 4.7V 정도가 된다.

(2) TPS 점검

1) TPS 회로도 및 점검(커넥터 탈거)

① IG Key ON, 전원단자에서 약 4.8~5.2V 출력되면 정상

② 전원이 규정치 이하일 때

㉮ ECU(ECM) 커넥터 접촉 불량 또는 배선 단선이나 쇼트.

㉯ 커넥터, 배선 정상이면 ECU(ECM) 불량

③ 접지단자와 ECU(ECM)측 접지단자가 도통이면 정상.

㉮ 도통되지 않으면 접지선 단선으로 판단.

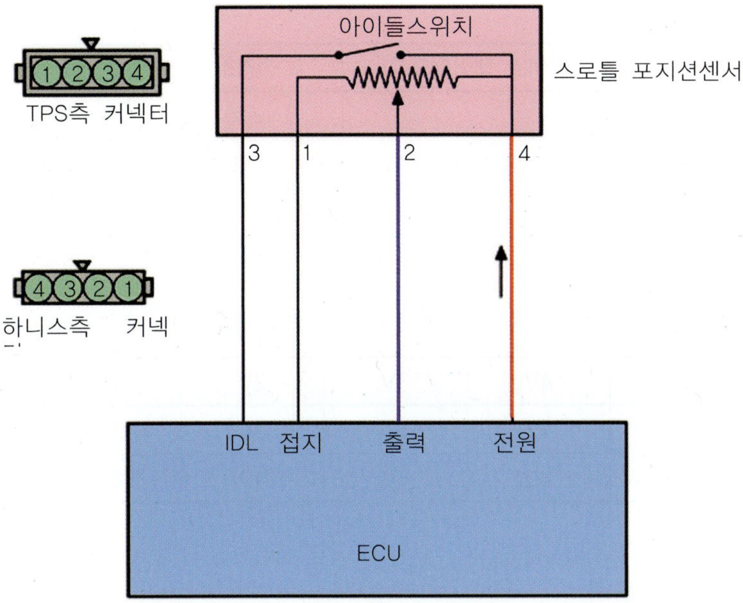

[그림 7-65] **TPS회로도(EF소나타)**

2) MUT 점검

MUT 또는 엔진 튠업 장비의 자기진단용 DLC 케이블을 차량의 자기진단 커넥터에 연결한 후 자기진단 항목 중 센서 출력 값을 점검한다. 차종에 따라서 %, ㎷, 도(°)등 차종마다 표출되는 단위가 많이 다르다. 스캔툴에서 대략적인 값을 보면 공회전시에 5~12% / 5~10° / 300~600㎷ 정도가 표출된다.

센서항목	현재값	단 위	센서항목	현재값	단 위
산소센서	693.4	mV	스로틀포지션센서	10.0	%
스포틀포지션보정값	7.3	%	배터리전압	14.2	V
흡기온센서	30.8	℃	냉각수온센서	51.8	℃
흡기압(MAP)센서	32.3	kPa	흡기압(MAP) 센서전압	1289	mV
엔진회전수	873	RPM	차속센서	0	Km/h
에어컨스위치	OFF		에어컨릴레이	OFF	
공회전조절밸브듀티	22.5	%	공회전총합보정	-0.2	%
점화시기	10.0	%	시동신호	OFF	
공회전상태	ON		변속레버스위치	P,N	
점화제어시간	2.7	mS	엔진부하상태	OFF	
목표공회전속도	875	RPM	연료분사시간	3.1	mS
연료분사시간보정덧셈	-0.1	mS	연료분사시간보정곱셈	1.5	%
증발가스밸브듀티	0.0	%			

[그림 7-66] **공전시 TPS 스캔툴 데이터**

[표 7-2] TPS 규정값

점검항목	서비스 데이터표시	점검조건	규정값
스로틀 포지션센서	스로틀밸브 개도	공회전	8~12°
		가속시	가속량에 따라 완만히 변화
		WOT	80~82°

[표 7-3] 스로틀밸브 개도 각이 90° 일 때 전압이 5V일 경우

전압	5V	4V	3V	2V	1V	0.5V	0V
각도(°)	90	72	54	36	18	9	0
%	100	80	60	40	20	10	0

3) TPS 출력파형 분석

[그림 7-67] +적색 프로브 TPS 신호선에 연결

① 오실로스코프 CH1(+적색 프로브) : TPS 신호 선에 연결, CH1(-흑색 프로브) : 배터리(-)에 연결한다(출력파형 점검).
② 시동 ON, 엔진을 워밍업 한 후 공회전을 유지시킨다.
③ 가속페달을 끝까지 완만하게 밟았다 놓는다.
④ 먼저 아날로그 신호는 가・감속 등 가변을 시켰을 때 아래와 같은 부분을 확인해 보아야 한다.
⑤ 출력전압이 급변하거나 끊기지 않고 전압의 상승・하강 곡선을 잘 그리는가.
⑥ 급 가속 이후의 반응이 느리지는 않는가.
⑦ 가변도중 크게 패인부분이 있는가.

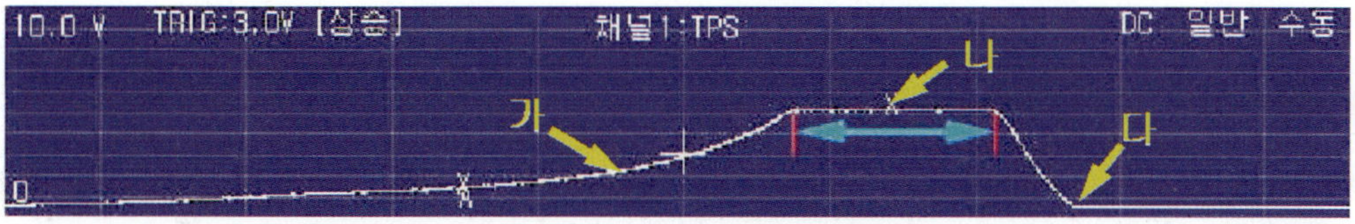

[그림 7-68] TPS 출력파형

[표 7-4] TPS 출력파형 분석

항목	가 부분(가속)	나 부분	다 부분
TPS 파형	가속페달을 밟음에 따라 완만한 상승파형이 나타나야 한다.	노이즈(noise) 발생이 없어야 한다.	스로틀밸브가 닫힐 때 채터링(chattering)현상이 없어야 한다.
출력전압	급가속 High구간 전압이 현저히 높은 경우	센서접지 전압이 0.1V 이상 시 접지불량 확인 접지정상시 센서단품 확인	평균값이 현저한 차이가 있을 경우 급가속 구간의 TPS 참고하여 검사진행
	급가속 High구간 전압이 현저히 낮은 경우	가속페달 케이블 느슨함 확인 TPS 본선의 단선, 단락 확인 TPS 출력선 확인(ECU에서 TPS 출력선까지)	

아날로그 입력신호이기 때문에 위의 파형에서 사소한 잡음(대단히 짧은 시간을 갖는 파형)은 ECU의 연산에 영향을 주지 않으므로 무시해도 관계없다. 하지만 잡음시간이 길면(약 20ms이상) ECU는 잡음이 아니라 가변된 것으로 판단하여 그 신호에 맞는 제어를 행하기 때문에 패인부분이 있어서는 안 된다.

(3) 고장일 때 나타나는 현상

① 공회전 시 엔진 부조 및 간헐적 시동 꺼짐 현상 발생.

② 주행할 때 가속력이 떨어진다.

③ 출발 또는 주행 중 변속 시 충격이 발생할 수 있다.

④ 일산화탄소(CO), 탄화수소(HC) 배출량이 증가하거나 연료소모가 증대될 수 있다.

⑤ fast idle불량(회전수가 오락가락하거나 약 1800~2000rpm에서 떨어지지 않는다)

⑥ TPS 고장시에는 고정개도(예 : 30.83°)로 고정하고 부하조건에 따라 보정값을 달리한다. 따라서 공회전 회전수가 상승한다. 대쉬포트(dashpot)기능과 공회전 학습을 중지한다(공회전상태에서 최적 연료량, 공기량, 스로틀위치값 등의 학습 중지)

4.5.7 액셀러레이터 포지션센서(APS : accelerator position sensor)

[1] 액셀러레이터 포지션센서 개요

액셀러레이터 위치 센서는 가속페달의 밟힌 양을 감지하는 센서로 액셀러레이터와 일체로 구성되어 있다. 2개의 센서가 조합된 더블 포텐시오미터 형식으로 엔진 ECU는 센서 1의 신호로 연료 분사량과 분사시기를 결정하는 주된 역할을 하며 센서 2의 신호는 센서 1의 이상 신호를 감지하는 역할을 한다.

(a) 설치위치

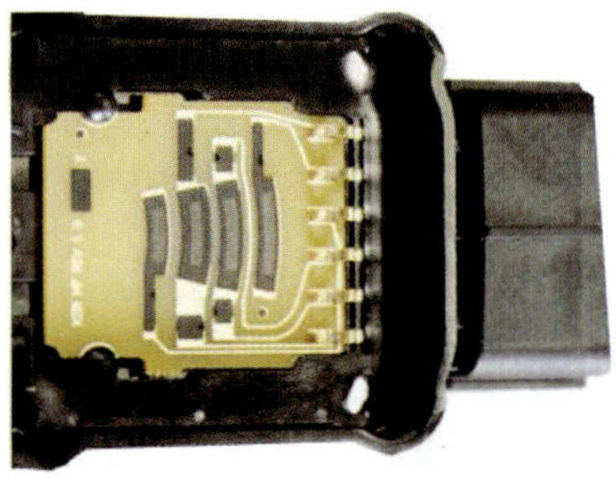

(b) 내부 구조

[그림 7-69] 액셀러레이터 포지션센서

엑셀 페달 위치센서(APS)는 엑셀 페달 모듈에 장착되어 있으며, 운전자의 가속의지를 ECU에 전달하여, 가속 요구량에 따른 연료량을 결정하게 하는 가장 중요한 센서이다. 페달 위치 센서는 신뢰도가 중요한 센서로, 주 신호인 센서 1과 센서 1을 감시하는 센서 2로 구성되어 있다.

센서 1과 2는 서로 독립된 전원과 접지로 구성되어 있으며, 센서 2는 센서 1 출력의 1/2 출력을 발생하여, 센서 1과 2의 전압 비율이 일정 이상 벗어날 경우 에러로 판정된다.

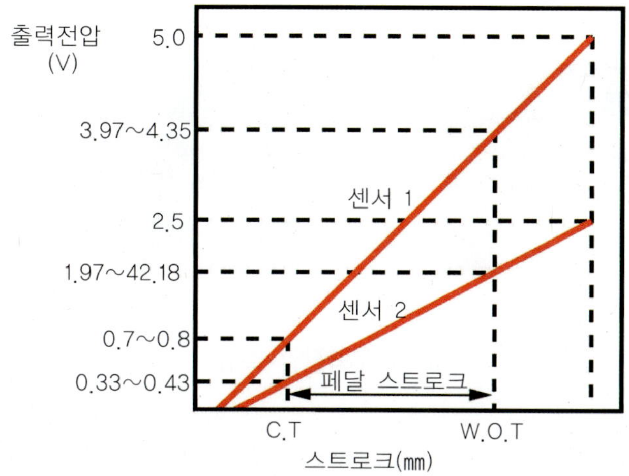

[그림 7-70] 악셀페달 위치센서 출력전압

[2] 액셀페달 위치센서 점검

(1) 액셀페달 위치센서 회로도

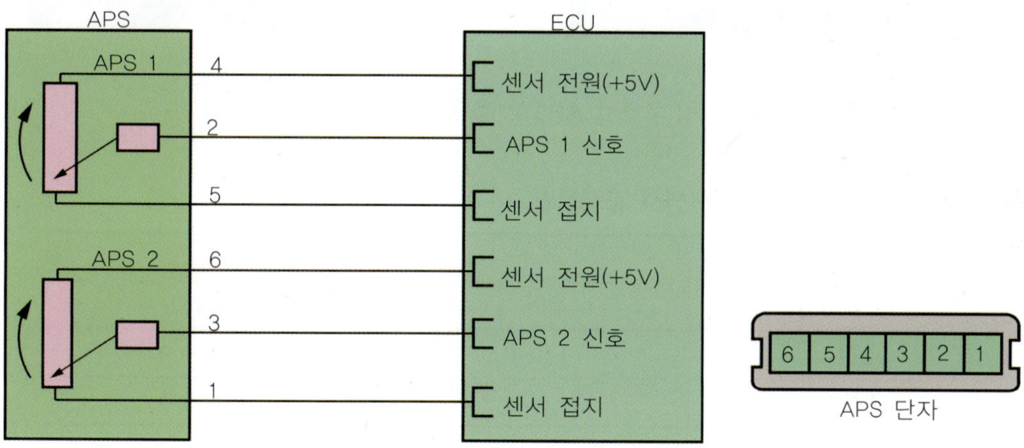

[그림 7-71] 액셀페달 위치센서 회로도

(2) 전원, 접지, 센서 출력 전압점검

① 멀티미터 적색 프로브를 하네스측 4, 6번 단자(전원 공급단자)에 흑색 프로브를 배터리(−) 또는 차체에 연결한다(ref. 전원 점검).

② 멀티미터 적색 프로브를 하네스측 1, 5번 단자(접지단자)에 흑색 프로브를 배터리(−) 또는 차체에 연결한다(접지전압 점검).

③ 2번 단자에 (+), 5번에 (−) 탐침봉을 연결하여 APS1 출력전압을 측정한다.

(a) 액셀페달 전폐시 (b) 액셀페달 전개시

[그림 7-72] APS1 출력전압 측정

④ 3번 단자에 (+), 1번에 (−) 탐침봉을 연결하여 APS2 출력전압을 측정한다.

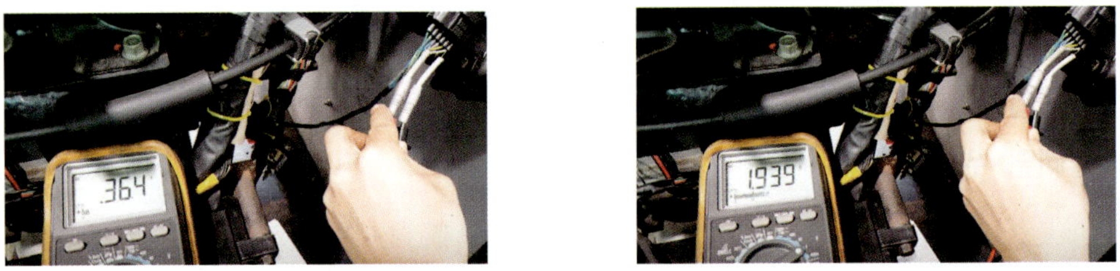

(a) 액셀페달 전폐시 (b) 액셀페달 전개시

[그림 7-73] APS 2 출력전압 측정

[표 7-5] 액셀러레이터 포지션센서 출력전압

엑셀 페달 위치	출력전압(V)	
	APS 1	APS 2
C.T	0.3~0.9	0.3~0.9
W.O.T	4.0~4.8	1.5~3.0

(3) MUT 점검

스캔툴 값에서는 최대값과 최소값 그리고 그래프 기능에서 센서 데이터의 움직임만 확인이 가능할 뿐 스캔툴에서는 순간적으로 빠지는 문제는 차량 ECU와 스캔툴 통신 속도 차이 때문에 알 수가 없다.

① MUT 또는 엔진 튠업 장비의 자기진단용 DLC 케이블을 차량의 자기진단 커넥터에 연결한 후 자기진단 항목 중 센서 출력 값을 점검한다.

② 점화스위치를 ON시킨다.

③ 스로틀 전폐(C.T)상태와 전개(W.O.T) 상태에서의 센서 출력전압을 측정한다.

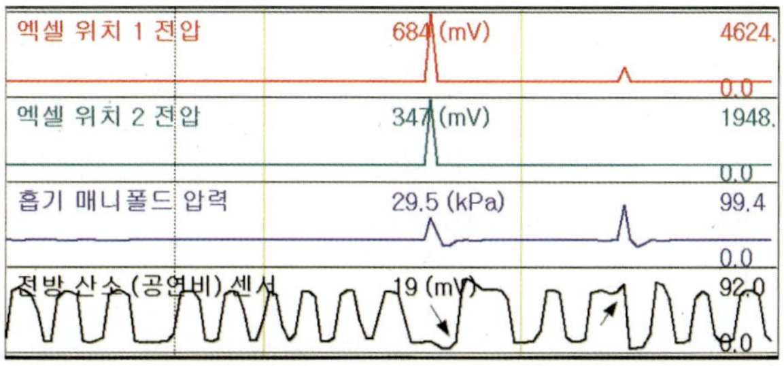

[그림 7-74] **스캔툴에서 그래프 출력**

(4) 센서출력 및 파형점검

① 채널1번 프로브(+) : 2번 단자에 연결, 채널1번 프로브(-) : 배터리 (-)에 연결

② 채널2번 프로브(+) : 3번 단자에 연결, 채널2 번 프로브(-) : 배터리(-)에 연결

③ APS1값과 APS2값은 %로 표시되며 거의 동일하게 올라가야 한다.

④ 액셀페달을 천천히 밟아가면서 APS1, 2의 값의 편차가 발생하는지 점검한다.

⑤ 데이터 값의 편차가 15%이상 발생시 결함 코드가 발생한다.

⑥ APS2 출력값은 항상 APS1 출력값의 1/2이다.

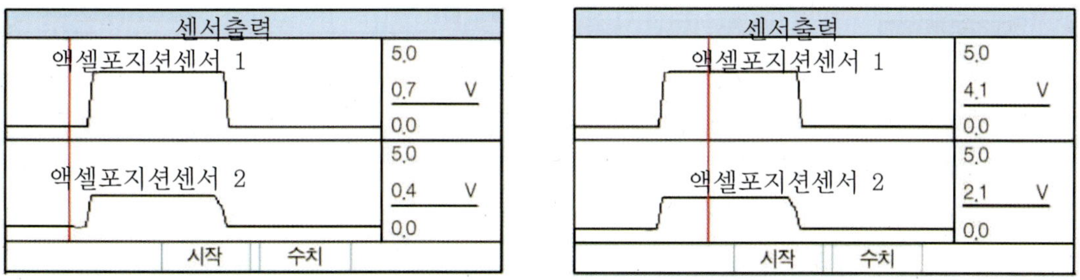

(a) 공회전 (b) 가속상태

[그림 7-75] **APS 1, 2 출력전압 파형**

4.5.8 전자제어 스로틀밸브(ETC : electronic throttle control)

[1] 전자제어 스로틀밸브 개요

기존의 가속페달과 스로틀밸브를 케이블에 의해 기계적으로 연결한 것과는 달리 스로틀밸브를 모터에 의해 제어하는 시스템이다. 액셀러레이터 센서의 신호를 2계통으로 ECU에 송부하고 전자제어 스로틀 역시 스로틀밸브를 구동하는 스로틀 모터, 기어

기구 및 스로틀 개도를 검출하는 2계통의 스로틀센서로 구성되어 있다. 보조 공기량은 모두 전자제어 스로틀로 실시해 아이들 회전수를 제어하기 때문에 아이들 회전수 제어시스템이 필요 없다.

엔진 공회전 속도제어, ABS(TCS)제어, 정속주행 등의 여러 가지 기능을 하나의 모터로 제어하기 때문에 각종 액추에이터 및 배선, 연결 커넥터 등을 삭제시켜 시스템 간소화로 인한 고장을 저감 및 신뢰성을 확보하였다.

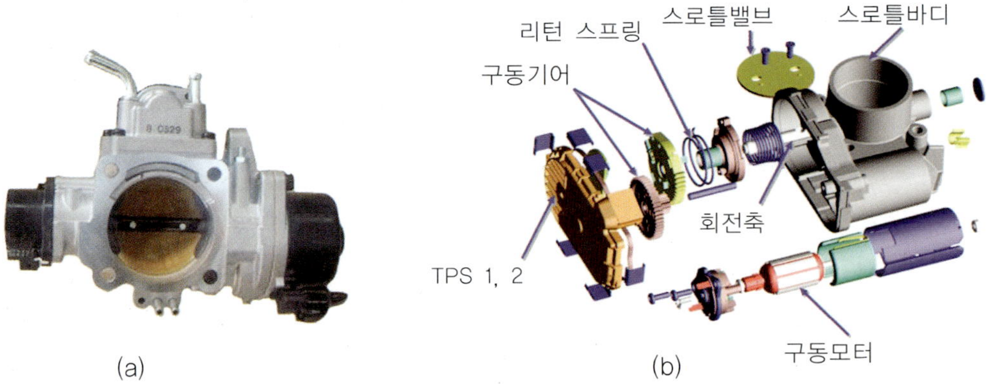

[그림 7-76] **전자제어 스로틀밸브**

ETC시스템은 스로틀밸브를 전자적으로 제어하는 전자제어 스로틀시스템이며, ETC모터, 스로틀밸브 및 스로틀 포지션센서(TPS : throttle position sensor)로 구성되어 있다. 엑셀 페달과 연결된 와이어 케이블로 스로틀밸브를 제어하는 기존의 기계식 스로틀시스템과 달리, ETC시스템은 전자식 엑셀 페달 모듈에 장착된 엑셀 페달 위치센서(APS : accelerator position sensor) 신호에 따라 ECU가 ETC모터로 스로틀밸브의 개폐를 제어하여 흡입 공기량을 정밀 제어하여 배출가스 속에 포함되어 연소실로부터 배출되는 유해 물질 즉 일산화탄소(CO), 탄화수소(HC), 질소 산화물(NOx) 등을 최적의 상태로 한다.

또한 ETC시스템은 별도의 추가장치 없이 크루즈 컨트롤기능을 구현할 수 있는 장점이 있고 TCS, ESP의 각 바퀴의 스피드 센서에서 슬립을 감지하게 되면 엔진 출력을 줄이라는 명령을 엔진 ECU로 내리게 되는데 이때 개방된 스로틀을 닫아야 한다.

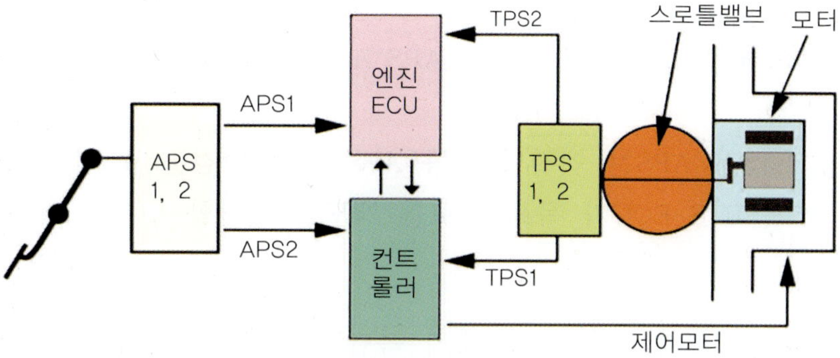

[그림 7-77] **전자제어 스로틀밸브의 계통도**

케이블방식의 경우 운전자가 스로틀을 개방하고 있는 상태에서 출력을 줄이려면 반대방향으로 케이블을 다시 당겨야 하기 때문에 액셀러레이터 페달 주변에 반대방향으로 당겨주는 액추에이터를 설치해야하는 등 원가 상승요인과 제어난이도 및 급발진 가능성 요소 추가라는 뜻하지 않은 부작용까지 생기게 된다.

(1) ETC 특징

① 별도의 추가장치 없이도 크루즈 컨트롤기능을 구현할 수 있다.
② 차체 자세 제어장치의 출력조절을 쉽게 가능하게 한다.
③ ECU가 스로틀을 조절하므로 ISC를 사용하지 않아도 된다.
④ 금속 케이블을 사용하지 않아 차량의 무게를 줄일 수 있다.
⑤ 액셀러레이터 조작을 ECU에서 보정해줌으로써 더 나은 승차감을 얻을 수 있다.
⑥ 차량의 설계 자유도가 굉장히 높아진다.
⑦ 금속 케이블의 탄력에 의해 지연되던 반응속도가 개선된다.
⑧ 전자식 케이블은 움직이는 부품이 아니므로 케이블의 노후화 또는 마모로 인해 끊어지는 문제가 사라진다.
⑨ 스로틀 조작까지 ECU가 개입함으로써, ECU 오류로 인한 급발진의 가능성이 생긴다.

(2) 주요 구성부품의 장착위치 및 기능

1) 액셀레이터 위치센서(APS : accelerator position sensor)

① **적용목적** : 운전자의 가속의지를 판단하기 위해 액셀레이터 페달의 밟은 양을 감지한다.

② **구성요소** : 엔진룸 우측 대시패널에 장착되어 ETS ECU용 APS(서브) 및 엔진 ECU용 APS(메인)로 구성되어 있고 APS ASS′Y 내부에 아이들 스위치가 내장되어 있다.

③ **주요기능** : ETS용 APS는 엔진 ECU용 APS의 고장 검출 및 엔진 ECU와의 통신 라인 이상 시 ETS ECU가 목표 스로틀 개도를 연산할 수 있도록 보정신호로 사용한다.

고장의 경우에는 APS의 신호값을 2개의 독립된 신호 중 하나에 이상이 생기는 경우이거나 커넥터의 이탈의 경우이고, 이 경우에는 신호값이 정상 범위 바깥으로 나가서 ECU에서 엔진체크 경고등을 띄우고, APS의 나머지 하나의 신호를 사용하거나, 스로틀을 일정 각도로 고정시켜 주행을 가능하게끔 한다.

2) 스로틀 위치 센서(TPS : throttle position sensor)

① **적용목적** : 스로틀밸브의 움직이는 양을 감지한다.

② **구성요소** : 스로틀바디에 장착되어 ETS ECU용 TPS(메인) 및 ECU용 TPS(서브)로 구성되어 있다.

③ **주요기능** : ETS ECU용 TPS(메인)는 목표 스로틀 개도 피드백제어 및 엔진 ECU용 TPS의 고장검출을 하고 ETS ECU용 TPS의 고장검출 및 ETS ECU용 TPS의 고장시 보정신호로 사용한다.

전위차계의 주요 결점은 전위차계는 저항성이 있는 원형 서브스트레이트 상에서 와이퍼(브러시)를 미끄러트리는 방식을 통해 아날로그 전압을 만들며 그 크기는 축의 회전에 비례하므로 먼지와 마모에 민감하다. 안전을 중시하는 자동차 용도에서 전위차계는 상대적으로 신뢰도와 내구성이 낮다. 이에 따라 ETB(electronic throttle body)는 홀-효과(자기) 무접점 센서를 사용한다.

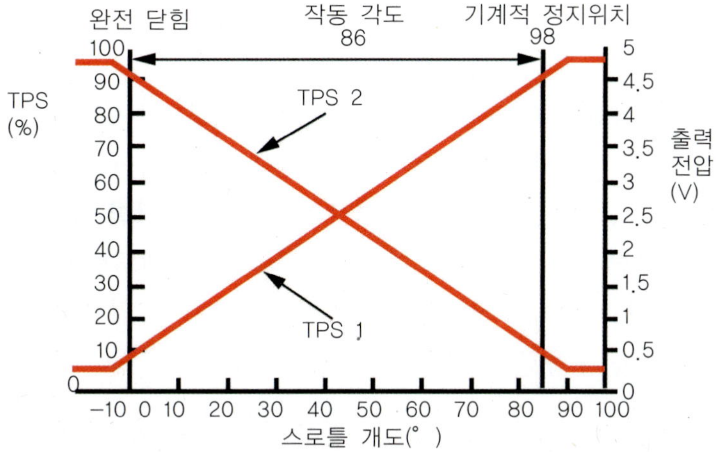

[그림 7-78] **ETC 스로틀 포지션센서의 특성곡선**

자기 위치감지 센서에서 양극(SN) 자석 디스크는 밸브 축에 설치한다. 그 각 위치는 자석디스크와 작은 공극으로 정렬된 IC센서에 의해 탐지된다. 전위차계와는 달리 자기 위치센서는 기계적 마모가 되지 않고 먼지나 그리스 오염에 대한 내성을 갖는다.

3) 스로틀 모터(throttle motor)

① **적용목적** : 3상 코일을 적용하여 정밀한 구동이 가능하며 ETS ECU로부터 작동 전류를 입력받아 스로틀밸브를 구동한다.

② **구성요소** : 스로틀바디에 장착되어 ETS ECU용 TPS(메인) 및 엔진 ECU용 TPS(서브)로 구성되어 있다.

③ **특징** : ETS는 스로틀 위치를 검출할 수 있는 HALL IC가 없으므로 스로틀 모터 교환 시 또는 탈부착 시 ETS를 초기화 실행을 해야 하며 ETS는 스로틀 바디의 카본 누적 등에 목표 스로틀 개도를 학습하여 보정함으로 스로틀 바디 카본 누적에 의한 엔진 부조 현상은 발생하지 않는다.

4) 페일 세이프 밸브(fail safe valve)

스로틀바디 하단부에 장착되어 있으며, ETS시스템 정상시 페일세이프밸브는 닫히고 ETS시스템에 주요 결함이 발생 시 스로틀 모터가 구동하지 못하므로 시동 불가 및 주행 불가를 방지하기 위해 엔진 ECU는 페일세이프밸브를 구동하여 밸브를 열어 일정양의 공기가 유입되도록 하여 최소한의 주행이 가능하도록 한다.

[2] 구동원리

엔진 ECU는 ABS(TCS) ECU, APS, 엔진회전수, A/CON 신호 등 각종 센서로부터 정보를 입력받아 TCS 작동유무, 엔진 부하, 운전자의 가속의지 등을 판단함으로서, 목표 스로틀밸브 개도를 연산하여 ETS 컴퓨터로 목표 스로틀밸브의 개도량을 명령하고 ETS 컴퓨터는 엔진 컴퓨터로부터 목표 스로틀밸브 개도량을 입력받아 스로틀 모터로 전류를 분배한다. 스로틀 모터는 ETS 컴퓨터로부터 입력되는 전류의 양에 따라 회전하여 스로틀밸브를 구동한다.

[3] 스로틀바디(ETC) 학습절차

세척 후 반드시 스로틀바디(ETC)는 학습절차에 따른 ECU 재학습 실시해야만 정상적인 상태가 되며 다음 순서대로 진행한다. 미학습시 정차 후 시동 꺼짐 및 엔진회전수가 불안정하게 발생된다.

① 시동버튼 또는 시동키를 IG ON 상태로 1분간 대기한다.(단, 시동은 걸지 않는다)

② 시동 후 아이들(idle)상태로 15분간 유지한다.

[그림 7-79] 시동버튼 스위치 ON

[그림 7-80] 시동 후 아이들 상태 15분간 유지

③ ETC 학습완료 후 재 시동을 걸고, 아이들(idle) 엔진회전수가 안정한지 확인한다.

④ 위와 같이 초기화를 해도 안 될 때는 스캐너로 초기화 시킨다. 초기화 순서는 다음과 같다.

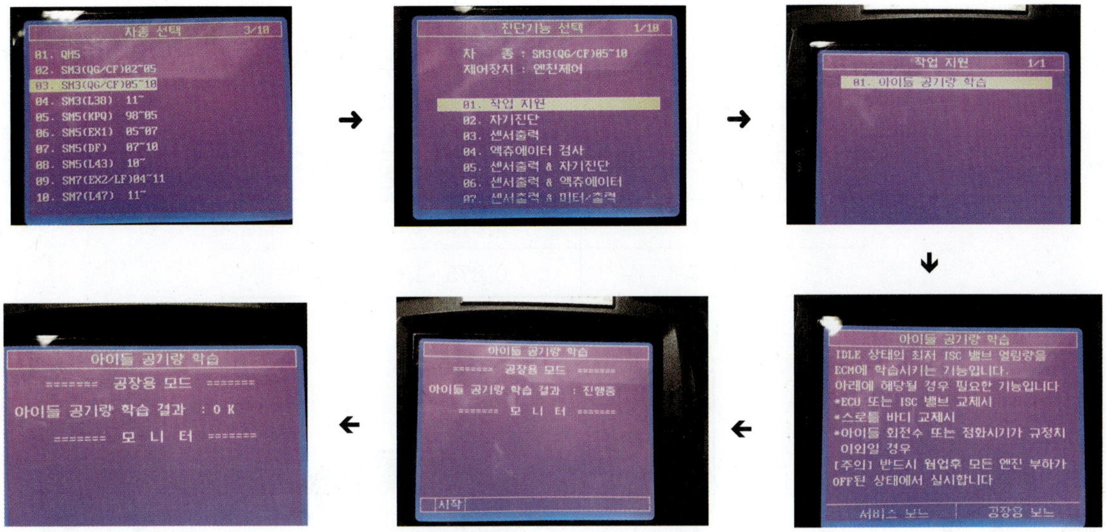

[그림 7-81] 스캐너로 초기화

[4] ETC 모듈 점검

(1) 멀티미터 측정 및 점검

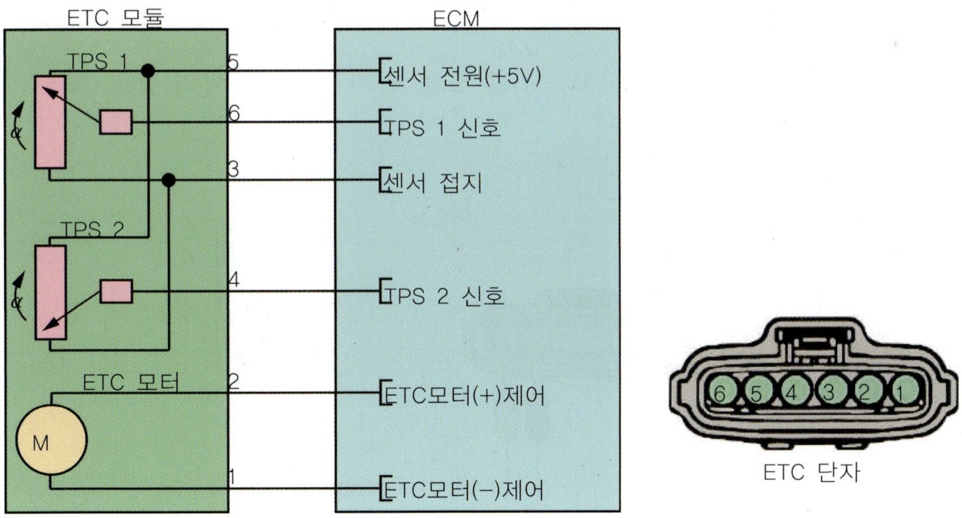

[그림 7-82] ETC 스로틀 포지션센서 회로도

① 엔진 구동 후, 스로틀 전폐(C.T)상태와 전개(W.O.T) 상태에서 센서 1과 2의 출력 전압을 하네스측 4, 6번 단자에서 측정한다.

② 점화 스위치를 OFF하고 ETC 모듈 커넥터를 탈거하고 단자 3번과 5번 사이의

저항을 측정한다.

[표 7-6] TPS 1, 2 센서저항

항목	센서저항(kΩ)
TPS 1	0.875~1.625(20℃)
TPS 2	0.875~1.625(20℃)

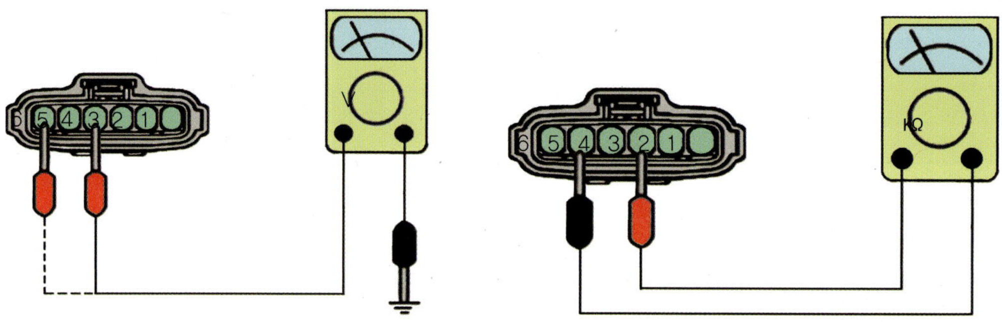

(a) 출력전압 점검 (b) 저항 점검

[그림 7-83] ETC TPS 점검

③ ETC 모듈 커넥터를 분리하고, ETC 모듈 단자 1과 2사이의 ETC 모터 저항을 측정한다.

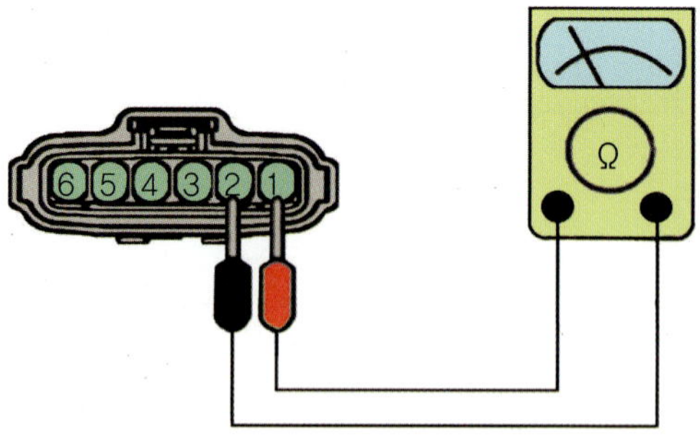

[그림 7-84] ETC 모터 점검

[표 7-7] 코일저항 규정값

항목	규정값
코일저항(Ω)	0.3~100(20℃)

(2) MUT 점검

스캔툴 값에서는 최대값과 최소값 그리고 그래프 기능에서 센서 데이터의 움직임만 확인이 가능할 뿐 스캔툴에서는 순간적으로 빠지는 문제는 알 수가 없다.(스캔툴 통신 속도가 느림)

① MUT 또는 엔진 튠업 장비의 자기진단용 DLC 케이블을 차량의 자기진단 커넥터에 연결한 후 자기진단 항목 중 센서 출력 값을 점검한다.

② 엔진 구동 후, 스로틀 전폐(C.T) 상태와 전개(W.O.T) 상태에서의 센서 1과 2의 출력 전압을 측정한다.

③ TPS1과 TPS2 전압 차이는 TPS1-(5V-TPS2) = 1V 이하일 것

[표 7-8] TPS 1, 2 출력전압

스로틀 개도(°)	출력전압(V)	
	TPS 1	TPS 2
0	0.50	4.50
10	0.96	4.05
20	1.41	3.59
30	1.87	3.14
40	2.32	2.68
50	2.78	2.23
60	3.23	1.77
70	3.69	1.32
80	4.14	0.86
90	4.60	0.41
98	4.65	0.35
C.T(0)	0.50	4.50
W.O.T(86)	4.41	0.59

④ ETC 모터 강제구동을 실시하여 TPS 1, 2의 신호값이 정상적으로 변화하는지 확인한다.

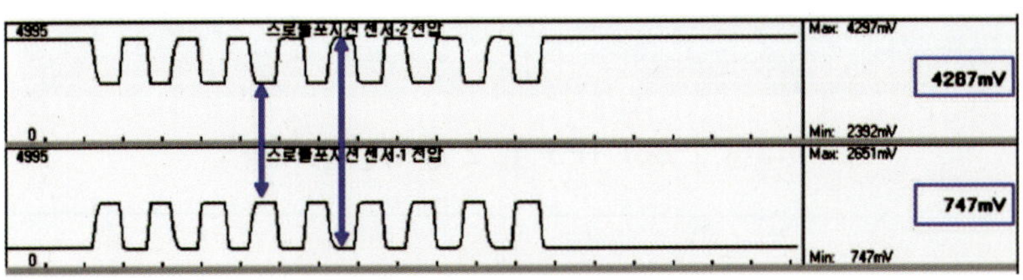

[그림 7-85] TPS 신호값 변화 점검

(3) 센서출력 및 파형점검

① 채널 1번 프로브(+) : TPS2(4번단자)에 연결, 채널 1번 프로브(-) : 배터리 (-)에 연결

② 채널 2 번 프로브(+) : TPS1(6번단자)에 연결, 채널 2 번 프로브(-) : 배터리(-)에 연결

③ 아날로그 신호는 가·감속 등 가변을 시켰을 때 아래와 같은 부분을 확인해보아야 한다.

④ 출력전압이 급변하거나 끊어지지 않고 전압의 상승·하강 곡선을 잘 그리는가.

⑤ 급가속 이후의 반응이 느리지는 않는가.

⑥ 가변도중 크게 패인부분이 있는가. 아날로그 입력신호이기 때문에 파형에서 사소한 잡음(대단히 짧은 시간을 갖는 파형)은 ECM의 연산에 영향을 주지 않으므로 무시해도 관계없다. 하지만 잡음시간이 길면(약 20ms이상) ECM은 잡음이 아니라 가변된 것으로 판단하여 그 신호에 맞는 제어를 행하기 때문에 패인부분이 있어서는 안 된다.

⑦ TPS 1(ETS ECM으로 데이터를 보냄 MAIN) : 목표 스로틀 개도 피드백 제어, 모터 구동 보정, TPS 1 전폐, 전개 전압 학습, TPS 1 고장 판정, 전폐시 전압은 0.3~1.0V, 전개시 전압은 4.0~5.5V

⑧ TPS 2(엔진 ECM으로 데이터를 보냄 SUBE) : TPS 2 전폐, 전개 전압 학습, TPS 2 고장 판정, TPS1 고장시 보정 신호로 사용, 전폐시 전압은 4.2~4.8V, 전개시 전압은 0.3~0.9V

⑨ TPS 1과 TPS 2 전압 차이는 TPS1-(5V-TPS2)=1V 이하일 것

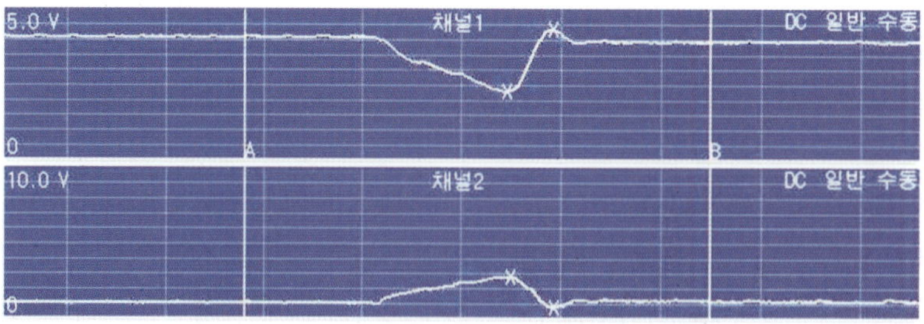

[그림 7-86] TPS 1, 2 출력전압 파형

4.6 산소센서(O_2 sensor, lambda sensor)

배기가스 규제에 대응하여 다양한 기술을 개발하고 있지만 그 중에서도 3원 촉매(TWCC : three way catalytic converter)를 이용한 배기가스의 뒤처리기술을 가장 많이 사용하고 있다. 3원 촉매는 일산화탄소(CO)와 탄화수소(HC)의 산화와 질소산화물(NOx)의 환원작용을 동시에 하여 유해 배기가스의 발생을 억제시키는 장치이다.

삼원 촉매의 정화율은 혼합기 상태가 이론공연비 부근일 때 가장 양호하다. 3원 촉매는 이론 공연비 부근에서 일산화탄소, 탄화수소, 질소산화물의 정화효율이 가장 높다. 즉, 이론 공연비 보다 농후하면 일산화탄소와 탄화수소의 배출량이 증가하고, 이론 공연비 보다 희박하면 질소산화물의 배출량이 증가한다. 따라서 3원 촉매가 효율적으로 가동되기 위해서는 이론 공연비에서 연소가 될 수 있도록 제어하는 것이 필요하다.

산소센서는 혼합비를 이론공연비(14.6~14.7) 부근으로 정밀제어(공연비)하기 위해 배기가스 중의 산소농도를 감지하여 출력전압을 ECU로 전송한다. 이를 공연비 피드백제어 또는 람다제어(λ -control)라 한다. 산소센서는 배기가스 중의 산소농도에 따라 전압을 발생하는 일종의 화학적 전압 발생장치이다. 즉, 배기가스 중의 산소농도가 높아(희박한 연소의 경우)대기 중의 산소와 농도 차이가 적으면 발생전압은 낮고, 반대로 배기가스 중의 산소농도가 낮으면(농후한 연소의 경우)대기 중의 산소와 농도차이가 커져 발생전압도 높다.

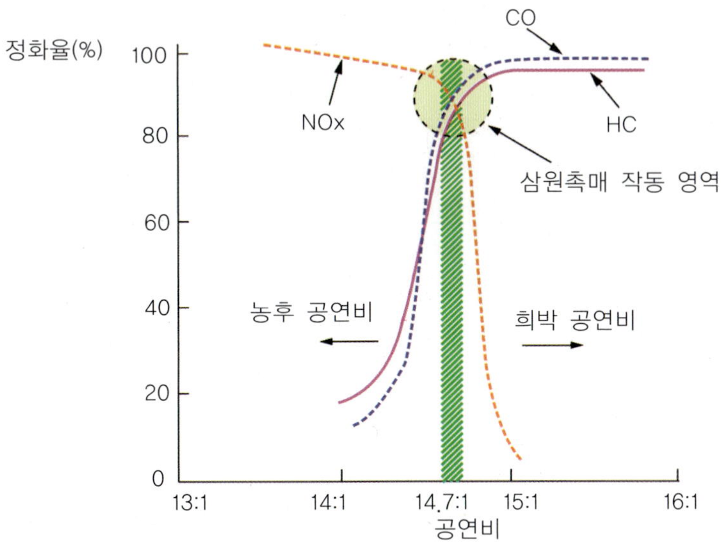

[그림 7-87] 공연비에 따른 3원 촉매의 정화효율

특히 이와 같은 변화가 이론 공연비를 중심으로 급격하게 나타나므로 산소센서는 공연비 제어에 매우 유리한 점을 지니고 있다. 일반적으로 엔진 제어장치에서 산소센서가 갖추어야할 조건은 다음과 같다.

① 이론 공연비에서 전압의 급격한 변화가 있을 것

② 배기가스 내 산소 변화에 따른 신속한 출력전압 변화가 있을 것

③ 농후 · 희박사이의 큰 차이가 있을 것

④ 배기가스의 온도 변화에 대하여 안정된 전압을 유지할 것

산소센서가 정상적으로 작동하기 위해서는 센서 팁부분의 온도가 일정 온도(통상 370℃) 이상으로 유지되어야 하는데, 이를 위하여 센서 내부에는 듀티 제어형식의 히터가 내장되어 있다. 이는 배기가스 온도가 일정 온도보다 낮을 경우, 센서가 정상적으로 작동하도록 센서 팁 부분의 온도를 일정 온도 이상으로 가열하는 역할을 한다.

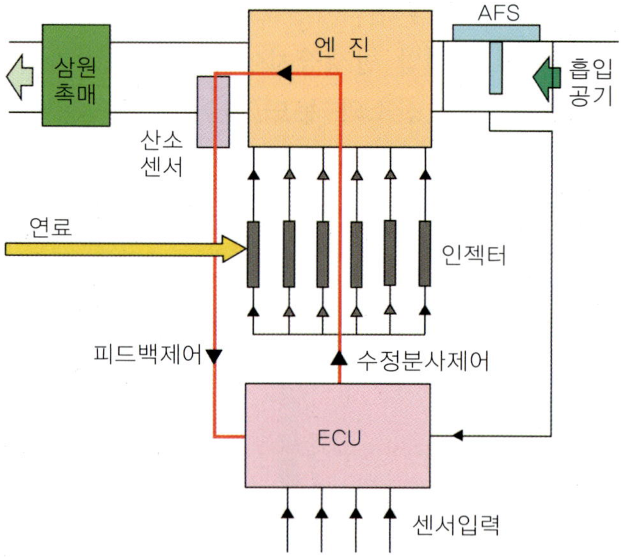

[그림 7-88] O_2센서에 의한 공연비 피드백제어

[표 7-9] **산소센서의 특성 비교**

항 목 \ 종 류	산화 지르코니아 산소센서	산화 티타니아 산소센서
원리	이온 전도성을 이용한다.	전자 전도성을 이용한다.
출력	기전력이 변화한다.	저항 값이 변화한다.
감지	산화 지르코니아 표면	산화 티타니아 내부
특징	배기가스와 표준 가스 분리	배기가스 중 소자 삽입
첨가물	안정화용 이트륨 첨가	-
공연비	조정이 쉽다.	조정이 어렵다.
내구성	작다.	크다.
응답성	불리하다.	유리하다.
가격	유리하다.	불리하다.

4.6.1 지르코니아(zirconia) 센서

세라믹 즉, 지르코니아(ZrO_2)와 이트륨(Yttrium, 원소기호-Y)으로 지르코니아(ZrO_2)는 티탄족인 지르코늄의 산화물로 산화지르코늄이라고도 부르며 분자량 123.22, 녹는점 약 2700℃의 내식성이 강한 금속으로 제작된 고체 전해질 소자의 양쪽 표면에 아주 얇은 초미세 백금피막을 도금하였다.

센서부 표면의 백금코팅(전극)을 보호하기 위하여 프로텍트 캡을 씌우고 배기가스가 백금코팅(전극)과 접촉될 수 있도록 원형이나 긴 홈형의 구멍을 판다. 외부표면은 산소농도가 낮은 배기가스에 노출되어 있으며, 백금피막을 통해 센서 하우징과 접촉하여 (−)극을 형성하고, 백금피막 위에 다공성 세라믹을 코팅하고 내부표면에는 산소농도가 높은 대기에 노출되어 있으며, 제2의 백금피막을 통해 외부로 나가는 (+)배선과 연결되어 있다.

산소센서의 U자형 튜브 내부에는 대기공기가 들어갈 수 있는 구조(일반 산소센서/EGO/LS)로 되어 있고 일반 산소센서의 활성화 시간을 단축시키기 위한 가열식 산소센서(HEGO/LSH)는 튜브 내에 히팅코일이 설치되며 센서부가 U자형이 아닌 평판(Planar)형 구조로 되어 있는 가열식 산소센서(LSF)도 있다.

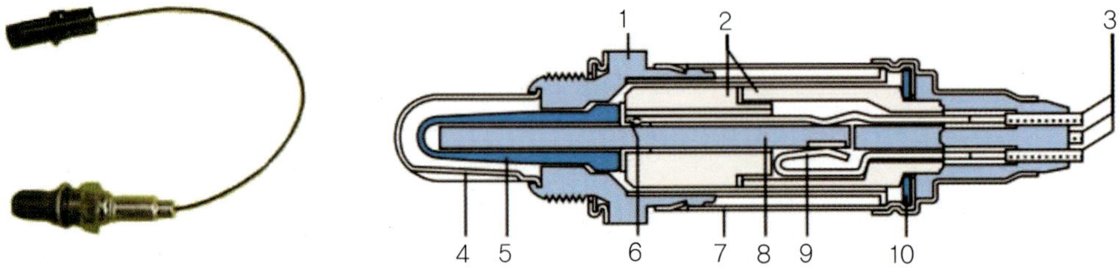

1. 센서하우징 2. 세라믹튜브 3. 배선 4. 내부 보호캡 5. 센서 엘리먼트 6. 전극연결 포인트
7. 외부 보호캡 8. 히터 엘리먼트 9. 히터연결 포인트 10. 스프링 와셔

[그림 7-89] **지르코니아 타입 O_2센서의 구조**

고체 전해질 소자는 고온(300℃ 이상)에서 양측 표면에서의 산소농도차가 크면 기전력을 발생시키는 성질이 있다. 대기 측의 산소농도와 배기가스 측의 산소농도 즉, 양쪽의 산소분압차가 크면, 산소이온은 산소분압이 높은 대기 측에서 산소분압이 낮은 배기가스 측으로 이동한다. 그 결과 두 전극사이에는 네른스트 식에 의한 기전력이 발생된다. 센서 양쪽 표면 간의 산소농도차가 크면 클수록 기전력은 증가한다.

지르코니아 산소센서는 공기와 연료의 비율이 이론공연비보다 농후하면 약 1V, 희박하면 약 0V를 출력하며 이론공연비 부근에서 출력전압이 급변한다. 백금의 촉매작용이 기전력의 발생에 영향을 미치는 이유는 다음과 같다. 농후한 혼합기($\lambda < 0.99$)가 연소되었을 경우, 배기가스가 센서 소자 외부표면의 백금에 접촉되면 백금의 촉매작용에 의해 배기가스 중의 저 농도의 O_2는 배기가스 중의 CO나 HC와 반응하여 거의 소진된다.

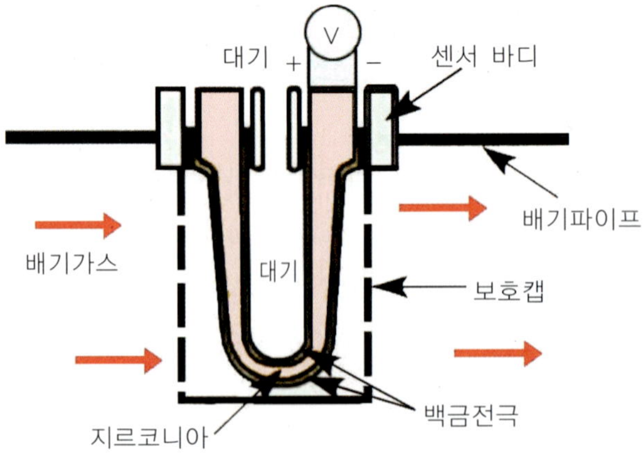

[그림 7-90] **일반 산소센서(EGOS/LS)의 구조**

결과적으로 센서소자 외부표면의 산소농도가 크게 낮아지면, 센서소자 양측 표면 간의 산소농도 차는 아주 커지면서 약 800mV~900mV 정도의 기전력을 발생시킨다. 이론 혼합비(λ =1.0)에서의 발생전압은 약 450~500mV 정도이다. 희박한 혼합기(λ >1.0)가 연소되었을 경우에는 배기가스 중에 O_2는 많고 CO는 그 양이 적기 때문에 CO와 O_2가 백금에 접촉, 반응하여 CO_2가 되어도 배기가스 중의 O_2 농도는 크게 낮아지지 않는다. 즉, 센서소자 양측의 O_2 농도차가 상대적으로 크지 않기 때문에 약 300mV~ 100mV 정도의 기전력이 발생한다.

지르코니아 산소센서는 저온에서는 산소이온(ion)의 이동이 적기 때문에 출력특성이 크게 변화한다. 산소센서의 출력특성이 안정되는 작동온도는 약 600℃ 정도로 온도가 300℃ 이하일 경우에 반응속도는 초(second) 단위이지만, 약 600℃ 정도의 정상작동 온도에서는 50ms 이내에 반응한다. 이런 이유 때문에 공기비센서 온도가 300℃ 이하일 경우에는 제어회로가 기능하지 않도록 한다. 그러나 온도가 지나치게 높으면 센서의 수명을 단축시키게 된다. 보통 산소센서의 수명은 주행거리 약 100,000km 정도가 된다.

산소센서의 내부에 가열코일(heating coil)은 엔진의 배기가스 온도가 낮을 때는 가열코일에 의해 20~30초 정도면 센서를 작동온도까지 가열시켜 곧바로 공기비제어를 시작할 수 있으며, 배기가스 온도가 높을 때는 배기가스에 의해 가열된다. 센서의 온도를 항상 일정 범위로 가열하여 공기비제어 정밀도를 높게 유지할 수 있고 산소센서가 설치된 엔진에서도 무연 연료를 사용해야 하며 산소센서 고장 시 촉매기가 손상될 수 있다.

4.6.2 티타니아(titania) 센서

센서 세라믹의 재질로는 티탄-디옥사이드(TiO_2) 또는 스트론튬 티탄산염(strontium titanate)이 주로 사용된다. 세라믹 절연체의 끝(tip)에 티타니아소자가 설치되어 있다. 센서 세라믹의 표면은 다공성 백금전극으로 코팅되어 있다. 외형은 지르코니아 센서와 비슷하지만, 작동원리는 지르코니아 센서와는 크게 다르다.

티탄-디옥사이드는 센서 세라믹의 온도 그리고 센서 세라믹의 산소 정공 농도의 변화에 따라 도전성(conductivity)이 변화한다.

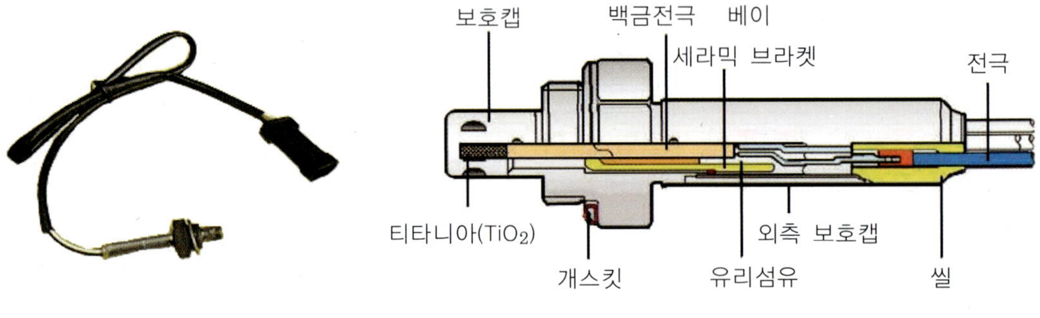

(a) (b)

[그림 7-91] 티타니아타입 O_2센서의 구조

산화 티타늄(TiO_2)이 주위의 산소분압에 대응해서 산화 또는 환원되어 전기저항이 변화하는 성질을 이용하고 있다. 이 센서는 공기비 λ =1을 기준으로 저항값이 급격히 변화하는 특성을 가지고 있다.

티타니아 산소센서는 이론공연비 부근에서 저항이 급변하는 성질을 이용한 것으로 농후한 공연비에서 0.3~0.8V, 희박한 공연비에서 4.3~4.7V를 출력한다. 최근에는 산소센서의 활성도를 높이기 위하여 내부에 히터를 장착하기도 한다. ECU에는 센서 소자와 직렬로 측정저항이 연결되어 있다. 배기가스의 산소농도에 따라 티탄 세라믹 소자의 저항 값이 변화하기 때문에, 측정저항에서의 전압은 0.4V(농후 혼합기)와 3.9~5V(희박 혼합기)사이에서 변화한다.

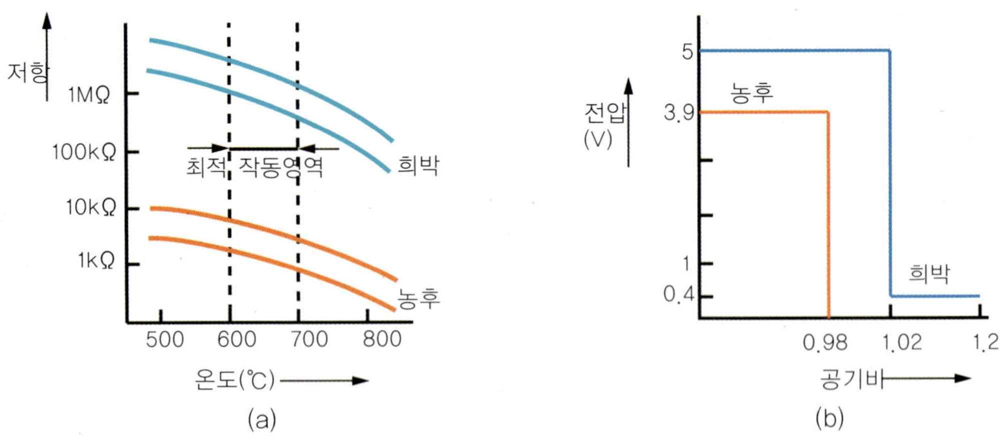

(a) (b)

[그림 7-92] 티타니아타입 O_2센서의 특성곡선

지르코니아-센서와는 달리 기준 공기를 필요로 하지 않는다. 제어 주파수는 센서의 정상작동 온도범위(600℃~700℃)에서 1㎐ 이상이다. 센서는 200℃부터 작동을 시작

하지만, 이때의 신호주파수는 혼합기의 정확한 수정을 위한 제어주파수로는 너무 낮다. 센서의 온도가 850 ℃ 이상일 경우, 센서는 파손될 수 있다.

4.6.3 산소센서 점검

[1] 점검시 주의사항

① 아날로그 멀티미터로 저항을 측정하지 말 것(테스터 자체에서 전압이 나오므로 산소센서 내부가 손상됨), 출력전압 측정 시 멀티미터를 사용하지 말 것

② 출력전압은 응답시간을 잴 수 있는 오실로스코로 파형을 분석할 것

③ 센서반응검사 시 200㎷에서 600㎷까지 상승시간을 점검(200ms 이내 일 것)

④ 센서방응검사 시 600㎷에서 200㎷까지 하강시간을 점검(300ms 이내 일 것)

⑤ 충격을 주지 말 것, 출력단자를 어스 시키지 말 것

[2] 산소센서 점검

(1) 지르코니아 방식 산소센서 출력전압 점검

3번 단자는 히터에 전원을 공급하는 단자이고, 4번은 히터의 접지단자이다. 1번 단자는 산소센서의 출력단자이고, 2번 단자는 산소센서의 접지단자이다.

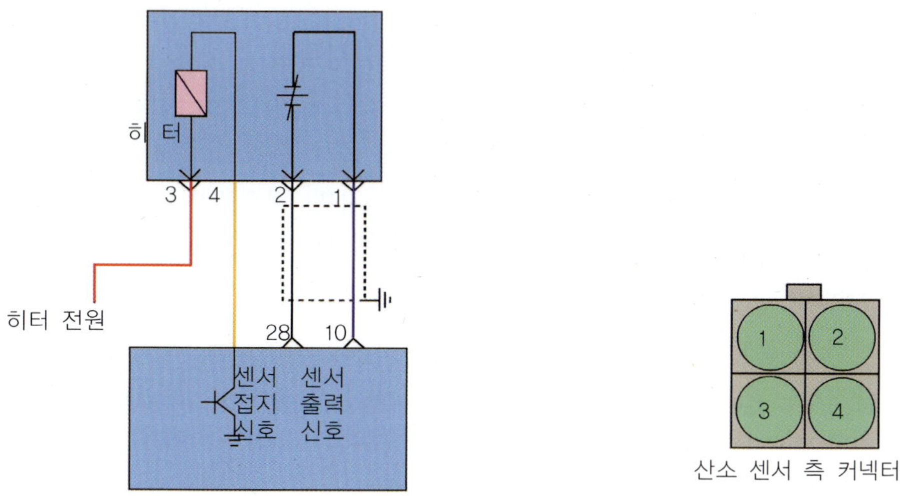

[그림 7-93] 지르코니아 산소센서의 회로 및 단자구성

산소센서의 점검은 먼저 기본적인 점검 즉, 커넥터 접속 상태, 배선의 단선 및 단락 유무를 점검하고, 파형시험기를 이용하여 출력신호의 파형을 분석한다. 정상적인 경우

는 약 200mV 이하에서 600mV 이상까지 주기적인 변화를 나타낸다. 산소센서의 점검이 정상인 경우에도 센서의 출력전압이 규정 값을 벗어나면 공연비 조정에 관련 있는 다음 항목들을 점검한다.

① 인젝터의 결함 유무
② 개스킷 틈새 등을 통한 공기누출
③ 공기유량센서
④ 흡기온도센서
⑤ 수온센서
⑥ 연료압력

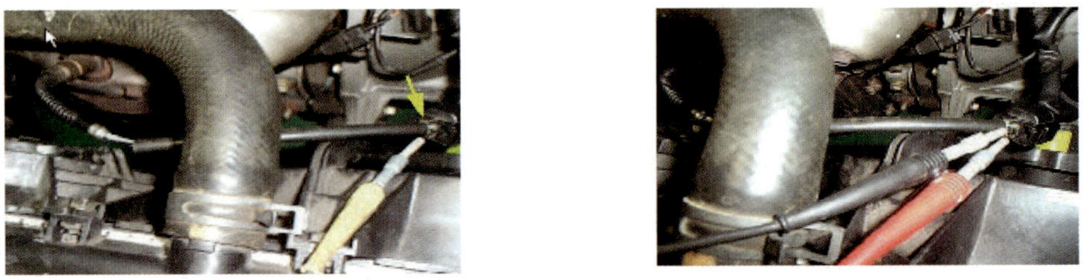

(a) (b)

[그림 7-94] **산소센서위치 및 전압측정 단자**

(2) 티타니아 방식 센서 및 히터저항, 히터 전원공급, 접지점검

지르코니아 센서와는 상이하게 배기가스중의 산소농도에 따라서 티타니아의 저항값이 변화되는 방식으로 농후할 때는 저항값이 작아져 출력전압이 0.4~0.5V가 되고, 연료가 희박하거나 불완전 연소되어 산소농도가 많아지면 저항값이 커져 출력전압이 약 4.5~5V 정도 된다. 자체적으로 기전력을 발생시키지 못하기 때문에 4.5V 이상의 작은 전원을 ECM에서 공급하여 센서가 반응하도록 하고 있다.

① 센서측 커넥터를 분리시킨다.
② 3-4번(히터저항) 단자 사이에 저항계를 설치하여 산소센서 히터의 고정저항을 점검한다(산소센서 히터 : 약 30Ω).
③ IG/ON 상태에서 하네스측 커넥터 3번(전원 공급단자 : 차종에 따라 다를 수 있음)단자에 전압계를 설치하여 전원공급을 확인한다(전원공급 점검 : 배터리 전압).
④ 하네스측 1번 단자와 배터리(-) 사이의 통전성 시험을 한다.

[표 7-10] **티타니아 방식 센서 점검조건 및 항목**

점검조건 및 항목	규정값	비고
히터 저항측정	30Ω	히터저항
히터 전원공급	BAT. 전압	전원공급
접지회로 점검	통전	접지점검

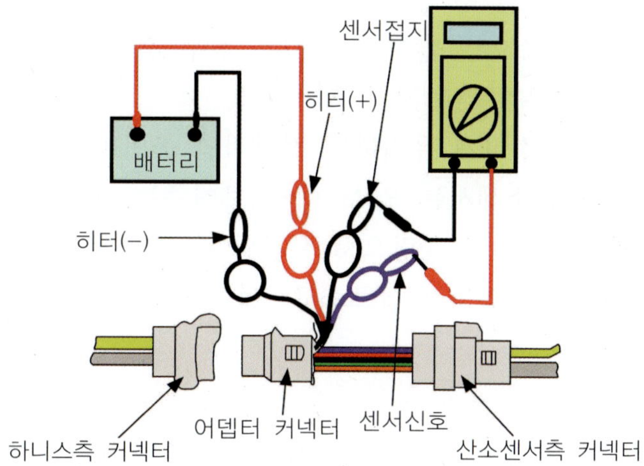

[그림 7-95] **티타니아 산소센서 점검**

(3) 자기진단 및 점검

MUT(Hi-DS 스캐너, Hi-Scan 등)를 차량의 자기진단 커넥터에 연결한다. 서비스 데이터 항목에서 엔진 조건에 따른 엔진회전수, 분사시간 등을 점검한다. 공회전시에 산소센서의 텍스트 값은 디지털적인 수치변화가 빠르기 때문에 산소센서의 반응값을 확인하기에 어려움이 있으므로 스캔툴의 그래프 기능을 이용하여 산소센서의 반응을 살펴보아야 한다. 티타니아 방식의 산소센서는 지르코니아 타입과 같으며 전압값만 0~5V사이를 움직인다.

[표 7-11] **자기진단 및 점검**

점검항목	서비스 데이터표시	점검조건	엔진상태	규정값
산소센서	산소센서 출력전압	·엔진냉각수온 : 80~95℃ ·각종램프 및 전장품 모두 OFF ·트랜스액슬 중립 ·스티어링 중립	4000rpm에서 급감속시	200㎷ 또는 이하
			급 가속시	600~1000㎷
			공회전	

① 공전 시에서는 산소센서의 전압값의 상·하 변화가 느리게 움직이나 약 2000rpm정도의 중속으로 가속시킨 상태에서 측정하면 정상적인 산소센서는 진폭이 크고 변화되는 주기가 짧지만 불량한 산소센서는 변화가 약하거나 반응을 하지 않을 것이다.

② 약 2000rpm에서 산소센서 값이 변화 되는 중에 움푹 움푹 파이는 잡음이 나타난다면 점화 쪽의 불량일 수 있다.

③ 산소센서 값이 높은 쪽으로 많이 치우치는 경우 혼합기의 농후 이며 낮은 쪽으로 많이 치우치는 경우는 혼합기의 희박이다.

④ 산소센서의 듀티가 일정하게 유지하면 정상적인 공연비로 연소한다.

⑤ 단, 스캔툴로 보는 산소센서는 ECM 에서 보여주는 데이터 이므로 보내주는 데이터가 느릴 경우 산소센서 불량으로 오판할 수 있으니 가급적 스캔툴에서는 경향만 확인한 후 정밀 측정은 오실로스코프를 이용한다.

(4) 산소센서 파형 점검

산소센서의 반응을 보려면 엔진을 중속(2000~3000)RPM으로 가속시켜 산소센서의 상승시 반응시간과 하강시의 반응시간을 봄으로써 센서의 반응정도를 확인할 수 있다.

1) 지르코니아 타입

① 오실로스코프 CH1(+적색 프로브) : 산소센서 신호 선에 연결, CH1(−흑색 프로브) : 배터리(-)에 연결한다.

② 시동을 걸고 엔진을 충분히 워밍업 시킨다.

③ 모든 전기부하를 OFF 시킨다.

④ 엔진 회전수를 2000rpm을 유지하며 검사를 시작한다. 2000rpm정도로 엔진 속도를 유지하며 측정 하였을 경우 상하로 움직이는 듀티의 폭이 일정하여야 한다.

⑤ 출력 전압파형의 평균 듀티 : 50% 정도, 평균전압 : 0.5V 정도 되어야 정상이다.

㉮ ①지점 : 0.2V 이하 − 산소센서 LOW전압

㉯ ②구간 반응시간 : 200ms 이내(200mV~600mV로 상승구간)

㉰ ③구간 반응시간 : 300ms 이내(600mV~200mV로 하강구간)

[그림 7-96] **지르코니아 산소센서 출력파형 측정**

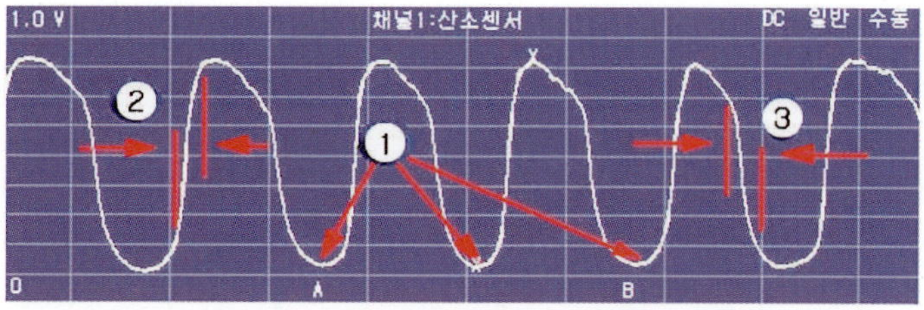

[그림 7-97] **지르코니아 산소센서 출력전압 파형(2000rpm)**

⑥ 평균전압이 0.5V 이상일 때 : 혼합기 농후

⑦ 산소센서의 반응이 0.5V 위쪽에서 상승 또는 하강을 하는 파형이 표출 된다면, 산소센서 접지를 점검한다.

⑧ 평균전압이 낮을 때는 혼합기희박, 배선의 습기나 누전으로 산소센서 커넥터를 탈거하고 산소센서 측에 프로브를 연결, 엔진을 가·감속하여 출력이 안 나올 경우는 산소센서 불량 확인. 산소센서 커넥터를 끼웠을 때 안 나오는 경우는 배선의 누전

⑨ 산소센서 Low 전압이 0.2V 이상일 때 : 센서접지 전압을 확인(0.1V 이하가 되어야 한다. : 선간전압)

⑩ 상승시 반응시간이 200ms 이상일 때 : 센서 단품불량 확인

⑪ 하강시 반응시간이 300ms 이상일 때 : 센서 단품불량 확인

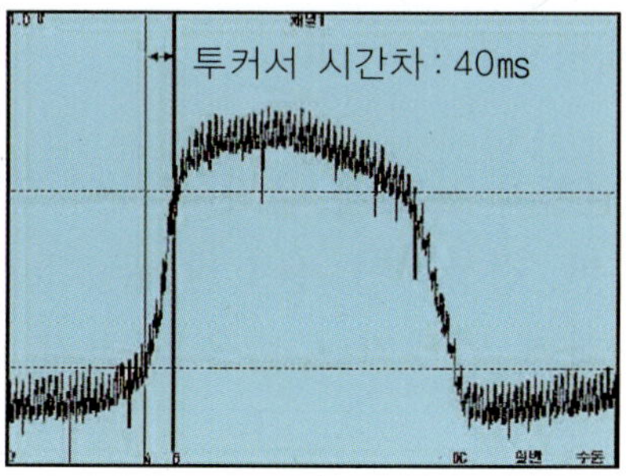

[그림 7-98] **산소센서 상승시 반응시간(200ms 이내)**

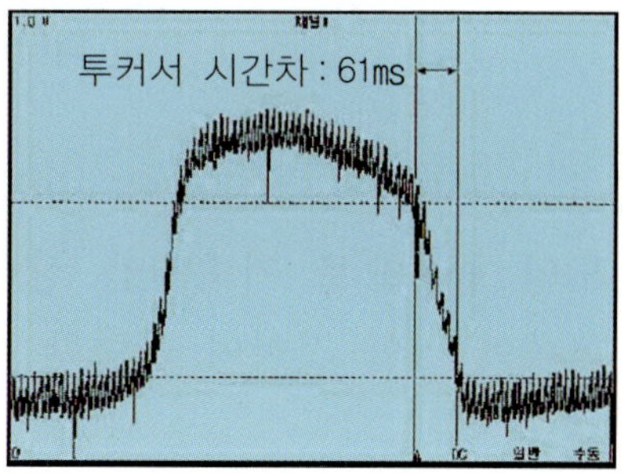

[그림 7-99] **산소센서 하강시 반응시간(300ms 이내)**

⑫ 공전시에서는 산소센서의 전압값의 상/하 변화가 느리게 움직이나 약 2000rpm, 정도의 중속으로 가속시킨 상태에서 측정하면 정상적인 산소센서는 눈에 띄게

변화폭이 심할 것이며 불량한 산소센서는 변화가 약하거나 반응을 하지 않을 것이다.

⑬ 약 2000rpm에서 산소센서 값이 변화 되는 중에 움푹 움푹 파이는 잡음이 나타난다면, 점화 쪽의 불량일 수 있다.

2) 티타니아 방식

산화 티타니아 방식의 산소센서는 산화 지르코니아 센서와는 틀리게 배기가스중의 산소농도에 따라서 티타니아의 저항값이 변화되는 방식으로 농후할 때는 저항값이 작아져 출력전압이 0.4~0.5V가 되고 연료가 희박하거나 불완전연소 되어 산소농도가 많아지면 저항값이 커져 출력전압이 4.5~5V가까이 된다. 산화 티타니아 센서는 자체적으로 기전력을 발생시키지 못하기 때문에 4.5V이상의 작은 전원을 ECM에서 공급하여 센서가 반응하도록 하고 있다.

① 채널 프로브(+) : 산소센서 신호선 연결, 채널 프로브(-) : 배터리 (-) 연결

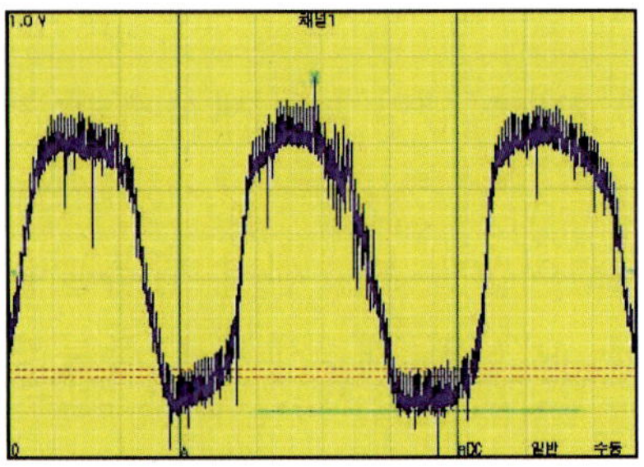

[그림 7-100] 티타니아 산소센서 출력파형(2000rpm)

② 공전 시에서는 산소센서의 전압값의 상·하 변화가 느리게 움직이나 약 2000rpm 정도의 중속으로 가속시킨 상태에서 측정하면 정상적인 산소센서는 눈에 띄게 변화폭이 심할 것이며 불량한 산소센서는 변화가 약하거나 반응을 하지 않을 것이다.

③ 약 2000rpm 에서 산소센서 값이 변화 되는 중에 움푹 움푹 파이는 잡음이 나타난다면, 점화 쪽의 불량일 수 있다.

④ 산소센서 값이 높은 쪽으로 많이 치우치는 경우 혼합기의 농후 이며 낮은 쪽으로 많이 치우치는 경우는 혼합기의 희박이다.

⑤ 단, 스캔툴로 보는 산소센서는 ECM에서 보여주는 데이터 이므로 보내주는 데이터가 느릴 경우 산소센서 불량으로 오판할 수 있으니 가급적 스캔툴에서는 경향

만 확인한 후 정밀 측정은 오실로스코프를 이용한다.

⑥ 산소센서의 반응이 0.5V 위쪽에서 상승 또는 하강을 하는 파형이 표출 된다면, 산소센서 접지를 점검한다.

⑦ 2000rpm시 1.1㎐의 반응시간을 갖으며 0~5V 사이로 출력 전압값의 변동이 있어야 한다.

㉮ 공연비 농후시(센서저항 감소) : 출력전압 - 0.3~0.8V

㉯ 공연비 희박시(센서저항 증가) : 출력전압 - 4.3~4.7V

⑧ 현저하게 2.5V이하로 유지될 경우 : 혼합비 농후시, 배선의 습기나 누전시, 산소센서 불량시

⑨ 현저하게 2.5V이상 유지될 경우 : 혼합비 희박시, 산소센서 불량시

⑩ 추가 점검

㉮ 커넥터 탈거 후 ECM측 커넥터 단자전압 측정

㉯ EF 소나타 2.5의 경우 정상값 : 4.67V정도 (ECM 레퍼런스전압)

㉰ 기준값 보다 0.2V이상 높으면 : ECM 확인

㉱ 기준값 보다 0.2V이상 낮으면 : 출력선의 누전, 단품불량 확인, ECM 확인

(5) 고장일 때 나타나는 현상

① 산소센서의 불량은 공연비 제어에 큰 영향을 주지만 실제로 차량 상태를 보면 고장인 상태와 정상적인 상태를 거의 구분하기 어렵다. 산소센서의 불량은 유해한 배기가스를 다량 발생시킬 수 있다. 그리고 촉매컨버터에 손상을 줄 수 있기 때문에 확실한 점검이 요구되며 어느 시스템이든지 산소센서가 고장 나면 공연비 피드백제어를 중단한다.

② 공연비 제어가 불량해진다.

③ 급가속할 때 성능 저하 및 주행할 때 가속력이 떨어지거나 갑자기 엔진의 가동이 정지된다.

④ 연료 소모가 많거나 촉매가 손상될 수 있다.

⑤ 일산화탄소, 탄화수소 배출량이 증가한다.

4.7 크랭크각 센서(CKP : crank shaft position sensor)

엔진의 점화시기를 제어하기 위해서는 피스톤의 위치를 알아야 하는데 크랭크각과 피스톤의 변위는 서로 상관관계가 있으므로 크랭크각도를 검출하면 피스톤의 위치를 알

수 있다. 그리고 점화시기는 적어도 크랭크 각 1° 단위의 정도를 요구한다. 예를 들어 엔진 회전속도가 3000rpm인 경우 크랭크각 1° 는 시간적으로 56μs라는 극히 짧은 시간이 되므로 타이밍을 정확히 제어하기 위해서는 크랭크각을 정확히 검출해야만 한다.

4.8 캠축 포지션센서(CMP : cam shaft position sensor & No 1 TDC sensor)

1번 실린더의 압축행정 상사점을 감지하는 것으로 각 실린더를 판별하여 연료분사 및 점화순서를 결정하는데 사용한다. 제조회사에 따라서 1번 실린더 상사점 센서 또는 페이스 센서(phase sensor) 등으로 부르며 1번 상사점을 검출하기 위해 별도로 캠축에 장착하기도 한다.

크랭크각과 캠각의 검출방법에는 발광다이오드(LED) 및 포토다이오드 등으로 구성된 광전식(optical type), 마그네틱 픽업과 톤 휠(tone wheel) 등을 이용한 전자식, 자기저항형, 홀 센서식, 자기 FET 소자식, 리드 스위치 등 여러 가지 방식이 있다.

4.8.1 광학식 크랭크각 센서(optical type CAS)

광학식 크랭크각 센서는 엔진 회전속도를 광센서를 이용하여 검출하는 것으로 각각 2개씩의 발광다이오드(LED, light emitting diode)와 포토다이오드(photo diode) 어셈블리와 No.1 TDC 및 회전수 검출용 Slit Plate를 배전기 축 내에 설치하여 발광다이오드에서 나온 빛이 디스크가 회전할 때 슬릿을 통과하면 포토다이오드가 빛을 받아 일반다이오드와는 반대방향으로 통전되어 ECU에 5V가 입력되고 빛이 차단되면 0V가 입력된다. 4개의 슬릿에서 얻어지는 신호는 엔진 회전수를 연산하는 기준신호로써 크랭크축의 압축상사점이 정 위치에 있는지 검출하는 센서이다.

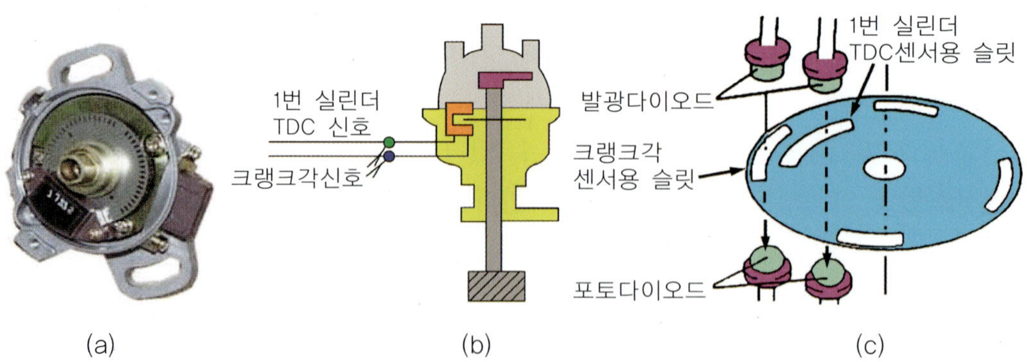

[그림 7-101] 광전식 CAS의 구조

4.8.2 홀센서(hall sensor)

홀센서는 일종의 반도체 발전기로서 홀효과(hall effect)를 이용한 것으로 도체에 전류가 흐르는 상태에서 전류의 방향과 수직으로 자기장이 형성될 때, 전류가 흐르는 도체 내에서 전류와 수직방향으로 전위차가 발생(전기장 형성)하는 현상을 말한다. 전류가 같은 방향이라도 전하를 운반하는 입자의 전하 부호에 따라 발생하는 전기장의 방향이 달라진다. 그리고 입자의 농도에 따라서도 전기장의 세기가 달라진다.

(a) 홀 센서

(b) 홀 센서 설치상태

[그림 7-102] **홀센서와 설치상태**

자기장 내에서 전하가 움직이면 로렌츠의 법칙을 따르는 힘(lorentz force)이 전하에 작용하여 전하가 이동방향에 수직으로 힘을 받는다. 이 원리에 의해 전류가 흐르는 도체에 자기장이 가해지면 도체 내부를 흐르는 전하가 진행방향에 수직으로 힘을 받아 도체의 한 쪽으로 치우쳐 흐르게 된다. 이렇게 전하가 한 쪽으로 치우침으로 인해 전하가 몰려있는 곳과 그렇지 않은 곳 사이에 전위차가 발생하는 현상을 홀 효과라고 한다.

도체, 전류, 자기장이 있을 때, 전자는 도체의 아래쪽으로 힘을 받아 위쪽-아래쪽에 전압이 형성된다. 이 때 발생하는 전압(전위차)을 홀 전압이라 한다. 홀센서는 센서 내부의 회로 판에 도체가 접근하면 신호가 발생하는 반도체인 홀소자와 증폭기가 기본적으로 설치되고 홀 전류를 흘리면 발생된 전압은 ECU에 입력되고 컴퓨터는 아날로그/디지털 변환기(A/D컨버터)를 거쳐 디지털 펄스가 발생된다. 이 펄스를 트랜지스터의 베이스에 걸면 트랜지스터가 ON, OFF되면서 스위칭을 한다. 이때 오픈 컬렉터전압을 출력전압으로 하여 ECU으로 입력된다.

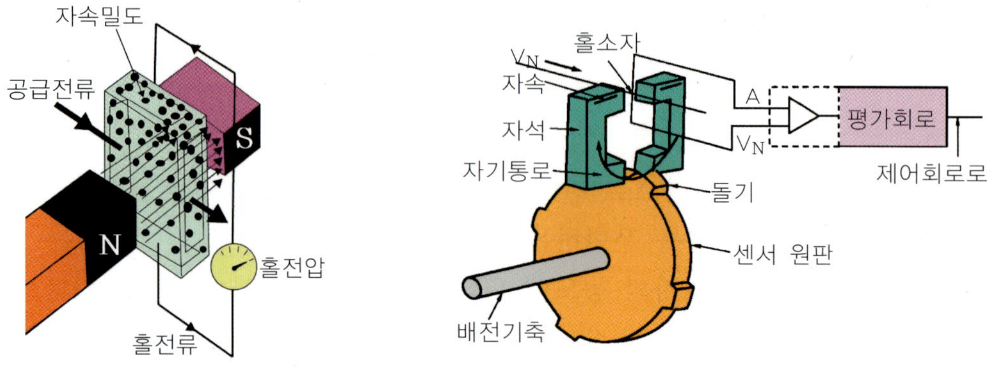

(a) 홀 효과 (b) 홀센서 구성

[그림 7-103] 홀효과

홀 소자는 반도체로 전원이 공급되어야 작동하기 때문에 자동차 엔진에서 사용되는 홀 센서와 엔진컨트롤 모듈과의 회로는 기본적으로 홀 소자에 전원을 공급하는 (+)선과 (-)선, 그리고 시그널이 출력되는 선등 3선을 필요로 한다.

자동차에서의 홀 센서 회로센서의 입력전압은 주전원(배터리쪽)에서 직접 공급되는 회로에서는 12V이지만 전자제어 엔진 컨트롤 모듈(ECU)에서 공급되는 경우에는 센서 기준전압인 5V를 사용하고 있으며 센서의 출력전압은 입력전압이 5V일 때는 5V이고 입력전압이 12V일 때는 12V가 출력되기도 하지만 5V가 출력되는 회로도 있다.

[그림 7-104] 홀센서 회로도

4.8.3 마그네틱방식 크랭크각 센서(magnetic type CAS)

마그네틱방식 회전센서는 영구자석, 코일, 코어 등으로 구성되어 있으며, 이 방식은 target wheel의 톱니(tooth : long tooth와 short tooth로 구성)가 마그네틱센서로 된 CAS를 지나칠 때 센서에서 발생되는 전자력을 차단하면서 전압이 발생된다.

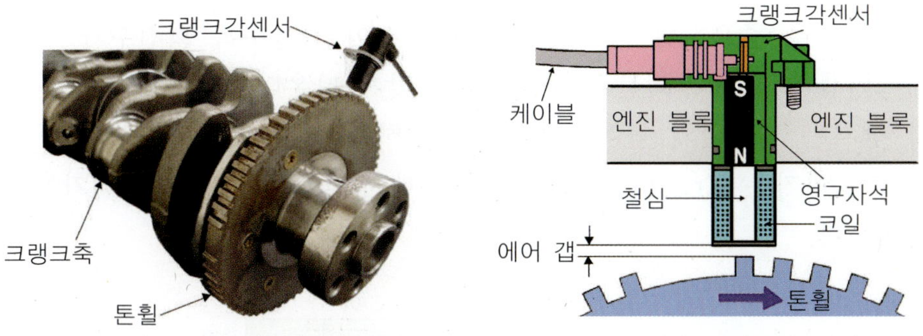

(a) 톤휠, 크랭크각 센서 (b) 크랭크각 센서 구조

[그림 7-105] 마그네틱방식 크랭크각 센서의 구조

마그네틱방식 크랭크각 센서는 크랭크축에 설치된 톤휠(또는 타킷 휠이라고도 함)에 여러 개의 돌기(장치마다 다르며 일반적으로 6° 간격으로 58개의 돌기를 설치하고, 2개는 제거하여 참조 점으로 사용하는 경우도 있다)를 설치하고 돌기 가까이 센서를 설치한다. 따라서 엔진이 가동됨에 따라 크랭크축에 함께 설치된 톤휠이 회전하고 이에 따라 센서 내의 자속이 변화하며 전압신호를 발생한다. 이때 돌기와 센서사이의 간극(에어갭)이 매우 중요하다.

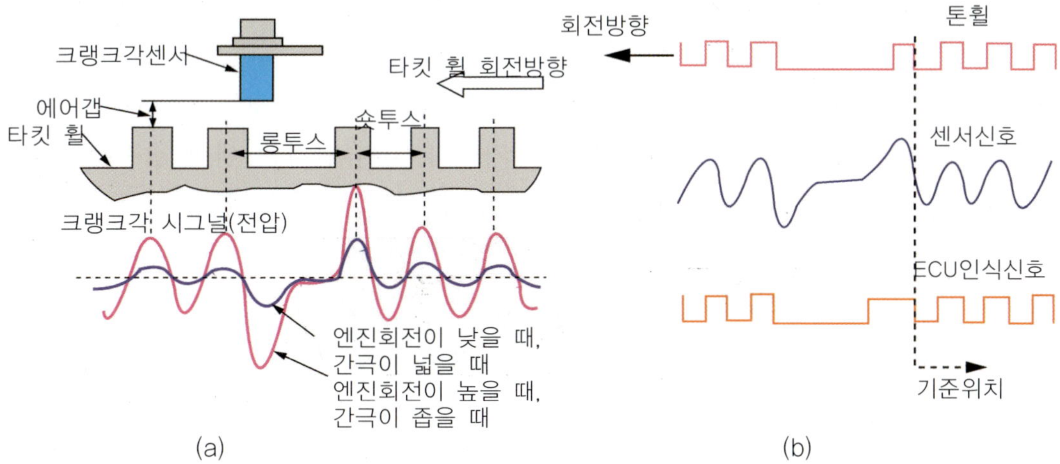

(a) (b)

[그림 7-106] 마그네틱방식 크랭크각 센서의 출력특성

즉, 규정간극보다 작을 경우에는 정상적인 출력신호보다는 높은 전압이 발생하여 고속운전에서 불안정한 상태를 발생시킬 수 있으며, 반대로 규정보다 간극이 클 때에는 정상적인 출력신호보다 낮은 출력전압을 발생하여 크랭킹할 때 문제가 발생할 수 있다. 따라서 크랭크 각 센서를 설치할 때에는 규정토크와 규정 간극을 정확히 하여

설치하는 것이 매우 중요하다. 발생전압은 에어갭이 작을수록 회전수가 높을수록 높게 나오며 에어갭이 클수록 회전수가 낮을수록 낮게 나온다.

크랭크각 센서는 시그널의 높이(peak)로 판정하는 것이 아니고 시그널이 낮은데서 높은 곳으로 올라가는가(rising edge)와 높은데서 낮은 곳으로 내려가는가(falling edge)를 판정한다.

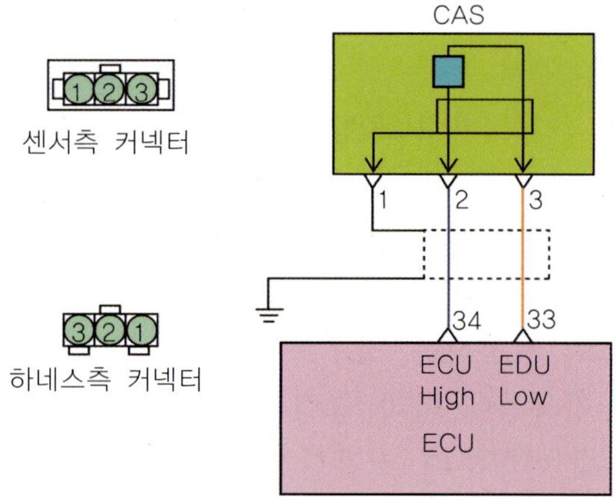

[그림 7-107] **마그네틱방식 크랭크각센서의 회로 및 단자구성 예**

4.8.4 홀센서식 크랭크각센서

그림 108은 캠축 포지션센서의 회로와 단자의 구성을 나타낸 것이다. 1번 단자는 센서전원 입력단자이고, 2번 단자는 출력신호 단자이다. 3번 단자는 센서 접지단자이다.

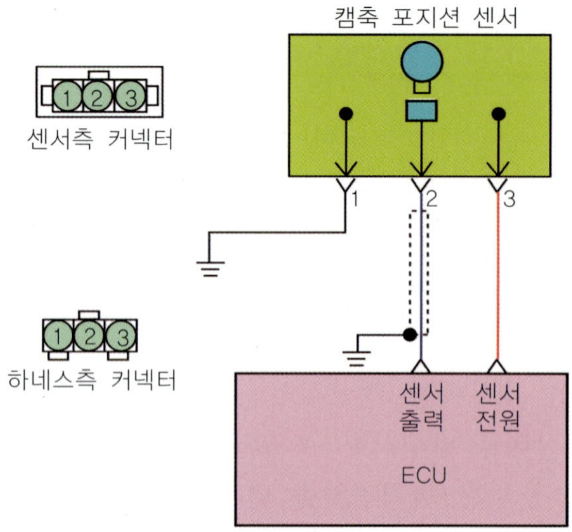

[그림 7-108] **캠축 포지션센서의 회로 및 단자 구성의 예**

[1] 점검방법

예상하지 못한 충격이 주행할 때 느껴지거나 공전할 때 엔진의 가동이 갑자기 정지하는 경우에는 크랭크 각 센서의 하네스를 흔들었을 때 엔진의 가동이 정지한다면 센서 커넥터의 접촉 불량을 점검한다. 전자 유도방식 크랭크각센서의 경우에는 엔진이 크랭킹상태에서 타코미터의 지침이 0rpm이라면 크랭크각센서의 자체 또는 점화장치 쪽의 결함을 점검한다. 엔진의 크랭킹상태에서 회전속도계의 지침이 0rpm이고 시동이 되지 않으면 점화코일 또는 컴퓨터 내의 파워 트랜지스터의 고장을 점검한다.

광학방식 크랭크각센서의 경우에는 점화스위치 ON상태(시동은 걸지 않은 상태)에서 크랭크각센서의 펄스신호가 출력되면 크랭크 각 센서 또는 컴퓨터의 결함을 점검한다. 엔진의 시동이 걸리지 않을 때 크랭킹할 때 센서의 출력신호가 0rpm이라면 크랭크각센서의 결함이나 타이밍벨트의 끊어짐을 점검한다. 또한 크랭크각센서의 회전속도가 규정값을 벗어나고, 공전이 가능하다면 수온 센서의 고장, ISC(idle speed control) 서보(servo)의 고장 등을 점검한다. 디지털회로 시험기를 사용하여 센서의 단선 및 단락유무를 점검하고, 커넥터의 접촉 상태를 점검한다. 크랭크각센서는 주기적인 신호를 나타내므로 파형시험기를 이용하여 출력파형을 점검하는 것이 필요하다.

그림 109(a)는 엔진 회전속도 2000rpm에서 전자유도방식 크랭크각센서의 출력파형을 측정한 것이고, 그림 109(b)는 공전할 때(780rpm) 출력파형을 측정한 것이다.

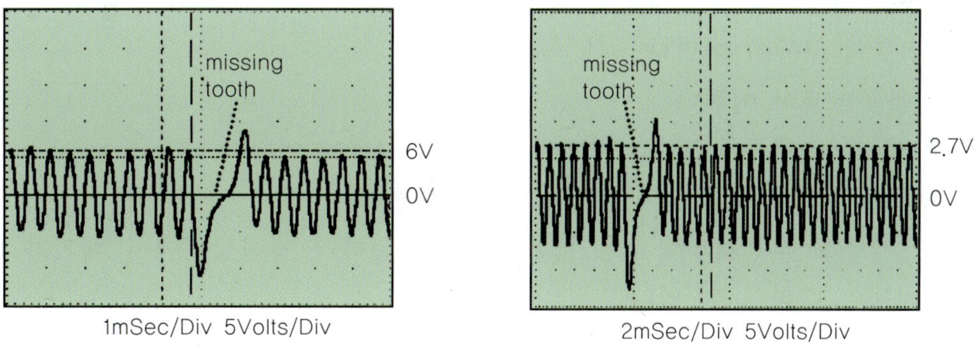

(a) 2000rpm (b) 공회전시

[그림 7-109] 전자 유도방식 크랭크각센서의 출력파형

그림에서 출력전압은 엔진 회전속도에 따라 변화하고 있음을 알 수 있다. 즉, 2000 rpm일 경우에는 약 6V 정도이고, 공전할 때에는 약 2.7V 정도이다. 홀센서식의 경우 캠축 포지션센서가 불량하면 정확한 순차분사가 되지 못한다. 멜코방식에서는 캠축

포지션센서가 고장일 경우에는 엔진의 시동이 거의 불가능하고, 보쉬나 지멘스 방식의 경우에는 시동은 가능하다. 그러나 정확한 순차분사가 이루어지지 않으므로 냉간상태에서 배기가스나 연료 소비율에 영향을 줄 수 있다.

캠축 포지션센서의 점검은 디지털 전압계를 이용하여 3번 단자에 전원이 공급되는지를 점검한다. 또한 커넥터의 접촉상태, 단선 및 단락 유무를 점검한다. 그림 90은 홀센서 방식의 캠축 포지션센서를 공전상태에서 측정한 파형이다.

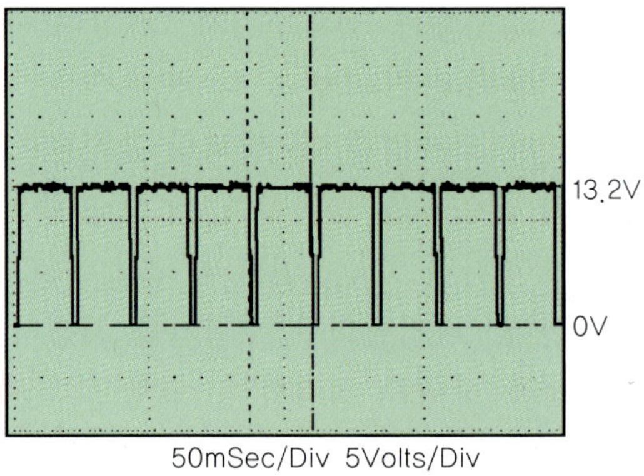

[그림 7-110] **캠축 포지션센서 출력파형**

[2] 고장일 때 나타나는 현상

① 크랭킹을 가능하나 엔진시동이 어렵다.
② 연료펌프의 구동이 어렵다.
④ 점화 불꽃발생이 어렵다.
⑤ 주행 시 가끔 엔진이 정지되고, 재 시동 시 시동이 어렵다.
⑥ 멜코방식 홀센서식의 경우 엔진 시동이 불가능하다.
⑦ 보쉬, 지멘스 홀센서식에서는 엔진시동은 가능하나 냉간상태에서 배기가스와 연료소비율이 나빠질 수 있다.
⑧ CAS 고장 시에는 공연비 및 공회전 학습제어를 중지한다.
⑨ CAS 고장 시에는 Cam angle sensor 신호를 분석하여 피스톤위치와 rpm을 계산하여 연료 및 점화제어를 하며 노킹제어를 정지시킨다.
⑩ 엔진 최고회전수를 설정값(예 : 3000rpm)으로 제한시킨다.

CHAPTER 07 실습보고서

01 공회전 상태를 확인하고 인젝터 파형을 분석하여 기록표에 기록하시오.

측정항목	① 점검(또는 측정)	② 판정 및 정비(또는 조치)사항		득점
		판 정 (□에 "✔" 표)	정비 및 조치할 사항	
분사시간		□ 양호 □ 불량		
서지전압				

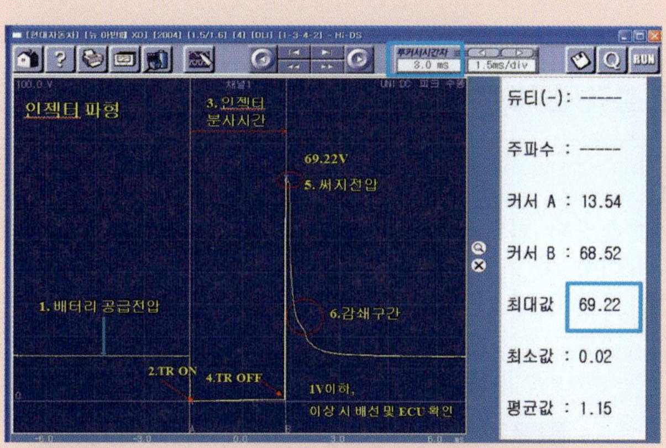

[인젝터 파형]

02 주어진 기관에서 인젝터 저항을 측정하시오.

측정항목	① 점검(또는 측정)		② 판정 및 정비(또는 조치)사항		득점
	측정값	규정(정비한계)값	판정 (□에 "✔" 표)	정비 및 조치할 사항	
인젝터 저항			□ 양호 □ 불량		

◘ 기록표 작성방법

① 측정값 : 측정한 값을 단위와 함께 기록한다(예 : 16.2Ω).
② 규정(정비한계)값 : 측정용 기관의 제원에 맞는 규정 값을 단위와 함께 기록한다(예 : 15~17Ω).
③ 판정 : 측정한 값이 정비 한계 값 이내인 경우에는 "양호", 벗어난 경우에는 "불량"으로 기록한다.
④ 정비 및 조치할 사항 : 양호로 판정한 경우에는 "정비 및 조치사항 없음", 불량으로 판정한 경우에는 정비 및 조치할 사항을 기록한다(예 : 인젝터 교환 후 재점검).

03 점화 1차 파형을 출력 분석하여 기록표에 기록하시오(공전상태).

측정항목	파형상태	득점
파형측정	① 출력된 파형에 불량요소가 있는 경우에는 반드시 표기 및 설명되어야 함. ② 파형의 주요 특징에 대하여 표기 및 설명되어야 함.	

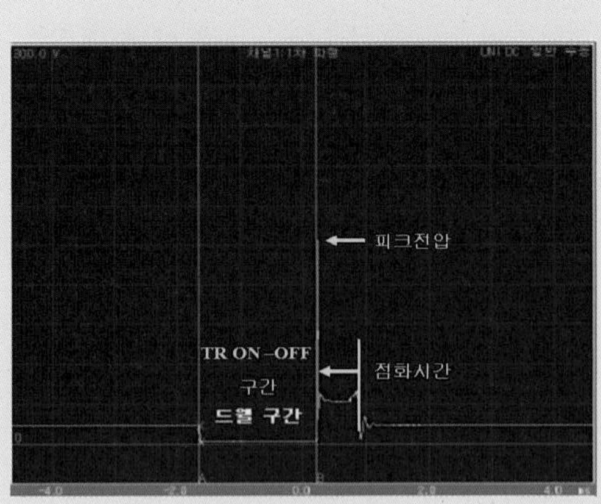

[점화 1차 파형]

◘ 점화 1차 파형의 주요 특징을 설명하시오.

04 MAP센서 파형을 출력 분석하여 기록표에 기록하시오(급가속상태).

측정항목	파형상태	득점
파형측정	① 출력된 파형에 불량요소가 있는 경우에는 반드시 표기 및 설명되어야 함. ② 파형의 주요 특징에 대하여 표기 및 설명되어야 함.	

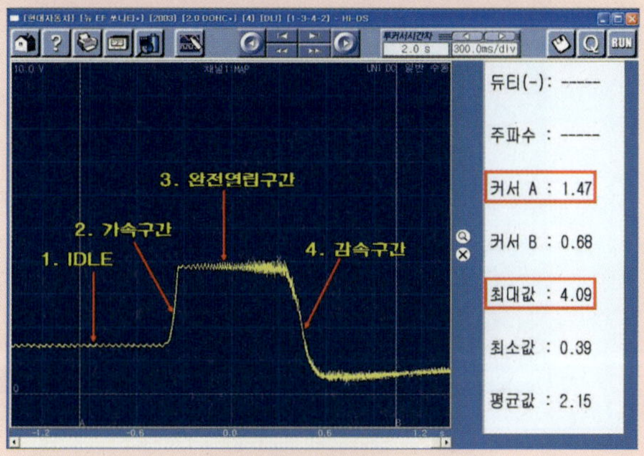

[MAP센서 파형]

◎ MAP센서 파형의 주요 특징을 설명하시오.

05 공기유량센서 파형을 출력 분석하여 기록표에 기록하시오(급가속상태).

측정항목	파형상태	득점
파형측정	① 출력된 파형에 불량요소가 있는 경우에는 반드시 표기 및 설명되어야 함. ② 파형의 주요 특징에 대하여 표기 및 설명되어야 함.	

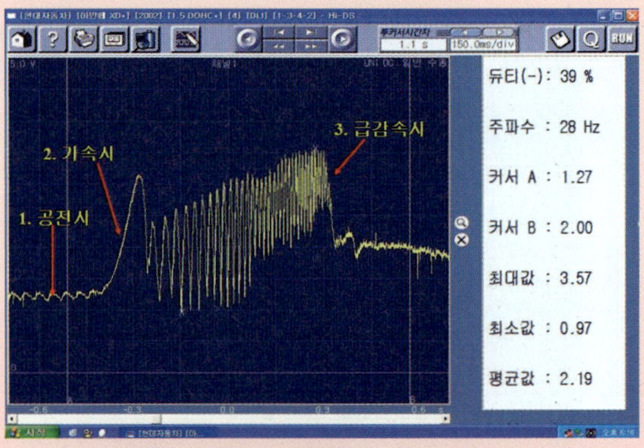

[AFS 파형]

◆ AFS 파형의 주요 특징을 설명하시오.

06 TPS 파형을 출력 분석하여 기록표에 기록하시오(급가속상태).

측정항목	파형상태	득점
파형측정	① 출력된 파형에 불량요소가 있는 경우에는 반드시 표기 및 설명되어야 함. ② 파형의 주요 특징에 대하여 표기 및 설명되어야 함.	

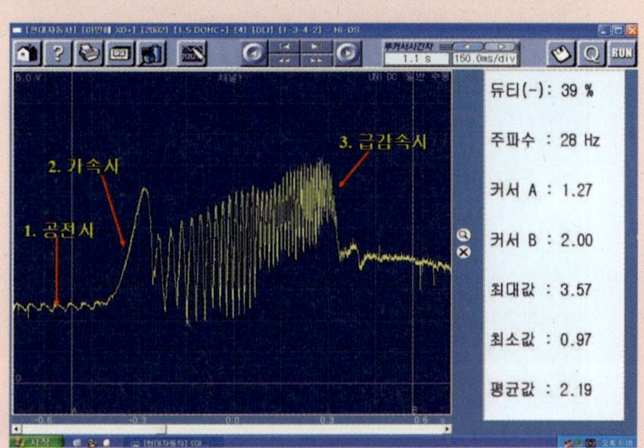

[TPS 파형]

◎ TPS 파형의 주요 특징을 설명하시오.

07 산소센서 파형을 출력 분석하여 기록표에 기록하시오(공전상태).

측정항목	파형상태	득점
파형측정	① 출력된 파형에 불량요소가 있는 경우에는 반드시 표기 및 설명되어야 함. ② 파형의 주요 특징에 대하여 표기 및 설명되어야 함.	

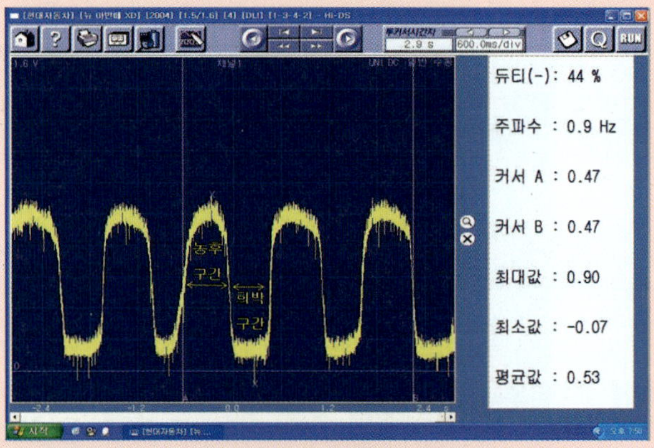

[산소센서 파형]

◘ 산소센서 파형의 주요 특징을 설명하시오.

08 ISA 파형을 출력 분석하여 기록표에 기록하시오(공전상태).

측정항목	파형상태	득점
파형측정	① 출력된 파형에 불량요소가 있는 경우에는 반드시 표기 및 설명되어야 함. ② 파형의 주요 특징에 대하여 표기 및 설명되어야 함.	

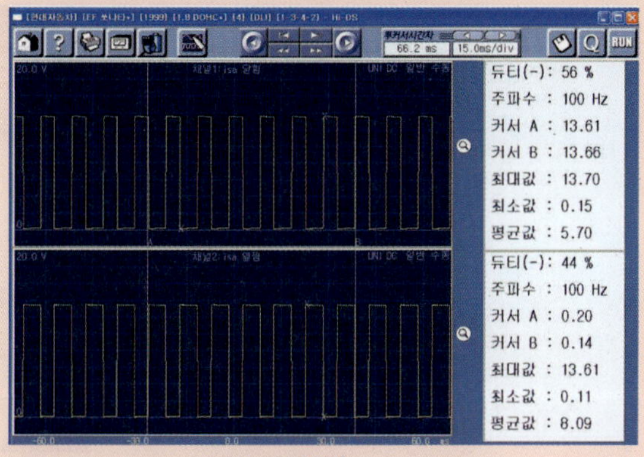

[ISA 파형]

◘ ISA 파형의 주요 특징을 설명하시오.

09 1번 TDC센서 파형을 출력 분석하여 기록표에 기록하시오(공전상태).

측정항목	파형상태	득점
파형측정	① 출력된 파형에 불량요소가 있는 경우에는 반드시 표기 및 설명되어야 함. ② 파형의 주요 특징에 대하여 표기 및 설명되어야 함.	

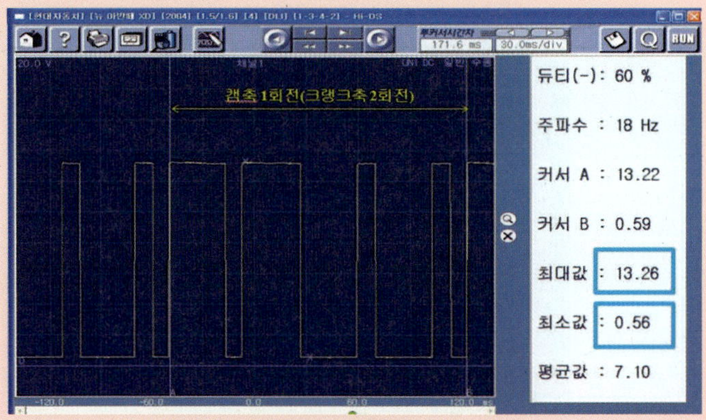

[1번 TDC센서 파형]

◘ 1번 TDC센서 파형의 주요 특징을 설명하시오.

10 CKP센서 파형을 출력 분석하여 기록표에 기록하시오(공전상태).

측정항목	파형상태	득점
파형측정	① 출력된 파형에 불량요소가 있는 경우에는 반드시 표기 및 설명되어야 함. ② 파형의 주요 특징에 대하여 표기 및 설명되어야 함.	

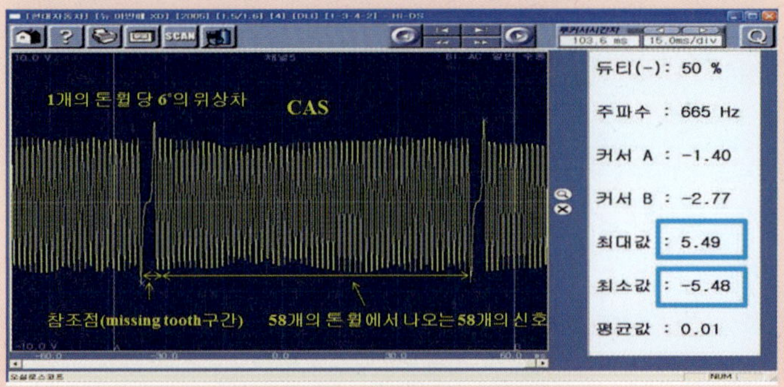

[CKP센서 파형]

◎ CKP센서 파형의 주요 특징을 설명하시오.

11 진단기(스캐너)를 사용하여 엔진의 각종 센서(액추에이터)를 점검 후 고장부분을 기록하시오.

항 목	① 측정(또는 점검)			② 고장 및 정비(또는 조치)사항		득 점
	고장부위	측정값	규정값	고장 내용	정비 및 조치사항	
센서 점검 (액추에이터)						

Chapter 08

디젤 기관 연료장치

1. 기계식 디젤기관
2. 과급장치(super charger)
3. 커먼레일 연료분사장치(전자제어방식)
4. 디젤기관 연료장치 점검

08 디젤 기관 연료장치

1. 기계식 디젤기관

1.1 디젤엔진의 개요

디젤기관은 연료의 연소과정에서 공기만을 흡입한 후 높은 압축비로 압축하여 그 온도를 500~600℃ 이상 되게 한 후 연료(경유)를 분사펌프로 압력을 가하여 노즐에서 실린더 내에 분사시켜 자기 착화시킨다.

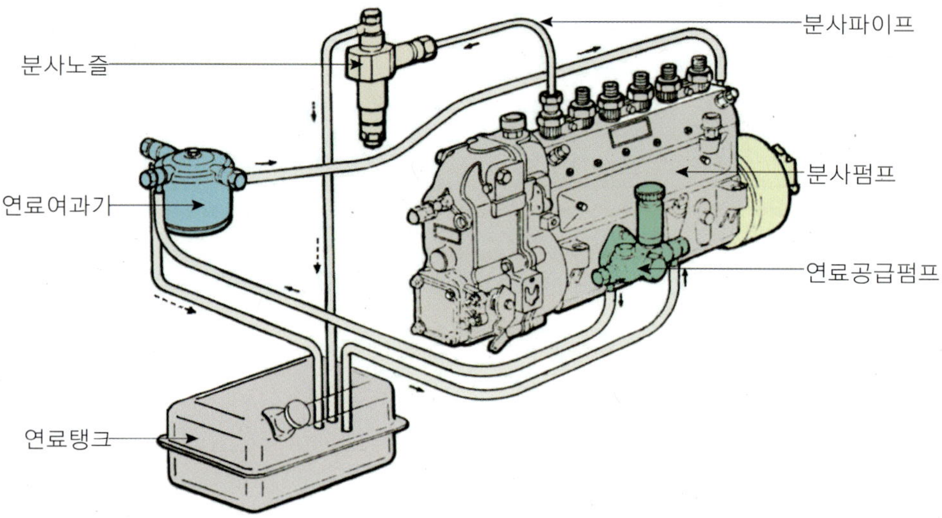

[그림 8-1] **디젤 연료 계통도**

1.1.1 디젤엔진의 장・단점

[1] 디젤엔진의 장점

① 열효율이 높고, 연료 소비율이 적다.

② 인화점이 높은 경유를 연료로 사용하므로 그 취급이나 저장에 위험이 적다.

③ 대형 엔진 제작이 가능하다.

④ 경부하에서의 효율이 그다지 나쁘지 않다(저속에서 큰 회전력이 발생한다).

⑤ 배기가스가 가솔린 엔진보다 덜 유독하다.
⑥ 점화장치가 없어 이에 따른 고장이 적다.

[2] 디젤엔진의 단점

① 폭발압력이 높아 엔진 각 부분을 튼튼하게 하여야 한다.
② 엔진의 출력 당 무게와 형체가 크다.
③ 운전 중 진동과 소음이 크다.
④ 연료 분사장치가 매우 정밀하고 복잡하며, 제작비가 비싸다.
⑤ 압축비가 높아 큰 출력의 기동전동기가 필요하다.

1.1.2 디젤엔진의 연료

[1] 경유의 물리적 성질

① **색깔**: 흑갈색~담황색
② **비중**: 0.83~0.89
③ **인화점**: 40~90℃
④ **발열량**: 10700Kcal/kgf
⑤ **자연 발화점**: 산소 속에서 245℃, 공기 속에서 358℃
⑥ 경유 1kgf을 완전히 연소시키는데 필요한 건조 공기량은 14.4kgf(11.2㎥)

[2] 경유의 구비조건

① 자연 발화점이 낮을 것(착화성이 좋을 것)
② 황(S)의 함유량이 적을 것
③ 세탄가가 높고, 발열량이 클 것
④ 적당한 점도를 지니며, 온도 변화에 따른 점도 변화가 적을 것
⑤ 고형 미립물이나 유해 성분을 함유하지 않을 것

[3] 경유의 착화성

(1) 세탄가(cetane number)

세탄가는 디젤엔진 연료의 착화성을 표시하는 수치이다. 세탄가는 착화성이 우수한 세탄($C_{16}H_{34}$)과 착화성이 불량한 α −메틸 나프탈린의 혼합액이며 세탄의 함량비율(%)로 표시한다. 예를 들어 세탄가 60의 경유란 세탄이 60%, α −메틸 나프탈린이 40%로 이

루어진 혼합액과 같은 착화성을 가지는 것을 의미한다. 고속 디젤엔진에서 요구되는 세탄가는 45~70이며, 시중에서 판매되는 경유의 세탄가는 일반적으로 60 정도이다.

$$세탄가 = \frac{세탄}{세탄+\alpha-메틸나프탈린} \times 100$$

(2) 디젤지수(diesel index)

디젤지수는 경유 중에 포함된 파라핀 계열의 탄화수소의 양으로 착화성을 표시하는 것이다.

(3) 임계 압축비

디젤엔진은 압축비를 낮추면 노크를 일으키는 성질을 이용한 것으로, CFR(미국 연료 연구단체)엔진에서 시험 조건을 일정하게 하고 각종 경유에 대하여 노크를 일으키기 시작할 때의 최저 압축비를 구한 것이다. 경유의 착화 지연에 따른 디젤 엔진 노크를 방지하기 위하여 연소 촉진제를 첨가하고 있는데 여기에는 질산에틸, 초산아밀, 아 초산아밀, 초산에틸 등이 있다.

1.1.3 기계식 디젤엔진의 연소과정과 노크

[1] 기계식 디젤엔진의 연소과정

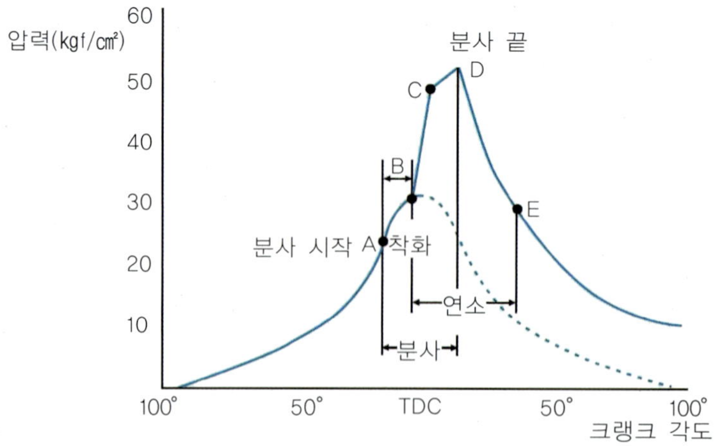

[그림 8-2] 디젤엔진의 연소과정

기계식 디젤엔진의 연소과정은 착화 지연기간 → 화염 전파기간 → 직접 연소기간 → 후 연소기간의 4단계로 연소한다.

(1) 착화 지연기간(A~B기간)

경유가 연소실 내에 분사된 후 착화될 때까지의 기간이며, 약 1/1,000~4/1,000초 정도 소요된다. 이 착화 지연기간이 길어지면 디젤엔진에서 노크가 발생한다.

(2) 화염 전파기간(폭발 연소기간 : B~C기간)

경유가 착화되어 폭발적으로 연소를 일으키는 기간이며, 정적 연소과정이다.

(3) 직접 연소기간(제어 연소기간 : C~D기간)

분사된 경유가 화염 전파기간에서 발생한 화염으로 분사와 거의 동시에 연소하는 기간이며, 정압 연소과정이다.

(4) 후 연소기간 (후기 연소기간 : D~E기간)

직접 연소기간 동안 연소하지 못한 경유가 연소·팽창하는 기간이며, 이 기간이 길면 배기가스 온도가 상승해 엔진이 과열하며 열효율이 떨어진다.

[2] 디젤엔진의 노크

디젤엔진의 노크란 착화 지연기간 중에 분사된 많은 양의 연료가 화염 전파기간 중에 일시적으로 연소해 실린더 내의 압력이 급격히 상승하는데 원인하여 실린더 벽에 피스톤이 충격을 가하여 소음이 발생하는 현상이다. 디젤엔진 노크는 엔진에 과부하가 걸렸을 때, 엔진이 과냉되었을 때, 분사시기가 너무 빠를 때, 세탄가가 낮은 연료를 사용할 때 발생하며, 디젤엔진 노크 방지방법은 다음과 같다.

① 착화성이 좋은(세탄가가 높은) 경유를 사용한다.
② 압축비, 압축압력 및 압축온도를 높인다.
③ 엔진의 온도와 회전속도를 높인다.
④ 분사 개시 때 분사량을 감소시켜 착화 지연을 짧게 한다.
⑤ 분사시기를 알맞게 조정한다.
⑥ 흡입 공기에 와류가 일어나도록 한다.

1.1.4 디젤엔진의 시동 보조기구

디젤엔진의 시동 보조기구에는 감압장치, 예열장치가 있으며 이외에 연소 촉진제 공급장치를 두기도 한다.

[1] 감압장치(de-compression device)

흡입밸브나 배기밸브를 캠축의 운동과는 관계없이 강제로 열어 실린더 내의 압축압력을 낮추어 엔진의 시동을 도와주며, 디젤엔진의 작동을 정지시킬 수도 있는 장치이다. 또 감압장치는 엔진을 시동할 때 실린더 내의 압축압력을 감압시켜 기동전동기에 무리가 가는 것을 방지할 수 있으며, 엔진의 고장을 발견하고자 할 때 크랭크축을 수동으로 가볍게 회전시킬 수 있도록 한다.

[2] 예열장치(preheating system)

디젤엔진은 압축착화 방식이므로 한랭한 상태에서는 연료(경유)가 잘 착화하지 못해 시동이 어렵다. 따라서 예열장치는 흡기다기관이나 연소실 내의 공기를 미리 가열하여 시동을 쉽도록 하는 장치이다.

(1) 흡기 가열방식

직접분사실식 연소실에서 실린더 내로 흡입되는 공기를 흡기다기관에서 가열하는 방식이며, 흡기 히터와 히트 레인지가 있다.

[그림 8-3] **히트레인지**

(2) 예열플러그 방식(glow plug type)

예열플러그 방식은 연소실 내의 압축공기를 직접 예열하는 형식이며, 예열플러그, 예열플러그 파일럿, 예열플러그 저항기, 히트 릴레이 등으로 구성되어 있으며 주로 예연소실식 연소실과 와류실식 연소실에서 사용한다.

1) 코일형(coil type)의 특징

① 히트코일이 노출되어 있어 적열 시간이 짧다.

② 전압 값이 작아 직렬로 결선되며, 예열플러그 저항기를 두어야 한다.

③ 히트코일이 연소가스에 노출되므로 기계적 강도 및 내부식성이 적다.

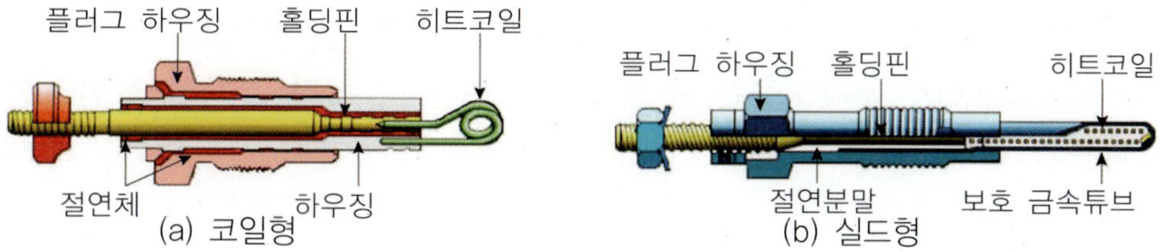

[그림 8-4] **예열플러그**

2) 실드형(shield type)의 특징

① 히트코일을 보호 금속튜브 속에 넣은 형식이다.

② 병렬로 결선되어 있으며, 전류가 흐르면 금속 튜브 전체가 적열된다.

③ 적열까지의 시간이 코일형에 비해 조금 길지만 1개당의 발열량과 열용량이 크다.

④ 히트코일이 연소열의 영향을 적게 받으며, 병렬 결선이므로 어느 1개가 단선 되어도 다른 것들은 계속 작용한다.

[표 8-1] **코일형과 실드형 비교**

구분	코일형	실드형
발열량	30~40W	60~100W
발열부 온도	950~1050℃	
전압	0.9~1.4V	24V식은 20~23V, 12V식은 9~11V
전류	30~60A	24V식은 5~6A, 12V식은 10~11A
예열시간	40~60초	60~90초

1.2 연소실

디젤엔진의 연소실은 단실식인 직접 분사실식과 복실식인 예연소실식, 와류실식, 공기실식 등으로 나누어진다. 연소실의 구비조건은 다음과 같다.

① 분사된 연료는 짧은 시간에 완전 연소시켜야 한다.

② 평균 유효 압력이 높고, 연료 소비율이 적어야 한다.

③ 고속 회전 시 연소 상태가 좋아야 한다.
④ 시동이 용이하고, 디젤 노크가 적어야 한다.

1.2.1 직접 분사실식 연소실

직접 분사실식 연소실은 연소실이 실린더 헤드와 피스톤 헤드에 설치된 요철에 의하여 형성되며, 여기에 직접 연료를 분사하는 방식이다. 압축비는 13~16 : 1, 분사압력은 200~300kgf/㎠, 분사노즐은 구멍형을 사용한다. 직접 분사실식 연소실의 장·단점은 다음과 같다.

[1] 직접 분사실식 연소실의 장점

① 실린더 헤드의 구조가 간단하므로 열효율이 높고, 연료 소비율이 작다.
② 연소실 체적에 대한 표면적 비율이 작아 냉각손실이 작다.
③ 엔진의 시동이 쉽다.

[2] 직접 분사실식 연소실의 단점

① 분사압력이 가장 높으므로 분사펌프와 노즐의 수명이 짧다.
② 사용연료 변화에 매우 민감하다.
③ 노크발생이 쉽다.
④ 엔진의 회전속도 및 부하의 변화에 민감하다.
⑤ 다공형 분사노즐을 사용하므로 값이 비싸다.
⑥ 분사상태가 조금만 달라져도 엔진의 성능이 크게 변화한다.

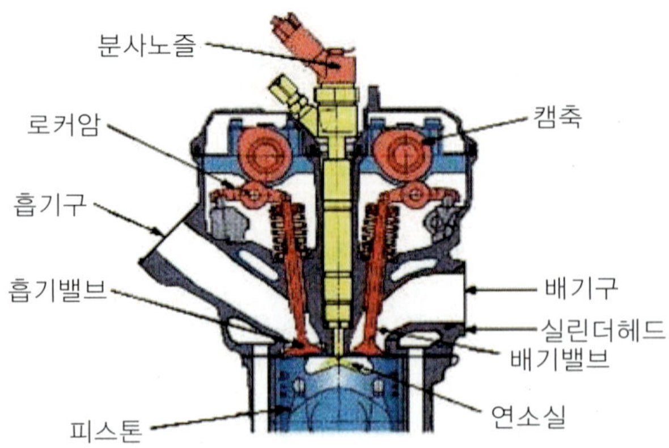

[그림 8-5] 직접 분사실식 연소실

1.2.2 예 연소실식 연소실

예 연소실식 연소실은 실린더 헤드와 피스톤 사이에 형성되는 주연소실 위쪽에 예 연소실을 둔 것이며, 먼저 분사된 연료가 예연소실에서 착화하여 고온·고압의 가스를 발생시키며, 이것에 의해 나머지 연료가 주 연소실에 분출하여 공기와 잘 혼합하여 완전 연소한다. 예 연소실의 체적은 전체 압축체적의 30~40%이며, 압축비는 15~20 : 1, 분사압력은 100~120kgf/㎠, 분사노즐은 핀틀형이나 스로틀형을 사용한다.

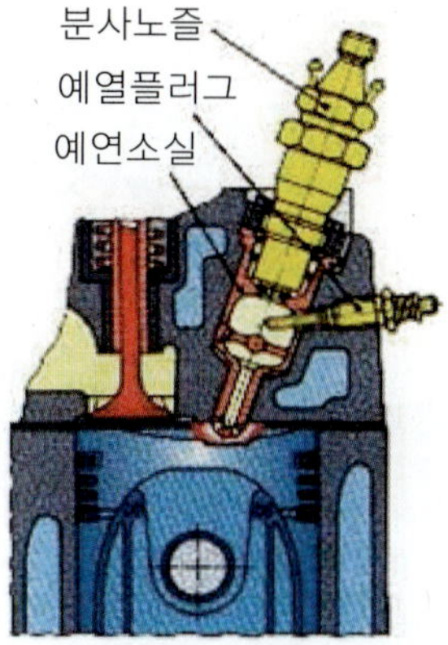

[그림 8-6] **예 연소실식 연소실**

[1] 예 연소실식 연소실의 장점

① 분사압력이 낮아 연료장치의 고장이 적고, 수명이 길다.

② 사용 연료변화에 둔감하므로 연료의 선택범위가 넓다.

③ 운전상태가 조용하고, 노크발생이 적다.

[2] 예 연소실식 연소실의 단점

① 연소실 표면적에 대한 체적비율이 크므로 냉각손실이 크다.

② 실린더헤드의 구조가 복잡하다.

③ 시동 보조 장치인 예열플러그가 필요하다.

④ 압축비가 높아 큰 출력의 기동전동기가 필요하다.

⑤ 연료 소비율이 비교적 크다.

1.2.3 와류실식 연소실

실린더나 실린더 헤드에 와류실을 두고 압축행정 중에 이 와류실에서 강한 와류가 발생하도록 한 형식이며, 와류실에 연료를 분사한다. 와류실에 분사된 연료는 강한 선회운동을 하고 있는 공기와 만나 빨리 혼합되어 착화 연소하면서 주 연소실로 분출되어 다시 여기서 연소되지 못한 연료가 새로운 공기와 만나면서 연소하는 형식이다. 와류실의 체적은 전체 압축체적의 50~60% 정도이다. 압축비는 15~17 : 1, 분사압력은 100~140kgf/㎠이다.

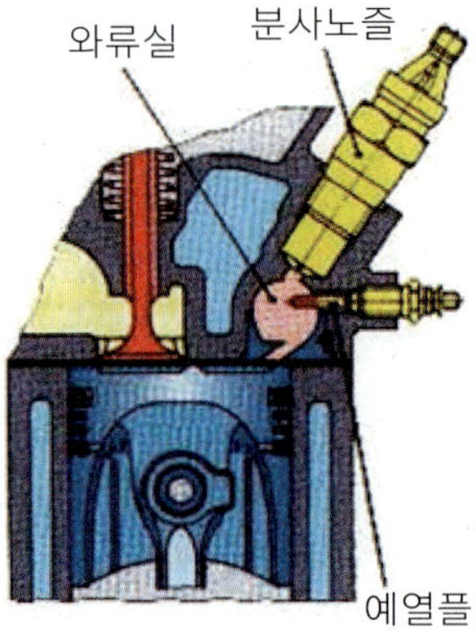

[그림 8-7] **와류실식 연소실**

[1] 와류실식 연소실의 장점

① 압축행정에서 발생하는 강한 와류를 이용하므로 회전속도 및 평균 유효압력이 높다.

② 분사압력이 낮아 연료 소비율이 비교적 적다.

③ 엔진 회전속도 범위가 넓고, 운전이 원활하다.

[2] 와류실식 연소실의 단점

① 실린더헤드의 구조가 복잡하다.

② 분출구멍의 조임 작용, 연소실 표면적에 대한 체적비율이 커 열효율이 낮다.

③ 저속에서 노크 발생이 크다.

④ 엔진을 시동할 때 예열플러그가 필요하다.

1.3 기계식 디젤 엔진 연료공급 장치

연료 탱크내 연료를 분사 펌프로 가압하여 분사노즐을 통해 실린더에 분사하는 장치며, 기계식 디젤 연료장치 에어빼기 작업은 공급펌프 → 연료여과기 → 분사펌프 순서로 빼며 플라이밍 펌프를 작동시키면서 벤트 플러그(vent plug)를 열고 기포가 없어질 때까지 작동한다. 이때 연료가 배출되기 시작하면 벤트 플러그를 잠그고 플라이밍 펌프를 고정한다. 구성은 다음과 같다.

연료 탱크 ⇨ 연료여과기 ⇨ 공급 펌프 ⇨ 연료여과기 ⇨ 분사파이프 ⇩ 연료여과기 ⇨ 분사 펌프 ⇨ 분사파이프 ⇨ 분사 노즐 ⇨ 연소실

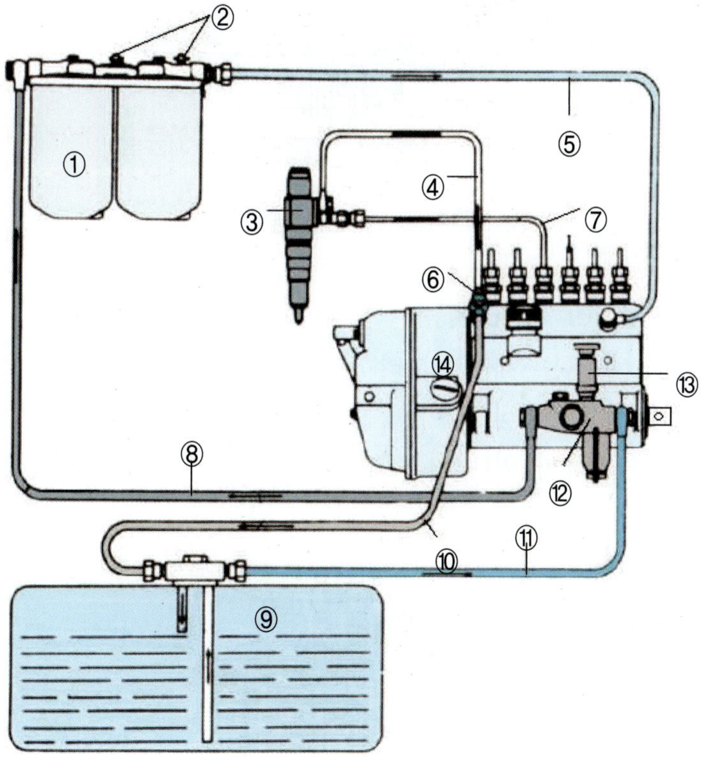

① 연료필터 ② 공기빼기나사 ③ 분사노즐
④ 리턴파이프 ⑤ 연료 공급 파이프 ⑥ 오버플로우 밸브
⑦ 연료분사 파이프 ⑧ 연료공급 파이프 ⑨ 연료 탱크
⑩ 리턴 파이프 ⑪ 흡입 파이프 ⑫ 연료공급 펌프
⑬ 플라이밍 펌프 ⑭ 분사펌프

[그림 8-8] **디젤 엔진 연료공급 장치**

1.3.1 연료 공급 펌프(fuel feed pump)

공급펌프는 연료탱크 내의 연료를 일정한 압력(2~3kgf/㎠)으로 압력을 가하여 분사펌프로 공급하는 장치이며, 분사펌프 옆에 설치되어 분사펌프 캠축에 의하여 구동된다. 공급펌프에는 연료 공급계통의 공기빼기작업 및 공급펌프를 수동으로 작동시켜 연료탱크 내의 연료를 분사펌프까지 공급하는 플라이밍펌프(priming pump)를 두고 있다.

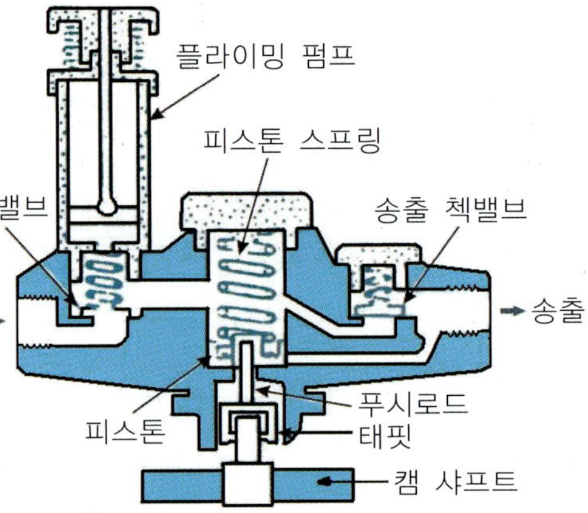

[그림 8-9] **연료 공급펌프**

1.3.2 연료 여과기(Fuel Filter)

연료 속의 먼지나 수분을 제거, 분리하며 여과기내의 압력은 1.5kgf/㎠이다. 연료 여과기는 보디, 엘리먼트, 중심 파이프, 커버, 드레인 플러그 등으로 구성되며, 엘리먼트는 여과지식과 견포식이 있다.

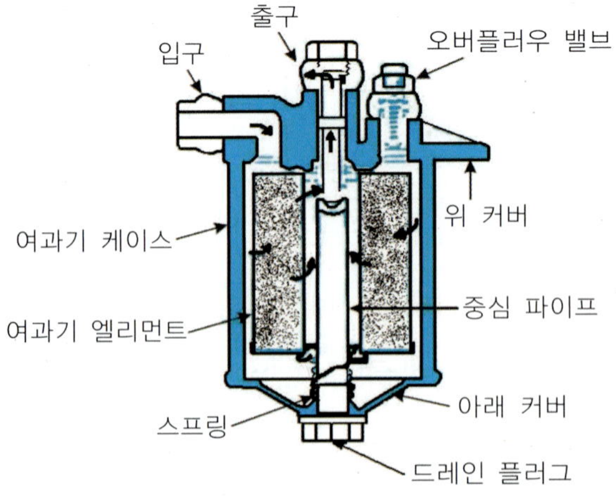

[그림 8-10] **연료 여과기**

오버 플로 밸브가 설치되어 송유 압력이 규정 압력 이상시 탱크로 다시 보내지며, 디젤 연료는 분사 펌프의 플런저나 분사 노즐의 윤활도 겸하기 때문에 여과 성능이 좋아야 한다. 디젤엔진은 연료 공급계통에 공기가 침입하면 분사펌프에서 연료 압송이 불량해 노즐에서 분사상태가 불량해져 엔진의 회전상태가 불량하고, 진동이 발생한다. 심한 경우는 엔진의 작동이 정지된다.

1.3.3 분사 펌프

공급 펌프에서 송출된 연료를 고압으로 변환시켜 분사 파이프를 거쳐 분사 노즐에 보내는 일을 한다. 분사 펌프는 하우징, 캠축, 태핏, 펌프 엘리먼트, 제어 기구 등으로 구성된다. 분사 펌프의 형식에는 독립형, 분배형, 공동형 등이 있다.

[1] 펌프 하우징(pump housing)

펌프 하우징은 분사펌프의 주요 몸체부분이며, 위쪽에는 딜리버리 밸브와 그 홀더가 설치되어 있고, 중앙부분에는 플런저 배럴, 플런저, 제어래크, 제어 피니언, 제어 슬리브, 스프링, 태핏 등이, 아래쪽에는 캠축이 설치되어 있다

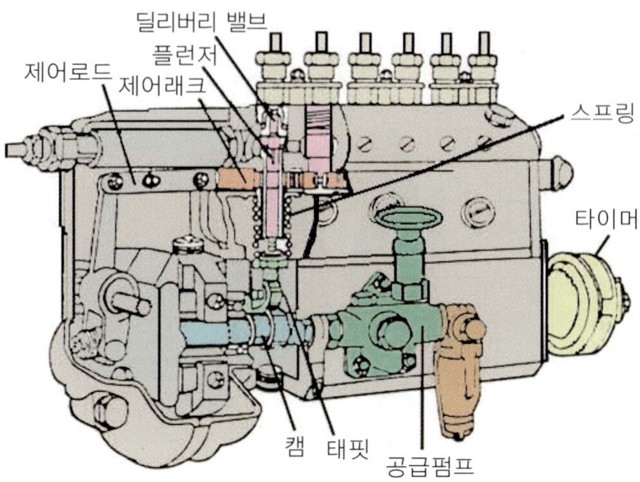

[그림 8-11] **독립형 분사펌프**

[2] 캠축과 태핏

① 분사펌프의 캠축(cam shaft) : 분사펌프 캠축은 크랭크축에 구동되며 4행정 사이클 엔진은 크랭크축의 1/2로 회전하고, 2행정 사이클 엔진은 크랭크축 회전속도와

같다. 캠축에는 태핏을 통해 플런저를 작용시키는 캠과 공급펌프 구동용 편심륜이 있고, 캠의 수는 실린더 수와 같고 구동부분에는 타이머가, 반대쪽에는 조속기가 설치되어 있다.

② **분사펌프의 태핏(tappet)** : 태핏은 펌프 하우징 태핏구멍에 설치되어 캠에 의해 상하운동을 하여 플런저를 작동시킨다.

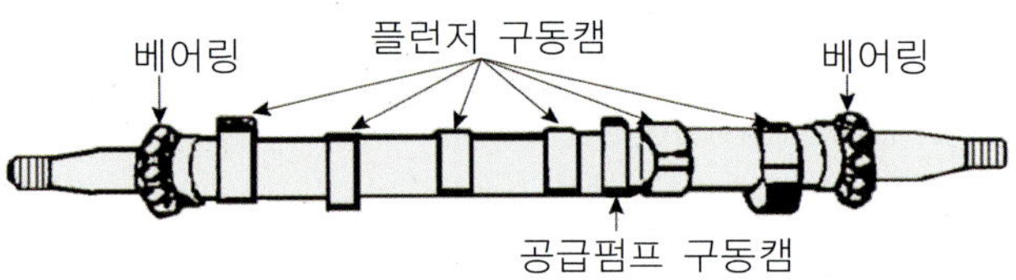

[그림 8-12] **캠축**

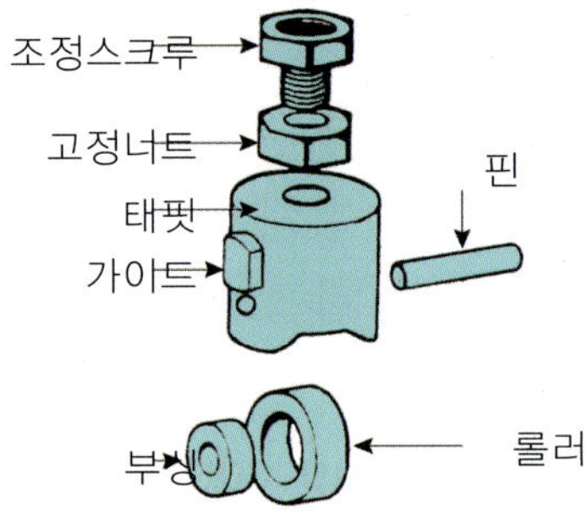

[그림 8-13] **태핏**

[3] 플런저 배럴과 플런저

펌프 하우징에 고정된 플런저 배럴 속을 플런저가 상하 운동하여 고압의 연료를 형성한다.

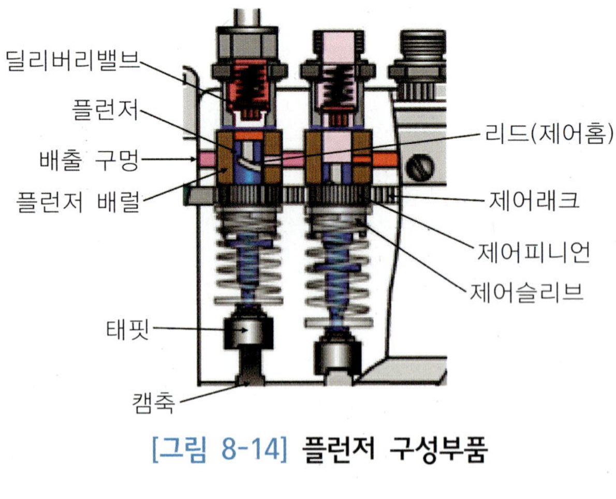

[그림 8-14] **플런저 구성부품**

① **플런저(plunger)** : 플런저에는 분사량 조절을 위한 리드(제어 홈)와 이것과 통하는 배출구멍이 중심부분에 뚫어져 있다. 아래쪽에는 제어 슬리브(control sleeve)의 홈에 끼워지는 구동 플랜지와 플런저 아래 스프링 시트를 끼우기 위한 플랜지가

마련되어 있다.

② **플런저의 작용** : 플런저 바깥 둘레는 비스듬한 리드와 구멍을 뚫어 내부의 통로와 연결되어 있다. 이 리드가 비스듬하게 되어 있으므로 플런저를 돌리면 분사 끝의 시기가 달라져 분사량이 조절된다. 플런저의 회전은 랙의 이동으로 하며, 기어 작용으로 플런저의 플랜지를 슬리브가 돌린다. 플런저의 헤드가 흡입구로부터 아래의 위치에 있으며, 연료는 배럴에 흡입되어 상승해서 흡입구를 지나면 압축 작용이 시작된다(분사 시작). 또 상승하여 플런저 리드가 흡입구에 오게 되면 배럴내의 연료는 플런저내 통로를 역류 누출하여 압축 압력은 없어진다(분사 끝). 그 후 상사점까지 흡입구는 누출구로 하여 작용한다(분사 리턴). 하강하여 흡입구를 열면 연료가 유입하여, 압축행정으로 들어간다.

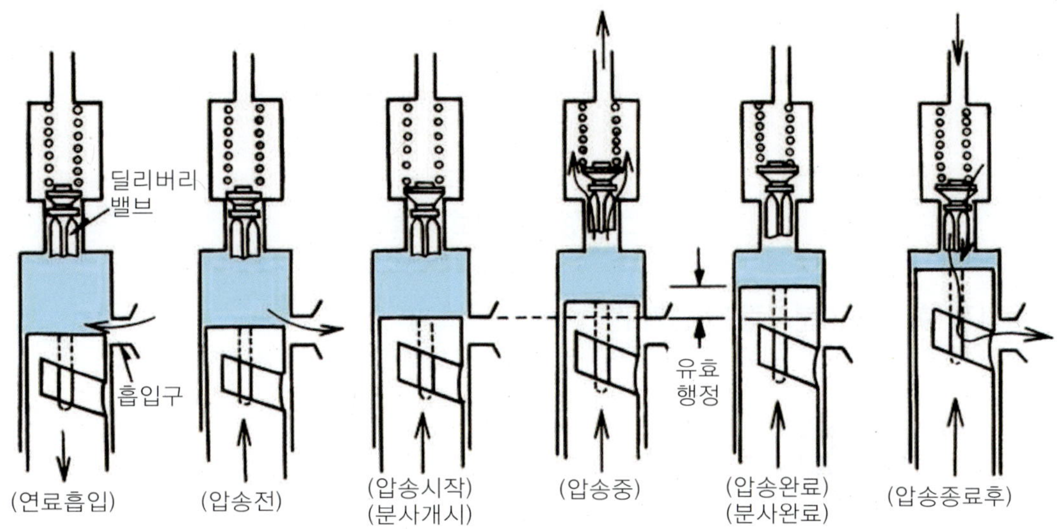

[그림 8-15] **플런저의 작동과정**

③ **플런저 예행정(plunger pre stroke)** : 플런저 예행정이란 플런저헤드가 하사점에서부터 상승하여 흡입구멍을 막을 때까지 플런저가 이동한 거리를 말한다.

④ **플런저 유효행정(plunger available stroke)** : 플런저 유효행정이란 플런저헤드가 연료공급을 차단한 후부터 리드가 플런저 배럴의 흡입구멍에 도달할 때까지 플런저가 이동한 거리이다. 즉, 플런저가 연료를 압송하는 기간이다. 연료의 분사량(토출량 또는 송출량)은 플런저의 유효행정으로 결정된다. 따라서 유효행정을 크게 하면 분사량이 증가한다.

[4] 리드 종류

① 정 리드형(normal lead type) : 분사개시 때의 분사시기가 일정하고, 분사말기가 변화하는 리드이다.

② 역 리드형(revers lead type) : 리드가 플런저헤드에도 파져 있으며, 분사개시 때의 분사시기가 변화하고 분사말기가 일정한 리드이다.

③ 양 리드형(combination lead type) : 상하로 리드를 파서 분사개시와 말기의 분사시기가 모두 변화하는 리드이다.

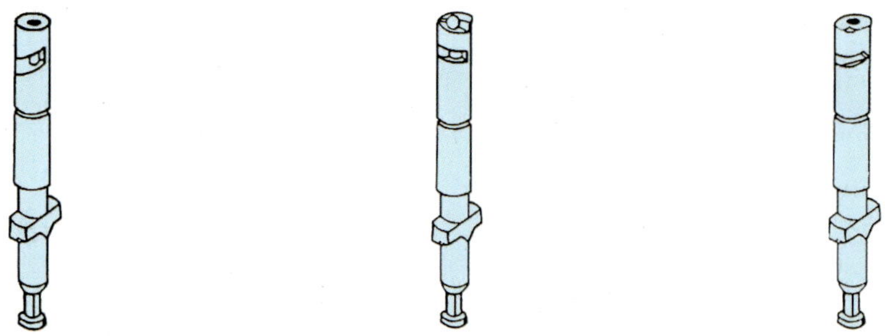

(a) 정리드　(b) 역리드　(c) 양리드

[그림 8-16] 리드 종류

[5] 플런저 회전기구(분사량 조절기구)

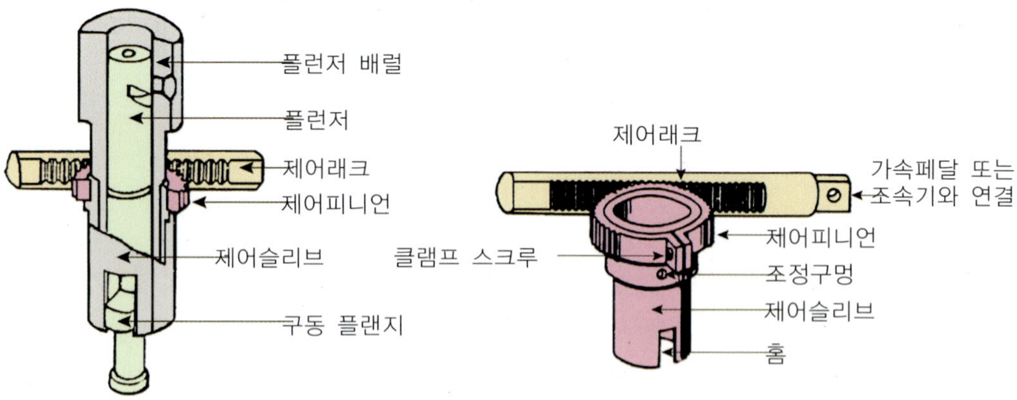

[그림 8-17] 플런저 회전기구

① 제어래크(control rack) : 제어래크는 슬리브에 끼워져 있는 피니언과 결합되어 있으며, 래크의 직선운동을 피니언의 회전운동으로 바꾸어 모든 플런저를 동시에 회

전시키는 일을 한다. 제어래크의 한쪽 끝은 링크(link)나 핀(pin)으로 조속기에 연결되어 있어 가속페달의 조작은 모두 조속기를 거쳐 제어래크로 전달된다. 무송출에서 전송출까지의 제어래크 이동량은 21~25㎜이다.

② **제어 피니언(control pinion)** : 제어 피니언은 래크와 결합되어 래크의 직선운동을 회전운동으로 바꾸어 슬리브를 회전 시켜주며, 슬리브에 클램프 스크루로 설치되어 있어 제어 피니언과 슬리브의 관계위치를 변화시켜 각 플런저의 분사량을 조절할 수 있다.

③ **제어 슬리브(control sleeve)** : 제어 슬리브는 아래 홈에 끼워진 플런저의 구동 플랜지를 통해 피니언의 회전운동을 플런저로 전달하여 플런저가 상하 운동을 하면서 연료의 분사량을 증감할 수 있도록 한다.

[6] 딜리버리 밸브(delivery valve : 토출밸브)

딜리버리 밸브는 플런저의 상승행정으로 배럴 내의 압력이 규정 값(약 10kgf/㎠)에 도달하면 이 밸브가 열려 연료를 분사파이프로 압송한다. 그리고 플런저의 유효행정이 완료되어 배럴 내의 연료압력이 급격히 낮아지면 스프링 장력에 의해 신속히 닫혀 연료의 역류(분사노즐에서 펌프로의 흐름)를 방지하고 후적을 방지하며, 분사파이프 내에 잔압을 유지시킨다.

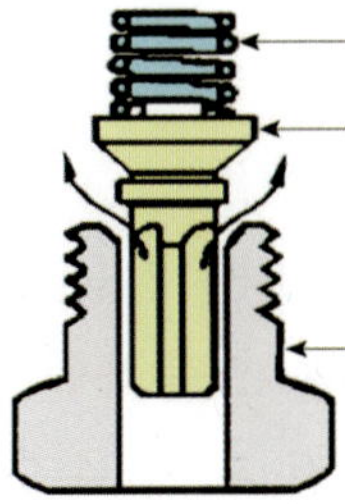

[그림 8-18] **딜리버리 밸브**

[7] 조속기(governor)

조속기는 디젤 엔진의 연료 분사량 제어를 적절이 증감해서, 엔진회전을 안정되게 하기위한 장치이다. 안정된 분사를 항시할 수 있도록 거버너(조속기)를 설치하여, 엔진 회전 상승시에는 분사량을 감소하여 과회전을 방지하고, 가속 페달을 놓더라도 자동적으로 분사량을 증가해서 공회전 상태를 유지하도록 하고 있다. 가속 페달은 제어 레버, 거버너를 거쳐서 분사량을 제어한다. 흡입시의 유속 부압을 이용하는 공기식 거버너, 플라이 웨이트(원심추)의 원심력을 이용한 기계식 거버너, 이 양자를 조합시킨 복합식 거버너가 이용된다. 헌팅(hunting) 현상은 조속기 작용이 둔하여 공회전이 주기적으로 증감하는 진동으로서 회전수가 파상으로 변동하는 것이다.

[8] 앵글라이히장치

앵글라이히장치는 엔진의 모든 회전속도 범위에서 공기와 연료의 비율을 알맞게 유지하는 작용을 한다.

[9] 분사량 불균율

실린더 수가 많은 엔진에서 각 실린더마다 분사량의 차이가 생기면 폭발 압력의 차이가 발생하여 진동을 일으킨다. 불균율 허용범위는 전부하 운전에서는 ±3%, 무부하 운전에서는 10~15%이다. 분사량 불균율은 다음의 공식으로 산출한다.

$$(+)\text{불균율} = \frac{\text{최대 분사량} - \text{평균 분사량}}{\text{평균 분사량}} \times 100$$

$$(-)\text{불균율} = \frac{\text{평균 분사량} - \text{최소 분사량}}{\text{평균 분사량}} \times 100$$

[10] 타이머(timer)-분사시기 조정장치

엔진의 부하 및 회전 속도에 따라 분사시기를 자동적으로 조정하며 수동식과 자동식이 있다. 수동식은 조정 레버에 의해 스플라인 부시를 움직이면 플런저와 캠축 위치가 변화되어 진각하며, 자동식은 엔진 회전 속도가 증가되면 원심추의 작용으로 작동한다.

1.3.4 분사 파이프(injection pipe)

분사파이프는 분사펌프의 각 펌프 출구와 분사노즐을 연결하는 고압 파이프이며, 그 길이는 연료의 분사지연을 줄이기 위하여 가능한 한 짧은 것이 바람직하며 모든 실린더의 분사지연이 같아지도록 길이가 같다. 분사 파이프의 양끝에는 높은 압력의 연료가 누출되지 않도록 하기 위해 유니언 피팅(union fitting)으로 확실하게 결합한다.

1.3.5 분사 노즐(injection nozzle)

분사 펌프로부터 보내진 고압 연료를 미세한 안개 모양으로 연소실에 분사한다. 분사노즐의 윤활은 디젤연료로 한다. 노즐의 요구 조건은 다음과 같다.

① 연료를 미세한 안개 모양으로 하여 쉽게 착화하게 할 것
② 분무를 연소실 구석구석까지 뿌려지게 할 것
③ 분사 끝을 완전히 차단해서 후적이 일어나지 않게 할 것
④ 고온 고압의 가혹한 조건하에서 장시간 사용 가능할 것

[1] 분사노즐의 종류

분사노즐의 종류에는 개방형과 밀폐형(또는 폐지형) 노즐이 있으며, 밀폐형에는 구멍형, 핀틀형 및 스로틀형 노즐이 있다.

(1) 구멍형(hole type) 분사노즐

구멍형 분사노즐은 니들밸브 앞 끝이 원뿔 모양이며, 분사구멍은 볼록하게 된 노즐 보디의 앞 끝에 노즐 중심선에 대하여 대칭으로 어떤 각도를 두고 1~8개 뚫어져 있다. 분사구멍의 지름은 0.2~0.4mm이고, 분사개시 압력은 200~300kgf/cm²이며, 직접 분사실식 연소실에서 사용한다. 이 형식은 분사구멍이 1개인 단공형과, 여러 개의 분사구멍이 있는 다공형이 있다. 구멍형 분사노즐의 장점은 분사압력이 높아 안개화가 좋고 엔진의 시동이 쉬우며, 연료가 완전 연소될 수 있어 연료 소비량이 적다. 단점은 분사구멍이 작아 가공이 어렵고 분사구멍이 막힐 염려가 있으며 분사압력이 높아 분사펌프, 노즐의 수명이 짧고 또 각 연결부분에서 연료가 누출되기 쉽다.

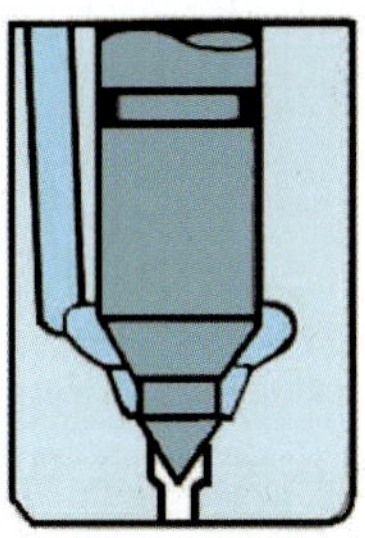
(a) 단공형

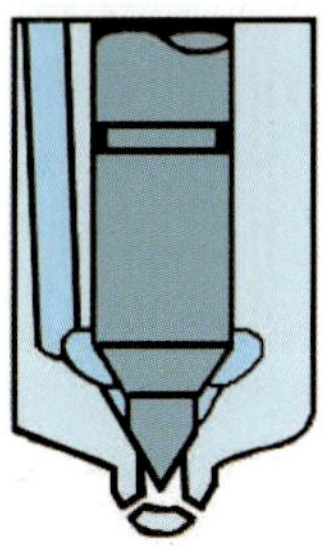
(b) 다공형

[그림 8-19] **구멍형 노즐**

(2) 핀틀형(pintle type) 분사노즐

핀틀형 분사노즐은 원기둥 모양의 구멍과 구멍 보다 조금 작은 원기둥 모양의 니들밸브 앞 끝 핀으로 구성되어 있으며, 고압의 연료에 의해 자동적으로 열려 4° 정도의 정각을 가지는 원뿔 모양으로 분사한다.

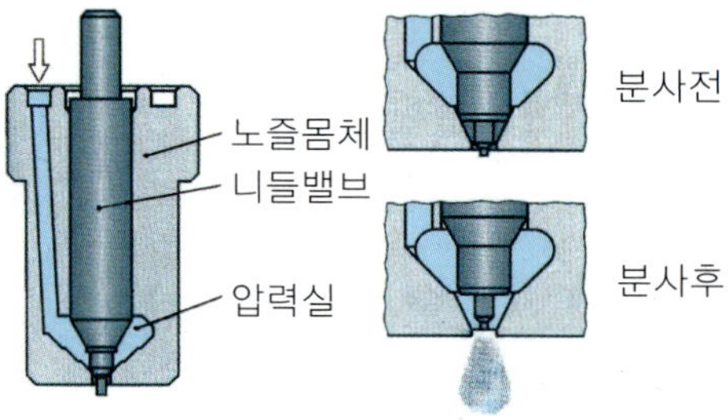

[그림 8-20] **핀틀형**

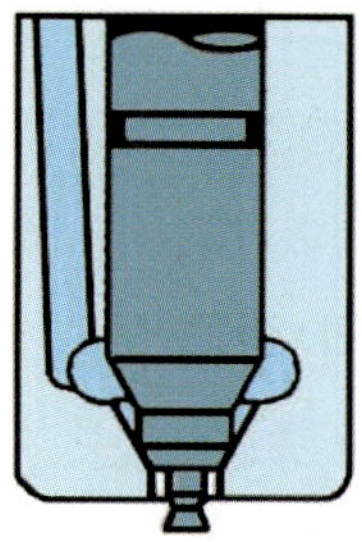
[그림 8-21] **스로틀형**

(3) 스로틀형(throttle type) 분사노즐

스로틀형 분사노즐은 니들밸브의 앞 끝 부분이 길고 나팔 모양으로 테이퍼 가공되어 있으며 노즐 보디에서 조금 돌출 되어 있다. 이 노즐은 핀틀형을 개량하여 분사개시 때 분사량을 적게 하고 잠시 후 많은 양의 연료를 분사시켜 디젤엔진 노크를 방지할 수 있다.

[2] 분사노즐의 구조

분사노즐은 노즐 홀더 보디(nozzle holder body)를 중심으로 옆쪽에는 분사펌프에서 보내준 높은 압력의 연료가 들어오는 입구 커넥터가 설치되고, 위쪽으로는 분사압력 조정용 스크루, 니들밸브가 열릴 때 스프링을 밀어 올려 주는 푸시로드, 그리고 니들밸브(needle valve)를 시트에 밀착시키는 스프링이 있다.

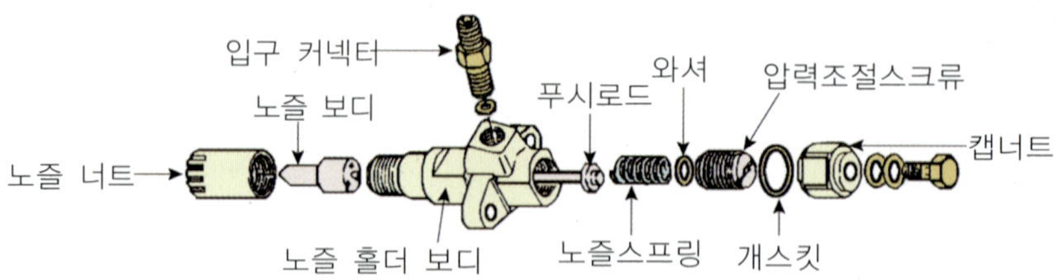

[그림 8-22] **분사노즐**

[3] 분사노즐의 작동

분사노즐의 작동은 분사펌프에서 보내준 높은 압력의 연료가 입구 커넥터를 거쳐 노즐홀더 보디 내로 들어오면 스프링에 의해 시트에 밀착되어 있던 니들밸브가 상승하여 연료가 연소실에 분사된다. 분사되는 동안 높은 압력의 연료 일부는 니들밸브와 노즐보디 사이에서 니들밸브와 노즐보디를 윤활하고, 푸시로드와 노즐홀더 보디 사이를 거쳐 연료탱크로 복귀한다. 니들밸브와 노즐보디 사이의 간극은 0.001~0.0015㎜ 정도이다. 노즐 작동이 불량하면 연소불량, 노크현상, 회전이 고르지 못하고 출력감소와 카본 부착으로 배기의 매연이 증가한다.

[4] 연료 분무의 3대 요건

① 안개화(무화 : atomization)가 좋아야 한다.
② 관통력이 커야 한다.
③ 분포(분산)가 골고루 이루어져야 한다.

2. 과급장치(super charger)

현재 엔진의 출력으로 보다 높은 출력을 얻고자할 때 체적효율을 높이기 위해 많은 양의 공기를 연소실로 흡입할 필요성이 있다. 과급기를 설치함에 따라 회전속도를 그대로 두고 출력만 증대시킬 수 있다.

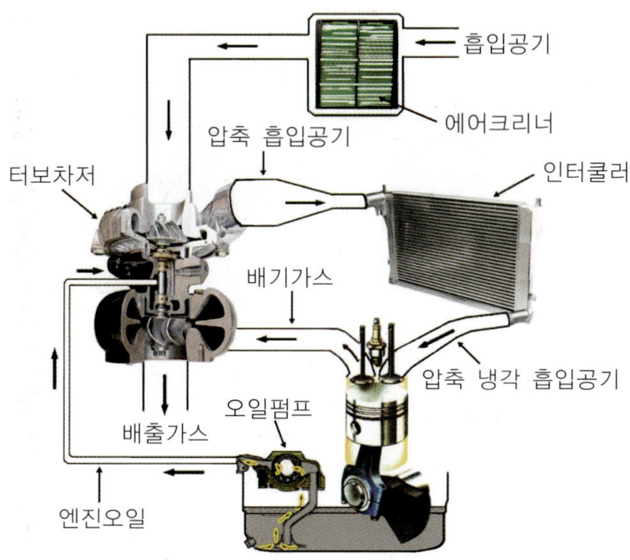

[그림 8-23] **터보차저와 인터쿨러 공기흐름도**

2.1 터보차저(Turbo Charger)

2.1.1 터보차저의 개요

터보 과급기는 연소실에서 배출되는 배기가스를 이용하여 터빈 블레이드를 회전시켜 이를 거쳐 압축기 임펠러를 회전시키게 된다. 따라서 흡입 공기는 압축기에 의해 압축이 이루어지게 되고, 높은 밀도의 공기가 연소실로 흡입하게 된다. 그러나 압축공기는 온도가 고온이기 때문에 공기의 밀도를 증가시키기 위하여 냉각을 할 필요가 있다. 그래서 현재 인터쿨러를 사용하여 압축공기의 온도를 냉각시키고 있다.

2.1.2 터보차저 특징

① 동일 배기량의 엔진에 비해 출력은 30~50% 향상되기 때문에 단위 출력당 엔진의 중량을 가볍게 할 수 있다.
② 체적효율이 향상되기 때문에 평균유효 압력과 엔진의 회전력이 증대된다.
③ 높은 지대에서도 엔진의 출력감소가 적다.
④ 압축온도의 상승으로 착화지연 기간이 짧다.
⑤ 연소상태가 양호하여 세탄가가 낮은 연료의 사용이 가능하다.
⑥ 냉각손실이 적고, 연료소비율이 3~5%정도 향상된다.
⑦ 엔진의 무게는 10~15% 증가된다.

2.1.3 터보차저의 구조

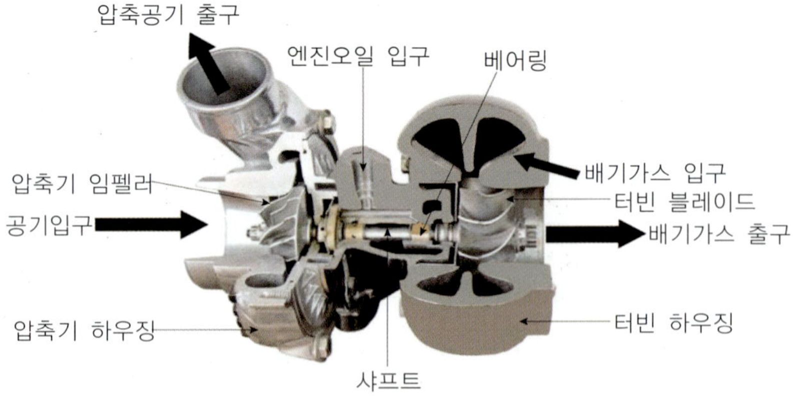

[그림 8-24] **터보차저 구조**

① **임펠러** : 흡입 쪽에 설치된 날개로 공기에 압력을 가하여 실린더로 보낸다.

② **터빈** : 배기 쪽에 설치된 날개로 배기가스의 압력에 의하여 배기가스의 열에너지를 회전에너지로 변화 시킨다.

③ **플로팅 베어링** : 하우징에 10,000~15,000rpm으로 회전하는 터빈 축을 지지하는 베어링으로 엔진으로부터 공급되는 엔진 오일로 냉각과 윤활을 한다.

④ **웨이스트 게이트 밸브** : 배기가스의 흐름 도중에 설치된 밸브로, 이 밸브가 열리면 일부의 배기가스가 터빈 블레이드에 공급되지 않고 바이패스 경로에 의하여 배기장치에 직접 흐르게 되어 과급압력이 규정값 이상으로 상승되는 것을 방지 한다.

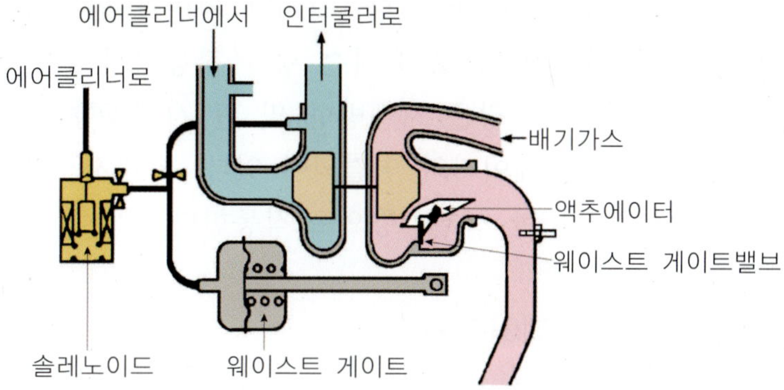

[그림 8-25] **웨이스트 게이트 밸브 설치 위치**

2.2 인터쿨러(Inter Cooler)

터보차저에서 공기를 압축하면 흡입공기의 온도가 상승하는데 일반적으로 100~150℃ 정도이다. 엔진에서 흡입공기의 온도가 상승하면 밀도 저하로 인하여 흡입 효율이 저하됨과 동시에 혼합기의 온도가 상승하여 노크가 발생한다. 따라서 흡입 공기를 냉각시켜 흡입효율 향상과 노크를 감소시킨다. 인터쿨러는 수냉식과 공랭식이 있다.

[그림 8-26] **인터쿨러**

2.3 가변용량 과급기(VGT : variable geometry turbo charger)

가변용량 과급기는 배기가스를 이용하여 엔진 실린더로 흡입되는 공기량을 증가시키는 장치이다.

2.3.1 가변용량 과급기의 구조

터빈에는 배기가스의 흐름속도를 변화시키기 위한 가변터빈 흡입 베인이 11개가 설치되어 있다. 이 11개의 베인이 동시에 모두 작동하도록 하기 위해 둥근 모양으로 된 유니슨링이 베인 뒤쪽에 설치되어 있다. 그리고 터빈과 임펠러를 보호하기 위한 하우징이 설치되고 터빈 하우징 쪽으로 유니슨 링을 작동시키기 위해 베인 제어 액추에이터가 설치되어 있다. 유니슨 링은 시계방향 및 반 시계방향으로 작동할 수 있도록 되어 있으며, 베인 제어 액추에이터와 연결되어 있다. 따라서 액추에이터의 작동에 따라 유니슨 링도 시계방향이나 반 시계방향으로 작동한다.

2.3.2 가변용량 과급기 제어장치

엔진회전 속도, 가속페달을 밟은 정도, 대기압력, 부스터 압력, 냉각수 온도, 흡입공기 온도, 주행속도, 클러치 신호 등을 확인하여 자동차의 운전상태를 하여 엔진컴퓨터에서는 엔진 회전속도 및 연료분사량에 따라서 목표로 하는 부스터 압력 map이 결정된다.

2.3.3 가변용량 과급기 작동원리

[1] 저속 운전영역에서의 작동원리

가변용량 과급기는 저속 운전영역에서 배기가스의 통로를 좁혀 흐름속도를 빠르게 하여 터빈을 힘차게 구동시켜 많은 공기를 흡입할 수 있도록 한다. 저속 운전영역에서 배기가스 통로를 좁히는 방법은 벤투리의 원리를 이용한다.

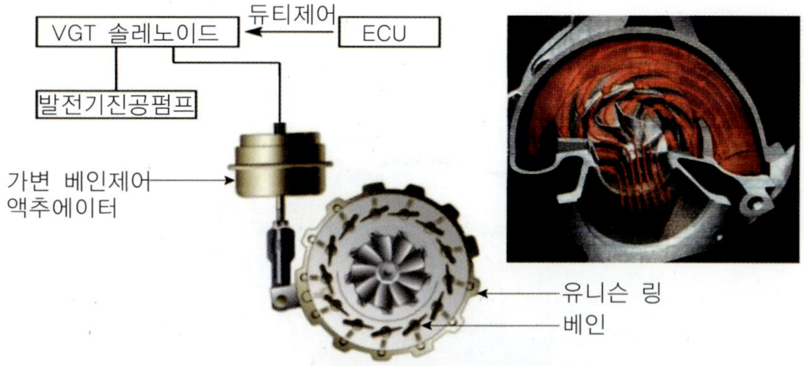

[그림 8-27] **저속에서 작동**

[2] 고속 운전영역에서의 작동원리

고속 운전영역에서는 일반적인 과급기와 같으며, 이때는 벤투리관의 면적을 원래의 상태로 넓혀 주어 배출되는 많은 양의 배기가스가 터빈을 더욱더 커진 에너지로 구동시켜 흡입공기량을 증가시켜준다

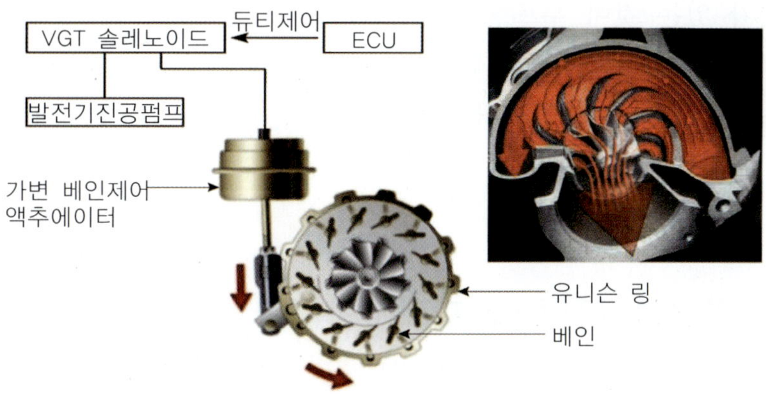

[그림 8-28] **고속에서 작동**

2.4 슈퍼차저(Super Charger)

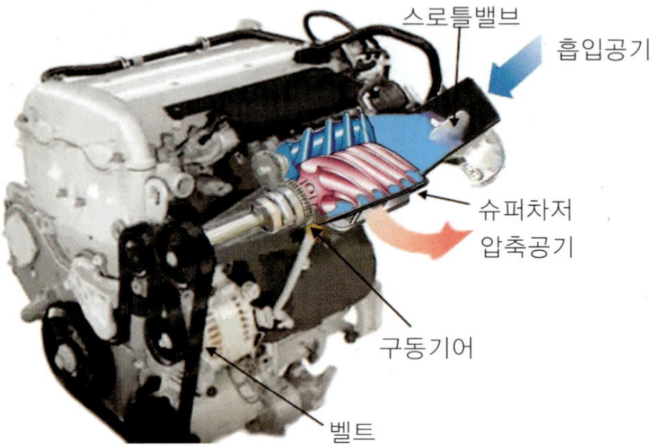

[그림 8-29] **슈퍼차저**

슈퍼차저는 터보차저와는 달리 크랭크축의 동력으로 벨트에 의해 구동된다. 슈퍼차저로 가장 인기가 있는 것이 루트형(roots type)이나 근래에는 슈퍼차저의 로터를 헬리컬(helical) 모양으로 만들어 블로워(blower)에서 발생하는 과급압력 펄스를 감소시키고 소음도 낮추고 있다. 운전방법은 에어컨 압축기와 마찬가지로 슈퍼차저 구동 풀리에 마그네틱 클러치를 장착하여 ECU가 제어하는 방법을 주로 사용한다.

3. 커먼레일 연료분사장치(전자제어방식)

3.1 CRDI 연료분사장치의 개요

커먼레일 디젤 분사장치는 고압펌프와 커먼레일을 이용한 초고압분사 방식의 디젤연료 분사장치이다. 또한, 기존 인젝션펌프 디젤엔진에 비하여 약 20%의 출력향상과 약 15%의 연비향상을 얻어냈으며 유해 배출가스의 감소 및 디젤엔진에서의 차량 응답성 또한 많은 향상을 가져왔으나 커먼레일 디젤 엔진은 주요 구성부품들이 정밀도가 높기 때문에 부품의 수리나 교체에 드는 비용이 값이 비싸며 또한 연료품질에 민감하다.

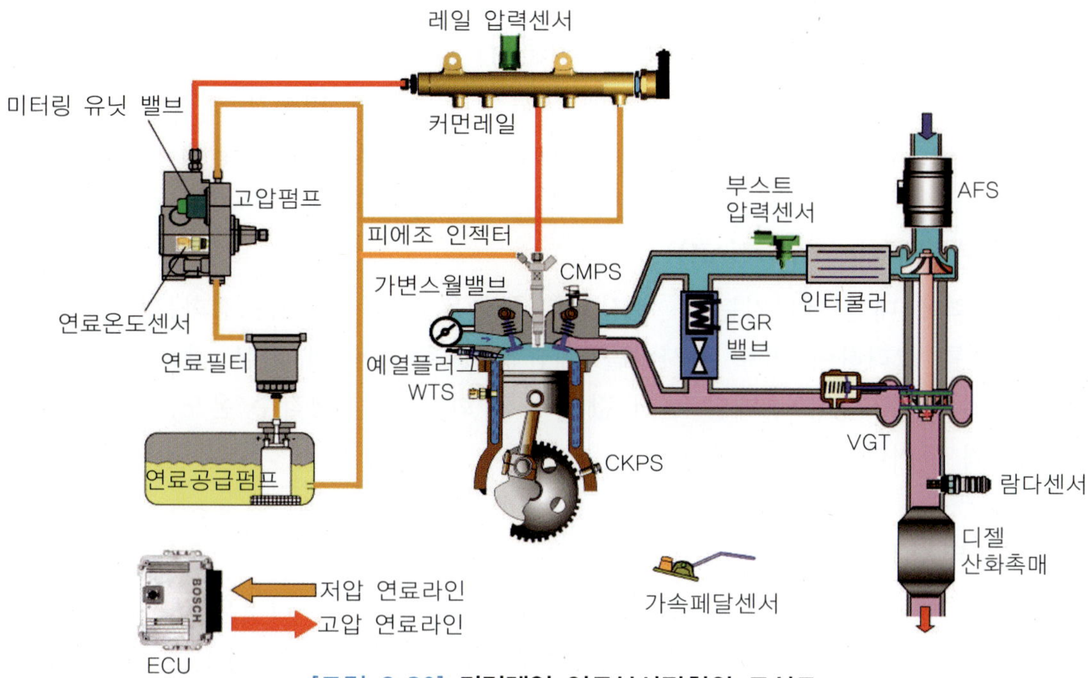

[그림 8-30] **커먼레일 연료분사장치의 구성도**

3.2 커먼레일 연료분사장치 엔진의 연소과정

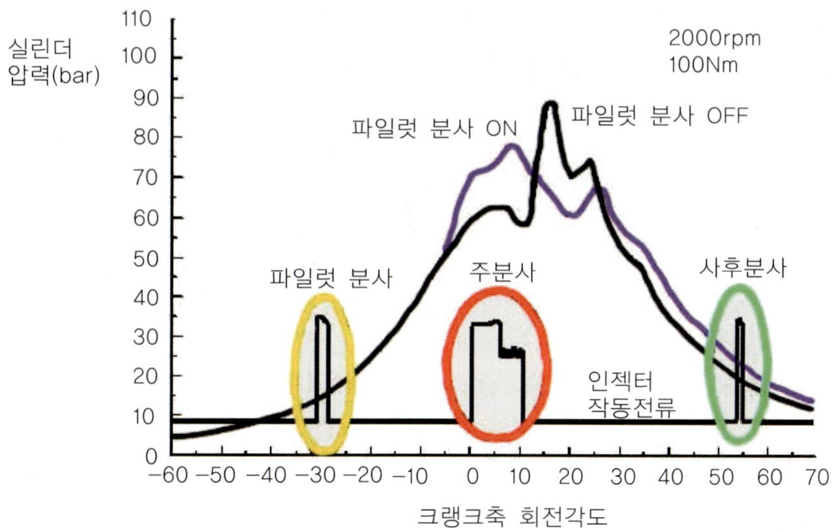

[그림 8-31] **커먼레일 연료분사장치 엔진의 연소과정**

3.2.1 파일럿 분사(Pilot Injection, 착화분사)

점화분사란 주 분사가 이루어지기 전에 연료를 분사하여 연소가 원활히 되도록 하기 위한 것이며, 점화분사 실시 여부에 따라 엔진의 소음과 진동을 줄일 수 있다.

3.2.2 주 분사(Main Injection)

엔진의 출력에 대한 에너지는 주 분사로부터 나온다. 주 분사는 점화분사가 실행되었는지 여부를 고려하여 연료 분사량을 계산한다. 주 분사의 기본 값으로 사용되는 것은 엔진 회전력의 양(가속페달 센서 값), 엔진 회전속도, 냉각수 온도, 흡입공기 온도, 대기압력 등이다.

3.2.3 사후분사(Post Injection)

사후분사는 배기가스 규제의 강화에 의해 사용되는 것이며, 이것은 연소가 끝난 후 인젝터를 작동시켜 배기 행정에서 연료를 연소실로 공급하여 배기가스를 통해 촉매변환기에 공급하기 위한 것이다.

3.3 커먼레일 연료분사장치의 구성

커먼레일 연료분사장치 엔진은 연료탱크에서 고압펌프 입구까지 저압 연료계통, 고압 연료펌프부터 인젝터까지 고압 연료계통 및 인젝터/고압 연료펌프부터 연료탱크까지 복귀계통 등 3단계로 구분을 할 수 있다.

3.3.1 저압 연료계통

커먼레일 연료분사장치 엔진의 저압 연료장치는 연료탱크, 연료여과기, 저압 연료펌프로 구성되어 있다.

[1] 연료여과기(Fuel Filter)

1차 연료여과기는 연료탱크에 내장되어 있으며, 그물망과 같은 형식으로 비교적 큰 이물질을 여과한다. 2차 연료여과기는 엔진 룸에 설치되어 연료 속의 이물질과 수분을 여과한다.

① **오버플로 밸브(Over Flow Valve)** : 연료압력을 일정하게 조정한다. 조절압력은 1.5~2.0bar 정도이며, 일정한 유량을 바이패스 시킨다.

② **연료히터(Fuel Heater)** : 추운 지역에서 냉간 된 상태의 엔진을 시동을 할 때 시동 성능 향상을 위해 연료여과기 중간에 설치되어 연료를 직접적으로 가열한다.

③ **프라이밍펌프(Priming Pump)** : 저압 연료펌프를 기계식 연료펌프(기어펌프)를 이용하는 엔진에서 주로 사용하며 저압 연료계통에 공기가 침입하였을 경우 연료계통의 공기빼기 작업을 한다.

(a) 저압 연료펌프 전동기 사용시 여과기

(b) 저압 연료펌프 기계식 사용시 여과기

[그림 8-32] **연료 여과기**

[2] 저압 연료펌프(Low Pressure Fuel Pump)

저압 연료펌프(1차 연료공급 펌프)의 종류에는 기계식과 전동식이 있다.

(1) 기계식 저압 연료펌프

기계식 저압 연료펌프는 기어펌프를 사용하며, 고압 연료펌프와 일체로 구성되어 있어 엔진의 가동과 동시에 작동된다. 엔진이 가동되면 캠축이나, 타이밍체인과 연결된 구동축에 의해 작동을 시작하며, 연료탱크의 연료를 흡입하여 고압 연료펌프로 공급한다.

[그림 8-33] **기계식 저압 연료펌프의 구조**

(2) 전동식 저압 연료펌프

전동식의 저압 연료펌프는 전자제어 가솔린엔진에서 사용하는 연료펌프와 거의 같은 구조로 되어있으며, 6.5~8.5bar의 연료를 고압 연료펌프로 공급한다. 전동식 저압 연료펌프의 작동은 엔진의 회전속도에 관계없이 연속적으로 작동하며, 과잉 공급된 연료는 오버플로 밸브를 거쳐 연료탱크로 복귀된다.

3.3.2 고압 연료계통

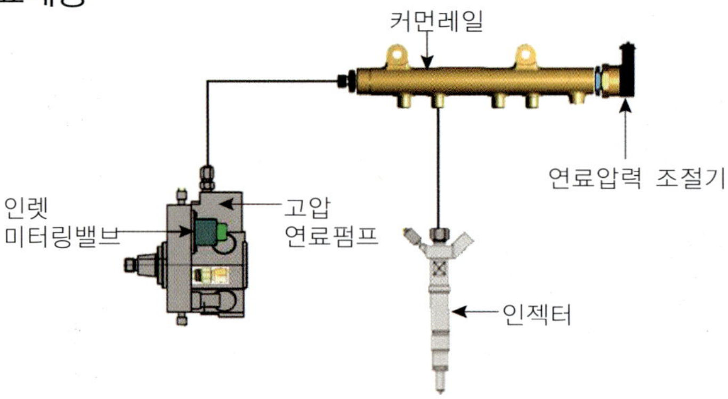

[그림 8-34] **고압 연료계통**

[1] 고압 연료펌프(High Pressure Fuel Pump)

고압 연료펌프는 엔진의 타이밍 체인(벨트)이나 캠축에 의해 구동되며, 저압 연료펌프에서 공급된 연료를 높은 압력으로 형성하여 커먼레일로 공급한다. 공급된 연료압력을 연료압력 조절밸브에서 규정 값으로 유지시킨다. 보통 작동 최고압력은 1,600bar 정도이고 ECU 제어 최고압력은 1,350bar 정도이다. 고압 연료펌프 내에는 별도의 윤활 장치 없이 연료에 의해 이루어진다.

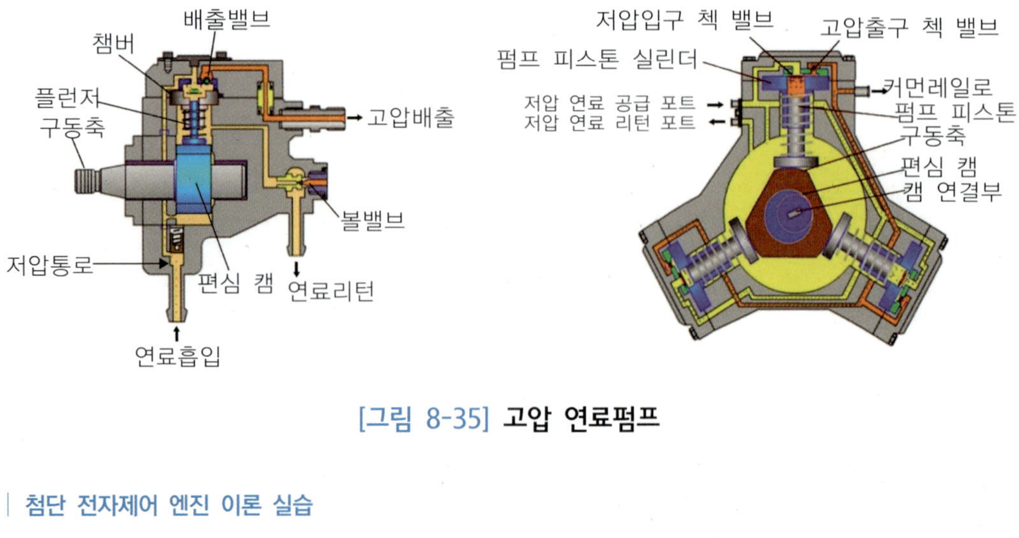

[그림 8-35] **고압 연료펌프**

[2] 커먼레일(Common Rail, 고압 어큐뮬레이터)

커먼레일은 고압 연료펌프에서 공급된 높은 압력의 연료가 저장되는 부분으로 모든 실린더에 공통적으로 연료를 공급하며 커먼레일 내의 연료압력을 일정하게 유지한다. 또 고압 연료펌프에서 연료를 압송할 때 맥동이 발생하는 경우 맥동을 완화시킨다.

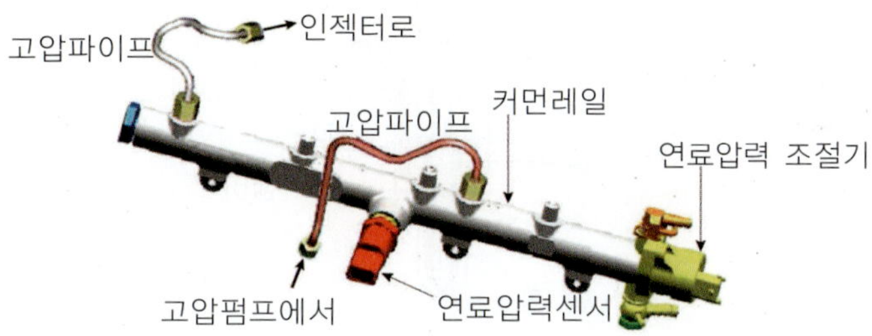

[그림 8-36] **커먼레일 및 구성품**

[3] 연료압력 조절밸브(Fuel Pressure Control Valve)

기계식 저압 연료펌프를 사용하는 방식에서는 저압 연료펌프와 고압 연료펌프의 연료 통로사이에 연료압력 조절밸브가 설치(입구제어방식)되며, 고압 연료펌프로 보내지는 연료량을 제어하는 역할을 하는데, ECU로부터의 전기적신호, 즉 전류제어로 연료압력을 조절한다.

전동식 저압 연료펌프를 사용하는 경우에는 커먼레일에 연료압력 조절밸브(출구제어방식)가 설치되어 있다. 이 밸브는 고압 연료펌프에서 높은 압력으로 된 연료를 복귀계통으로 배출하여 연료압력을 제어하는 방식이며, 시동스위치(키)를 OFF로 하면 항상 닫혀있는 방식이다.

[4] 연료압력 제한밸브(Fuel Pressure Limited Valve)

연료압력 제한밸브는 안전밸브와 같은 역할을 하며 입구제어방식에서 사용한다. 입구 제어방식에서 고압 연료펌프에서 압력이 조절된 연료를 커먼레일로 공급하기 때문에 커먼레일에서는 복귀계통으로 연료를 보내지 못한다. 이에 따라 연료압력 조절에 문제가 있어 과도한 압력의 연료가 커먼레일로 공급된다면 고압 연료계통의 파손을 초래한다. 연료압력 제한밸브는 커먼레일 끝 부분에 설치되며, 연료압력이 한계(1750bar) 값 이상 되면 과잉압력의 연료는 복귀계통을 통하여 연료탱크로 돌아간다.

[5] 인젝터(Injector)

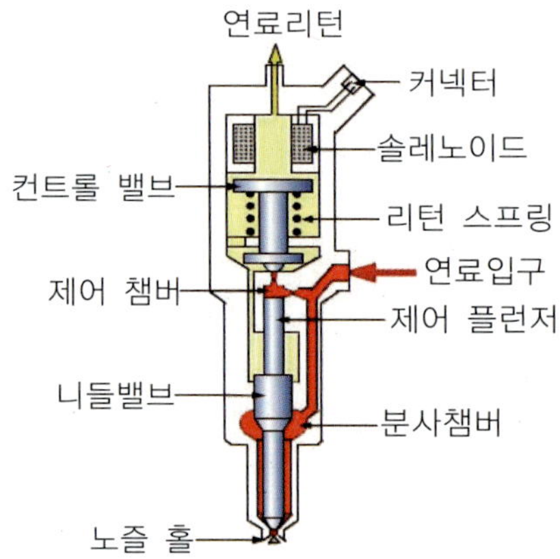

[그림 8-37] **인젝터 구조**

인젝터는 각 실린더 헤드에 장착되어 있으며, ECU의 제어 신호에 따라 커먼레일에 저장된 압축 연료를 실린더에 직접 분사하는 장치이다. 유로6 S2 엔진에는 기존 유로5 S2 엔진에 적용한 1,800bar 피에조 인젝터를 그대로 적용해서 별다른 출력변화는 없는데 유로6 R엔진에는 2,000bar 솔레노이드 인젝터가 적용되어 있다.

(1) 점화분사 금지조건

점화분사의 기본 값은 냉각수 온도와 흡입공기량에 의해 조정되며, 그 밖의 제약에 따라 점화분사가 중단될 수 있다. 점화분사가 금지되는 조건은 다음과 같다.

① 점화분사가 주 분사를 너무 앞지르는 경우
② 엔진 회전속도가 3,200rpm 이상인 경우
③ 연료 분사량이 너무 많거나 주 분사를 할 때 연료 분사량이 불충분한 경우
④ 연료압력이 최소값(약 100bar) 이하인 경우
⑤ 엔진 가동 중단에 오류가 발생한 경우

(2) 인젝터 니들밸브 닫힘

이 상태에서는 솔레노이드밸브에 전류가 공급되지 않아 인젝터의 니들밸브(Need Valve)가 닫혀있게 된다. 또 배출구멍이 닫힌 상태이기 때문에 커먼레일 내의 연료는 제어 챔버(Control Chamber)와 니들밸브 아랫부분에 같은 압력이 형성되어 양쪽의 압력이 균형을 이룬 상태이므로 인젝터 니들밸브는 리턴 스프링에 의해 닫혀 있는 위

치를 유지한다.

(3) 인젝터 니들밸브 열림

인젝터가 닫힌 상태에서 솔레노이드밸브에 전류가 공급되면 배출구멍이 열린다. 배출구멍이 열리면 제어 챔버에 있던 연료가 배출구멍을 통해 배출되므로 제어 챔버의 압력이 낮아져 제어 챔버와 인젝터 니들밸브 아랫부분에 압력차이가 일어나 양쪽 압력의 균형이 깨진다.

이때 인젝터 니들밸브 아랫부분의 압력이 높아지는 현상에 의해 리턴 스프링의 장력보다 높은 압력으로 니들밸브를 들어올린다. 이에 따라 노즐의 분사구멍이 열린다.

3.4 커먼레일 연료분사장치 기관의 전자제어

커먼레일 연료분사장치 기관의 전자제어와 가솔린기관의 전자제어가 다른 점은 디젤기관의 특성에 의해 전기점화 기능과 흡입공기 제어(공전할 때 흡입공기 제어)를 하지 않는다. 따라서 커먼레일 연료분사장치 기관의 전자제어의 주제어는 인젝터 제어이며, 인젝터 제어는 연료분사량 제어를 의미한다. 그밖에 축전지 상태에 따른 제어와 매연, 연료압력, 과열방지 등의 제어가 있다.

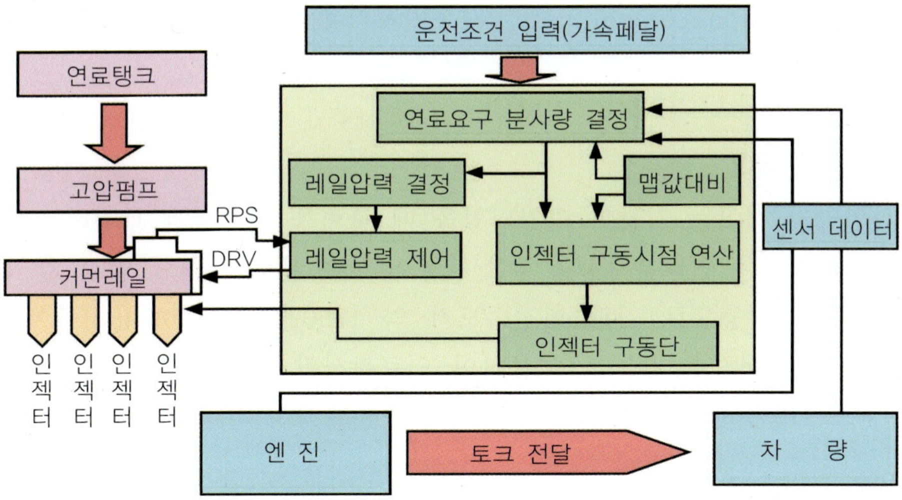

[그림 8-38] **연료장치의 전자제어의 개요도**

3.4.1 커먼레일 연료분사장치 기관의 ECU제어

[1] 축전지 전압에 따른 공전제어

축전지 전압에 따른 공전제어는 축전지 전압과 기관 회전속도의 값을 입력받아 제어한다. 즉 차량은 정지된 상태이고 기관 회전속도가 700rpm 이상 850rpm 이하인 상태에서 축전지 전압이 약 12.5V 이하로 30초 이상 유지되면 공전속도를 850rpm으로 증가시킨다. 이것은 기관의 각종 솔레노이드밸브가 작동할 때 많은 전기소모를 하게 되므로 이때 부족한 전압을 기관 회전속도를 높여 보충하기 위한 것이다. 이와 같은 조건에서 축전지 전압이 13.5V를 초과하고 약 30초 이상 유지되면 다시 공전속도로 복귀한다.

[2] 매연(smog)제어

매연제어는 매연 너무 많이 발생하는 것을 방지하기 것이다. 흡입공기량과 대기압력 그리고 기관 회전속도 등을 이용하여 매연감소 제어를 하는데 설정된 매연 맵(smog map) 중 현재의 변속단계가 되는 하나의 맵을 선택하여 연료 분사량을 감소시키는 제어를 한다.

현재 각 변속단계의 판단은 수동변속기의 경우에는 클러치 스위치와 주행속도/기관 회전속도를 이용하며, 자동변속기의 경우는 CAN(control area network)통신라인을 통해 TCU(transmission control unit, 자동변속기용 ECU)로 입력된 각 변속단계의 정보를 받아 판단한다.

[3] 기관 과열방지 제어

기관의 과열방지 제어는 기관이 과열되었을 때 출력을 감소시켜 과열하는 것을 방지하는 제어이다. 이것은 연료분사량을 감소시켜 냉각수 온도가 어느 일정 값 이상 올라가지 못하게 하는 기능으로 기관 회전속도가 약 1700rpm~4750rpm사이에서 작동한다. 또 주행속도와 냉각수 온도를 이용하여 연료분사량을 감량하며, 연료분사량 감량은 냉각수 온도 110℃ 이상부터 시작하여 최대 40mcc까지 감량하도록 되어 있다.

[4] 연료압력 제어

연료압력 제어는 기관의 가·감속 또는 부하여부에 따라 커먼레일에 공급되는 연료압력을 적절하게 조절한다. 기관 ECU(ECM)에서의 연료압력 제어는 현재의 기관 회전력에서 구해진 연료압력과 기관 회전속도 그리고 그 밖의 보정(대기압력, 냉각수 온도, 흡기 온도, 냉각상태에서 시동을 할 때, 연료 온도 보정 값)값을 이용하여 연료압력 맵(map)값과 비교하여 제어하도록 되어 있다.

또 연료압력 센서가 고장일 경우에는 최대 연료압력을 900bar, 최소 연료압력은 450bar로 제한하도록 되어 있으며, 기관이 시동이 되지 않도록 되어있는 방식과 최대 연료압력, 최소 연료압력을 제한하지 않고 기관의 시동이 되도록 된 방식이 있다.

[5] 연료압력 모니터링

(1) 연료압력 모니터링의 목적

연료압력 모니터링은 고압계통에서의 누출과 그 밖의 고장을 감시하기 위해 사용한다.

(2) 연료압력 모니터링의 요건

기관의 회전속도가 700rpm 이상, 오픈루프(개방회로) 제어일 경우에만 연료압력 모니터링을 실행한다.

① 커먼레일 압력이 1450bar을 초과한 경우
② 최소 연료압력 점검은 기관 회전속도에 따라 ECU 내의 연료압력 맵(map) 값과 커먼레일의 연료 압력을 비교 점검하여 100~200bar 사이보다 작은 경우
③ 연료압력 조절밸브의 총 조정 듀티율이 100%를 초과한 경우
④ 연료압력이 250bar 이하이고 연료 압력조절밸브 조정 듀티율이 10% 이하인 경우
⑤ 연료압력이 250bar 이상이고, 연료 압력조절밸브 조정 듀티율이 75% 이상인 경우
⑥ 연료압력이 250bar 이하인 경우(700rpm 이상)
⑦ 연료압력이 250bar 이상이고, 연료 압력조절밸브 조정 듀티율이 100% 이상인 경우

(3) 고장이 발생할 수 있는 여러 가지 조건

① 내부 또는 외부에서 연료 누출
② 연료탱크 내의 연료가 결핍된 경우
③ 연료압력이 낮은 경우
④ 고압연료 펌프의 효율성이 너무 낮은 경우
⑤ 인젝터에서 연료누출이 과다한 경우
⑥ 인젝터에서 연료분사량이 너무 많은 경우

[6] 연료분사 제어

연료분사 제어는 점화분사, 주 분사 및 사후 분사로 구성된다. 사후분사는 배기가스 규제에 따라 실시 여부가 결정되며, 연료분사 제어에서 분사시간 및 연료분사량은 각종 센서(기관 회전속도, 연료압력 센서 등)의 입력에 의해 계산된다.

참고 점화(예비)분사 금지조건

① 점화분사가 주 분사를 너무 앞지르는 경우
② 기관 회전속도가 3200rpm 이상인 경우
③ 연료 분사량이 너무 적은 경우
④ 주 분사 연료량이 불충분한 경우
⑤ 기관 가동 중단에 오류가 발생한 경우
⑥ 연료압력이 최솟값 이하(100bar)인 경우

[7] 배기가스 재순환(EGR) 제어

배기가스 재순환(EGR) 제어는 배기가스 중 질소산화물을 줄이기 위해 연소가 끝난 배기가스를 흡입행정에서 공급하는 제어를 말하며, 배기가스 재순환의 설정 값은 기관 회전속도, 연료분사량, 흡입공기 온도, 냉각수 온도 및 대기 압력과 함수 관계에 있다.

크루즈 루프 제어(밀폐제어)를 할 경우에는 흡입되는 공기의 양을 통해 EGR가스의 피드백 제어(feed back control)를 하며, 오픈루프 제어(개방제어)의 경우에는 EGR밸브의 ON/OFF 비율을 계산하여 제어한다.

참고 배기가스 재순환(EGR)제어 금지조건

① 오버 런(over run)상태일 때(2,000rpm 이상이고 연료 분사량이 5mcc 이하인 경우)
② 공전할 때(1000rpm 이하에서 52초 이상)
③ 1,800rpm 이하 또는 2800rpm 이상에서 연료 분사량이 20mcc 이상인 경우
④ 연료압력 조절밸브가 고장일 때
⑤ 공기유량 센서(AFS)가 고장일 때
⑥ EGR 액추에이터가 고장일 때
⑦ 냉각수 온도가 37℃ 이하 또는 100℃ 이상일 때
⑧ 축전지 전압이 9V 이하일 때
⑨ 흡입공기 온도가 약 90℃ 이상일 때
⑩ 기관을 시동할 때
⑪ 대기 압력이 약 940hPa 이하일 경우

[8] 스로틀 플랩 제어(throttle flap control)

흡입공기 통로에 플랩을 설치하여 실린더 내로 들어가는 공기의 통로를 좁게 하여 공기의 양을 감소시키는 장치이다. 이것은 기관의 작동을 정지시킬 때 사용이 되며, 스로틀 플랩 솔레노이드밸브의 듀티(duty) 제어를 통해 흡입공기 통로를 좁게 한다.

이 제어는 오픈루프로 제어를 하며, 각종 센서의 신호를 통해 제어된다. 즉 디젤기관의 고유특성인 연소과정에서 발생하는 기관 진동을 방지하기 위해 작동을 정지시킬 때 흡입공기가 유입되는 것을 차단하는 장치이다.

스로틀 플랩은 기관을 시동할 때에는 열림 상태로 하고 있다가 기관의 작동을 정지시킬 때에는 진공펌프에서 발생된 부압을 이용하여 솔레노이드밸브를 통해 액추에이터를 구동시켜 연소실의 흡입공기를 차단하여 기관의 관성력을 감쇄시키는 역할을 한다. 이것은 기관 회전속도와 연료분사량에 따라 결정이 되며, 연료분사량은 대기압력과 냉각수 온도에 따라 보정된다.

[9] VGT(variable geometry turbo charger)제어

VGT(가변용량 과급기)제어는 과급기 제어를 위한 것이며, 과급기에 설치된 베인 제어 액추에이터(vane control actuator)를 구동한다. VGT제어는 기관 회전속도, 가속페달 위치센서, 대기압력, 부스터 압력, 냉각수 온도, 흡입공기 온도, 주행속도, 클러치 스위치 신호 등을 입력받아 운전상황을 판단한다.

ECU는 기관 회전속도 및 연료분사량에 따라 목표로 하는 부스터 압력 맵을 결정한다. 결정된 값을 이용하여 ECU는 VGT 솔레노이드밸브를 30㎐의 작동 주파수로 듀티 제어하면서 베인 제어 액추에이터를 구동하여 부스터 압력을 제어한다. 또 부스터 압력 센서는 흡기다기관 압력을 계측하여 목표로 하는 부스터 압력을 피드백하기 위한 센서이며, 정밀한 제어가 가능하다. 흡기다기관의 압력은 최대 2.3bar(절대압력)까지 높일 수 있다. 그리고 VGT 작동금지 조건은 다음과 같다.

① 기관 회전속도가 700rpm 이하일 때
② 냉각수 온도가 약 0℃ 이하일 때
③ EGR 관련 부분에 고장이 있을 때
④ 부스터 압력 센서가 고장일 때
⑤ VGT 액추에이터가 고장일 때
⑥ 공기유량 센서가 고장일 때
⑦ 스로틀 플랩 장치가 고장일 때
⑧ 가속페달 위치 센서가 고장일 때

[10] 예열장치 제어

예열장치(예열플러그)제어에는 예비예열(pre glow), 시동-준비예열(start ready glow), 시동예열(start glow), 사후예열(post glow), 중간예열(intermediate glow) 등 단계별로 제어하도록 되어 있다. 예열장치는 축전지 전압, 기관 회전속도 등의 신호를 통해 제어되며, 축전지 전압이 약 7.5V 이상 되어야 제어하도록 되어 있다. 따라서 축전지 전압이 낮으면 모든 예열 제어는 정지된다.

(1) 예비(pre) 예열

예비예열은 기관 ECU에 전원이 공급되면 곧바로 작동하며, 예열플러그 지시등은 예비예열 단계에 있는 동안만 약 0.5초 점등된다. 예비예열은 냉각수 온도와 축전지 전압에 의해 제어되므로 제어시간은 각각 달라진다.

예비예열 작동 중지조건은 다음과 같다.

① 예비예열 시간을 초과한 경우

② 기관 회전속도가 45rpm 이상이고 0.5초 이상을 초과한 경우

③ 수온센서에 결함이 있는 경우에는 예비 예열시간은 냉각수 온도 기본 값을 -25℃로 활용한다.

(2) 시동-준비(start-ready) 예열

시동-준비 예열은 예비예열이 작동 후 작동을 하는데 이것은 예열플러그 지시등이 커졌음에도 불구하고 운전자가 시동을 곧바로 걸지 않고 있다가 시동을 걸때 시동이 걸리지 않는 경우를 방지하기 위한 모드이다. 시동-준비 예열상태에 도달했을 때 타이머가 15초간 작동하여 예열장치를 제어한다. 시동-준비 예열 작동중지 조건은 다음과 같다.

① 시동-준비 예열시간이 15초를 경과한 경우

② 기관 회전속도가 45rpm 이상이고 0.5초 이상을 초과한 경우

(3) 시동(start) 예열

시동예열은 냉각수 온도가 60℃ 이하일 경우 매번 작동하고, 기관 회전속도가 일정속도 이상(크랭킹 회전)으로 회전되어야 작동되며, 타이머가 15초간 작동하여 예열장치를 제어한다. 수온센서에 결함이 있을 경우에는 시동예열 시간은 냉각수 온도의 기본 값 -25℃를 활용한다. 시동예열 작동중지 조건은 다음과 같다.

① 시동예열 시간이 15초를 경과한 경우
② 냉각수 온도가 60℃ 이상인 경우
③ 기관 회전속도가 45rpm 이하인 경우

(4) 사후예열

시동예열 완료 후 시작되는 이 제어는 냉각수 온도에 따라 1회만 계산되어 예열시간을 제어한다. 사후 예열 작동중지 조건은 다음과 같다.

① 연료분사량이 75mcc 이상인 경우
② 기관 회전속도가 3500rpm 이상인 경우
③ 수온센서에 결함이 있는 경우에는 예비예열 시간은 냉각수 온도의 기본 값을 −25 ℃로 활용한다.

(5) 중간 예열

사후예열 단계가 완료된 후 냉각수 온도가 −21℃ 이하인 경우, 연료분사량이 10mcc 이하인 경우, 기관 회전속도가 1000rpm 이하인 경우에는 반드시 실행되며, 3가지 조건 중 어느 것이라도 초과하면 중간예열은 즉시 완료된다. 그리고 수온센서에 결함이 있는 경우에는 예비예열 시간은 냉각수 온도의 기본 값을 −25℃로 활용한다.

[11] 보조히터 제어

보조히터 장치는 냉각수 또는 히터의 라디에이터 앞에서 공기를 가열하는 장치이다. 흡입공기 온도와 냉각수 온도에 따라 제어되며, 기관이 작동하는 상태에서만 작동한다. 보조히터 장치가 작동을 하면 공전상태에 영향을 주며, 몇 가지 신호에 의해 작동하기도 하고, 정지되기도 한다.

(1) 보조히터의 작동조건(모두 만족하여야 함)

① 송풍기(blower) 모터 스위치를 ON으로 하였을 때
② 예열장치를 제어하지 않는 경우
③ 보조히터 전원 공급에 문제가 없는 경우
④ 흡기온도 센서에 고장이 없는 경우
⑤ 수온센서에 고장이 없는 경우
⑥ 기관이 원활하게 작동하는 경우
⑦ 기관 회전속도가 700rpm 이상인 경우

⑧ 흡입공기 온도가 5℃ 이하이고, 냉각수 온도가 60℃ 이하인 경우
⑨ 보조히터 전원 공급이 정상인 경우

(2) 보조히터 작동금지 조건

① 송풍기 모터를 OFF로 하였을 때
② 예열장치를 제어하는 경우
③ 보조히터 릴레이가 불량인 경우
④ 흡기온도 센서와 수온센서가 고장인 경우
⑤ 기관을 시동 중일 때
⑥ 기관 회전속도가 낮은 경우
⑦ 축전지 전압이 낮은 경우
⑧ 냉각수 온도가 높은 경우

3.5 커먼레일 연료분사장치의 입·출력요소

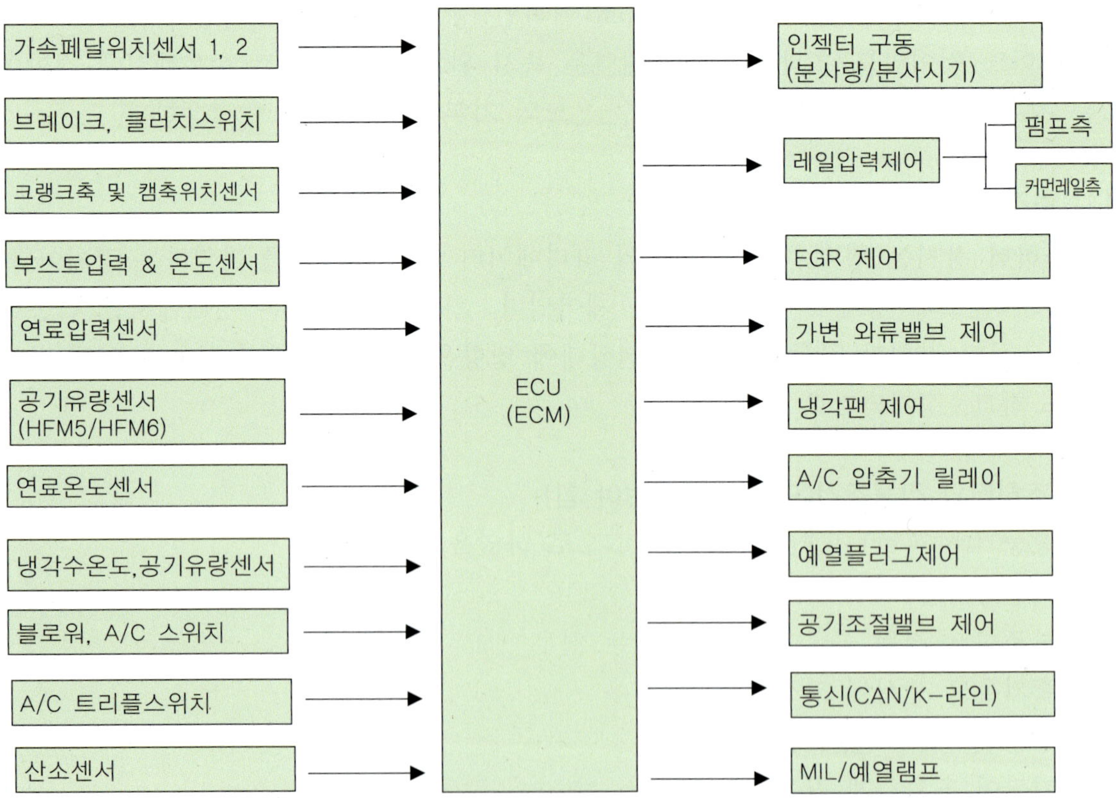

[그림 8-39] 커먼레일 연료 분사장치 엔진의 입·출력도

3.5.1 ECM 입력요소

[1] 레일 압력센서(RPS)

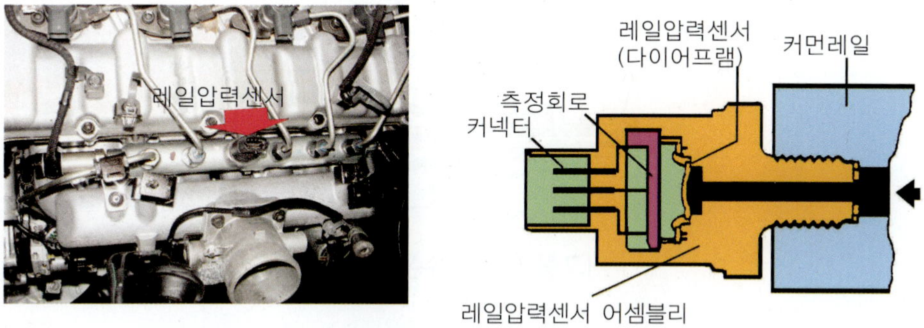

[그림 8-40] **레일 압력센서 설치위치 및 구조**

레일 압력센서는 커먼레일에 부착되며 커먼레일(Common Rail) 내의 연료압력을 측정하여 ECM으로 입력시키며, ECM은 이 신호를 받아 연료 분사량, 분사시기를 조정하는 신호로 사용한다. 레일 압력센서 내부는 피에조 압전 소자방식으로 되어있다.

[2] 공기유량 센서(AFS) & 흡기온도 센서(ATS)

공기유량 센서는 열막(Hot Film)방식을 사용하며, 가솔린 엔진과는 달리 공기유량 센서의 주 기능은 EGR 피드백 제어이며, 또 다른 기능으로는 스모그 리미트 부스트 압력(Smog Limit Boost Pressure)제어용으로 사용된다. 흡기온도 센서는 부특성 서미스터 방식을 사용하며, 각종 제어(연료분사량, 분사시기, 시동할 때 연료분사량 제어 등)에 보정신호로 사용된다.

[3] 액셀러레이터 포지션 센서(APS) 1, 2

전자제어 가솔린엔진에서 사용하고 있는 스로틀 위치센서와 동일한 원리로, 가속페달 위치센서 1(주 센서)에 의해 연료분사량과 분사시기가 결정된다. 센서 2는 센서 1을 검사하는 센서로 차량의 급출발을 방지하기 위한 것이다.

[4] 연료온도 센서(FTS)

연료온도 센서는 고압펌프 입구의 연료 온도를 감지한다. 수온센서와 동일한 부특성 서미스터이며, 연료온도에 따른 연료분사량 보정신호로 사용된다. 연료온도가 높아지면 ECU는 연료분사량을 감소시킨다.

[5] 수온센서(WTS)

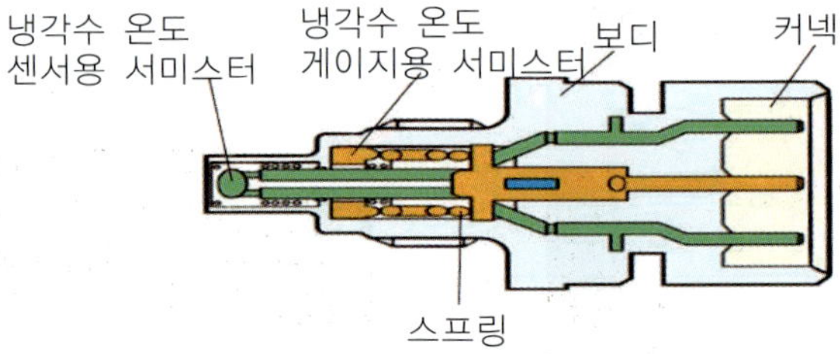

[그림 8-41] **수온센서의 구조**

엔진의 냉각수 온도를 감지하여 냉각수 온도의 변화를 전압으로 변화시켜 ECU로 입력시키면 ECU는 이 신호에 따라 연료분사량을 증감하는 보정신호로 사용되며, 열간 상태에서는 냉각 팬 제어에 필요한 신호로 사용된다.

[6] 크랭크축 위치센서(CPS, CKP)

크랭크축 위치센서는 마그네틱 인덕티브 방식(Magnetic Inductive Type)이며, 실린더블록 또는 변속기 하우징에 설치되어 크랭크축과 일체로 되어 있는 센서 휠(Sensor Wheel)의 돌기를 검출하여 크랭크축의 각도 및 피스톤의 위치, 엔진 회전속도 등을 감지하여 연료 분사시기를 결정하는데 중요한 역할을 한다.

[7] 캠 포지션 센서(CMP)

CMP센서는 홀 센서방식(Hall Sensor Type)이며, 캠축에 설치되어 캠축 1회전(크랭크축 2회전)당 1개의 펄스신호를 발생시켜 ECU로 입력시킨다. ECU는 이 신호에 의해 1번 실린더 압축 상사점을 검출하게 되며, 연료분사의 순서를 결정한다.

[8] 부스터 압력 센서(BPS)

이 센서는 VGT(Variable Geometry Turbo Charger)가 설치된 엔진에 있는 센서이며, 실제 흡기다기관의 압력(부스터 압력 : 과급기 작동압력)을 계측하여 목표로 하는 부스터 압력으로 맞추도록 피드백 제어를 하기 위한 센서이다.

[9] 그 밖의 입력요소

① **클러치 스위치 신호** : 클러치 스위치는 접점 형이며, 스위치 신호에 따라 매연을 감소시킬 때 필요한 변속기어 단수 인식과 충격감소 보정용으로도 사용된다.

② **에어컨 스위치** : 에어컨이 작동할 때 엔진 회전속도가 낮아지는 것을 방지하기 위해 연료분사량 보정신호로 사용된다.

③ **송풍기 모터 스위치** : 전기적인 부하에 따른 엔진 회전속도가 낮아지는 것을 방지하기 위해 연료분사량 보정하는 신호로 사용된다.

④ **2중 브레이크 스위치** : 브레이크 신호는 가속페달 위치센서 고장여부 신호로 사용되는데 예를 들어 브레이크 신호 뒤에 가속페달 위치센서 신호가 낮게 들어오면 정상이나 가속페달 위치센서 신호가 높게 들어오면 가속페달 위치센서 고장이라고 판단한다.

3.5.2 ECM의 출력요소

[1] 인젝터(Injector)

고압 연료를 연소실에 직접 분사하는 부품이다.

[2] 연료압력 조절밸브

커먼레일 내의 연료압력을 조정하는 밸브이다.

[3] 배기가스 재순환장치

배기가스 재순환 장치는 배기가스 일부를 흡기다기관으로 유입시키는 장치이다.

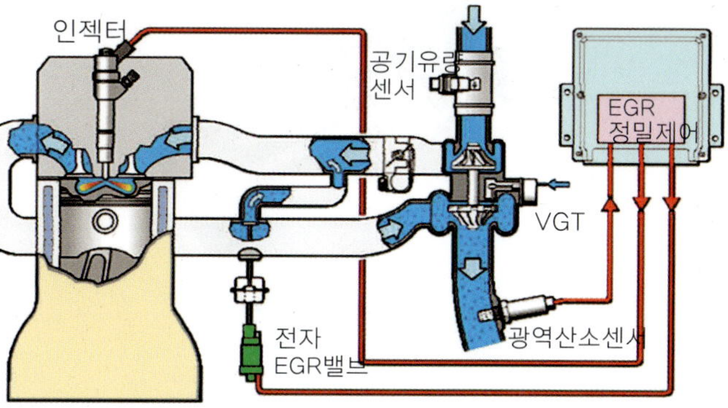

[그림 8-42] **배기가스 재순환 정밀 제어장치의 구성**

[4] 프리 히터(Pre-Heater) 장치

커먼레일 연료분사장치 엔진에는 가열 플러그방식 히터, 열선을 이용하는 PTC히터 등이 있다. 가열 플러그방식과 PTC 히터는 ECU에서 제어하고 또 예열장치의 제어가 완료되어야만 보조 히터장치가 작동한다.

(1) 가열플러그방식

겨울철에 전류에 의한 발열로 엔진의 냉각수를 가열하여 실내 히터 열 교환기로 보내는 장치이다.

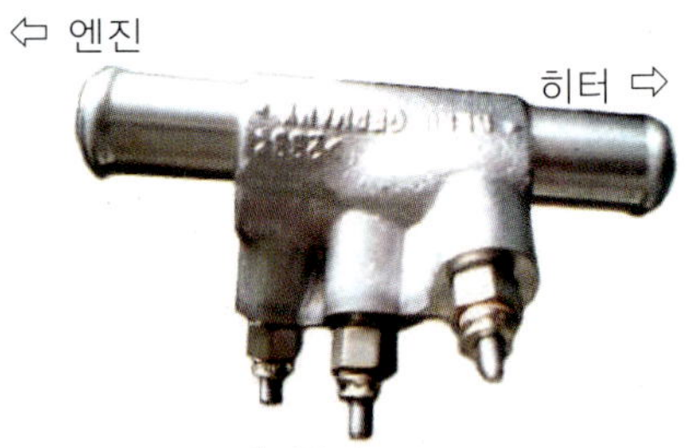

(a) 구조

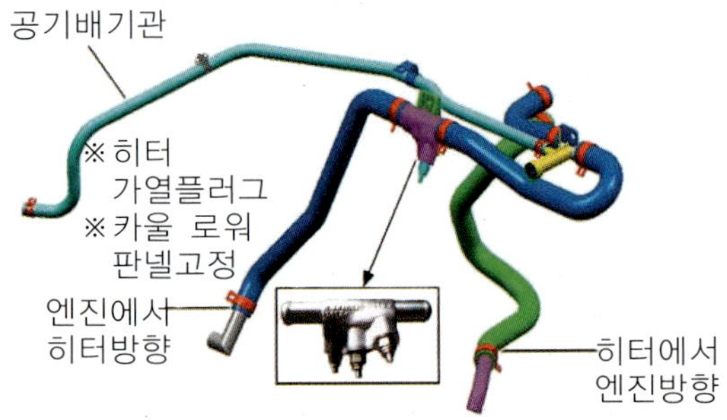

(b) 라인

[그림 8-43] **가열플러그의 구조 및 라인**

(2) PTC(Positive Temperature Coefficient) 히터

PTC 서미스터를 이용한 전기발열체 소자로 히터 라디에이터 뒤쪽에 설치되어 있어 공기를 직접 가열하여 난방을 향상시킨다.

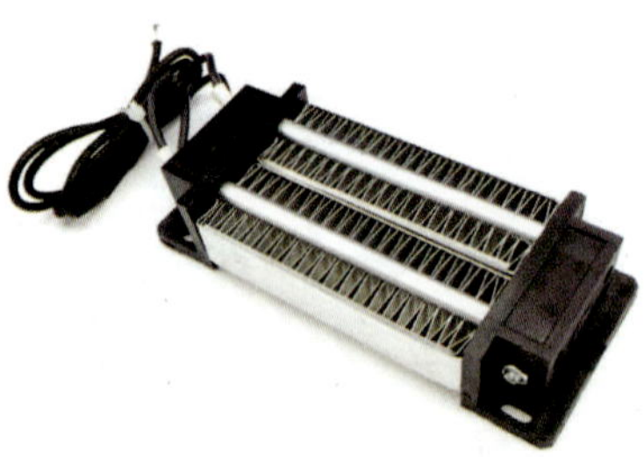

[그림 8-44] **PTC 히터**

[5] 예열장치

엔진이 냉간된 상태에서 시동이 원활히 하기 위한 장치이며 이것은 배기가스와 매우 밀접한 관계가 있다. 예열장치는 냉각수 온도와 엔진 회전속도에 의해 제어된다.

① **프리 글로우(Pre-Glow)** : 프리 글로우 단계는 컴퓨터에 전원공급과 동시에 개시된다. 수온센서 값에 따라 프리 글로우 제어시간이 변경된다.

② **스타트 글로우(Start-Glow)** : 스타트 글로우는 60℃ 이하인 경우 매번 실시되며 엔진 회전속도 45rpm과 480ms 이상을 초과할 때 실시한다. 또한, 스타트 글로우는 스타트 글로우 시간 15초경과 후, 냉각수 온도가 60℃ 이상일 때는 종료한다.

③ **포스트 글로우(Post-Glow)** : 포스트 글로우시간은 냉각수온도에 따라 결정되며, 전원공급 후 단 1회만 실시하고, 연료량이 75㎣를 초과할 때, 엔진 회전속도가 3,500rpm 이상일 때는 종료한다.

[6] 냉각 팬 제어

① 에어컨 압축기 Cut Off 온도 : 115℃

② 수온 센서 고장일 때 : 콘덴서 팬, 냉각 팬 High 구동

③ 에어컨 ON조건은 압축기스위치 신호기준이며, 압축기 ON, OFF는 관계가 없다.

4. 디젤기관 연료장치 점검

4.1 분사노즐 시험

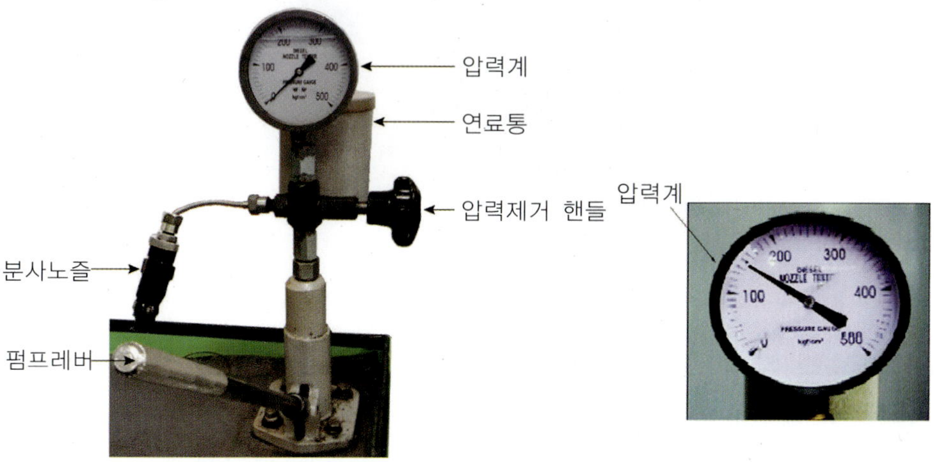

[그림 8-45] **분사노즐 시험기**

4.1.1 측정방법

① 노즐 시험기에 노즐을 설치하고, 시험기 연료탱크의 연료(경유)양을 점검한다.

② 노즐 시험기 펌프 레버를 작동시켜 공기빼기를 실시한다.

③ 펌프 레버를 1~2회 정도 작동시켰다가 힘껏 1회전 작동시킨다. 이때 펌프 레버를 매초 1회 정도의 속도로 작동시킨다.

④ 압력계의 지침이 천천히 상승하고 분사 중에는 지침이 흔들린다. 지침이 흔들리기 시작한 위치를 읽어 분사개시 압력을 측정한다.

4.1.2 분사압력 규정값

차 종	분사개시 압력
그레이스, 포터	분사개시 압력 : 120kgf/㎠ , 조정 압력 : 125~135kgf/㎠
타이탄, 베스타	135kgf/㎠
점보 타이탄	170~175kgf/㎠

4.1.3 분사 압력 조정방법

① 스크루식(screw type) : 압력 조정 나사를 조이면 상승하나 풀면 하강한다.

② 심식(shim type) : 심을 증가시키면 압력 상승, 감소하면 하강한다.

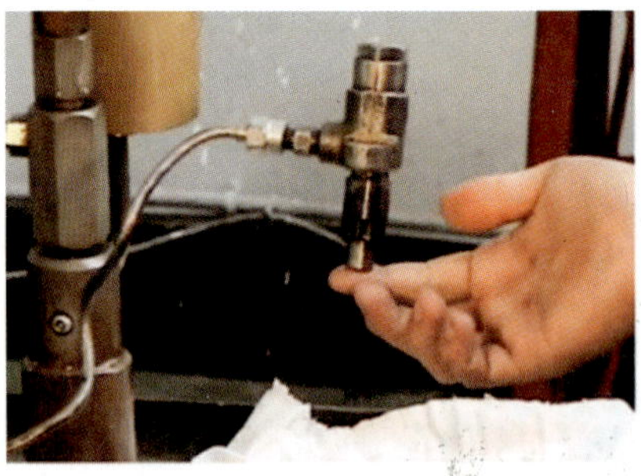

[그림 8-46] **후적점검**

4.1.4 후적 유무 및 분무상태 점검

① 분사노즐 팁을 깨끗이 닦는다.

② 노즐 테스터 펌프레버를 매초 4~6회 정도의 속도로 작동시킨다.

③ 분무는 양호한 상태인지를 점검한다.

④ 노즐 끝 부분을 손가락으로 만져보면 연료가 맺혀 있으면 후적 이므로 불량이다.

4.2 전자제어 디젤엔진 인젝터 리턴(백리크)량 점검

4.2.1 정적 백리크 점검

시동 불량시 시동이 걸리지 않은 상태에서 점검하는 방법으로 스캐너를 보면서 고압펌프의 상태를 파악할 때 점검한다.

① 인젝터 리턴호스를 탈거하고 투명한 호스의 니플을 인젝터의 리턴파이프에 설치한다.
② 측정 용기를 장착한다.
③ 시동이 걸리지 않도록 캠 포지션 센서 또는 인젝터 커넥터를 탈거한다.
④ 크랭킹을 약 5초간 2회 실시한다.
⑤ 고압이 1000bar이상이 상승해야 되며, 백리크 호스에 올라온 량이 20cm이하여야 한다.

[그림 8-47] **백리크 점검**

4.2.2 동적 백리크 점검

동적 백리크는 시동이 걸린 상태에서 부조현상이 발생할 때 수행하는 것으로 공회전시, 중속시, 가속시, 급가속시, 저부하시, 중부하시, 고부하(스톨시험)시험을 해서 어떤 영역에서도 인젝터가 제대로 작동하는지 확인하는 테스트이다.

① 인젝터 리턴호스를 탈거하고 투명한 호스의 니플을 인젝터의 리턴파이프에 설치한다.
② 측정 용기를 장착한다.
③ 시동을 건다.
④ 용기에 리턴된 양을 판독하여 규정값을 벗어나면 해당 인젝터를 청소 또는 교환한다.

⑤ 델파이엔진은 약 35cc, 보쉬 엔진은 약 22cc이다.

4.3 전자제어 디젤엔진 연료압력 점검

4.3.1 고압 펌프 연료압력 점검

자기 진단기를 설치하고 시동을 건 후 자기 진단기 센서 출력 모드에서 연료압력 항목을 설정한 후 연료압력을 측정한다.

4.3.2 전기식 저압펌프 연료압력 점검

① IG ON 상태에서 저압펌프의 작동음을 확인한다(IG ON 시 약 3초간 작동).

② 연료필터 입구에 압력 게이지를 연결한 후 저압펌프의 토출 압력을 점검한다.

[표 8-2] **전기식 저압펌프 연료 압력**

전기펌프 방식			
NO	Euro-3 압력	Euro-4 압력	판정
1	1.5~6kgf/㎠	2.0~4.5kgf/㎠	정상
2	4~6kgf/㎠	5.0~7.0kgf/㎠	연료필터 또는 저압 연료라인 막힘
3	0~1.5kgf/㎠	0~2.0kgf/㎠	저압라인 누설 또는 전기펌프 손상

4.3.3 기계식 저압펌프 연료압력 점검

① 연료필터 출구에 진공게이지를 설치한다.

② 시동을 걸어 진공게이지의 압력을 확인한다.

[표 8-3] **기계식 저압펌프 연료 압력**

기계펌프 방식		
NO	진공	판정
1	8~19cmHg	정상
2	20~60cmHg	연료필터 또는 저압 연료라인 막힘
3	0~7cmHg	저압라인 누설 또는 전기펌프 손상
판정 EURO Ⅳ 차량 : 2~4.5kg/㎠이내면 정상 기타차량 : 1.5~3.5kg/㎠이내면 정상		

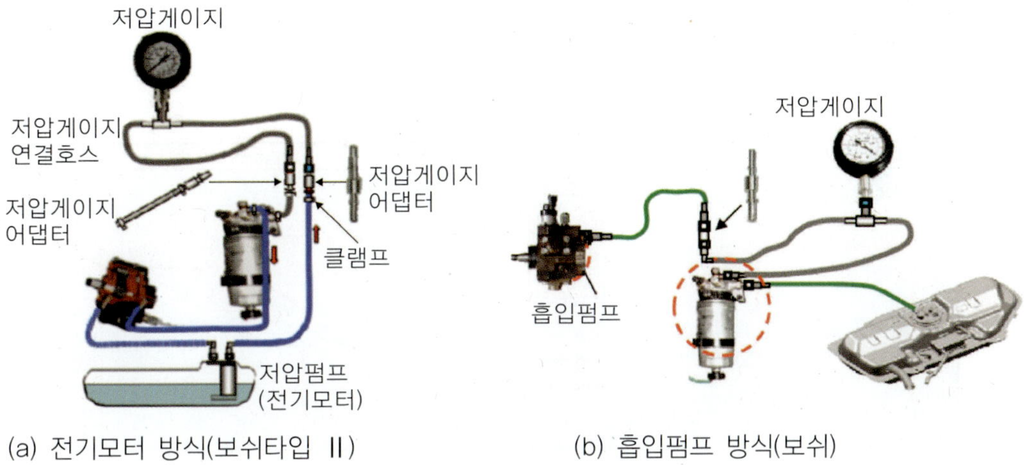

[그림 8-48] **저압펌프 연료압력 점검**

4.3.4 CRDI 연료분사장치 고압펌프 점검

[1] 고압펌프(스캐너)

① 연료압력 조절밸브 커넥터 탈거 후 크랭킹

② 연료압력 1,300~1,400bar 확인

③ 1번 구간처럼 압력이 천천히 떨어져야 한다. 시간은 알 수 없다.

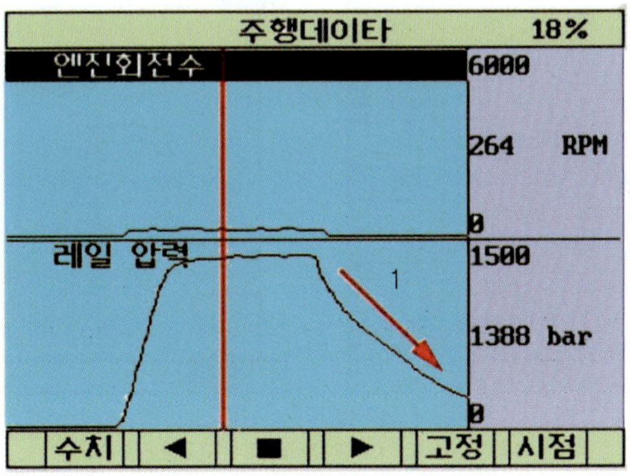

[그림 8-49] **압력조절 밸브**

[2] 고압펌프(크랭킹 1)

① 연료압력 조절밸브 커넥터 탈거, 1번 구간 시간 2.4초 이내(4V), 고압펌프 정상 판단

② 2번 구간 시간 1.6초 이내(3V)

③ KEY ON시 0.5V

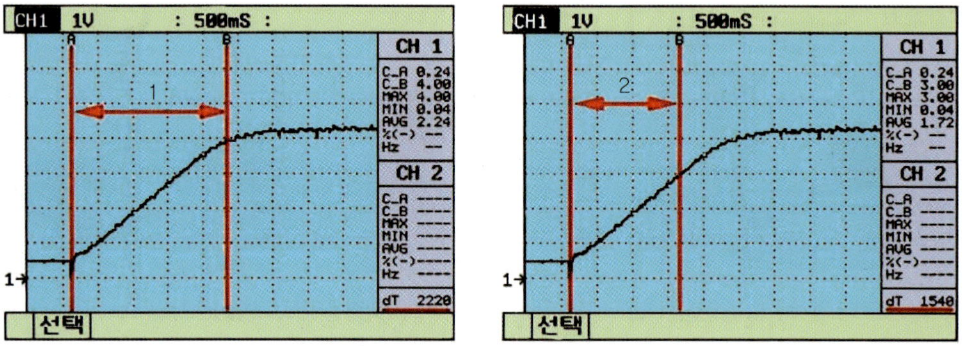

[그림 8-50] 고압펌프(크랭킹 1)

[3] 고압펌프(크랭킹 2)

① 연료압력 조정밸브 커넥터 탈거

② 1번 구간 시간 16초 이내(4.4V~0.6V까지), 고압펌프 내부 부품 정상 판단.

③ 2번 구간 시간 8.6초 이내(4.4~1.0V까지)

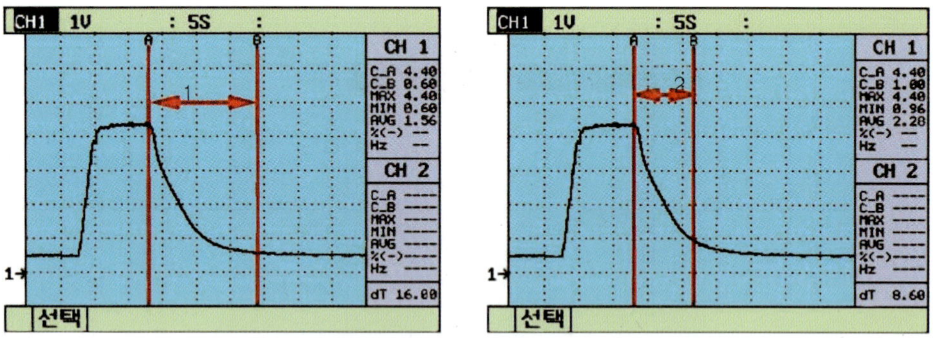

[그림 8-51] 고압펌프(크랭킹 2)

4.4 디젤 엔진 배기가스의 매연

4.4.1 매연측정 방법

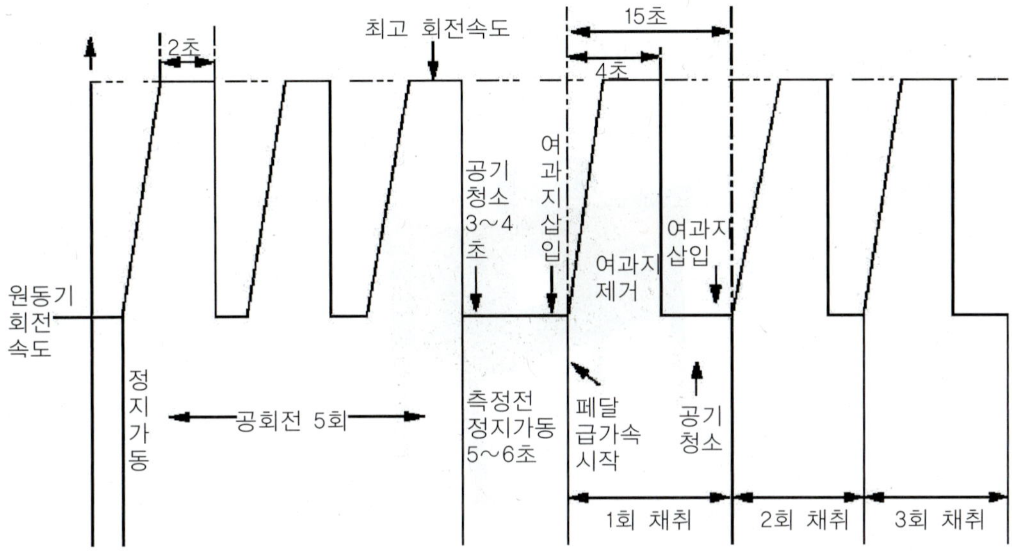

[그림 8-52] **정지 가동상태인 운행 차량의 매연 측정방법**

① 시험 대상 자동차의 엔진을 변속기가 중립인 상태(정지 가동상태)에서 급가속하며, 최고 회전속도 도달 후 2초 동안 공회전 시키고 정지 가동(공회전)상태로 5~6초 동안 둔다. 이와 같은 과정을 3회 반복 실시한다. 이는 엔진을 정상 상태로 할뿐만 아니라 배기관 내에 축적되어 있는 매연을 배출시키기 위함이다.

② 시험기의 시료 채취관을 배기관 중앙에 오도록 하고 20㎝ 정도의 깊이로 삽입한다.

③ 급가속 공회전 후 5~6초 동안 정지 가동할 때 규정된 여지(여과지)를 시험기의 시료 채취구에 삽입하거나 이와 상응하는 여지가 분비 되도록 한다.

④ 가속페달에 발을 올려놓고 엔진의 최고 회전속도에 도달할 때까지 급속히 밟으면서 동시에 시료 채취펌프를 작동시킨다. 이때 가속페달을 밟을 때부터 놓을 때까지의 소요시간은 4초 이내로 하고 이 시간 내에 시료를 채취하여야 한다.

⑤ 매연 채취가 끝난 다음 시료 채취구에서 여지를 뽑아내어 여지의 매연농도를 측정하고 시료 채취관은 압축 공기로 청소한다. 여지의 매연농도 측정이 자동으로 될 경우에는 별도의 매연농도 측정절차를 거치지 아니한다.

⑥ 엔진의 급가속에서부터 시료 채취관의 압축 공기 청소까지에 소요되는 시간은

15초 정도로 한다.

⑦ 새로운 여지를 삽입하여 측정을 시작하며, 이상의 방법으로 매연 농도를 3회 연속측정한다.

4.4.2 매연시험기 사용방법(광투과식 OPA-102)

[그림 8-53] **광투과식** OPA-102

[1] 개요

광투과식 매연측정기는 경유(디젤)차량에서 발생하는 매연농도를 실시간으로 연속적 측정하는 기기로서 최근 자동차 매연 안전/정밀검사 장비로 채택, 기존의 흑연뿐만 아니라 청연, 백연발생 차량도 매연농도 측정이 가능하여 자동차 출력, 연비, 매연 등의 사항을 전반적으로 점검 활용할 수 있는 장비이다.

[2] 외형도

① 리모콘 연결부
② RPM 연결부
③ OIL 연결부
④ RS232 연결부
⑤ 전원 스위치
⑥ 휴즈
⑦ 전원 코드 연결부

[그림 8-54] **광투과식 OPA-102 외형도**

[3] 설치방법

(a) 가스 흡입구 설치

(b) 케이블 연결

(c) 프로브 설치

(d) 리모컨

[그림 8-55] **광투과식 OPA-102 설치방법**

프로브 호스를 분석기 후면의 가스 흡입구에 끼우고, 체결이 정확이 이루어졌는지 확인 후 옵션에 따라 리모컨, RPM/오일온도 센서, PC통신케이블을 연결한다. 그리고 측면의 전원 스위치를 OFF상태에 놓은 후 전원케이블을 전원소켓에 연결한 다음 전원을 켠다. 워밍업이 끝난 후 측정 프로브 끝을 측정할 배기구에 삽입하고 측정을 시작한다.

[4] 초기화면(워밍업)

① 전원 스위치를 켜면, 모델 표시한 후 기기 버전과 년, 월, 일, 시간을 표시한다.

② 표시 창이 깜박이면서 약 6분간 예열을 한다(3분후에 팬이 가동된다).

③ 워밍업이 끝나면, 자동으로 약 20초간 영점과 스팬교정을 실시한다.

④ 스팬교정이 끝나면, 매연 측정화면이 된다.

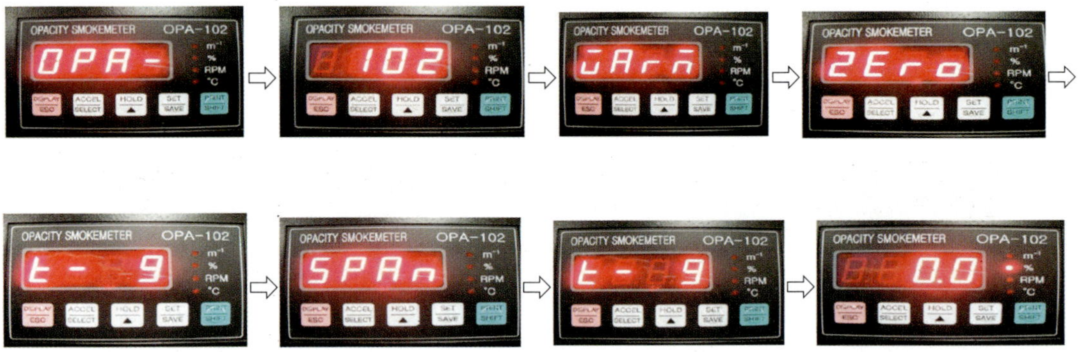

[그림 8-56] **워밍업**

[5] 측정

(1) 표시

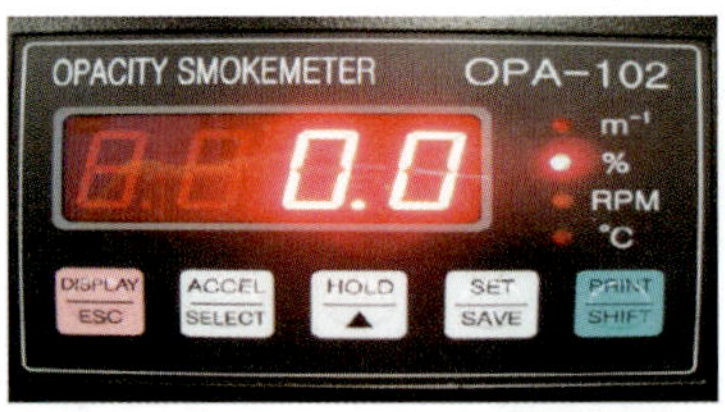

[그림 8-57] **초기 표시 화면**

[DISPLAY]키를 누르면 [광흡수계수 [K] (m−1) → 매연 농도(%) → RPM → ℃] 순으로 측정 항목을 이동한다. 측정항목에 해당하는 단위 LED가 켜진다. 재 전원시에는 최종 표시 항목이 다시 표시된다.

(2) 무부하 급가속 일반모드 (1회 측정)

① 무부하 급가속 일반모드를 위해서는 설정화면의 홀드모드에서 피크 홀드모드로 설정되어 있어야 한다.

② 측정대상자동차의 원동기를 중립인 상태(정지가동상태)에서 급 가속하여 최고회전속도 도달 후 2초간 공회전 시키고 정지가동상태로 5~6초간 둔다. 이와 같은 과정을 3회 반복 실시한다.

③ 측정기의 프로브를 배기관의 벽면으로부터 5㎜ 이상 떨어지도록 설치하고 5㎝ 정도의 깊이로 삽입한다.

④ [HOLD]키를 눌러 피크 홀드 상태로 이동한다.(표시창의 LED 가 깜박이며, 부저음이 울린다.)

⑤ 가속페달에 발을 올려놓고 원동기의 최고회전속도에 도달할 때까지 급속히 밟으면서 시료를 채취한다. 이때 가속페달을 밟을 때부터 놓을 때까지 걸리는 시간은 4초 이내로 한다. 이 때 홀드 된 값을 읽고 프린트를 원하면 [PRINT]키를 누르고 재측정을 원하면 [HOLD]키를 눌러 홀드 모드를 해제한 다음, ④~⑤과정을 반복한다.

⑥ 측정이 완료되면 배기관으로부터 프로브를 제거한다.(이때 프로브가 뜨거우므로, 화상에 주의한다.)

(3) 무부하 급가속 검사 모드(법규적용)

① 측정대상자동차의 원동기를 중립인 상태(정지가동상태)에서 급 가속하여 최고회전속도 도달 후 2초간 공회전 시키고 정지가동상태로 5~6초간 둔다. 이와 같은 과정을 3회 반복 실시한다.

② 측정기의 프로브를 배기관의 벽면으로부터 5㎜ 이상 떨어지도록 설치하고 5㎝ 정도의 깊이로 삽입한다.

③ [ACCEL] KEY를 누른다. 화면에 "ACEL" 이라는 문구가 나오면 [ACCEL] KEY를 한번더 누른다.

[그림 8-58] 기준값 설정전 화면

[그림 8-59] 기준값 지정

④ 매연 배출허용기준 값을 설정하는 표시가 나오면 [▲] KEY를 이용하여 기준값을 지정하고 (5%단위로 변환) [ACCEL] KEY를 누르면 DISPLAY 화면에 "AC-1" 이라는 문구와 함께 LED 4개의 불이 깜빡 거린다.

⑤ 이는 첫번째 측정을 시작 할 수 있다는 표시이며, 이 때 [ACCEL] KEY를 한 번 더누르면 표시창의 LED 1개의 불이 깜박이고, 부저음이 울리면서 측정을 시작한다(이 때부터 측정 매연의 최고점을 갱신한다).

[▲] KEY를 이용하여 K (m-1) → 매연 농도(%) → RPM → ℃ 를 볼 수 있다.

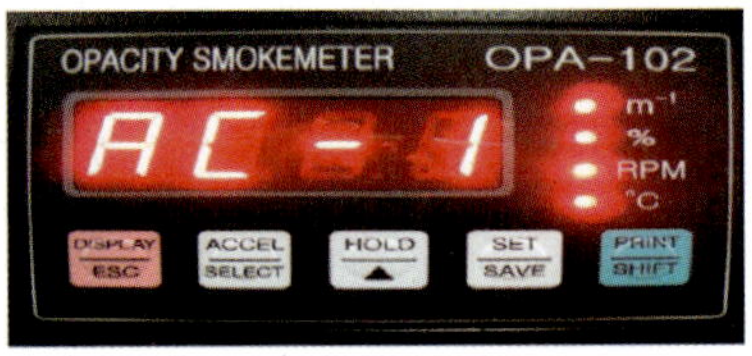

[그림 8-60] **첫 번째 측정 대기 화면**

[그림 8-61] **측정 시작 화면**

⑥ 가속페달에 발을 올려놓고 원동기의 최고회전속도에 도달할 때까지 급속히 밟으면서 시료를 채취한다. 이때 가속페달을 밟을 때부터 놓을 때까지 걸리는 시간은 4초 이내로 한다.

⑦ 첫번째 측정이 끝나면 [ACCEL] KEY를 눌러서 두번째 측정으로 넘어간다. DISPLAY 화면에 "AC-2" 이라는 문구와 함께 LED 4개의 불이 깜빡 거린다.

⑧ 이는 두번째 측정을 시작 할 수 있다는 표시이며, 이 때 [ACCEL] KEY를 한 번 더 누르면 표시창의 LED 1개의 불이 깜박이고, 부저음이 울리면서 측정을 시작한다(이 때부터 측정 매연의 최고점을 갱신한다).

[그림 8-62] **두 번째 측정 대기 화면**

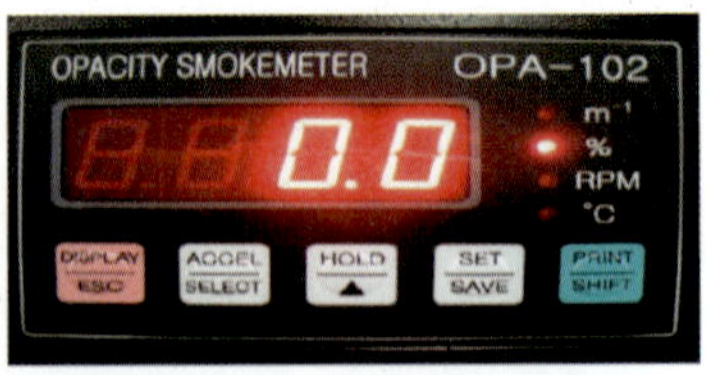

[그림 8-63] **측정 시작 화면**

⑨ 가속페달에 발을 올려놓고 원동기의 최고회전속도에 도달할 때까지 급속히 밟으면서 시료를 채취한다. 이때 가속페달을 밟을 때부터 놓을 때까지 걸리는 시간

은 4초 이내로 한다.

⑩ 두번째 측정이 끝나면 [ACCEL] KEY를 눌러서 세번째 측정으로 넘어간다. DISPLAY 화면에 “AC-3” 이라는 문구와 함께 LED 4개의 불이 깜빡 거린다.

⑪ 이는 세번째 측정을 시작 할 수 있다는 표시이며, 이 때 [ACCEL] KEY를 한 번 더누르면 표시창의 LED 1개의 불이 깜박이고, 부저음이 울리면서 측정을 시작한다(이 때부터 측정 매연의 최고점을 갱신한다).

[그림 8-64] **세 번째 측정 대기 화면**

[그림 8-65] **측정 시작 화면**

⑫ 가속페달에 발을 올려놓고 원동기의 최고회전속도에 도달할 때까지 급속히 밟으면서시료를 채취한다. 이때 가속페달을 밟을 때부터 놓을 때까지 걸리는 시간은 4초 이내로 한다.

⑬ 3번의 측정이 끝나고 판정이 적합이면 DISPLAY 화면에 “PASS” 라는 문구가 나오면서 측정은 자동으로 종료되며 [ACCEL] KEY를 누를 때마다 DISPLAY 화면이 바뀌면서 1, 2, 3회의 측정값이 표시되며 평균값(Avrg)과 오차값(Diff)값이 표시된다. [PRINT] KEY를 누르면 프린터가 출력되며 [ESC] KEY를 누르기 전까지는 같은 내용을 계속 프린트 할 수 있다.

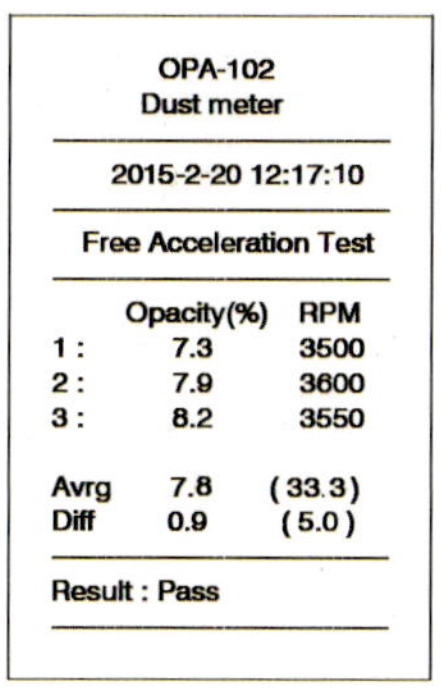

OPA-102
Dust meter

2015-2-20 12:17:10

Free Acceleration Test

	Opacity(%)	RPM
1 :	7.3	3500
2 :	7.9	3600
3 :	8.2	3550
Avrg	7.8	(33.3)
Diff	0.9	(5.0)

Result : Pass

[그림 8-66] **프린터 출력 화면**

⑭ 3회 측정한 매연농도의 최대치와 최소치의 차가 5%를 초과하거나 최종측정치가 배출허용기준에 맞지 아니한 경우에는 순차적으로 1회씩 더 자동측정하며 최대 10회 까지 측정하면서 매회 측정 시마다 마지막 3회의 측정치를 산출하여 마지막 3회의 최대치와 최소치의 차가 5% 이내이고 측정치의 산술 평균 값도 배출허용기준 이내이면 측정을 마치고 DISPLAY 화면에 "PASS" 라는 문구가 나오면서 측정은 자동으로 종료되며 [ACCEL] KEY를 누를 때마다 DISPLAY 화면이 바뀌면서 1, 2, 3회의 측정값이 표시되며 평균값(Avrg)과 오차값(Diff)값이 표시된다. [PRINT] KEY를 누르면 프린터가 출력되며 [ESC] KEY를 누르기 전까지는 같은 내용을 계속 프린트 할 수 있다. 만약, 10회까지 반복 측정하여도 최대치와 최소치의 차가 5%를 초과하거나 배출허용 기준에 맞지 아니한 경우에는 마지막 3회(8회, 9회, 10회)의 측정치를 산술 평균한 값을 최종측정치로 하고 DISPLAY 화면에 "FAIL" 라는 문구가 나오면서 측정은 자동으로 종료된다.

⑮ 측정이 완료되면 배기관으로부터 프로브를 제거한다(이때 프로브가 뜨거우므로, 화상에 주의한다).

[6] 매연 허용 기준값

[표 8-4] 경유사용 자동차 배출 허용기준(매연)(2014년 2월 6일 개정)

차 종		제작 일자		매 연
경자동차 및 승용자동차		1995. 12. 31이전		60% 이하
		1996. 1. 1부터 2000. 12. 31까지		55% 이하
		2001. 1. 1부터 2003. 12. 31까지		45% 이하
		2004. 1. 1부터 2007. 12. 31까지		40% 이하
		2008. 1. 1이후		20% 이하
승합・화물・특수자동차	소형	1995. 12. 31까지		60% 이하
		1996. 1 .1부터 2000. 12. 31까지		55% 이하
		2001. 1. 1부터 2003. 12. 31까지		45% 이하
		2004. 1. 1부터 2007. 12. 31까지		40% 이하
		2008. 1. 1이후		20% 이하
	중형	1992. 12. 31이전		60% 이하
		1993. 1 .1부터 1995. 12. 31까지		55% 이하
		1996. 1 .1부터 1997. 12. 31까지		45% 이하
		1998. 1 .1부터 2000. 12. 31까지	시내버스	40% 이하
			시내버스 외	45% 이하
		2001. 1 .1부터 2004. 9. 30까지		45% 이하
		2004. 10 .1부터 2007. 12. 31까지		40% 이하
		2008. 1. 1이후		20% 이하

※ 터보차량 5% 가산

CHAPTER 08

실습보고서

01 분사노즐 분사압력을 측정하여 기록표에 기록하시오.

측정항목	① 점검(또는 측정)		② 판정 및 정비(또는 조치)사항		득점
	측정값	규정(정비한계)값	판정(□에 "✔" 표)	정비 및 조치할 사항	
분사노즐 분사압력			□ 양호 □ 불량		

기록표 작성방법

① 측정값 : 측정한 값을 단위와 함께 기록한다(예 : 130kgf/㎠).
② 규정(정비한계)값 : 측정용 기관의 제원에 맞는 규정 값을 단위와 함께 기록한다(예 : 100~120kgf/㎠).
③ 판정 : 측정한 값이 정비 한계 값 이내인 경우에는 "양호", 벗어난 경우에는 "불량"으로 기록한다.
④ 정비 및 조치할 사항 : 양호로 판정한 경우에는 "정비 및 조치사항 없음", 불량으로 판정한 경우에는 정비 및 조치할 사항을 기록한다(예 : 분사노즐 교환 후 재점검).

02 주어진 디젤(CRDI) 차량에서 인젝터 리턴(백리크)양을 측정하여 기록표에 기록하시오.

측정항목	① 점검(또는 측정)					② 판정 및 정비(또는 조치)사항		득점
	측정값				규정(정비한계)값	판정(□에 "✔" 표)	정비 및 조치할 사항	
인젝터 백리크	1	2	3	4		□ 양호 □ 불량		

기록표 작성방법

① 측정값 : 측정한 값을 단위와 함께 기록한다.
② 규정(정비한계)값 : 측정용 기관의 제원에 맞는 규정 값을 단위와 함께 기록한다.
③ 판정 : 측정한 값이 정비 한계 값 이내인 경우에는 "양호", 벗어난 경우에는 "불량"으로 기록한다.
④ 정비 및 조치할 사항 : 양호로 판정한 경우에는 "정비 및 조치사항 없음", 불량으로 판정한 경우에는 정비 및 조치할 사항을 기록한다(예 : 인젝터 교환 후 재점검).

03 주어진 디젤(CRDI) 차량에서 고압 펌프 연료압력을 점검 측정하시오.

측정 항목	① 측정(또는 점검)상태		② 판정 및 정비(또는 조치)사항		득점
	측정값	규정(정비한계)값	판정 (□에 "✔" 표)	정비 및 조치할 사항	
고압 연료압력			□ 양호 □ 불량		

◘ 기록표 작성방법

① 측정값 : 측정한 값을 단위와 함께 기록한다.
② 규정(정비한계)값 : 측정용 기관의 제원에 맞는 규정 값을 단위와 함께 기록한다(예 : 290~350bar).
③ 판정 : 측정한 값이 정비 한계 값 이내인 경우에는 "양호", 벗어난 경우에는 "불량"으로 기록한다.
④ 정비 및 조치할 사항 : 양호로 판정한 경우에는 "정비 및 조치사항 없음", 불량으로 판정한 경우에는 정비 및 조치할 사항을 기록한다(예 : 연료압력 조절기 교환 후 재점검).

04 주어진 디젤(CRDI) 차량에서 저압펌프 연료압력을 점검 측정하시오.

측정 항목	① 측정(또는 점검)상태		② 판정 및 정비(또는 조치)사항		득점
	측정값	규정(정비한계)값	판정 (□에 "✔" 표)	정비 및 조치할 사항	
저압 연료압력			□ 양호 □ 불량		

◘ 기록표 작성방법

① 측정값 : 측정한 값을 단위와 함께 기록한다.
② 규정(정비한계)값 : 측정용 기관의 제원에 맞는 규정 값을 단위와 함께 기록한다(예 : 2~4.5kg/㎠).
③ 판정 : 측정한 값이 정비 한계 값 이내인 경우에는 "양호", 벗어난 경우에는 "불량"으로 기록한다.
④ 정비 및 조치할 사항 : 양호로 판정한 경우에는 "정비 및 조치사항 없음", 불량으로 판정한 경우에는 정비 및 조치할 사항을 기록한다(예 : 저압펌프 교환 후 재점검).

05 디젤(CRDI) 인젝터 파형을 출력 분석하여 기록표에 기록하시오(공전상태).

측정항목	파형상태	득점
파형측정	① 출력된 파형에 불량요소가 있는 경우에는 반드시 표기 및 설명되어야 함. ② 파형의 주요 특징에 대하여 표기 및 설명되어야 함.	

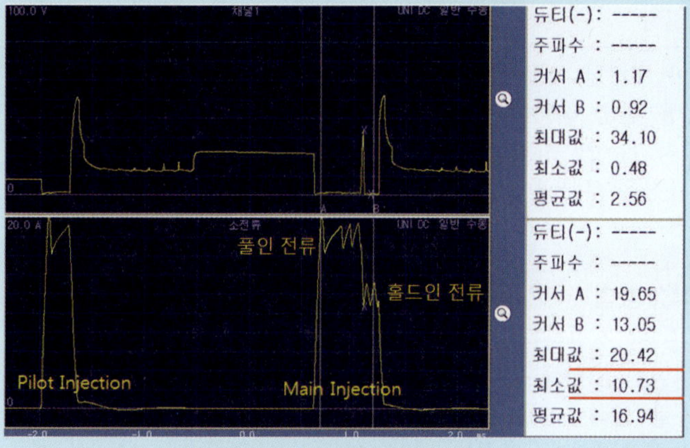

[디젤(CRDI) 인젝터 파형]

◘ 디젤(CRDI) 인젝터 파형의 주요 특징을 설명하시오.

06 디젤 매연을 측정하여 기록표에 기록하시오.

① 점검(또는 측정)					② 판정 및 정비(또는 조치)사항		득점
차종	연식	기준값	측정값	측정	산출근거(계산)기록	판정 (□에 "✔" 표)	
승용	2015	20% 이하	8%	1회 : 7.5% 2회 : 8.5% 3회 : 9.5%	$\frac{7.5+8.5+9.5}{3}$	☑ 양호 ☐ 불량	

※ 감독위원이 제시한 자동차 등록증(또는 차대번호)을 활용하여 차종 및 연식을 적용한다.
※ 매연 농도를 산술 평균하여 수수점 이하는 버림 값으로 기입한다.
※ 자동차 검사기준 및 방법에 의하여 기록·판정한다.
※ 측정 및 판정은 무부하 조건으로 한다.

◘ 기록표 작성방법

① 차종에는(승용, 소형화물) 기록, 차명(산타페, 테라칸)을 기록하지 않는다.
② 연식 : 차대번호 10번째 자리 확인후 해당 연식을 기록한다.
③ 기준값 : 차량 연식에 맞는 기준값을 기록하고 터보차량은 5%를 가산한다.
④ 측정값 및 산출근거 : 산출근거는 3회 측정값을 평균으로 나누어 계산하고 측정값은 소수점 절사하여 기록한다.
⑤ 판정 : 측정한 값이 정비 한계 값 이내인 경우에는 "양호", 벗어난 경우에는 "불량"으로 기록한다.
⑥ 3회 측정한 매연농도의 최대치와 최소치의 차가 5%를 초과하거나 최종측정치가 배출허용기준에 맞지 않을 경우는 순차적으로 1회씩 측정한다.

◘ 디젤 매연을 측정하여 기록표에 기록하시오.

① 점검(또는 측정)					② 판정 및 정비(또는 조치)사항		득점
차종	연식	기준값	측정값	측정	산출근거(계산)기록	판정 (□에 "✔" 표)	
				1회 : 2회 : 3회 :		□ 양호 □ 불량	

Chapter

09

LPG · LPI 연료장치

1. LPG 연료장치
2. LPI(liquid petroleum injection)장치
3. LPG 및 LPI 점검

09 LPG · LPI 연료장치

1. LPG 연료장치

1.1 LPG 연료장치의 개요

LPG기관의 연료계통은 봄베(bombe : 연료탱크)에서 액체 LPG로 나와 여과기에서 여과된 후 솔레노이드밸브(solenoid valve)를 거쳐 베이퍼라이저(vaporizer)로 들어간다. 여기서 압력이 감소된 후 기체 LPG로 되어 가스 믹서(mixer)에서 공기와 혼합되어 실린더 내로 들어간다. LPG는 원유를 정제할 때 나오는 부산물 중의 하나이며, 주 성분은 프로판이 47~50%, 부탄 36~42%, 오리핀이 8%정도이며 저위 발열량은 12,000 kcal/kgf이다.

LPG는 냉각이나 가압에 의해 쉽게 액화하고 반대로 가압이나 감압에 의해 기화하는 성질이 있다. 또 기화된 LPG는 공기의 약 1.5~2.0배 정도 무겁다. 순수한 LPG는 색깔과 냄새가 없으며 많은 양을 유입하면 마취되는 수가 있다. 자동차용 연료로 사용되는 LPG는 가스 누출의 위험을 방지하기 위하여 착취제(유기황, 질소, 산소화합물 등)를 첨가하여 특이한 냄새가 나도록 하고 있다.

최근에 사용하는 LPG는 겨울철에는 기관의 시동성능을 향상시키기 위해 프로판 30%와 부탄 70%의 혼합가스를, 여름철에는 출력을 향상시키기 위하여 부탄 100%인 가스를 사용한다.

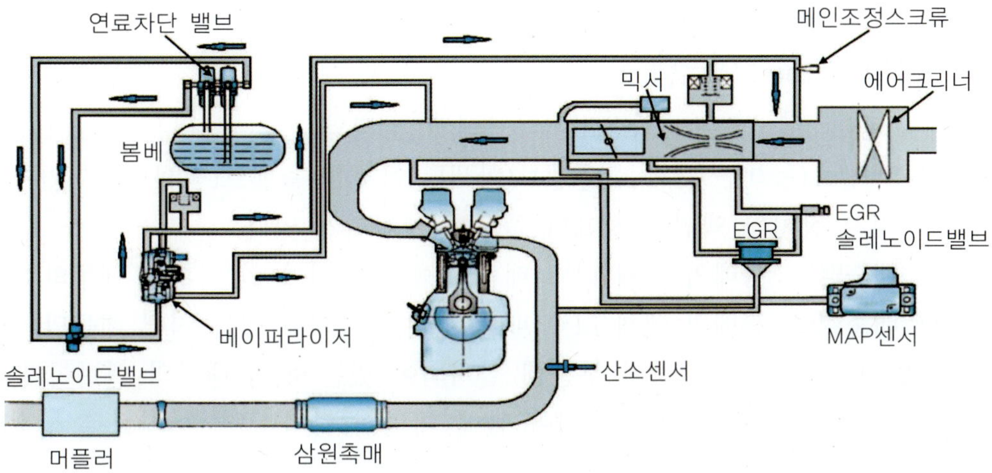

[그림 9-1] LPG 엔진 계통도

> **참고 LPG기관의 연료 공급과정**
>
> LPG기관의 연료 공급과정은 봄베 → 여과기 → 솔레노이드밸브 → 베이퍼라이저 → 가스 믹서 → 실린더이다.

1.2 LPG의 장점 및 단점

1.2.1 LPG의 장점

① 값이 가솔린보다 싸기 때문에 경제적이다.

② 연소실에 카본 부착이 적어 점화플러그 수명이 길다.

③ 기체 상태로 실린더에 공급되므로 블로바이에 의한 기관오일 희석이 적다.

④ 옥탄가가 높아(90~120) 노크발생이 적다.

⑤ 기체상태로 공급되므로 배기가스 중의 일산화탄소(CO) 함량이 작다.

⑥ 가솔린에 비해 기화가 쉬워 연소가 균일하고 기관 소음이 적다.

1.2.2 LPG의 단점

① 연료탱크(봄베)를 고압 용기로 사용하므로 자동차 무게가 증가한다.

② 증발 잠열로 인해 한랭시 시동이 곤란하게 된다.

③ LPG의 취급과 공급이 어렵다.

④ 베이퍼라이저 내에 타르나 고무 같은 물질을 자주 배출시켜야 한다.

⑤ 기체 상태로 실린더 내에 들어가므로 체적효율이 저하하여 출력이 가솔린기관에 비해 저하된다.

1.3 LPG 연료계통

1.3.1 봄베(bombe : 연료탱크)

LPG를 보관할 수 있는 고압용기이다. 액체 상태의 유지 압력은 7~10kgf/㎠이며, 봄베는 충전 밸브(녹색), 기체 송출밸브(황색), 액체 송출밸브(적색) 등 3가지의 밸브와 충전량 지시 장치인 액면 표시계와 플로트 게이지가 있다.

① **기체 배출밸브** : 봄베의 기체 LPG 배출 쪽에 설치되어 있는 황색 핸들의 밸브이다.

② **액체 배출밸브** : 봄베의 액체 LPG 배출 쪽에 설치되어 있는 적색 핸들의 밸브이다.

③ **충전밸브** : 봄베의 기체상태 부분에 설치되어 있는 녹색 핸들의 밸브이며, 충전밸브 아래쪽에 안전밸브가 설치되어 봄베 내의 압력이 규정 이상으로 상승되는 것을 방지한다.

④ **용적 표시계** : 봄베에 LPG를 충전할 때 충전율을 나타내는 계기이며, LPG는 봄베 용적의 85% 까지만 충전하여야 한다.

⑤ **안전밸브** : 충전밸브와 일체로 조립되어 봄베 내의 압력을 항상 일정하게 유지시키는 작용을 하며, 연료 주입시 85%가 충전되면 연료의 유입을 차단하고 봄베내의 압력이 24kgf/㎠ 이상 되면 연료를 방출시키고, 16kgf/㎠으로 저하되면 다시 닫혀 봄베내의 압력을 일정하게 유지시킨다.

[그림 9-2] LPG 봄베

⑥ **과류 방지밸브** : 배출밸브의 안쪽에 설치되어 배관의 연결부 등이 파손되었을 때 LPG가 과도하게 흐르면 이 밸브가 닫혀 유출을 방지한다.

⑦ **액면 표시장치** : LPG의 과다충전을 방지하고 충전량을 점검하기 위한 장치이며, 그 종류에는 관찰창 방식, 튜브 게이지방식, 뜨개 게이지방식 등이 있다.

1.3.2 솔레노이드(전자)밸브(solenoid valve)

이것은 LPG의 차단 및 송출을 운전석에서 조작하는 밸브이며, 기체 솔레노이드밸브와 액체 솔레노이드밸브로 구성되어 있다. 즉, 기관을 시동할 때에는 기체 LPG를 공급하고, 시동 후에는 양호한 주행성능을 얻기 위해 액체 LPG를 공급해준다. 솔레노이드 아래쪽에는 필터가 설치되어 있다. 엔진의 온도에 따라서 15℃ 이상에서는 액체를 15℃ 이하에서는 기체 상태의 연료를 공급 또는 차단한다.

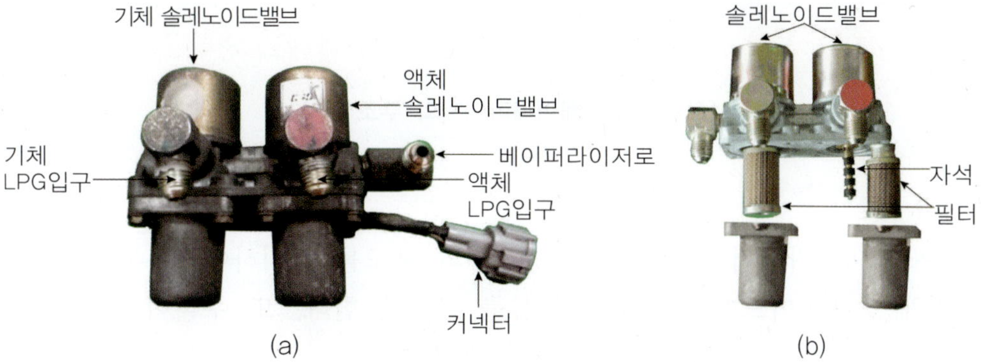

[그림 9-3] **솔레노이드밸브와 필터**

1.3.3 베이퍼라이저(감압 기화장치 또는 증발기)

베이퍼라이저는 봄베에서 공급된 LPG의 압력을 낮추어 기화시키는 작용을 하며, 기관에서 변화되는 부하의 증감에 따라서 기화량을 조절한다. 베이퍼라이저의 구조와 그 기능은 다음과 같다.

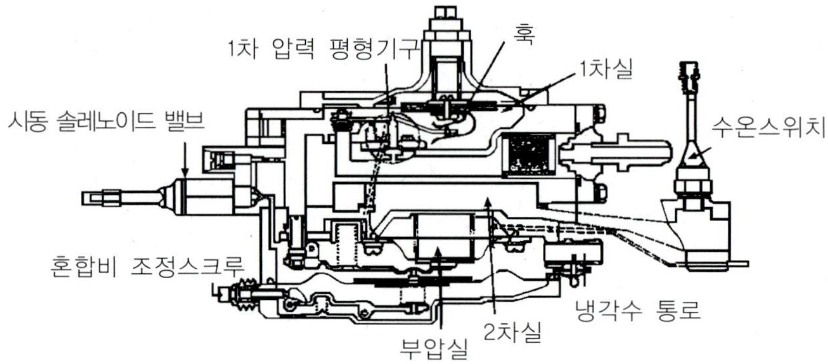

[그림 9-4] 베이퍼라이저의 구조

[1] 수온스위치

이 스위치는 베이퍼라이저로 순환되는 냉각수의 온도를 감지하여, 수온이 15℃ 이하일 때는 기체 솔레노이드밸브 코일에 전류를 흐르게 한다. 또 수온이 15℃ 이상일 때는 액체 솔레노이드밸브 코일에 전류를 흐르게 한다.

[2] 1차 감압실

1차 감압 실은 2～8kgf/㎠의 압력으로 공급된 LPG를 0.3kgf/㎠로 압력을 낮추어 기화시키는 역할을 한다.

[3] 2차 감압실

2차 감압실은 1차 감압실에서 0.3kgf/㎠로 압력이 낮아진 LPG을 대기압력에 가깝게 감압하는 역할을 한다.

[4] 시동 솔레노이드밸브

이 밸브는 한랭한 상태의 시동에서 점화스위치를 ON으로 하면 1차 감압실에서 2차 감압실로 통하는 별도의 통로를 열어 시동에 필요한 LPG를 확보해주고 시동 후에는 LPG공급을 차단하는 일을 한다.

[5] 부압실(진공실)

부압실은 기관의 작동을 정지하였을 때 부압 차단 다이어프램 스프링의 장력이 부압실의 압력보다 커지므로 2차 밸브를 시트에 밀착시켜 LPG누출을 방지하는 일을 한다.

1.3.4 가스 믹서(gas mixer)

가스 믹서는 공기와 LPG을 15:3의 비율로 혼합하여 각 실린더에 공급하는 역할을 한다. 주요 구조와 그 기능은 다음과 같다.

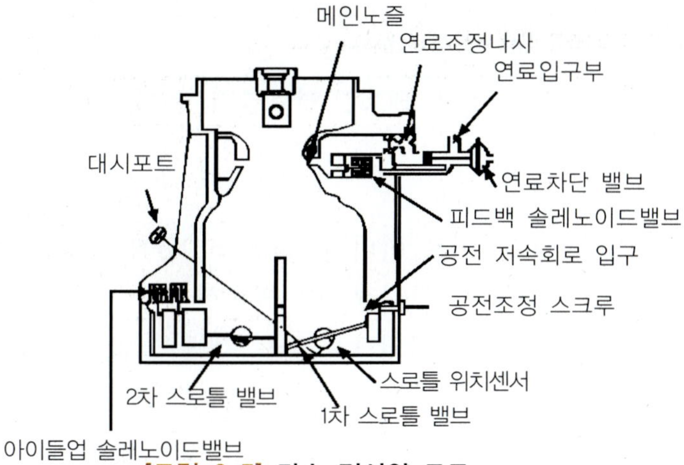

[그림 9-5] 가스 믹서의 구조

[1] 공연비 제어

기관이 시동된 후의 혼합비는 산소센서의 출력신호를 기준으로 하여 피드백이 조절되며, 이때 기관 회전속도, 냉각수 온도, 스로틀밸브의 열림 정도에 맞는 제원에 의해서 조절된다. 감속을 할 때는 연료 소비율의 감소와 촉매컨버터의 과열을 방지하기 위하여 LPG의 공급을 제한한다.

[2] 아이들 업 제어(idle-up control)

① 기관의 회전속도가 1,200rpm 이하일 때는 아이들 업 구멍을 열어 회전속도를 상승시킨다.

② 전기적 부하가 증가되면 아이들 업 구멍을 열어 기관의 회전속도를 상승시킨다.

③ 기관의 회전속도가 1,200rpm 이하일 때 에어컨 스위치를 ON시키면 아이들 업 구멍을 열어 회전속도를 상승시킨다.

2. LPI(liquid petroleum injection)장치

2.1 LPI장치의 개요

LPI장치는 LPG를 고압의 액체상태(5~15bar)로 유지하면서 엔진 ECU(컴퓨터)에 의해 제어되는 인젝터를 통하여 각 실린더로 분사하는 방식이다. 즉, LPG가 각각의 실린더에 독립적으로 공급 제어되는 방식이다. 가스믹서 형식의 LPG 연료장치에 비하여 성능, 연료소비율, 저온 시동성능, 역화, 타르 발생 등을 개선할 수 있으며, 매우 정밀한 LPG 공급량 제어로 유해 배기가스를 감소시킬 수 있다. 그리고 액체상태의 LPG를 분사하므로 가스믹서 형식의 구성부품인 베이퍼라이저나 믹서 등의 부품이 필요 없으며, 새롭게 사용되는 구성부품으로는 고압 인젝터, 봄베 내장형 연료펌프, 특수재질의 연료 파이프, LPI 전용 ECU, 연료압력 조절기(레귤레이터)등이 필요하다. LPI의 장점은 다음과 같다.

① 겨울철 시동성능이 향상된다.
② LPG 공급량의 정밀한 제어로 이미션(emission)규제 대응에 유리하다.
③ 가솔린 엔진과 같은 수준의 동력성능을 발휘한다.
④ 고압 액체 상태로 연료가 분사되므로 타르 생성이 없어 타르 배출이 필요 없다.

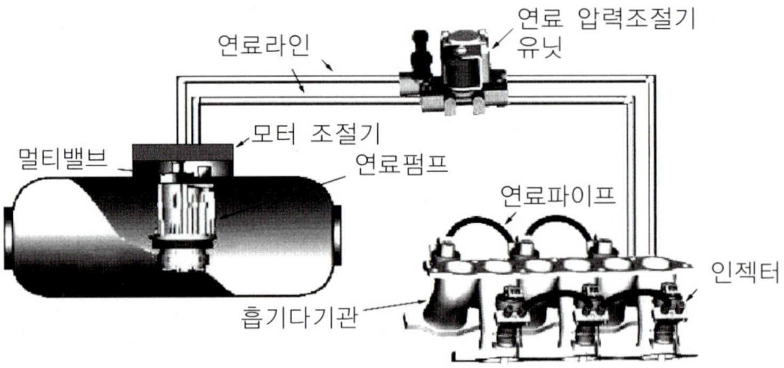

[그림 9-6] LPI장치의 구성도

LPI장치는 봄베 내에 연료펌프를 설치하고 이 연료펌프에 의해 높은 압력으로 송출되는 액체상태의 LPG를 인젝터로 분사하여 기관을 구동하는 구조로 되어있다. LPI장치의 구성부품은 다음과 같다.

① **펌프 모듈**: 멀티밸브와 펌프로 구성되어 있으며, 봄베 내의 LPG를 펌프에 의해 액체상태로 송출한다.

② **연료압력 조절기 유닛** : 압력 차이를 유지하는 기능 이외에 각종 센서가 설치되어 있다.

③ **흡기다기관 유닛** : 흡기다기관, 인젝터와 연료라인으로 구성된 모듈 구성부품이다.

④ **펌프 드라이버** : 펌프에 설치되어 모터를 5단 제어한다.

LPI장치는 봄베 내의 LPG에 압력을 가하여 액체상태의 LPG를 인젝터를 통하여 분사하는 방식으로 가솔린기관 연료 분사방식과 비슷한 구조로 되어있다. 기본적인 액체상태의 LPG의 상용압력을 봄베 내의 연료펌프로 압력을 가하여 봄베 압력 대비 +5bar를 유지한다.

연료 파이프의 압력은 5~15bar(봄베 내의 압력을 1~10bar로 유지)를 유지하며(봄베 내의 압력에 의해 결정 됨), 압력-온도선도의 압력과 온도특성을 기준으로 압력조절기에 설치된 온도센서, 압력센서의 특성을 이용하여 연료 파이프 내의 LPG 성질을 분석해 그 값을 EUC로 보낸다.

ECU는 압력조절기에서 송출된 자료를 분석하여 인젝터의 분사량을 결정하여 최적의 LPG를 분사하도록 지시한다. 그림 7은 LPI장치의 압력-온도선도 상의 액체상태 유지를 위한 LPG 흐름도이다.

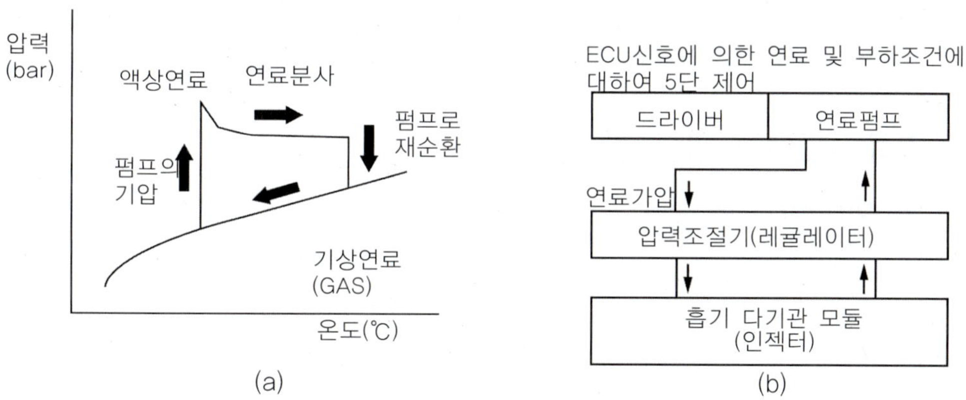

[그림 9-7] 압력-온도 선도 상의 액체상태 유지를 위한 LPG 흐름

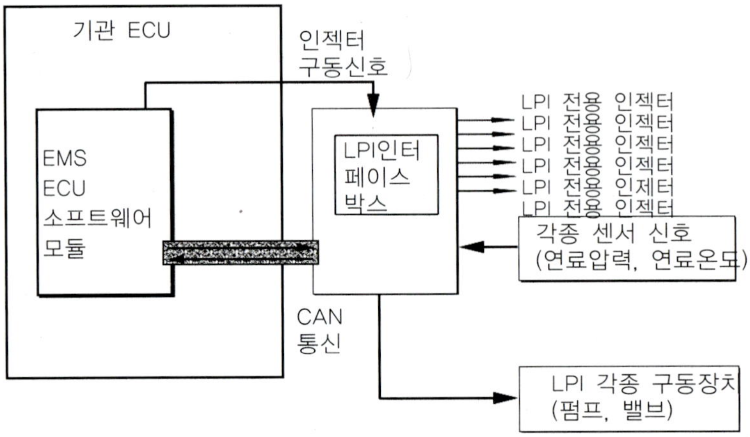

[그림 9-8] **LPI장치 작동도**

> **참고 IFB와 펌프 드라이버**
>
> ① IFB(interface box) : 기관 전자제어 모듈의 일종이며, ECU와는 별개의 모듈이다. IFB는 LPG 인젝터, 펌프 드라이버를 제어하며, 가스온도 측정센서 및 가스압력 측정센서가 입력되어 있다.
>
> ② 펌프 드라이버 : 봄베에 내장된 연료펌프 모터의 구동속도를 기관 상태에 따라 5단으로 제어하는 작용을 하며, 봄베에 연료펌프가 설치된 부분에 돌출되어 설치되어 있다.

2.2 LPI 연료 공급장치의 구성과 작용

2.2.1 봄베(bombe)

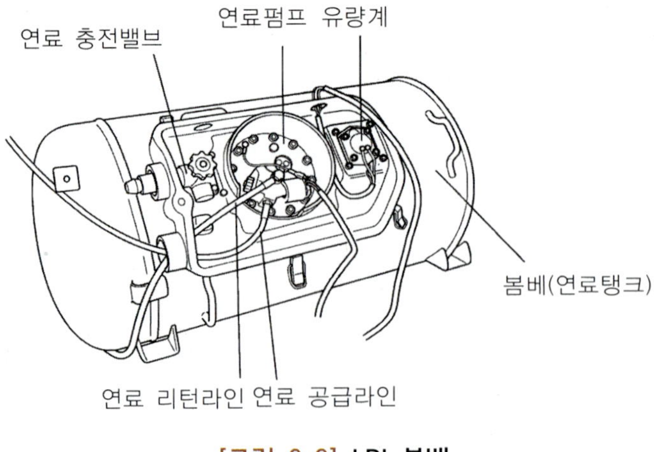

[그림 9-9] **LPI 봄베**

① **봄베(연료탱크)** : LPG를 저장하는 탱크이며, 연료펌프를 내장하고 있다.

② **멀티밸브** : 송출밸브, 수동밸브, 연료차단 솔레노이드 밸브, 과류방지밸브 등으로 구성

③ **충전밸브** : LPG를 충전하기 위한 밸브

④ **유량계** : 봄베 내의 LPG 보유량을 표시

2.2.2 연료펌프 모듈

연료펌프 모듈은 멀티밸브와 BLDC 모터 & 펌프 어셈블리로 구성되어 있으며, ECU의 제어에 맞춰 봄베내 액상 LPG 연료를 송출하는 역할을 한다.

멀티밸브에는 밸브 하우징, 연료 누출 시 연료를 차단하는 연료차단 솔레노이드 밸브, 장기간 차량을 운행하지 않을 때 연료를 수동으로 차단하는 수동 밸브, 남은 연료를 탱크로 리턴 시키는 리턴 밸브, 연료라인 이상 압력 발생 시에 연료를 봄베 내로 복귀 시키는 릴리프 밸브로 구성되어 있다. 펌프 어셈블리에는 BLDC모터와 양정형 펌프로 구성되어 있다.

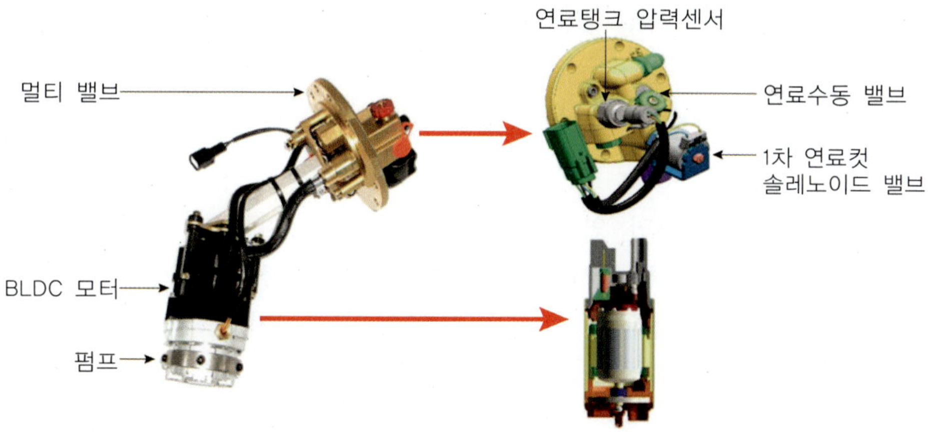

[그림 9-10] **LPI 연료펌프 모듈**

연료펌프 모터는 BLDC(Brush Less Direct Current) 3상 모터로 구동되며, 연료모터와 연결된 펌프 중심축은 편심 캠샤프트로 만들어져 있어서 모터가 회전하면 끝단부 편심축이 회전운동을 하고 펌프실 다이어프램이 왕복운동을 하게 된다. 펌프실 내부의 다이어프램이 스프링 힘에 의해 밀려 연료가 흡입되면서 연료 입구측 체크밸브가 열리게 되고 출구측 체크밸브는 닫힌다. 편심축이 계속 회전을 하여 펌프실 다이어프램을 밀면 연료는 압축될 때 입구측 체크밸브를 닫고 출구측 체크밸브는 열리

면서 액상의 LPG 연료를 압송하게 된다. 엔진에서 요구되는 펌프 유량에 따라 펌프 드라이브 모듈에 의해 5단계로 연료를 압송한다.

2.2.3 과류 방지밸브

과류 방지밸브는 자동차 사고 등으로 인하여 LPG 공급라인이 파손되었을 때 봄베로부터 LPG 송출을 차단하여 LPG 방출로 인한 위험을 방지하는 작용을 한다.

2.2.4 수동밸브(액체상태 LPG 송출밸브)

수동밸브(manual valve)는 장기간 동안 자동차를 운행하지 않을 경우 수동으로 LPG 공급라인을 차단할 수 있도록 한다.

2.2.5 릴리프 밸브

릴리프 밸브(relief valve)는 LPG 공급라인의 압력을 액체상태로 유지시켜, 열간 재시동 성능을 개선시키는 작용을 하며, 입구에 연결되는 판과 스프링 장력에 의해 LPG 압력이 20±2bar에 도달하면 봄베로 LPG를 복귀시킨다.

2.2.6 인젝터(injector)와 아이싱 팁(icing tip)

[1] 인젝터(injector)

인젝터 니들밸브가 열리면 연료압력 조절기를 통하여 공급된 높은 압력의 LPG는 연료 파이프의 압력에 의해 분사된다. 이때 분사량 조절은 인젝터의 출구 면적이 일정하기 때문에 인젝터 통전시간 제어를 통하여 이루어지며, 이것은 LPG 공급압력을 감지한 IFB(인터페이스 박스)에 의해 제어된다.

[2] 아이싱 팁(icing tip)

LPG분사 후 발생하는 기화 잠열로 인하여 주위 수분이 빙결을 형성하는데 이로 인한 엔진 성능저하를 방지하기 위해 아이싱 팁을 사용한다. 아이싱 팁은 열 전도성이 좋은 황동 재질을 사용한다. 재질의 차이를 이용하여 얼음의 결속력을 저하시켜 얼음의 생성을 방지하는 작용을 한다.

[그림 9-11] 인젝터와 아이싱 팁

2.2.7 연료압력 조절기

연료압력 조절기는 봄베 내의 압력 변화에 대하여 분사량을 일정하게 유지하는 작용을 하며, 인젝터 내에 걸리는 LPG의 공급압력을 봄베의 압력보다 항상 5bar 정도 높도록 조정한다. 연료압력 조절기의 스프링 실(spring chamber)은 출구 쪽 압력과 연결되어 있어 항상 봄베의 압력이 형성되며, LPG 공급압력이 규정 값을 초과하면 다이어프램이 밀려 올라가게 되고, 이때 LPG는 리턴라인을 거쳐 봄베로 복귀한다. 또 연료압력 조절기 이외에 분사량을 보상하기 위한 가스압력 측정센서, 가스온도 측정센서 및 연료차단 솔레노이드밸브를 내장하고 있어 LPG 공급라인의 공급 및 차단을 제어하는 작용을 한다.

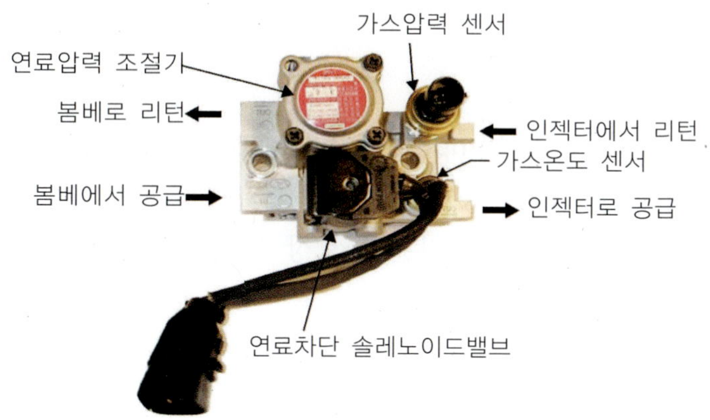

[그림 9-12] 연료압력 조절기의 구조

2.2.8 연료 필터

LPI 차량의 경우 LPG 엔진 시스템보다 흡기내 카본 슬러지가 많이 퇴적되며 인젝터의 오염도 상당히 심해지고 고장도 자주 발생되어 시동성 및 연비, 출력에 영향을 미치므로 연료중의 슬러지를 걸러 준다.

[그림 9-13] LPI 연료 필터 및 장착위치

2.3 LPI 장치의 전자제어 입·출력요소

2.3.1 LPI 장치의 전자제어 입력요소

[1] 공기량 측정센서(MAF : mass air flow meter)

공기량 측정센서는 핫 필름(hot film)소자가 흡입 공기량을 측정하여 ECU로 신호를 보낸다. 이때 ECU는 LPG 분사량 및 점화시기를 결정하고, 고지(高地)상태를 인식하여 고지에 따른 분사량 보상 및 에어컨 부하 보상, 공전제어 액추에이터 학습에 사용된다.

[2] 흡기 온도 센서(ATS : air temperature sensor)

흡기 온도 센서는 흡입되는 공기의 온도를 측정하여 LPG 분사량 및 점화시기를 보정하며, 공전상태를 제어할 때 공기온도 보상 등에 사용된다.

[3] 수온센서(WTS : water temperature sensor)

수온센서는 부특성(NTC : negative temperature coefficient) 반도체 소자를 이용하여 엔진 냉각수 온도를 측정한다. 부특성 반도체 소자는 서미스터(thermistor)저항체로 온도가 상승하면 저항 값이 감소한다. 엔진을 시동할 때 기본 분사량 및 점화시기 결정, 시동할 때 기본 공전제어 듀티량 결정, 대시포트일 때 LPG 공급량 보정, 냉각 팬 제어, 구동력 제어에 필요한 배기가스 온도 모델링에 사용된다.

[4] 스로틀 위치센서(TPS : throttle position sensor)

스로틀 위치센서는 스로틀보디 밸브 축과 함께 회전하는 센서용 와이퍼(wiper, 또는 슬라이더)가 센서 내의 저항 판을 따라 회전할 때 저항 값의 변화량에 비례하는 센서 신호가 발생한다. 스로틀 위치센서의 신호와 함께 엔진공전, 부분부하, 전부하를 결정하여 분사량 및 점화시기, 에어컨 제어(에어컨 작동 중 급 가속을 할 때 일정시간 동안 에어컨 작동을 정지시킴), 차량의 저크(울컥거림)방지 등에 사용된다.

[5] 노크센서(knock sensor)

압전소자(piezo-ceramic)를 이용한 노크센서를 각 뱅크의 실린더 블록 중앙에 설치하여 엔진 진동(각 실린더마다 노크 여부)을 감지하여 ECU로 신호를 보내어 점화시기를 제어하며 노킹을 억제한다.

[6] 차량 속도센서

차량 속도센서의 역할은 변속기 하우징에 설치된 차량 속도센서로(1회전 당 4개의 펄스 출력) 변속기 내의 투스(tooth)신호를 감지하여 ECU로 보낸다. 이 신호는 ECU의 주행속도 계산용, 타코미터의 주행속도 표시용으로 사용된다.

[7] 산소센서(HO_2S) - 지르코니아 방식(ZrO_2)

촉매컨버터가 요구하는 공연비를 실현하는 방법으로 배기다기관에 산소센서를 부착하여 공연비가 이론 공연비에 대해서 농후 상태인지, 희박 상태인지를 검출하여 이론 공연비가 되도록 유지한다.

[8] 캠축 위치센서(TDC 센서)

캠축 위치센서는 1개의 홀(hall)소자로 디지털 신호를 출력하며, 크랭크축 위치센서 신호와 캠축 위치센서의 신호를 비교하여 각 실린더 피스톤의 압축 상사점을 검출한다. 즉, 점화스위치 ON과 동시에 캠축의 위상을 곧바로 감지한다.

[9] 크랭크축 위치센서(CKP)

캠축 위치 센서 신호와 신호를 비교하여 압축 상사점에 대한 크랭크축(피스톤)의 위치를 측정한 신호로, 엔진 회전속도와 LPG 분사시기 및 점화시기를 결정하는데 사용된다. 또 스로틀 위치센서 신호와 함께 엔진 작동조건(공전, 부분부하, 전부하 등)을 결정하는데 사용되며, 2개의 홀소자로 디지털신호를 출력한다.

[10] 가스압력 측정센서(GPS : Gas Pressure Sensor)

액체상태의 LPG 압력을 측정하여 해당 압력에 대한 출력 전압을 인터페이스 박스(IFB)로 전달하는 작용을 하며, 이때 인터페이스 박스는 ECU가 LPG 공급 압력에 따른 인젝터 분사량을 계산하도록 ECU로 전달한다. 또 가스압력에 따르는 연료펌프 구동시간 결정 및 LPG 조성 비율을 판정하여 최적의 분사량을 보정하는데 이용되며, 가스온도 측정센서가 고장일 때 대처 기능으로 사용된다.

[11] 가스온도 측정센서(GTS : gas temperature sensor)

가스온도 측정센서는 연료압력 조절기 유닛 보디에 설치되어 있으며, 서미스터 소자의 원리를 이용하여 LPG 온도를 측정하여 ECU로 보낸다. ECU는 이 온도 값을 이용하여 계통 내의 LPG 특성을 파악하여 분사시기를 결정한다. 가스압력 측정센서와 함께 LPG 조성비율 판정신호로도 이용되며 분사량 및 펌프 구동시간 제어에도 사용된다.

2.3.2 LPI 전자제어 출력요소

[1] 점화코일

점화코일은 제1번과 제4번, 제2번과 제5번, 제3번과 제6번 실린더 순서로 점화되는 형식이며, ECU에 내장된 파워 트랜지스터에 의해 제어된다.

[2] 공전속도 제어 액추에이터(ISA)

공전속도 제어 액추에이터는 엔진이 공전할 경우 및 그 밖의 운전조건에 따라 필요한 공기량을 적절하게 조절한다. 2중 코일(열림과 닫힘)이 내장되어 있으며 ECU에 의해 제어된다. 기본 공전 듀티 제어량 결정, 각 엔진 운전조건(흡입 공기온도 보정, 고지(높은 지대) 보정, 부하 보정, 냉각수 온도 보정)에 따라 공전 듀티량 보정 및 공전 제어에 사용한다.

[3] 인젝터

ECU 및 인터페이스 박스는 엔진 작동조건에 적합한 분사량을 계산하고 또 이 분사량을 전류 구동방식의 인젝터에 펄스신호로 전달한다. 기본 분사량은 흡입 공기량, 엔진 회전속도에 의해 산출되며, 연료 보정상황(공연비 제어 신호, 분사량 학습 값, 웜업 제어, 촉매 컨버터 가열제어, 감속할 때 분사량 제어, 공전속도 제어, 전부하일 때 분사량 증가, 가속할 때 분사량 증가, 재 시동할 때)에 따라 분사량을 보정한다. 그리고 엔진 회전속도가 적당 수준에 도달하면 LPG 분사를 차단하는 안전기능이 있다.

[4] 연료차단 솔레노이드 밸브

연료차단 솔레노이드 밸브(cut-off solenoid valve)는 연료압력 조절기 유닛에 설치되어 있으며, 엔진 시동을 ON/OFF할 때 작동하는 ON/OFF방식이며, 엔진 시동을 OFF로 하면 봄베와 인젝터 사이의 LPG 공급라인을 차단하는 작용을 한다.

LPI장치는 연료압력 조절기 유닛과 멀티밸브에 각각 1개의 연료차단 솔레노이드 밸브를 두고 있으며, 이 2개의 밸브는 동일한 조건으로 동일하게 작동하여 2중으로 LPG 공급을 차단하는 기능을 한다.

[5] 펌프 드라이버

멀티밸브 상단에 조립되어 BLDC 모터의 구동을 제어하는 컨트롤러이며, ECU 제어 신호에 맞추어 엔진 부하 조건에 따라 펌프의 회전속도를 5단계(1단 : 500rpm, 2단 : 1000rpm, 3단 : 1500rpm, 4단 : 2000rpm, 5단 2800rpm)로 구동하도록 제어하는 역할을 한다.

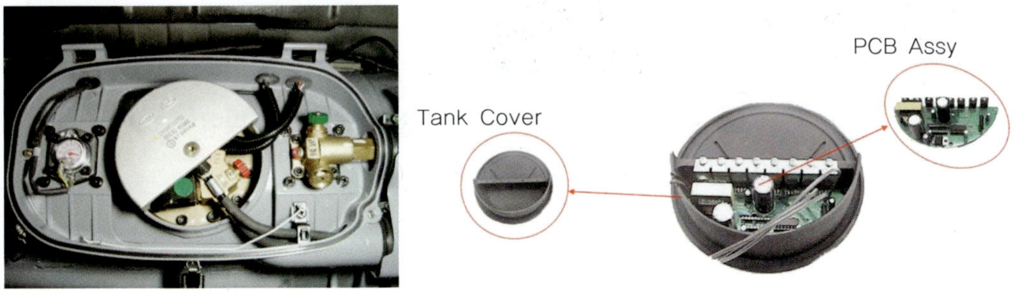

[그림 9-14] **펌프 드라이버**

3. LPG 및 LPI 점검

3.1 LPG 메인 듀티 솔레노이드 파형점검

3.1.1 측정방법

① CH1 프로브(+), 적색멀티 플러그를 메인 듀티 솔레노이드 제어선에 연결

② CH1 프로브(-), 흑색 멀티 플러그를 배터리 (-)에 연결

③ 시동을 건 후 파형을 판독한다.

3.1.2 파형 분석

① E구간은 솔레노이드밸브 "OFF" 구간이며, F구간은 "ON" 구간이다. F구간은 D구간에 대한 작동 듀티율이며, 엔진의 운전 상태에 따라 듀티율이 변한다.

② A의 서지 전압은 50V이상(현대, 기아차량)출력되어야 한다.

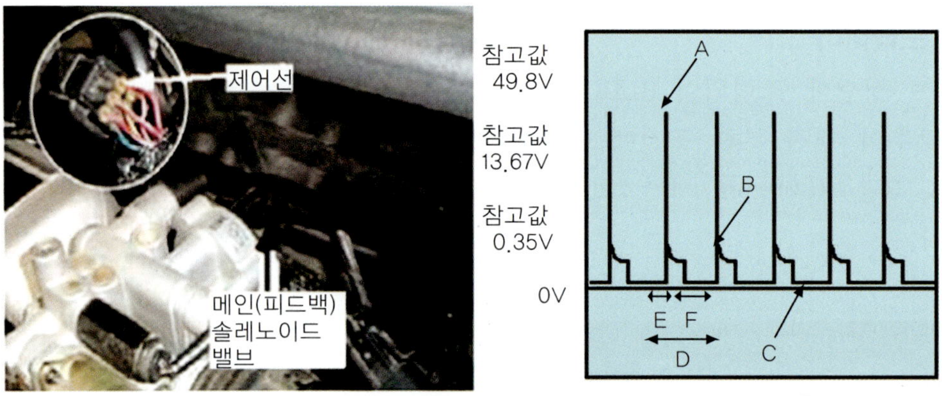

[그림 9-15] LPG 메인 피드백 솔레노이드 및 파형

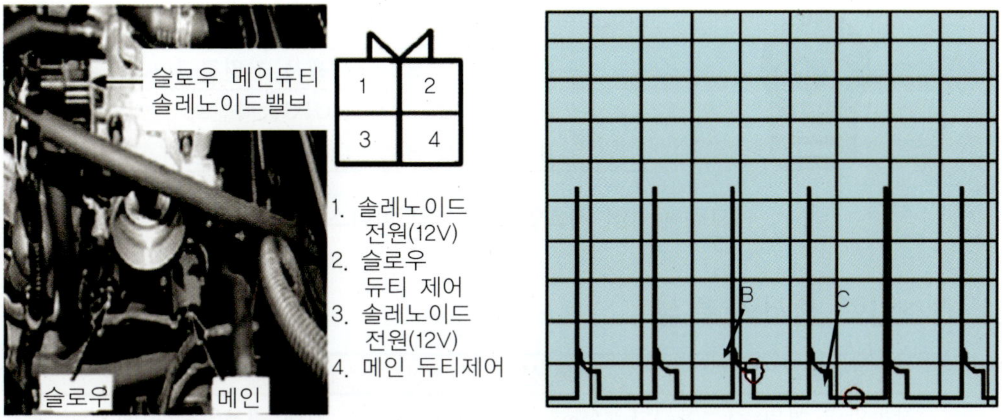

[그림 9-16] **LPG 메인듀티 솔레노이드 및 파형**

③ B, C전압은 발전기 전압 13.2~14.8V가 출력 되어야 한다.

④ F의 듀티 비율은 공전시 50±10%가 출력되어야 한다.

⑤ C, B전압은 1V이하로 출력되어야 한다.

3.1.3 불량 파형시 분석

① 듀티값이 기준과 현저하게 차이나면 산소센서, WTS, MAP, TPS등 ECU입력계를 확인

② 전기적 특성이 모두 정상시 기계적 고착여부를 확인하여 단품분리 후 육안 점검하여 청소한다.

3.2 LPI 가스압력 센서

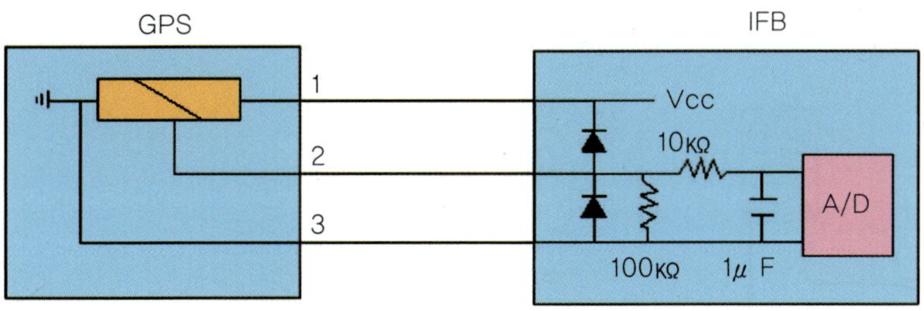

[그림 9-17] **가스압력 센서의 회로도**

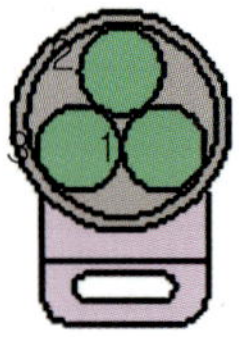

단 자	연 결	기 능
1	IFB단자 B-B2	센서 전원공급(+5V)
2	IFB단자 B-B3	GPS출력신호
3	IFB단자 B-B4	센서접지

[그림 9-18] 가스압력 센서의 하니스 커넥터

3.2.1 가스압력 센서의 특성

항 목	특 성	비 고
작동압력 범위	0～15kgf/cm^2, 0～1.47Mpa	최대 허용압력 30kgf/㎠
작동온도 범위	-30～130℃	
출력전압	0.2～4.8V	입력전압 : 5V 기준
입력전압	4.5～5.5V	

3.2.2 가스압력 센서의 출력특성

작용압력(게이지 압력)		출력 전압	
kgf/㎠	Mpa	Vout/Vin[%]	Vout[V]
1.00	0.098	10.13	0.507
5.00	0.490	34.67	1.733
10.00	0.981	65.33	3.267
14.00	1.373	89.86	4.493
15.00	1.471	96.00	4.800

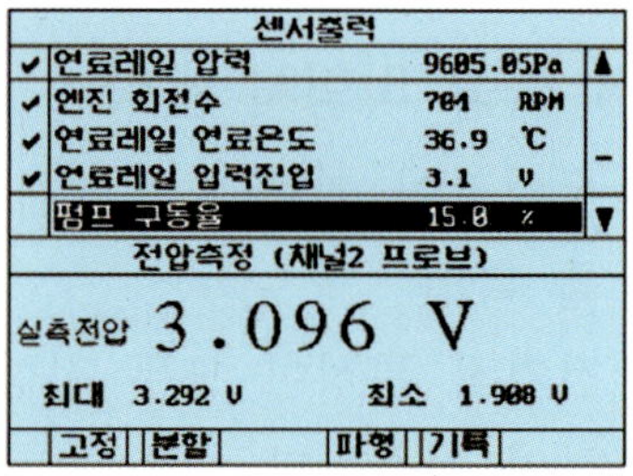

[그림 9-19] 실제차량 측정 데이터(공전)

3.2.3 가스압력 센서 하니스 점검방법

1 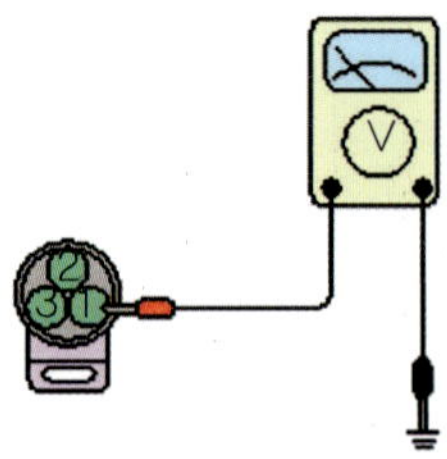 하니스 커넥터	센서공급 전압측정 •센서커넥터 : 분리 •IFB 커넥터 : 연결 •점화스위치 : ON •전압(V) : 4.8～5.2V	OK ⇨ NG ⇨	2 하니스 수리

2 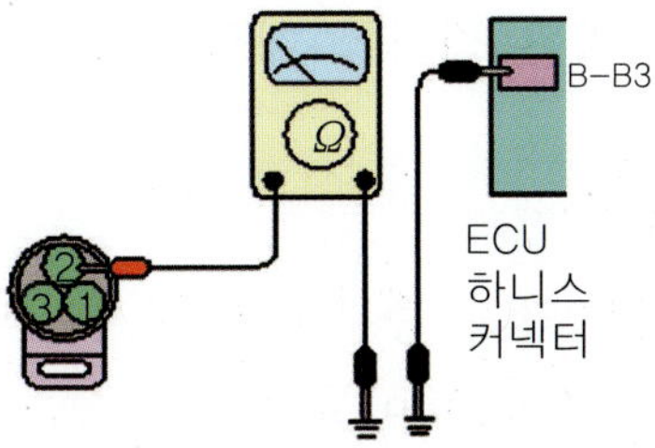 하니스 커넥터	ECU와 가스 압력측정센서(GPS)사이의 단선, 단락점검 •산소센서 커넥터 : 분리 •IFB 커넥터 : 분리 OK ⇨ NG ⇨	3 하니스 수리
3 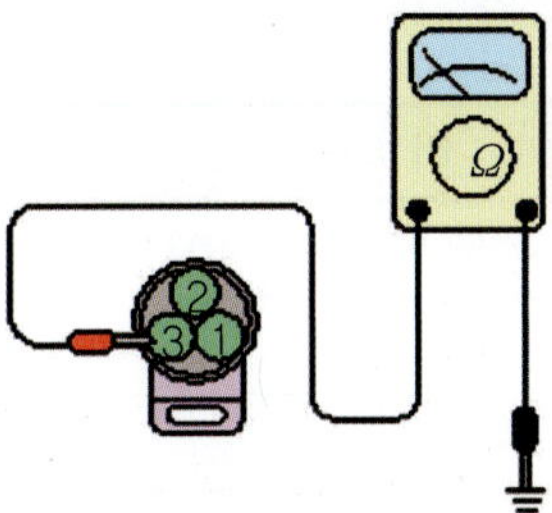 하니스 커넥터	접지회로의 통전성 점검 •센서 커넥터 : 분리 OK ⇨ NG ⇨	END ! 하니스 수리

3.3 가스온도 센서

3.3.1 가스온도 센서 저항 값 측정방법

균일하게 온도를 유지한 측정용액 속에 가스온도 센서 육각부분의 1/3을 담근 후 센서의 검출부분의 온도가 충분하게 안정되면 멀티테스터(디지털)로 센서 단자사이의 저항 값을 측정하여 표준 값과 비교 점검한다. 측정용액은 -30～0℃의 알코올, 0～130℃의 물, 실리콘오일, 알코올 등을 사용한다.

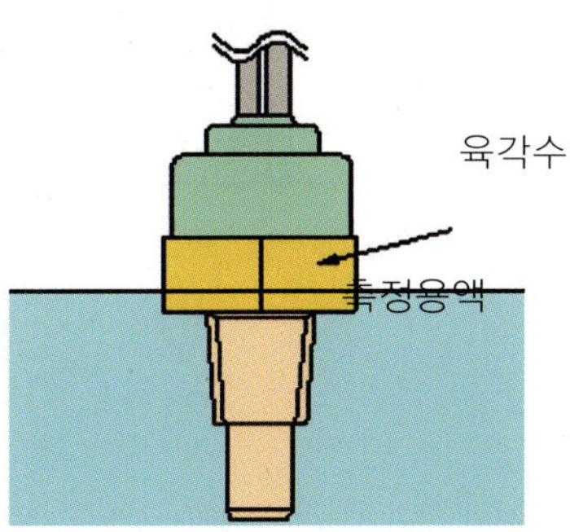

[그림 9-20] **가스온도 센서 점검방법**

3.3.2 가스온도 센서 응답성능 측정방법

응답성능 측정방법은 저항 값 측정방법으로 정상으로 판명된 센서를 대상으로 하며, 점검방법은 다음과 같다.

① 25℃와 80℃의 일정한 온도의 액체통 2개를 준비한다.

② 25℃ 일정한 온도의 액체 통에 센서 육각부분의 1/3을 담가 충분히 안정시킨다.

③ 가스온도 센서를 80℃ 항온 액체 통으로 신속하게(3초 이내) 이동한다.

④ 60℃까지 상승하는 시간이 15초 이내인지를 측정한다.

3.3.3 가스온도 센서 주요특성

항 목	특 성	비 고
검출온도 범위	-30~130℃	보관온도 : -40~140℃
정격전압	5.0V	
조임 토크	1.2~1.8kgf · m	
절연저항	100MΩ	

3.3.4 가스온도 센서 저항특성

온도(℃)	저항 값(kΩ)	온도(℃)	저항 값(kΩ)
-30	118.50	50	3.81
-20	73.65	60	2.51~2.83
-10	38.78~30.78	70	1.90
0	27.72~30.78	80	1.28~1.48
10	18.81	90	1.02
20	12.29	100	0.76
25	9.7~10.3	110	0.57
30	8.17	120	0.44
40	5.29~5.77	130	0.34

3.3.5 가스온도 센서 하니스 점검방법

점검	내용	판정	조치
[1] 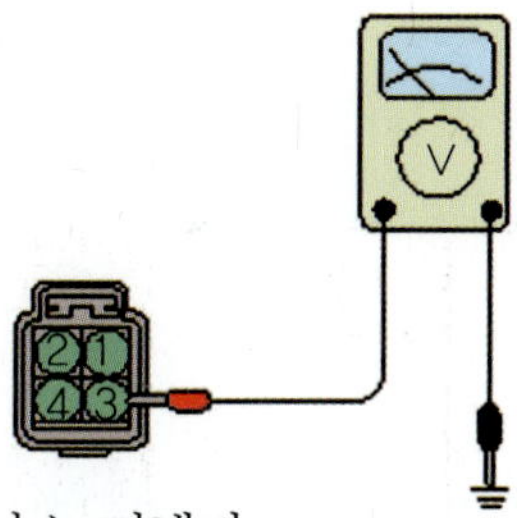 하니스 커넥터	센서공급 전압측정 •센서커넥터 : 분리 •IFB 커넥터 : 연결 •점화스위치 : ON •전압(V) : 4.8~5.2V	OK ⇨	[2]
		NG ⇨	하니스 수리
[2] 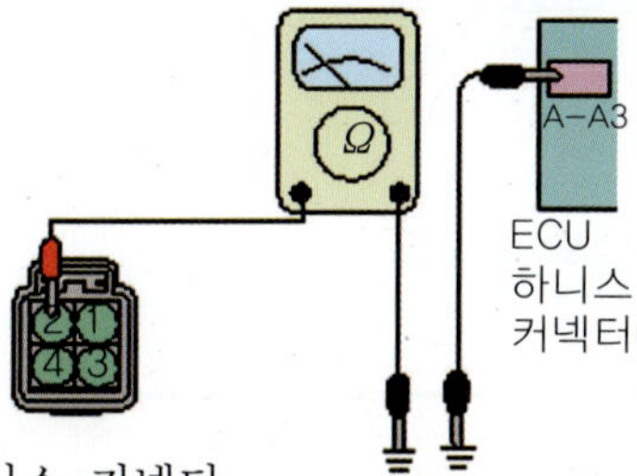 하니스 커넥터	ECU와 가스 온도 측정센서(GTS) 사이의 단선, 단락점검 •센서 커넥터 : 분리 •IFB 커넥터 : 분리	OK ⇨	[3]
		NG ⇨	하니스 수리
[3] 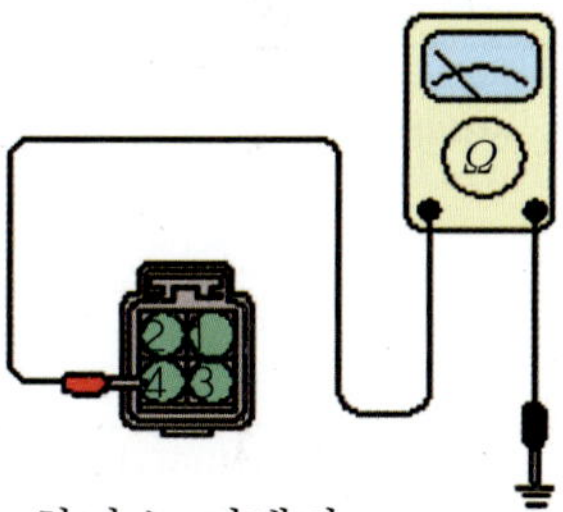 하니스 커넥터	접지회로의 통전성 점검 •센서 커넥터 : 분리	OK ⇨	END !
		NG ⇨	하니스 수리

3.4 LPI LPG 공급차단 솔레노이드밸브

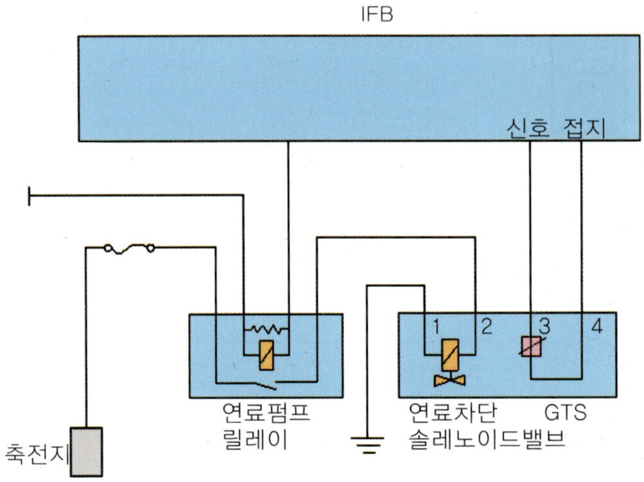

[그림 9-21] LPG 공급차단 솔레노이드밸브 회로도

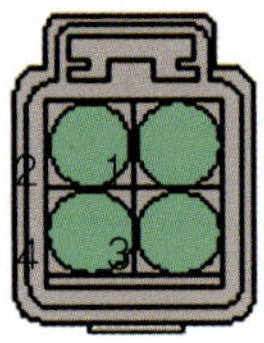

단 자	연 결	기 능
1	새시접지	밸브접지
2	연료펌프 릴레이	밸브전원 공급(B+)
3	IFB단자 A-A3	GTS 출력신호
4	IFB단자 A-B2	센서접지

[그림 9-22] LPG 공급차단 솔레노이드밸브 하니스 커넥터

3.4.1 LPG 공급차단 솔레노이드밸브 주요특성

항 목	특 성	비 고
코일저항	13.3~14.7Ω (23℃에서)	
정격전압	직류 12V	최저작동 전압 2V 이상
정격전류	직류 12V에서 850±10% mA	
절연저항	직류 500V에서 1MΩ 이상	
최대 작동압력	상온 12V 이상에서 20kgf/㎠	
작동온도 범위	-30~130℃	
조임 토크	0.4~0.6kgf·m	

3.4.2 LPG 공급차단 솔레노이드밸브 점검방법

① 축전지 공급라인과 접지라인의 단선, 단락을 점검한다.

② 축전지 전압을 인가하여 작동소리가 들리는지 점검한다. 편

③ 플런저의 오염상태를 점검한다.

④ 단자사이의 저항 값을 측정한다. 규정 값은 13.3~14.7Ω (23℃에서)이다.

⑤ 하니스 점검방법

1 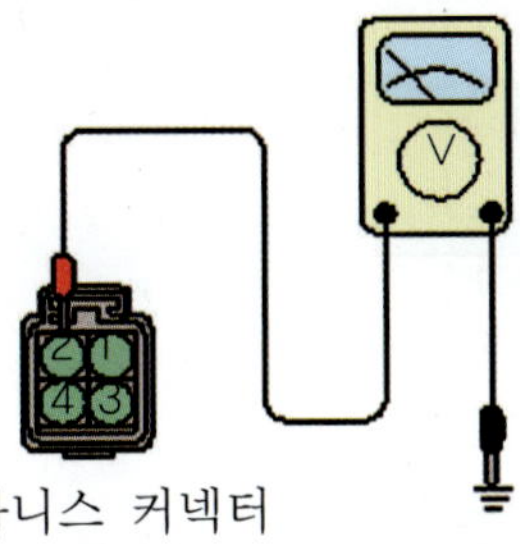 하니스 커넥터	센서공급 전압측정 •센서커넥터 : 분리 •점화스위치 : ON •전압(V) : 배터리 전압	**OK** ⇨ **NG** ⇨	2 하니스 수리
2 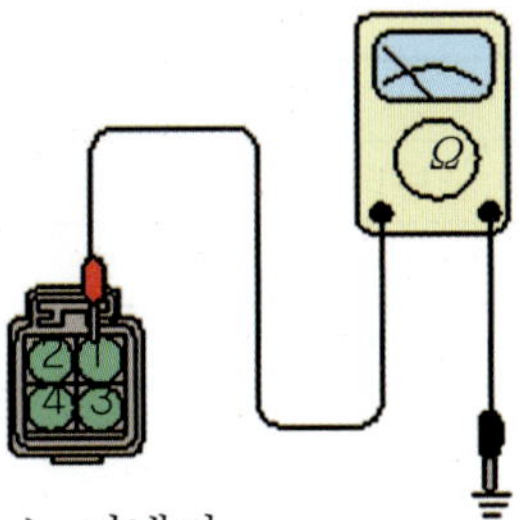 하니스 커넥터	접지회로의 통전성 점검 •밸브 커넥터 : 분리	**OK** ⇨ **NG** ⇨	END ! 하니스 수리

3.5 LPG 공급펌프 구동장치

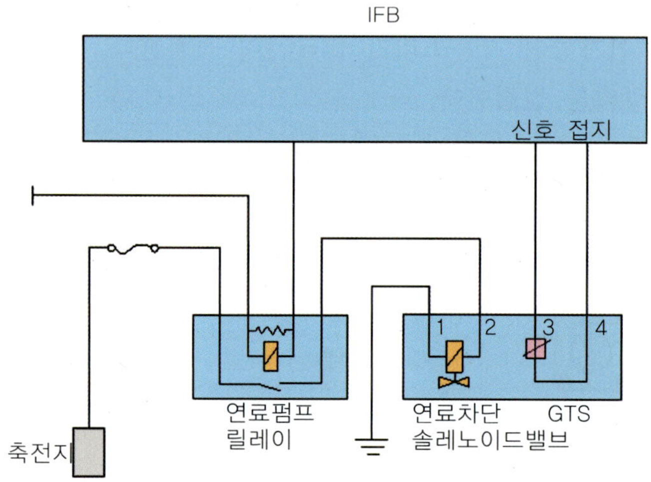

[그림 9-23] LPG 공급펌프 구동장치 회로도

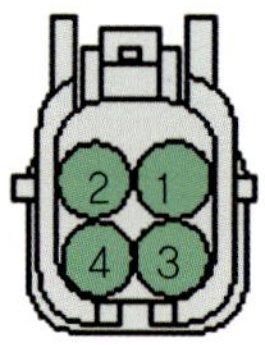

단 자	연 결	기 능
1	섀시접지	접지
2	IFB단자 A-F2	모터 구동신호
3	연료펌프 릴레이	전원공급(B+)
4	IFB단자 A-D4	진단라인

[그림 9-24] LPG 공급펌프 구동장치 하니스 커넥터

3.5.1 LPG 공급펌프 구동장치 자기진단

LPG 공급펌프 구동장치에서는 펌프의 정상구동 여부를 IFB로 피드백 하는데 펌프가 정상적으로 구동될 때 5㎐(200mS/pulse)의 PWM 신호가 출력되고, 비정상일 경우에는 10㎐(100mS/pulse)의 PWM 신호가 출력된다. LPG 공급펌프 구동장치가 고장나면 0V가 검출될 수 있다.

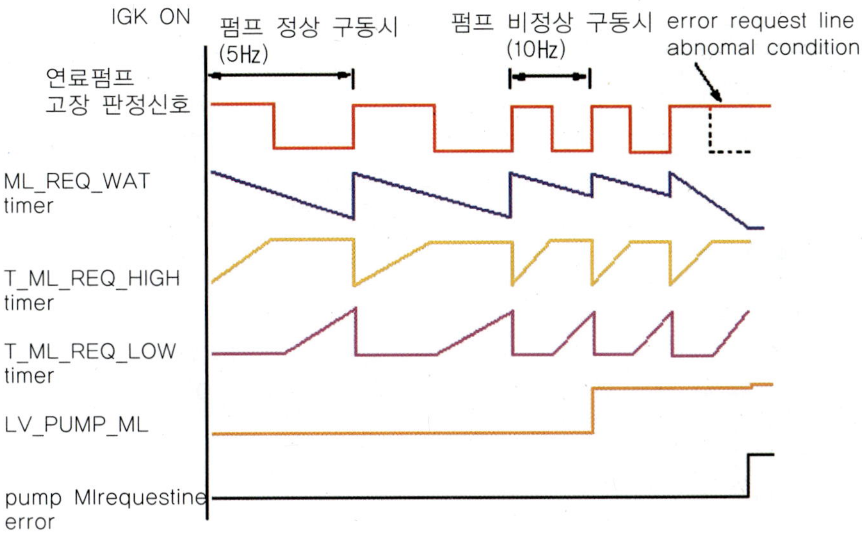

[그림 9-25] **LPG 공급펌프 구동장치 자기진단**

3.5.2 LPG 공급펌프 구동장치 하니스 점검방법

1

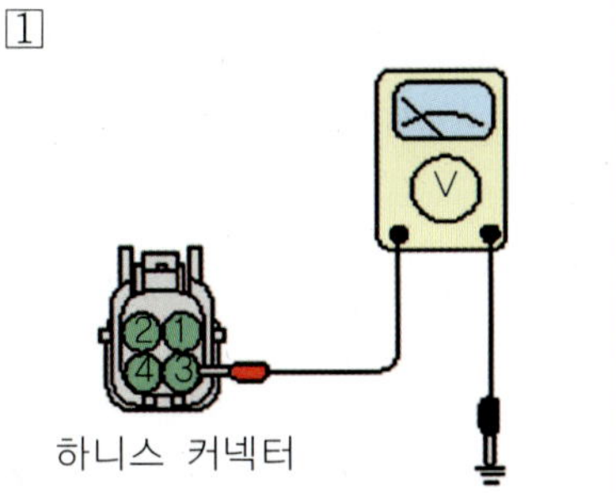

펌프 드라이버 공급 전압측정
- 펌프 드라이버 커넥터 : 분리
- 점화스위치 : ON
- 전압(V) : 배터리 전압

OK ⇨ 2

NG ⇨ 하니스 수리

2

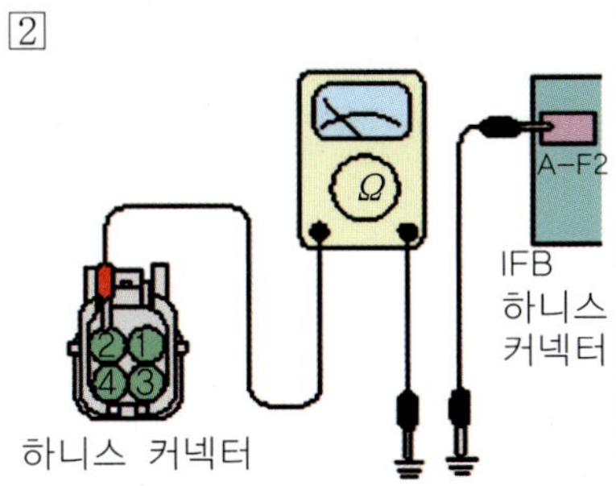

IFB와 펌프 드라이버(구동 신호라인)사이의 단선, 단락점검
- 펌프 드라이버 커넥터 : 분리
- IFB 커넥터 : 분리

OK ⇨ 3

NG ⇨ 하니스 수리

3 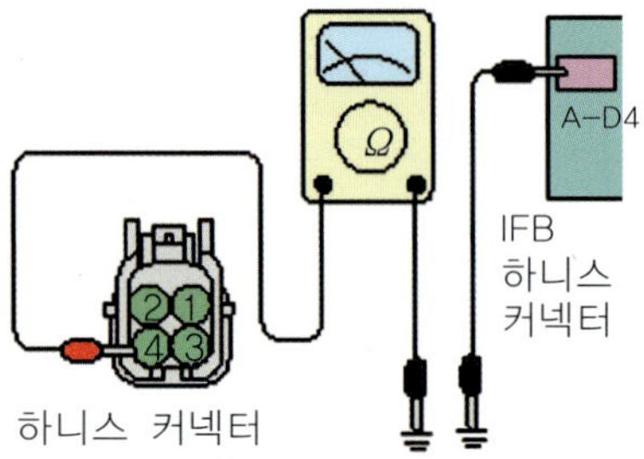	IFB와 펌프 드라이버(고장진단 라인)사이의 단선, 단락점검 •펌프 드라이버 커넥터 : 분리 •ECU 커넥터 : 분리	OK ⇨ NG ⇨	4 하니스 수리

4 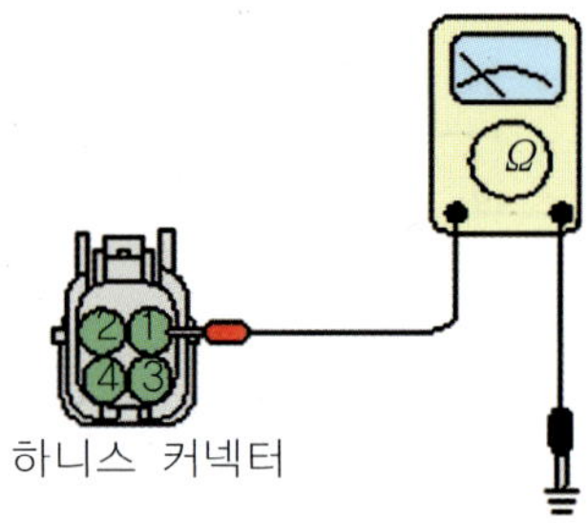	접지회로의 통전성 점검 •펌프 드라이버 커넥터 : 분리	OK ⇨ NG ⇨	END 하니스 수리

CHAPTER 09

실습보고서

01 주어진 LPG엔진의 공회전시 메인 솔레노이드 듀티값을 측정 및 점검하시오.

측정 항목	① 측정(또는 점검)		② 판정 및 정비(또는 조치)사항		득점
	측정값	규정(정비한계)값	판정(□에 "✔" 표)	정비 및 조치할 사항	
메인 솔레노이드 듀티값			□ 양호 □ 불량		

① 측정값 : 측정한 값을 단위와 함께 기록한다.(예 : 45%)
② 규정(정비한계)값 : 측정용 기관의 제원에 맞는 규정 값을 단위와 함께 기록한다(예 : 50±10%).
③ 판정 : 측정한 값이 정비 한계 값 이내인 경우에는 "양호", 벗어난 경우에는 "불량" 으로 기록한다.
④ 정비 및 조치할 사항 : 양호로 판정한 경우에는 "정비 및 조치사항 없음", 불량으로 판정한 경우에는 정비 및 조치할 사항을 기록한다(예 : 전기적 특성 점검과 기계적 고착여부를 확인 후 재점검).

02 주어진 LPG엔진에서 메인 듀티 솔레노이드 파형을 점검 및 측정을 하고 분석하시오.

측정 항목	파형 상태	득점
파 형측 정	요구사항 조건에 맞는 파형을 프린트하여 아래사항을 분석 후 뒷면에 첨부 ① 출력된 파형에 불량요소가 있는 경우에는 반드시 표기 및 설명 되어야 함. ② 파형의 주요 특징에 대하여 표기 및 설명 되어야 함.	

03 LPI 엔진에서 다음 각 항을 측정 하시오.

측정 항목	① 측정(또는 점검)		② 판정 및 정비(또는 조치)사항		득점
	측정값	규정(정비한계)값	판정(□에 "✔" 표)	정비 및 조치할 사항	
가스압력 센서			□ 양호 □ 불량		
가스온도 센서			□ 양호 □ 불량		
LPG 공급차단 솔레노이드 밸브			□ 양호 □ 불량		

Chapter

부록

자동차정비산업기사 필기

과년도 기출문제

부록 자동차정비산업기사 필기 과년도 기출문제

1회 기출문제

01 지르코니아 소자의 산소센서 출력전압이 1V에 가깝게 나타나면 공연비 상태는?

① 희박하다.
② 농후하다.
③ 14.7 : 1의 공연비를 나타낸다.
④ 농후하다가 희박한 상태로 되는 경우이다.

02 배출가스 중 삼원촉매 장치에서 저감되는 요소가 아닌 것은?

① 질소(N_2)
② 일산화탄소(CO)
③ 탄화수소(HC)
④ 질소산화물(NO_x)

03 기관의 지시마력과 관련이 없는 것은?

① 평균유효압력
② 배기량
③ 기관회전속도
④ 흡기온도

04 전자제어 가솔린 연료분사 장치에 사용되지 않는 센서는?

① 스로틀 포지션 센서
② 크랭크 각 센서
③ 냉각수온 센서
④ 차고 센서

정답 1 ② 2 ① 3 ④ 4 ④

05 LPG 기관과 비교할 때 LPI 기관의 장점으로 틀린 것은?

① 겨울철 냉간 시동성이 향상된다.
② 봄베에서 송출되는 가스압력을 증가 시킬 필요가 없다.
③ 역화 발생이 현저히 감소된다.
④ 주기적인 타르 배출이 불필요하다.

06 가솔린 엔진에서의 노크 발생을 감지하는 방법이 아닌 것은?

① 실린더 내의 압력측정
② 배기가스 중의 산소 농도 측정
③ 실린더 블럭의 진동 측정
④ 폭발의 연속음 측정

07 커먼레일 디젤 분사장치의 장점으로 틀린 것은?

① 기관의 작동상태에 따른 분사시기의 변화 폭을 크게 할 수 있다.
② 분사압력의 변화폭을 크게 할 수 있다.
③ 기관의 성능을 향상 시킬 수 있다.
④ 원심력을 이용해 조속기를 제어 할 수 있다.

08 배출가스 정밀검사의 ASM2525 모드 검사방법에 관한 설명으로 옳은 것은?

① 25%의 도로부하로 25km/h의 속도로 일정하게 주행하면서 배출가스를 측정한다.
② 25%의 도로부하로 40km/h의 속도로 일정하게 주행하면서 배출가스를 측정한다.
③ 25km/h의 속도로 일정하게 주행하면서 25초 동안 배출가스를 측정한다.
④ 25km/h의 속도로 일정하게 주행하면서 40초 동안 배출가스를 측정한다.

정답 5 ② 6 ② 7 ④ 8 ②

09 자동차 기관에서 피스톤의 구비조건으로 틀린 것은?

① 무게가 가벼워야 한다.
② 내마모성이 좋아야 한다.
③ 열의 보온성이 좋아야 한다.
④ 고온에서 강도가 높아야 한다.

10 LPG 기관에서 공전회전수의 안정성을 확보하기 위해 혼합된 연료를 믹서의 스로틀 바이패스 통로를 통하여 추가로 보상하는 것은?

① 메인듀티 솔레노이드 밸브
② 대시포트
③ 공전속도 조절 밸브
④ 스로틀 위치 센서

11 직경×행정이 78mm×78mm인 4행정 4기통의 기관에서 실제 흡입된 공기량이 1120.7cc라면 체적효율은?

① 약 55%
② 약 62%
③ 약 75%
④ 약 83%

12 자동차로 15km의 거리를 왕복하는데 40분이 걸렸고 연료소비는 1,830cc 이었다면 왕복 시 평균속도와 연료소비율은 약 얼마인가?

① 23km/h, 12km/ℓ
② 45km/h, 16km/ℓ
③ 50km/h, 20km/ℓ
④ 60km/h, 25km/ℓ

13 정비용 리프트에서 중량 13,500N인 자동차를 3초 만에 높이 1.8m로 상승시켰을 경우 리프트의 출력은?

① 24.3kW
② 8.1kW
③ 22.5kW
④ 10.8kW

정답 9 ③ 10 ③ 11 ③ 12 ② 13 ②

14 전자제어 가솔린엔진에서 엔진의 점화 시기가 지각되는 이유는?

① 노크 센서의 시그널이 입력될 경우
② 크랭크각 센서의 간극이 너무 클 경우
③ 점화 코일에 과전압이 나타날 경우
④ 인젝터의 분사시기가 늦어졌을 경우

15 LPG 기관의 믹서에 장착된 메인듀티 솔레노이드밸브의 파형에서 작동구간에 해당하는 것은?

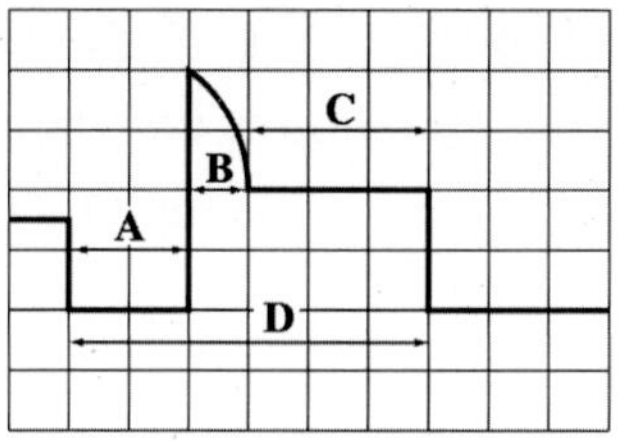

① A구간 ② B구간
③ C구간 ④ D구간

16 소형 전자제어 커먼레일 기관의 연료 압력조절 방식에 대한 설명 중 틀린 것은?

① 출구제어 방식에서 조절밸브 작동 듀티 값이 높을수록 레일압력은 높다.
② 커먼레일은 일종의 저장창고와 같은 어큐뮬레이터이다.
③ 입구제어 방식은 커먼레일 끝 부분에 연료 압력조절 밸브가 장착되어 있다.
④ 입구제어 방식에서 조절밸브 작동 듀티 값이 높을수록 레일압력은 낮다.

17 유해 배출가스(CO, HC 등)를 측정할 경우 시료채취관은 배기관 내 몇 cm 이상 삽입하여야 하는가?

① 20cm ② 30cm
③ 60cm ④ 80cm

정답 14 ① 15 ① 16 ③ 17 ②

18 디젤기관의 연소실에서 간접분사식에 비해 직접분사식의 특징으로 틀린 것은?

① 열손실이 적어 열효율이 높다.
② 비교적 세탄가가 낮은 연료를 필요로 한다.
③ 피스톤이나 실린더 벽으로의 열전달이 적다.
④ 압축 시 방열이 적다.

19 전자제어 가솔린 기관의 EGR(exhaust gas recirculation) 장치에 대한 설명으로 틀린 것은?

① EGR은 NOx의 배출량을 감소시키기 위해 전 운전영역에서 작동된다.
② EGR을 사용 시 혼합기의 착화성이 불량해지고, 기관의 출력은 감소한다.
③ EGR량이 증가하면 연소의 안정도가 저하되며 연비도 악화된다.
④ NOx를 감소시키기 위해 연소 최고온도를 낮추는 기능을 한다.

20 전자제어 희박 연소기관의 연비가 향상되는 설명으로 틀린 것은?

① 흡기에 강한 스월(swirl)이 형성되어 희박한 공연비에서도 연소가 가능해진다.
② 기존 엔진에 비해 연소실 온도가 상대적으로 낮아 열손실이 감소된다.
③ 연소온도가 상승함에 따라 열해리가 발생되며 배기온도가 상승되어 연소 효율이 좋아진다.
④ 전 영역 산소센서를 사용하므로 피드백제어 영역이 넓어지며 제어하는 공기 과잉률이 높아진다.

정답 18 ② 19 ① 20 ③

2회 기출문제

01 전자제어 디젤 기관이 주행 후 시동이 꺼지지 않는다. 가능한 원인 중 거리가 가장 먼 것은?

① 엔진 컨트롤 모듈 내부 프로그램 이상
② 엔진 오일 과다 주입
③ 터보차저 윤활 회로 고착 또는 마모
④ 전자식 EGR컨트롤 밸브 열림 고착

02 전자제어 가솔린 기관에서 티타니아 산소센서의 출력전압이 약 4.3~4.7V로 높으면 인젝터의 분사 시간은?

① 길어진다.
② 짧아진다.
③ 짧아졌다 길어진다.
④ 길어졌다 짧아진다.

03 연료 증발가스를 활성탄에 흡착 저장 후 엔진 웜업 시 흡기 매니홀드로 보내는 부품은?

① 차콜 캐니스터
② 플로트 챔버
③ PCV 장치
④ 삼원촉매장치

04 다음은 배출가스 정밀검사에 관한 내용이다. 정밀검사모드로 맞는 것을 모두 고른 것은?

1. ASM2525 모드	2. KD147 모드
3. Lug Down 3 모드	4. CVS-75 모드

① 1, 2
② 1, 2, 3
③ 1, 3, 4
④ 2, 3, 4

정답 1 ④ 2 ① 3 ① 4 ② 5 ④ 6 ① 7 ③ 8 ③

05 LPI차량이 시동이 걸리지 않는다. 다음의 원인 중 거리가 가장 먼 것은? (단, 크랭킹은 가능하다.)

① 연료차단 솔레노이드 밸브 불량
② key-off시 인젝터에서 연료 누유
③ 연료 필터 막힘
④ 인히비터 스위치 불량

06 기관의 연소 속도에 대한 설명 중 틀린 것은?

① 공기 과잉률이 크면 클수록 연소 속도는 빨라진다.
② 일반적으로 최대 출력 공연비 영역에서 연소 속도가 가장 빠르다.
③ 흡입공기의 온도가 높으면 연소 속도는 빨라진다.
④ 연소실 내의 난류의 강도가 커지면 연소 속도는 빨라진다.

07 전자제어 디젤 연료분사장치(common rail system)에서 예비분사에 대한 설명 중 가장 옳은 것은?

① 예비분사는 주 분사 이후에 미연소가스의 완전연소와 후처리 장치의 재연소를 위해 이루어진다.
② 예비분사는 인젝터의 노후화에 따른 보정분사를 실시하여 엔진의 출력저하 및 엔진부조를 방지하는 분사이다.
③ 예비분사는 연소실의 연소압력 상승을 부드럽게 하여 소음과 진동을 줄여준다.
④ 예비분사는 디젤엔진의 단점인 시동성을 향상시키기 위한 분사를 말한다.

08 밸브의 서징(surging) 현상 방지대책으로 틀린 것은?

① 피치가 서로 다른 2중 스프링을 사용한다.
② 밸브 스프링의 고유진동수를 높인다.
③ 피치가 일정한 코일을 사용한다.
④ 원추형 스프링을 사용한다.

정답 5 ④ 6 ① 7 ③ 8 ③

09 OBD-2 시스템 차량의 엔진 경고등 점등 관련 두 정비사의 의견 중 맞는 것은?

> 정비사 KIM : 주유 후 연료캡을 확실히 잠그지 않으면 점등될 수 있다.
> 정비사 LEE : 증발가스 누설 테스트 결과 미량 누설이 감지되면 점등되지 않는다.

① 정비사 KIM만 옳다.
② 정비사 LEE만 옳다.
③ 두 정비사 모두 틀리다.
④ 두 정비사 모두 옳다.

10 등온, 정압, 정적, 단열과정을 P-V 선도에 아래와 같이 도시하였다. 이 중에서 단열과정의 곡선은?

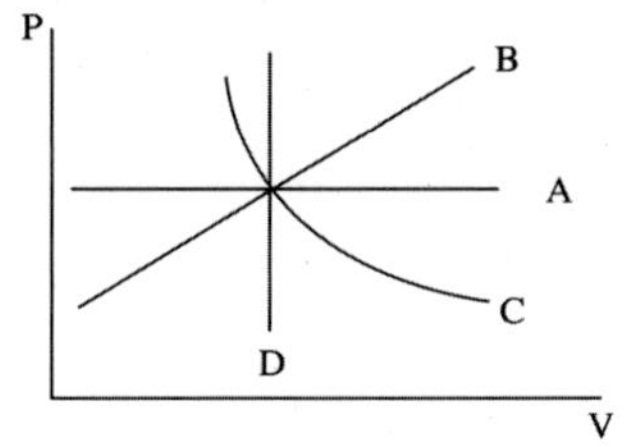

① A　　② B
③ C　　④ D

11 기관의 윤활유 소비 증대에 가장 영향을 주는 것은?

① 새 여과기의 사용　　② 기관의 장시간 운전
③ 실린더와 피스톤링의 마멸　　④ 타이밍 체인 텐셔너의 마모

정답 9 ① 10 ③ 11 ③

12 전자제어 디젤 연료분사 방식 중 다단분사에 대한 설명으로 가장 적합한 것은?

① 후분사는 소음 감소를 목적으로 한다.

② 다단분사는 연료를 분할하여 분사함으로써 연소효율이 좋아지며 PM과 NOx를 동시에 저감시킬 수 있다.

③ 분사시기를 늦추면 촉매환원성분인 HC가 감소된다.

④ 후분사 시기를 빠르게 하면 배기가스 온도가 하강한다.

13 자동차 및 자동차부품의 성능과 기준에 관한 규칙 중 자동차의 연료탱크, 주입구 및 가스배출구의 적합 기준으로 옳지 않은 것은?

① 배기관의 끝으로부터 20cm 이상 떨어져 있을 것(연료탱크를 제외한다.)

② 차실 안에 설치되지 아니하여야 하며, 연료탱크는 차실과 벽 또는 보호판 등으로 격리되는 구조일 것

③ 노출된 전기단자 및 전기개폐기로부터 20cm 이상 떨어져 있을 것(연료탱크를 제외한다.)

④ 연료장치는 자동차의 움직임에 의하여 연료가 새지 아니하는 구조일 것

14 전자제어 가솔린기관에서 연료압력이 높아지는 원인이 아닌 것은?

① 연료리턴 라인의 막힘

② 연료펌프 체크 밸브의 불량

③ 연료압력조절기의 진공 불량

④ 연료리턴 호스의 막힘

15 전자제어 가솔린 분사장치의 기본 분사시간을 결정하는 데 필요한 변수는?

① 냉각수 온도와 배터리전압

② 흡입공기량과 엔진 회전속도

③ 크랭크 각과 스로틀 밸브의 열린 각

④ 흡입공기의 온도와 대기압

정답 12 ② 13 ① 14 ② 15 ②

16 가솔린 기관에서 인젝터의 연료 분사량에 직접적으로 관계되는 것은?

① 인젝터의 니들 밸브 유효 행정
② 인젝터의 솔레노이드 코일 차단 전류
③ 인젝터의 솔레노이드 코일 통전 시간
④ 인젝터의 니들 밸브 지름

17 오토사이클의 압축비가 8.5일 경우 이론 열효율은? (단, 공기의 비열비는 1.4이다.)

① 57.5%　　② 49.6%
③ 52.4%　　④ 54.6%

18 총배기량이 1254cc 이고, 실린더수가 4인 가솔린 엔진의 압축비가 6.6이다. 이 엔진의 연소실 체적은 약 몇 cc인가?

① 47.5　　② 56
③ 190　　④ 313.5

19 LPG 기관의 연료 제어 관련 주요 구성 부품에 속하지 않는 것은?

① 베이퍼라이저
② 긴급 차단 솔레노이드 밸브
③ 퍼지컨트롤 솔레노이드 밸브
④ 액상 기상 솔레노이드 밸브

20 TPS(스로틀 포지션 센서)에 관한 사항으로 가장 거리가 먼 것은?

① 스로틀바디의 스로틀 축과 같이 회전하는 가변저항기이다.
② 자동변속기 차량에서는 TPS신호를 이용하여 변속단을 만드는데 사용한다.
③ 피에조타입을 많이 사용한다.
④ TPS는 공회전 상태에서 기본값으로 조정한다.

정답
16 ③　17 ①　18 ②　19 ③　20 ③